面向“十二五”计算机基础教育规划教材

Excel 2003/2007 表格设计与制作技能实训教程

◎ 郑小玲 编著

印刷工业出版社

内容提要

本书通过模拟实际任务，详细介绍使用Excel进行表格设计与制作的工作流程和操作方法，并且针对每项应用任务，介绍与之相关的Excel软件知识、数据处理方法和操作技巧。本书共分为10个模块，每个模块包含模拟制作任务、知识点拓展和独立实践任务三个部分。模拟制作任务部分有非常好的重现性，通过模拟实际应用中的具体任务，使学生真实地体会Excel解决实际问题的工作流程和操作方法。知识点拓展部分通过深入、细致地介绍Excel软件的相关知识、数据处理方法和操作技巧，使学生系统地掌握Excel的知识体系。独立实践任务部分通过完成具体练习任务，使学生对Excel的应用有一个整体的把握，培养独立思考和独立工作的能力。

本书在编写过程中力求深入浅出、通俗易懂，特别注意突出实用性的特点，并综合运用实例和实训，以使读者能在较短的时间内掌握Excel的使用方法与技巧。本书可作为高等院校和高职高专院校Excel课程的教材，也可供Excel使用者参考，还可作为社会各类学校的培训教材。

图书在版编目（CIP）数据

Excel 2003/2007表格设计与制作技能实训教程/郑小玲编著.
-北京：印刷工业出版社，2011.6
ISBN 978-7-5142-0114-7

I.E… II.郑… III.①表处理软件，Excel－教材 IV.TP391.13

中国版本图书馆CIP数据核字(2011)第077698号

Excel 2003/2007 表格设计与制作技能实训教程

编　著：郑小玲

责任编辑：张　鑫　　执行编辑：蔡家伦
责任印制：张利君　　责任设计：张　羽
出版发行：印刷工业出版社（北京市翠微路2号 邮编：100036）
网　址：www.keyin.cn　http://pprint.keyin.cn/
网　店：//shop36885379.taobao.com
经　销：各地新华书店
印　刷：北京通州丽源印刷厂

开　本：787mm×1092mm　1/16
字　数：469千字
印　张：16.75
印　次：2011年6月第1版　2011年6月第1次印刷
定　价：39.00元
ISBN：978-7-5142-0114-7

◆ 如发现印装质量问题请与我社发行部联系　发行部电话：010-88275602

前言 Preface

Excel 作为微软公司 Office 应用软件包中的一员，其友好的用户操作界面、丰富的数据处理功能、可靠的先进技术以及强大的数据分析和辅助决策能力，受到了众多用户的青睐，成为当今最受欢迎的电子数据表软件之一。

在实际应用中，数据计算、数据管理以及数据分析是 Excel 应用最为广泛的领域，无论是工资计算处理，还是销售统计分析，都可以通过 Excel 来完成。Excel 预先定义了数学、财务、统计、查找和引用等各种类别的计算函数，可以通过灵活的计算公式完成各种复杂的计算和分析。Excel 提供了形如柱形图、条形图、折线图、散点图、饼图等多种类型的统计图表，可以直观地展示数据的各方面指标和特性。Excel 还提供了数据透视表、模拟运算表等多种数据分析与辅助决策工具，可以高效完成各种统计分析、辅助决策的工作。

目前，应用比较广泛的版本有 Excel 2003 和 Excel 2007。本书以 Excel 2003 为主，通过模拟实际任务，详细介绍其工作流程和操作方法，并且针对每项应用任务，介绍与其相关的 Excel 软件知识、数据处理方法和操作技巧。全书共分为 10 个模块，每个模块包含模拟制作任务、知识点拓展和独立实践任务三个部分。模拟制作任务部分有非常好的重现性，通过模拟实际应用中的具体任务，使读者真实地体会 Excel 解决实际问题的工作流程和操作方法。知识点拓展部分通过深入、细致地介绍 Excel 软件的相关知识、数据处理方法和操作技巧，使读者系统地掌握 Excel 的知识体系，而且此部分的知识点与模拟制作任务中的序号一一对应，便于读者理解。独立实践任务部分通过完成具体任务，使读者对 Excel 的应用有一个整体把握，培养学生独立思考和独立操作的能力。书中模拟制作任务中的案例均来源于企业真实用表，使读者尽快掌握真实工作流程。

与 Excel 2003 相比，Excel 2007 的操作界面发生了较大的变化。为帮助读者了解 Excel 2007，也为帮助使用 Excel 2007 的读者能够更好地阅读和应用本书内容，在附录中介绍了与知识点拓展部分相对应的 Excel 2007 版本的操作方法，并在书中用★明显标注，供读者阅读参考。

为方便教师教学，本书配备了电子课件、各项任务教学包、实训教学包等资料。本书参考课时为 48 课时，其中课程实践课时为 24 课时。各模块任务及学时分配建议如下。

模块	项目内容	课时分配	
		讲课课时	实践课时
01	人事档案表	3	3
02	人事档案表	4	4
03	工资表	2	2
04	销售业绩奖金表	3	3
05	制作产品价格表	2	2
06	工作任务分配图	2	2
07	人事档案表	2	2
08	销售情况表	2	2
09	餐位管理平面图	2	2
10	人事档案管理用户界面	2	2
学时合计		24	24

本书由郑小玲编著，刘晓帆参加了本书文字修改工作，刘晓帆、刘威、赵丹亚、石新玲、邵丽、张宏、卢山、王学军、刘英参加了本书的素材整理和案例测试工作。在此一并表示感谢。

本书由易锋教育总策划。读者若有任何意见和建议，可随时联系，联系QQ是yifengedu@126.com，可发送邮件至此邮箱，我们将尽快回复。本书配套教学资料，读者可发邮件索取。

由于编写时间仓促，加之编者水平有限，书中难免有疏漏和不足之处，恳请读者提出宝贵意见。

编者

2011年3月

目录 Contents

模块 01

制作人事档案表（一）
——Excel工作表的建立

● **能力目标**

能用Excel[01]注建立并保存工作表

● **专业知识目标**

1. 了解Excel数据处理的一般流程
2. 了解工作簿、工作表及单元格[02]的概念
3. 掌握 Excel的数据类型及概念
4. 掌握各种输入数据方法的技巧

● **软件知识目标**

1. 熟悉Excel的操作界面[03]
2. 掌握各种类型数据的输入方法
3. 掌握快速输入数据的方法
4. 掌握保存工作簿文档的方法

● **课时安排**

6课时（讲课3课时，实践3课时）

● **任务效果参考图**

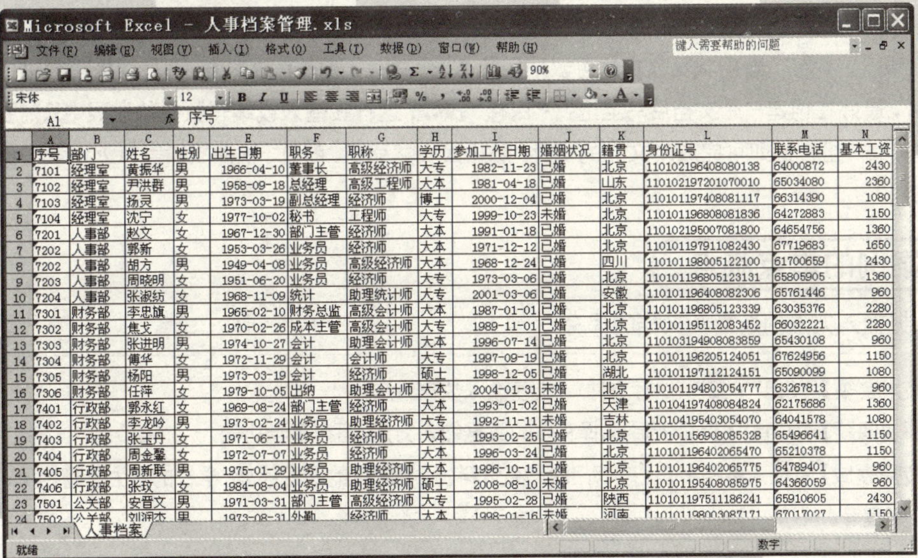

	A	B	C	D	E	F	G	H	I	J	K	L	M	N
1	序号	部门	姓名	性别	出生日期	职务	职称	学历	参加工作日期	婚姻状况	籍贯	身份证号	联系电话	基本工资
2	7101	经理室	黄振华	男	1966-04-10	董事长	高级经济师	大专	1982-11-23	已婚	北京	110102196408080138	64000872	2430
3	7102	经理室	尹洪群	男	1958-09-18	总经理	高级工程师	大本	1981-04-18	已婚	山东	110102197201070010	65034080	2360
4	7103	经理室	扬灵	男	1973-03-19	副总经理	经济师	博士	2000-12-04	已婚	北京	110101197408081117	66314390	1080
5	7104	经理室	沈宁	女	1977-10-02	秘书	工程师	大专	1999-10-23	未婚	北京	110101196808081836	64272883	1150
6	7201	人事部	赵文	女	1967-12-30	部门主管	经济师	大本	1991-01-18	已婚	北京	110102195007081800	64654756	1360
7	7202	人事部	郭新	女	1953-03-26	业务员	经济师	大本	1971-12-12	已婚	北京	110101197911082430	67719683	1650
8	7202	人事部	胡方	男	1949-04-08	业务员	高级经济师	大本	1968-12-24	已婚	四川	110101198005122100	61700659	2430
9	7203	人事部	周晓明	女	1951-06-20	业务员	经济师	大专	1973-03-06	已婚	北京	110101196805123131	65805905	1360
10	7204	人事部	张淑纺	女	1968-11-09	统计	助理统计师	大专	2001-03-06	已婚	安徽	110101196408082306	65761446	960
11	7301	财务部	李忠旗	男	1965-02-10	财务总监	高级会计师	大本	1987-01-01	已婚	北京	110101196805123339	63035376	2280
12	7302	财务部	焦戈	女	1970-02-26	成本主管	高级会计师	大专	1989-11-01	已婚	北京	110101195112083452	66032221	2280
13	7303	财务部	张进明	男	1974-10-27	会计	助理会计师	大本	1996-07-14	已婚	北京	110103194908083859	65430108	960
14	7304	财务部	傅华	女	1972-11-29	会计	会计师	大专	1997-09-19	已婚	北京	110101196205124051	67624956	1150
15	7305	财务部	杨阳	男	1973-03-19	会计	经济师	硕士	1998-12-05	已婚	湖北	110101197112124151	65090099	1080
16	7306	财务部	任萍	女	1979-10-05	出纳	助理会计师	大本	2004-01-31	未婚	北京	110101194803054777	63267813	960
17	7401	行政部	郭永红	女	1969-08-24	部门主管	经济师	大本	1993-01-02	已婚	天津	110104197408084824	62175686	1360
18	7402	行政部	李龙吟	男	1973-02-24	业务员	助理经济师	大专	1992-11-11	未婚	吉林	110104195403054070	64041578	1080
19	7403	行政部	张玉丹	女	1971-06-11	业务员	经济师	大本	1993-02-25	已婚	北京	110101156908085328	65496641	1150
20	7404	行政部	周金馨	女	1972-07-07	业务员	经济师	大本	1996-03-24	已婚	北京	110101196402065470	65210378	1150
21	7405	行政部	周新联	男	1975-01-29	业务员	助理经济师	大本	1996-10-15	已婚	北京	110101196402065775	64789401	960
22	7406	行政部	张玟	女	1984-08-04	业务员	助理经济师	硕士	2008-08-10	未婚	北京	110101195408085975	64366059	960
23	7501	公关部	安晋文	男	1971-03-31	部门主管	高级经济师	大专	1995-02-28	已婚	陕西	110101197511186241	65910605	2430
24	7502	公关部	刘润杰	男	1973-08-31	外勤	经济师	大本	1998-01-16	未婚	河南	110101198003087171	67017027	1150

注：[01]与知识点拓展中[01]相互对应，全书均采用了此方法。

模拟制作任务

任务一 人事档案表的制作与保存

任务背景

某企业现有员工63人，随着企业规模的不断扩大，员工人数会越来越多。因此需要建立一个人事档案表，来正确掌握和有效管理员工的基本信息。

任务要求

建立一个新的工作簿，工作簿中包含一个工作表，要求如下。

内容包括：序号、部门、姓名、性别、出生日期、职务、职称、学历、参加工作日期、婚姻状况、籍贯、身份证号、联系电话、基本工资。

工作表名：人事档案。

工作簿名：人事档案管理.xls。

任务分析

无论是企业单位，还是政府部门，都需要对人员的档案进行管理。档案管理是计算机应用最为广泛的领域之一。其主要特点是数据量大、数据类型复杂、经常需要满足不同条件的查询要求。不同的单位虽然在档案管理的内容和方法上有一定差异，但管理的方式和步骤是相似的，基本上都是采用二维表格方式进行处理，因此使用Excel处理十分方便。

根据需求规划表格内容，是制作表格的第一步，也是整个管理工作的基础。在完成了表格内容的设计后，即可开始创建工作簿文档。创建工作簿文档主要包括建立工作簿、输入数据和保存文档等三项基本工作。输入数据时应根据数据特点选择适当的输入方法。例如，要输入员工序号时，由于序号就可以使用自动填充数据的方法；要输入部门、职务、职称、学历、籍贯等具有固定值的数据时，可以使用下拉列表的方法；要输入性别时，由于只有“男”、“女”两种值，可以先用两个容易输入、但工作表中不用的特殊符号代表，例如用“/”表示“男”，用“\”表示“女”，待全部员工数据输入完毕后，再用替换命令，分别将其替换为“男”、“女”，婚姻状况数据也可以采用此方法。总之，选择有效的方法，可以提高数据的输入效率。另外，最好在创建一个文档后马上进行“保存”操作，这样在输入或编辑数据的过程中只需要随时按“Ctrl”+“S”组合键即可完成对文档的保存，防止因突然死机、断电、软件故障等意外因素造成文档丢失或损坏。

本案例的重点难点

数据输入方法的选择及文档的保存。

【技术要领】“Ctrl”+“S”（保存文件）；快速输入数据方法。

【解决问题】养成良好工作习惯，选择有效的数据输入方法，可以事半功倍。

【应用领域】单位人事档案、生产部门的产品资料、销售单位的顾客信息、学校的学生学籍档案、医院的病人病案等。

操作步骤详解

创建新文档

❶ 启动Excel，此时系统自动打开一个新的工作簿04，名称为“Book1”，如图1-1所示。

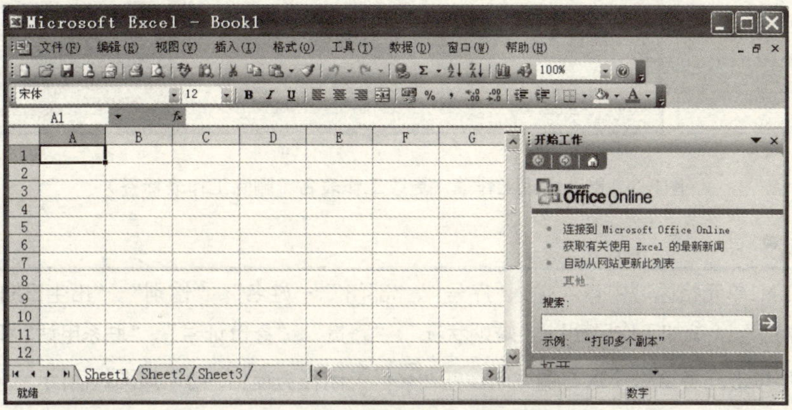

图1-1　创建新的工作簿

保存文档

❷ 执行“文件”>“保存”命令05，弹出“另存为”对话框，在“保存位置”下拉列表框中指定保存文件的文件夹，在“文件名”文本框中输入“人事档案管理”，如图1-2所示。单击“保存”按钮。

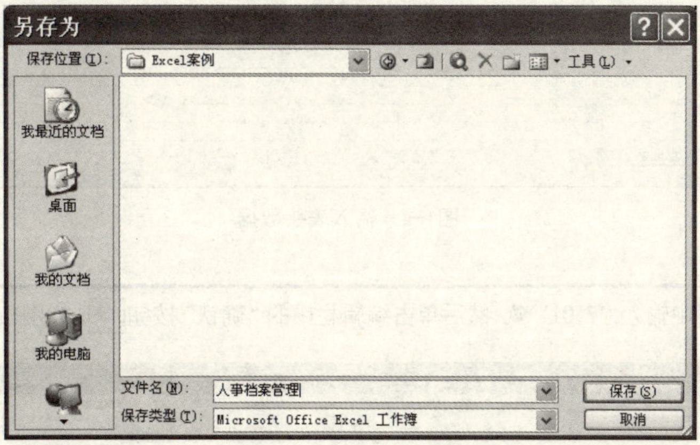

图1-2　“另存为”对话框

重新组织工作簿

❸ 双击工作表标签“Sheet1”06，输入“人事档案”；右键单击工作表标签“Sheet2”，从弹出的下拉菜单中执行“删除”命令，如图1-3(a)所示；使用相同方法删除工作表标签“Sheet3”。结果如图1-3(b)所示。

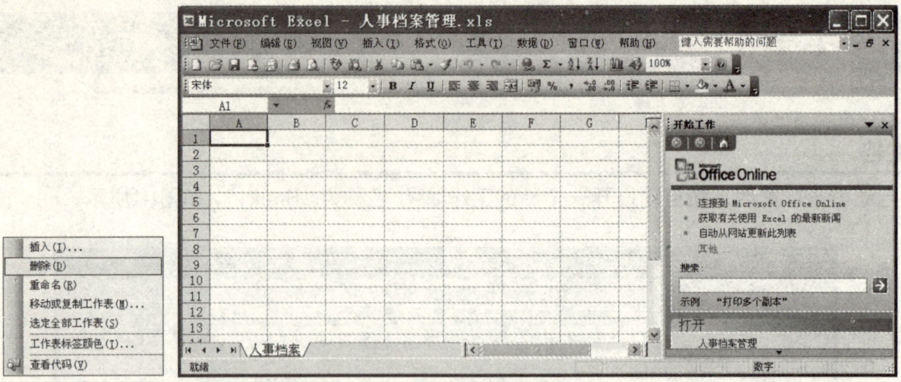
(a) (b)

图1-3　重新组织工作簿（更改工作表名、删除工作表标签）

输入表头数据⑦

❹ 在A1:N1单元格区域中依次输入“序号”、“部门”、“姓名”、“性别”、“出生日期”、“职务”、“职称”、“学历”、“参加工作日期”、“婚姻状况”、“籍贯”、“身份证号”、“联系电话”和“基本工资”等表头信息⑧，单击任务窗格顶端右侧关闭按钮“×”关闭任务窗格。结果如图1-4所示。

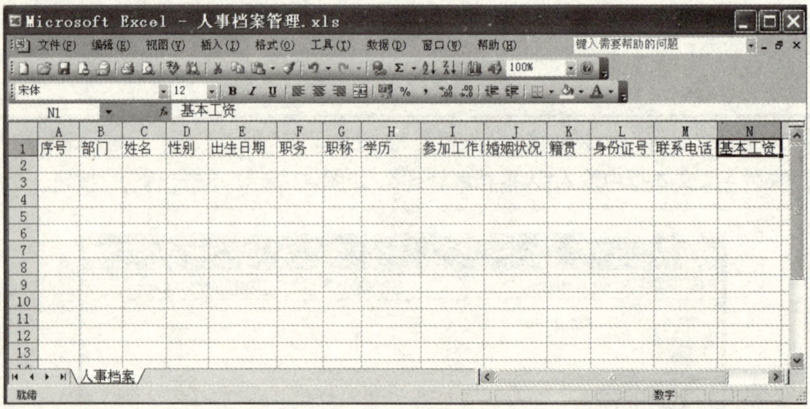

图1-4　输入表头数据

输入序号

❺ 在A2单元格中输入“'7101”⑨，然后单击编辑栏中的“确认”按钮✓，如图1-5所示。

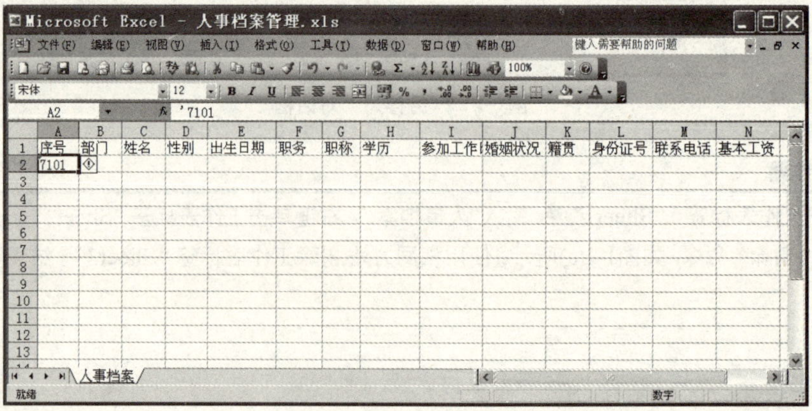

图1-5　输入第1个部门第1个员工序号

❻ 将鼠标指针移到A2单元格填充柄处，然后拖曳鼠标至A5单元格放开[10]，结果如图1-6所示。

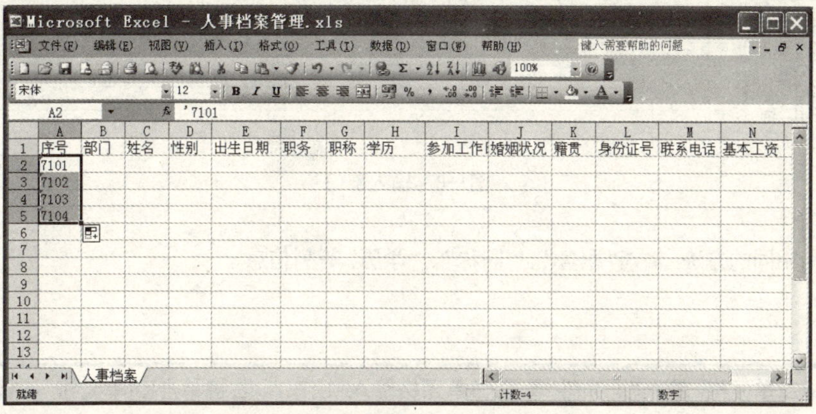

图1-6　输入第1个部门其他员工序号

❼ 在A6单元格中输入第2个部门第1个员工的序号“'7201”，然后按照类似的操作步骤将其自动填充到A7:A10单元格中。使用相同方法输入其他部门的员工序号。此处共需输入63名员工序号。

输入部门

❽ 选定B2:B64单元格区域。执行“数据”>“有效性”命令，弹出“数据有效性”对话框。单击“设置”选项卡，在“允许”下拉列表中选择“序列”选项，在“来源”文本框中输入“经理室,人事部,财务部,行政部,公关部,项目一部,项目二部”，勾选“忽略空值”和“提供下拉列表箭头”复选框[11]，如图1-7所示。单击“确定”按钮。

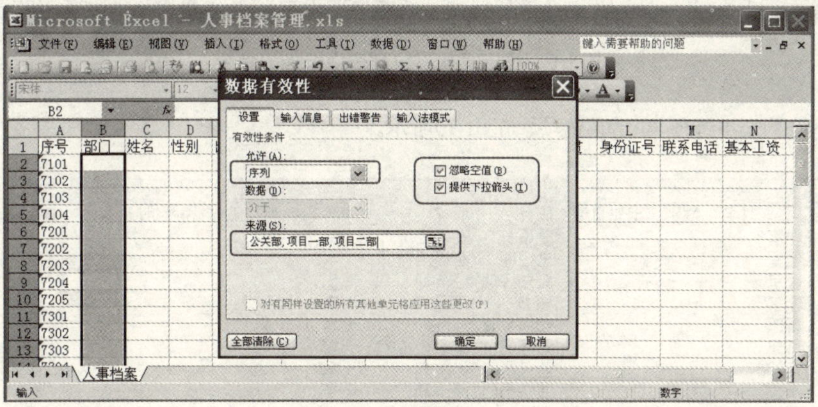

图1-7　设置序列值

❾ 单击B2单元格，单击右侧下拉箭头，从弹出的下拉列表中选择“经理室”，如图1-8所示。重复此步骤，完成其他数据的输入。

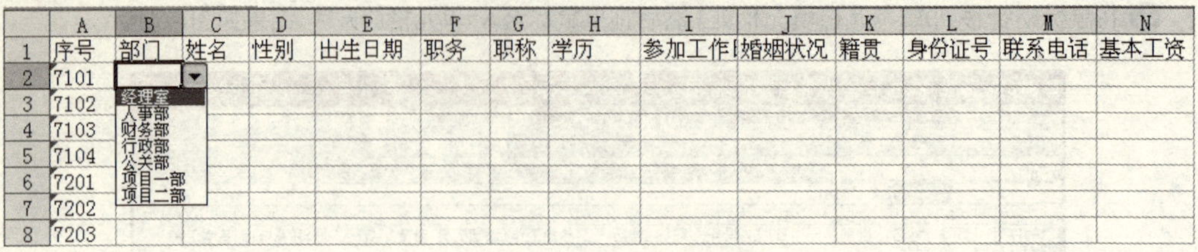

图1-8　输入部门

可以使用相同的方法，输入“职务”、“职称”、“学历”等列信息。

输入籍贯

⑩ 单击K2单元格，输入“北京”；单击K3单元格输入“山东”，右键单击K4单元格，在弹出的快捷菜单中执行“从下拉列表中选择”命令⑫，如图1-9所示。

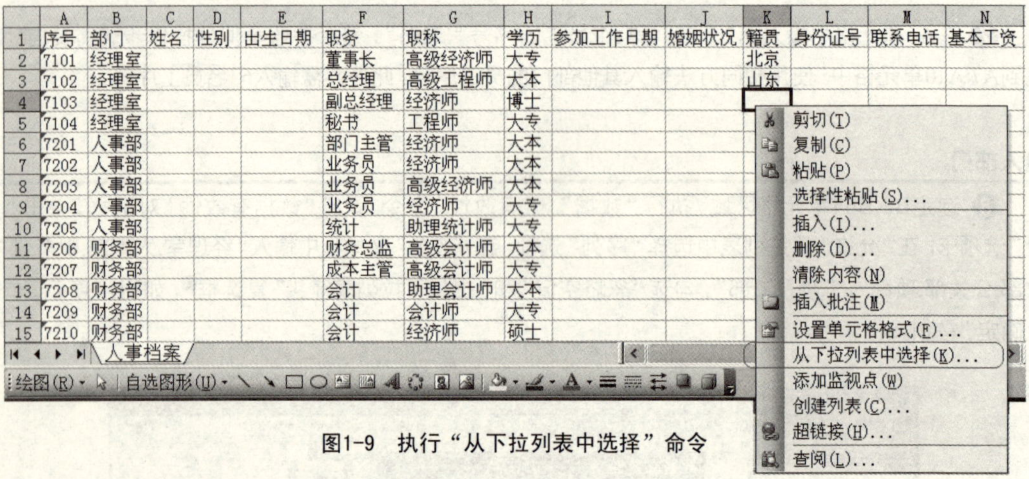

图1-9　执行“从下拉列表中选择”命令

⑪ 在下拉列表中选择“北京”选项，如图1-10所示。

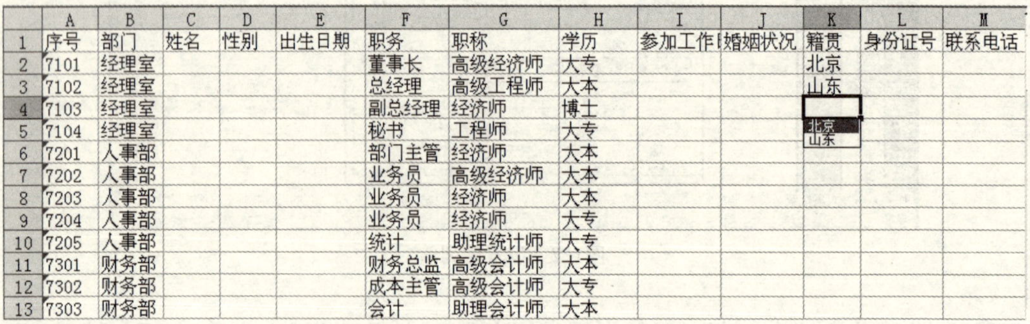

图1-10　在下拉列表中选择输入的内容

⑫ 如果在该列中已有需要输入的值，使用上述方法从下拉列表中选择所需值，否则直接在相应单元格中输入。使用上述介绍的方法完成“籍贯”数据的输入。

输入性别

⑬ 在D列依次输入“\”或“/”字符。其中“/”字符代替“男”，“\”字符代替“女”。完成所有数据输入后，单击“D”列标。

⑭ 执行“编辑”>“替换”命令，弹出“查找和替换”对话框[13]。在“查找内容”文本框中输入“/”，在“替换为”文本框输入“男”，如图1-11所示。然后单击“全部替换”按钮，即将工作表D列中所有的“/”替换成了“男”。

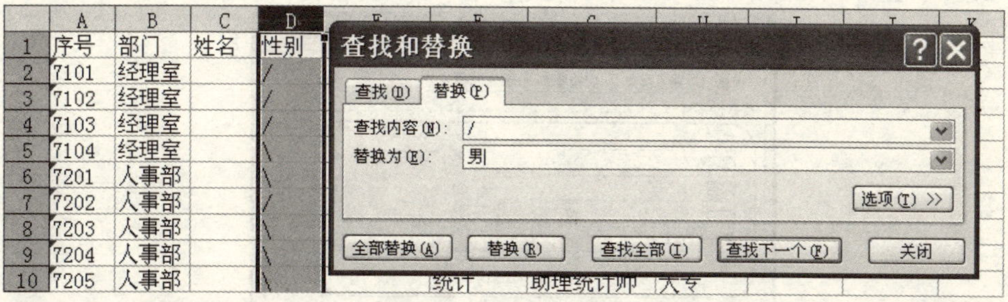

图1-11　查找替换操作

⑮ 按照步骤14方法，将“\”替换成“女”。

可以使用相同的方法，输入“婚姻状况”等列信息。

输入姓名

⑯ 单击C2单元格，输入“黄振华”；单击C3单元格，输入“尹洪群”，依次分别在C4：C64单元格中输入其他员工姓名。

输入出生日期

⑰ 单击E2单元格，输入“1966-4-10”或“66-4-10”[14]；使用相同方法输入其他员工的出生日期。注意，1930年以前的日期，年份必须完整输入；当年日期只需输入“月-日”即可，系统会自动加上当年的年份。

可以使用相同方法输入“参加工作日期”列信息。

输入身份证号

⑱ 选定I2:I64单元格区域，执行“格式”>“单元格”命令，弹出“单元格格式”对话框，单击“数字”选项卡，在“分类”列表框中选择“文本”选项[15]，如图1-12所示。单击“确定”按钮。

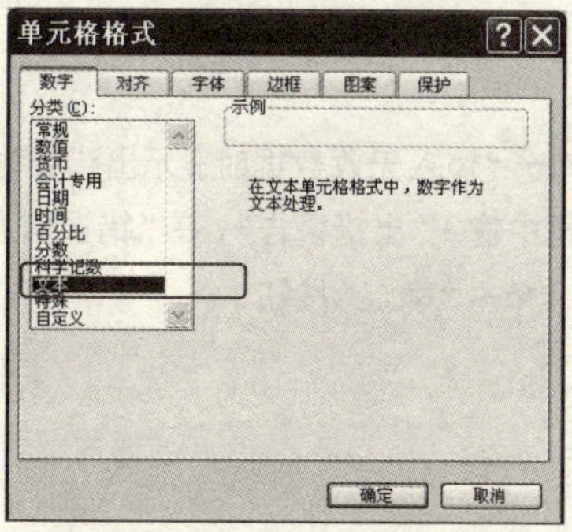

图1-12　设置“文本”类型

⑲ 在I2:I64单元格区域中，依次输入员工身份证号码。

输入基本工资

⑳ 选定N2:N64单元格区域。执行“数据”>“有效性”命令，弹出“数据有效性”对话框。在“允许”下拉列表中选择“整数”选项，在“数据”下拉列表中选择“大于”选项，在“最小值”文本框中输入“0”，勾选“忽略空值”复选框，如图1-13所示。

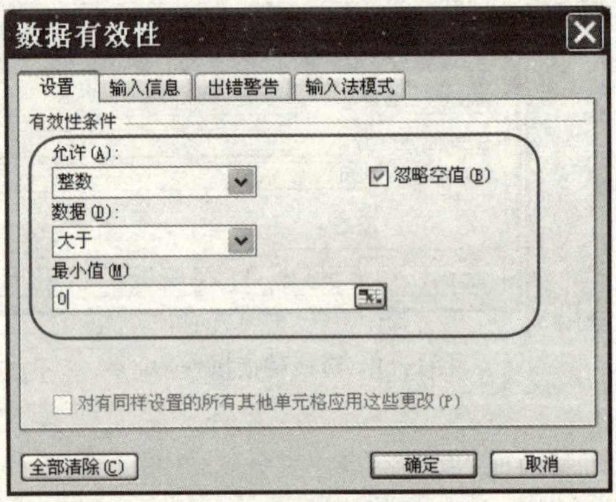

图1-13　设置数据有效性

㉑ 单击“输入信息”选项卡，勾选“选定单元格时显示输入信息”复选框，在“标题”文本框中输入“输入提示”，在“输入信息”文本框中输入“请输入大于0的数据！”，如图1-14所示。

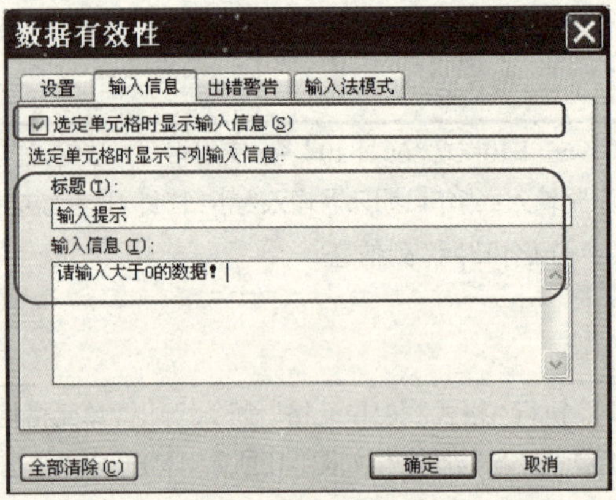

图1-14　设置输入信息

㉒ 单击“出错警告”选项卡，勾选“输入无效数据时显示出错警告”复选框，在“样式”下拉列表中选择“停止”选项，在“标题”文本框中输入“出错警告”，在“错误信息”文本框中输入“应输入大于0的数据，请重新输入！”，如图1-15所示。单击“确定”按钮。

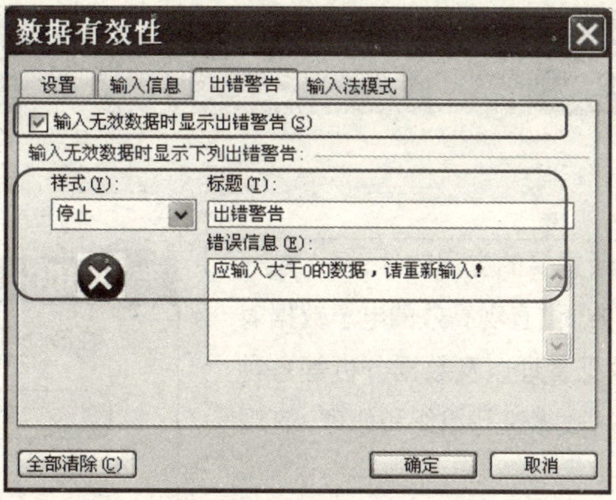

图1-15　设置出错警告

㉓ 选定N2单元格，此时显示输入提示信息，如图1-16所示。如果输入“- 2430”，将弹出“出错警告”对话框，如图1-17所示。单击“重试”按钮，输入“2430”，然后输入其他数据。

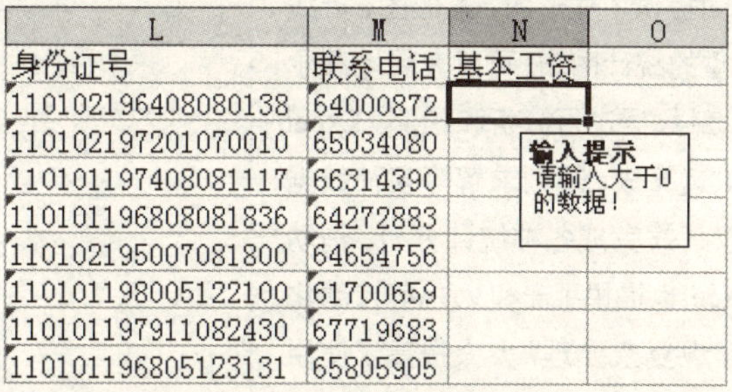

图1-16　输入提示

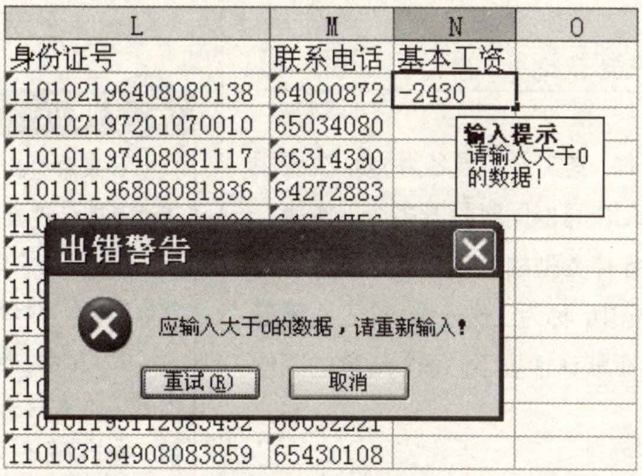

图1-17　出错警告

保存文档

㉔ 执行“文件”>“保存”命令。保存已创建的工作簿文档，至此工作表创建完成。

知识点拓展

01 Excel概述

Excel是Office软件包中最重要的应用软件之一，是一个功能强大、技术先进、使用方便、直观高效的电子数据表软件，可以进行数据计算、数据管理以及数据分析等各种操作。Excel采用表格的形式对数据进行组织和处理，直观方便，符合人们日常工作的习惯。

Excel提供了自动填充、选择列表、自动更正、自动套用格式等方法，可以快速输入数据、方便选择数据和快捷设置数据格式；其预先定义了数学、财务、统计、查找和引用等各种类别的计算函数，可以通过灵活的计算公式完成各种复杂的计算和分析。Excel提供了柱形图、条形图、折线图、散点图、饼图等多种类型的统计图表，可以直观地展示数据的各方面指标和特性，对数据进行分析和预测。Excel还提供了数据透视表、模拟运算表、规划求解等多种数据分析与辅助决策工具，可以高效完成各种统计分析、辅助决策的工作。除此之外，Excel也提供了宏和VBA等自动化处理功能，一次操作可以实现复杂处理，大大提高了使用Excel处理数据的效率。

02 工作簿、工作表与单元格

1. 工作簿

工作簿是一个Excel文件，其文件扩展名为.xls，主要用于计算和存储数据。在Excel中可以同时打开多个工作簿。在一个工作簿中可以管理各种类型的数据和信息，将每种类型的数据存储在一个表格中，称为工作表。一个工作簿最多可以包含255个工作表，在默认情况下，每个新建的工作簿包含3个工作表。

2. 工作表

工作表是Excel的主要操作对象，由65 536行和256列构成。其中，列标以“A、B、C…、AA、AB…”等字母表示，其范围为A~IV，对应着工作表中的每一列。行号以“1、2、3…”等数字表示，其范围为1~65 536，每个数字对应工作表中的每一行。

注：★与附录中Excel 2007的操作相互对应。

知识

在Excel中处理数据的一般流程如下。

新建或打开工作簿

↓

建立或编辑工作表（输入和编辑数据、计算和处理数据、设置数据格式和工作表格式）

↓

保存和输出

提示

如果希望改变默认的工作表数，可按以下步骤进行设置。

① 执行“工具”＞“选项”命令★1注，弹出“选项”对话框。

② 单击“常规”选项卡，在“新工作簿内的工作表数”右侧微调框中输入工作表数，单击“确定”按钮。

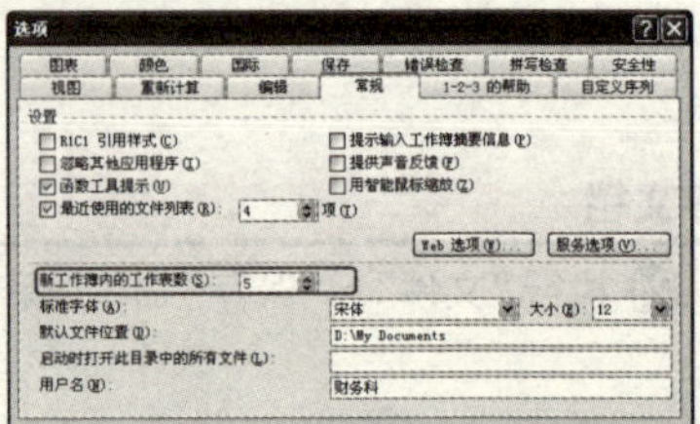

每个工作表有一个标签，显示工作表名。当前选定的工作表标签，其颜色与其他工作表标签不同，呈反显状态，该工作表称为当前工作表，此时工作簿窗口中显示选定的工作表，可以对其进行各种操作。

3. 单元格

工作表中行与列交叉位置形成的矩形区域称为单元格。单元格是存储数据的基本单元，其中可以存放文本、数字、逻辑值、计算公式等不同类型的数据。工作表中每个单元格的位置，称为单元格地址，一般用“列标+行号”表示。例如，B5表示工作表上第2列第5行的单元格。

由若干个单元格构成的矩形区域称为单元格区域，其地址表示方法为“单元格地址：单元格地址”。其中，第1个单元格地址为单元格区域左上角单元格的地址，第2个单元格地址为单元格区域右下角单元格的地址。例如，A2:C5是以A2单元格为左上角、C5单元格为右下角的矩形区域，共12个单元格。

03 Excel 操作界面

启动Excel后，即可进入Excel的操作界面★2，如图1-18所示。

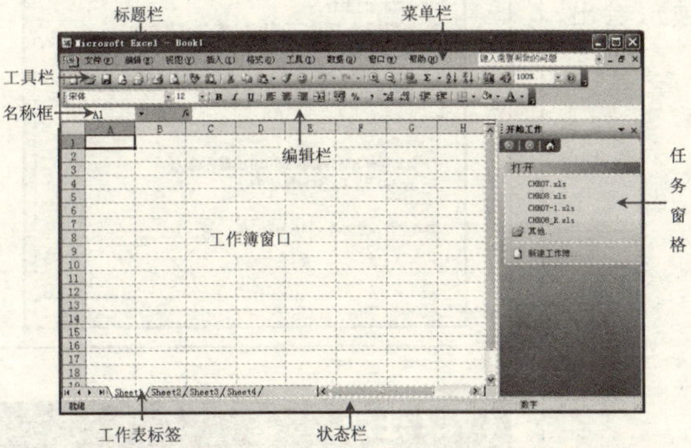

图1-18 Excel操作界面

1. 标题栏

标题栏位于窗口顶端，显示Microsoft Excel的程序名称和当前工作簿的名称。标题栏最左端是控制菜单图标，最右端是应用程序窗口按钮，包括“最小化”、“最大化”/“还原”和“关闭”。单击“最小化”按钮，可以将窗口最小化为任务栏中的一个图标。单击“最大化”按钮，可以将窗口最大化，同时该按钮变为“还原”按钮；单击“还原”按钮，窗口将恢复至原来的大小。单击“关闭”按

提示

选定工作表：将鼠标指针定位到需要选择的工作表标签上，单击鼠标左键。

知识

在Excel中，被选定的单元格称为活动单元格，当前可以操作的单元格称为当前单元格。如果活动单元格只有一个，那么该单元格为当前单元格。如果活动单元格有多个，那么被选定的多个单元格均为活动单元格，其中呈反显的单元格（左上角单元格）为当前单元格。

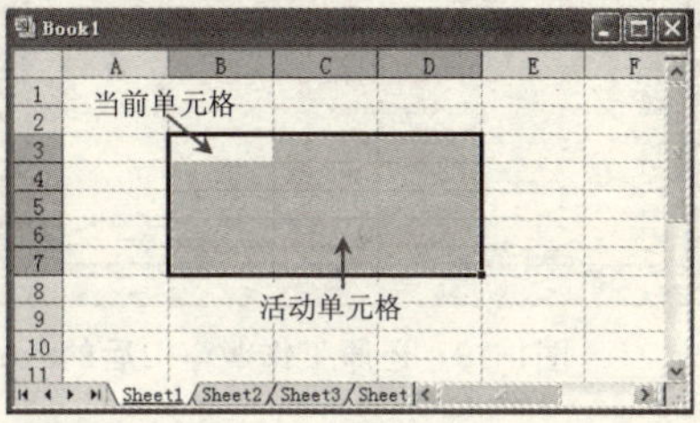

提示

(1) 选定单元格：将鼠标指针定位到所需单元格上，单击鼠标左键。

(2) 选定单元格区域：如果所选区域较小，直接将鼠标指针定位到待选区域左上角单元格，然后按住鼠标左键并拖放至待选区域右下角单元格上放开。如果所选区域较大，可以先选定待选区域左上角单元格，然后拖动工作表滚动条到待选区域右下角，按住“Shift”键，再单击右下角单元格。

提示

单击控制菜单图标，在弹出的下拉菜单中，可以选择相应的菜单命令执行相应的操作。

钮，可以退出Excel应用程序。

2. 菜单栏

菜单栏位于标题栏下方，是Excel主要控制菜单，当工作簿窗口最大化时，菜单栏包括控制按钮、菜单项和工作簿窗口按钮等，如图1-18所示。其中控制按钮和工作簿窗口按钮的功能与Excel应用程序窗口中的控制按钮相似，不同的是控制对象变为工作簿窗口。如果单击了工作簿窗口的“还原”按钮，菜单栏将仅显示Excel菜单项，如图1-19所示。

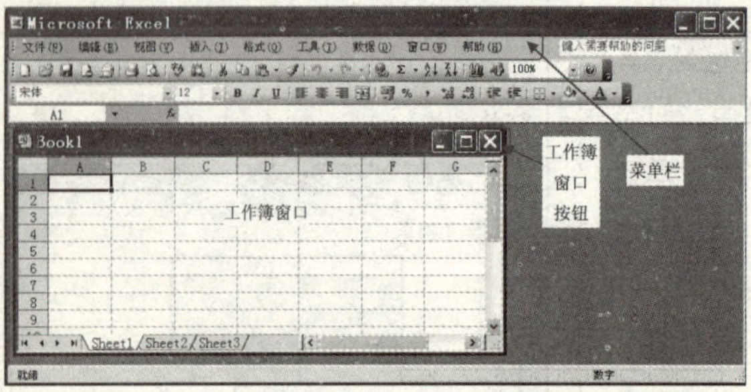

图1-19　还原工作簿窗口后的Excel菜单栏

Excel的菜单共有9项，包括“文件”、“编辑”、“视图”、“插入”、“格式”、“工具”、“数据”、“窗口”和“帮助”。单击某个菜单项（例如，单击“数据”菜单项），会出现相应的下拉菜单，如图1-20所示。

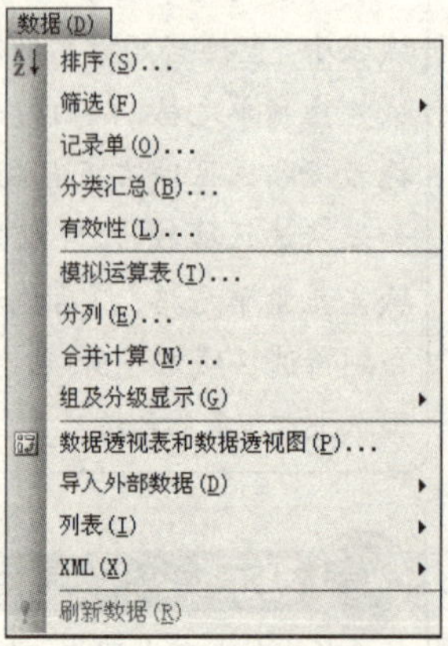

图1-20　下拉菜单

在下拉菜单中上下移动鼠标光标指向待选择的菜单项，单击该菜单项，即可执行该命令。如果所指菜单项右侧有向右箭头，表示该菜单项还有下一级菜单，如图1-21所示。单击该菜单项即可弹出子菜单，也称为级联菜单。在级联菜单中单击要使用的菜单项，即可执行该命令。

知识

Excel菜单为“自适应菜单”，它会根据操作记录，只在顶部显示最常用的命令，而其他菜单命令需要通过鼠标单击“展开”按钮显示出来。

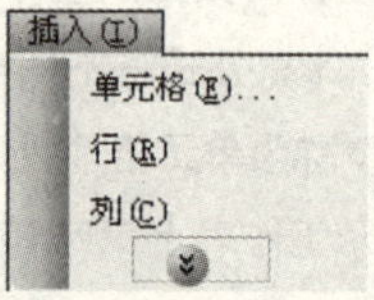

提示

如果希望Excel始终显示整个菜单，可按以下步骤设置。

① 执行“视图”>“工具栏”>“自定义”命令，弹出“自定义”对话框。

② 单击“选项”选项卡，勾选“始终显示整个菜单”复选框。单击“关闭”按钮。

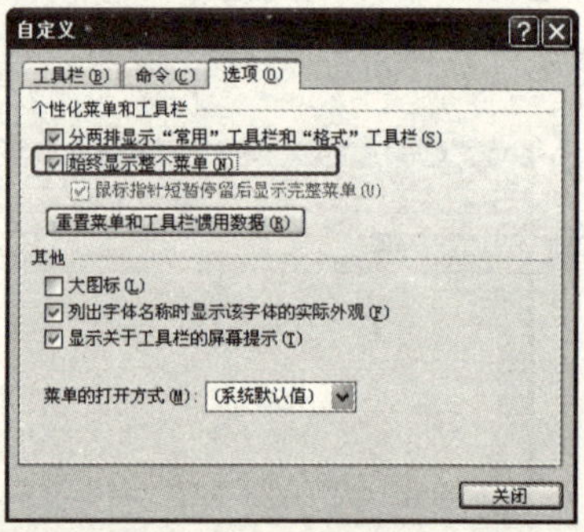

注意

上述设置将影响到其他所有Office组件。

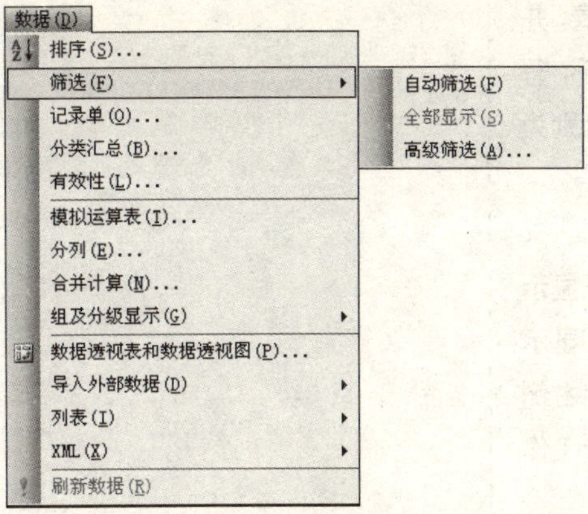

图1-21 级联菜单

3. 工具栏

工具栏位于菜单栏下方，以图标按钮取代菜单命令，单击工具栏上的图标按钮，可以快捷地执行菜单中的命令或功能。

通常Excel只显示“常用”和“格式”两个工具栏。如果需要，可以选择显示其他工具栏。显示工具栏的方法是：执行“视图”>“工具栏”命令，在弹出的“工具栏”级联菜单中选择要显示的工具栏名称。

4. 编辑栏

编辑栏位于工具栏下方，是一个长条矩形框。编辑栏左侧有3个按钮，“ ”为取消按钮，单击该按钮取消输入的内容；“ ”为输入按钮，单击该按钮确认输入或编辑的内容；“ ”为插入函数按钮，单击该按钮，在编辑栏中显示一个等号“=”，同时弹出“插入函数”对话框，可以输入一个函数。

编辑栏用于输入或编辑数据、公式。如果选定了某一单元格，然后在编辑栏中输入数据或公式，那么就会在该单元格中显示相应内容；如果在当前单元格或活动单元格中输入内容，那么也会在编辑栏中显示这些内容。利用编辑栏，可以很方便地编辑公式和较长的数据。

5. 名称框

名称框位于工具栏下方的左侧，显示当前单元格地址、对象名称、区域范围，以及为单元格或单元格区域定义的名称。在名称框内单击鼠标左键，可以编辑名称框中的内容。

6. 工作表标签

工作表标签位于工作簿窗口左下方，它代表着工作簿

提示

执行菜单命令的其他方法。

方法1：按下“Alt”键激活菜单栏，按“→”或“←”键选择菜单项，按“Enter”或“↓”键打开下拉菜单，再按“↓”或“↑”键选择菜单项，最后按“Enter”键执行所选命令。

方法2：直接使用快捷键操作。例如，按“Ctrl”+“N”组合键创建新的空白工作簿；按“Ctrl”+“S”组合键保存工作簿文档；按“Ctrl”+“C”组合键复制所选对象等。

提示

显示工具栏的其他方法是右键单击已经显示的工具栏任意位置，在弹出的快捷菜单中选择要显示的工具栏名称。

技巧

使用名称框快速定位单元格的方法。

方法1：在名称框内输入单元格地址后，按“Enter”键。

方法2：单击名称框右侧下拉箭头，在下拉列表中选择已定义单元格或单元格区域名称。

中的每一个工作表，一个工作簿中可以插入多个工作表，并且每个工作表名称都会显示在标签中。但默认情况下，每个新建工作簿中只包含3个工作表，默认工作表名称分别为“Sheet1”、“Sheet2”、“Sheet3”。

7. 状态栏

状态栏位于Excel应用程序窗口最下方，主要用于显示一些操作进程中的信息。例如，未进行任何操作时，显示“就绪”信息；输入数据时，显示“输入”信息。状态栏右侧的矩形框内显示快速统计结果、键盘功能键状态以及工作表的操作状态等。

8. 任务窗格

任务窗格位于 Excel应用程序窗口右侧，是Excel应用程序提供常用命令的窗口，包括“开始工作”、“帮助”、“剪贴画”、“剪贴板”、“新建工作簿”、“共享工作区”等。单击任务窗格顶端右侧的下拉箭头，可以在下拉列表中选择不同功能的任务窗格，如图1-22所示。

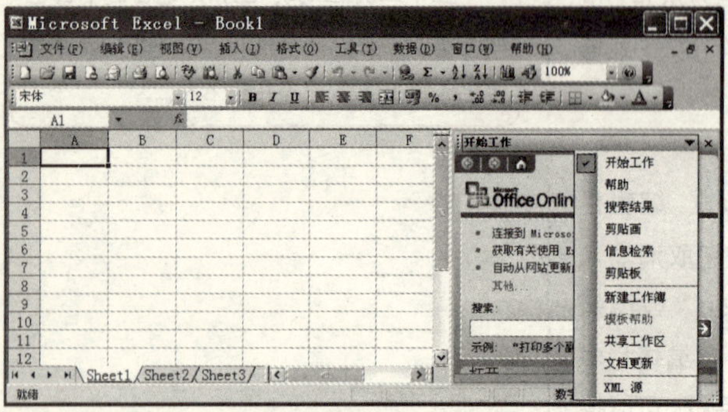

图1-22　任务窗格

任务窗格能够根据调用的不同功能而变化，具有提示和引导作用，可以使数据处理工作更加便捷。

提示

(1) 打开任务窗格：执行“视图”>“任务窗格”命令。

(2) 关闭任务窗格：单击任务窗格顶端右侧关闭按钮“×”。

04 创建工作簿

1. 启动Excel时自动创建

启动Excel应用程序时，系统会自动打开一个新的工作簿。

2. 在Excel窗口中创建

方法1：使用“空白工作簿”链接。执行“文件”>“新建”命令★3，在弹出的“新建工作簿”任务窗格中单击“空白工作簿”链接，如图1-23所示。

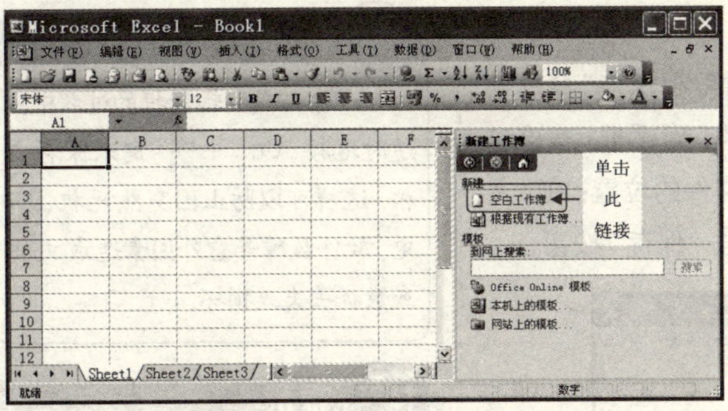

图1-23 “空白工作簿”链接

方法2：使用“本机上的模板”链接。操作步骤如下。

① 执行“文件”>“新建”命令，在弹出的“新建工作簿”任务窗格中单击“本机上的模板”链接，如图1-24所示。

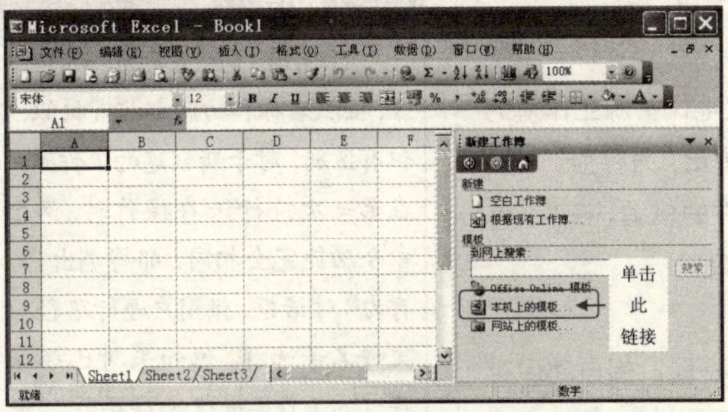

图1-24 “本机上的模板”链接

② 在弹出的“模板”对话框中，单击“常用”选项卡，单击“工作簿”选项，如图1-25所示。单击“确定”按钮。

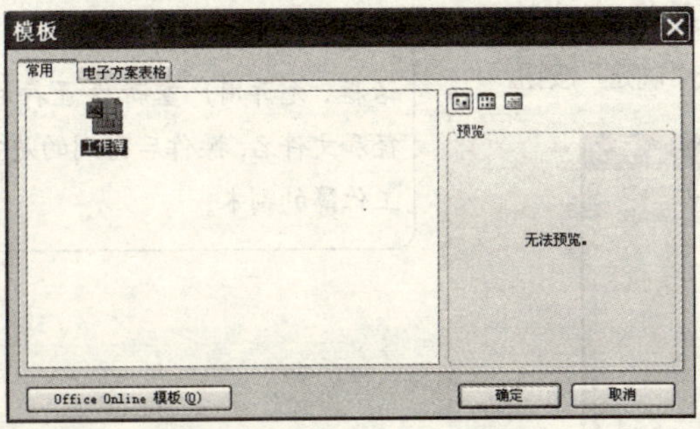

图1-25 “模板”对话框

方法3：使用工具按钮。单击“常用”工具栏上的“新建”按钮。

方法4：使用组合键。直接按“Ctrl”+“N”组合键。

提示

Excel提供了许多工作簿模板，如果需要创建基于模板的工作簿，可按以下步骤进行操作。

① 执行“文件”>“新建”命令★4，在弹出“新建工作簿”任务窗格中单击“本机上的模板”链接，弹出“模板”对话框。

② 单击“电子方案表格”选项卡，单击所需模板选项（如“考勤记录”）。

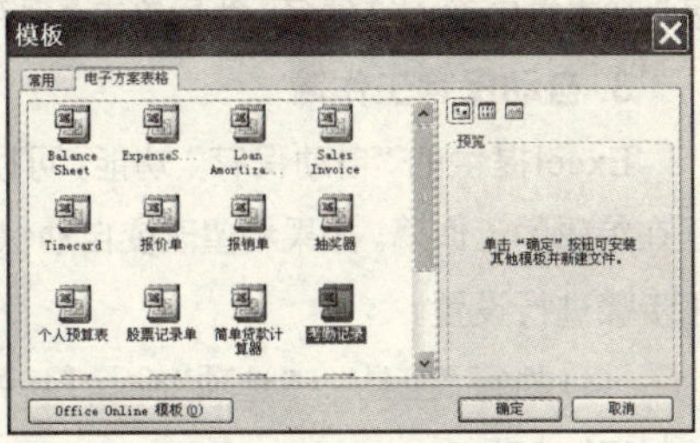

③. 单击“确定”按钮。

05 保存工作簿

1. 初次保存工作簿

如果是初次保存新建的工作簿，执行“文件”>“保存”命令或按“Ctrl”+“S”组合键后，系统将弹出“另存为”对话框；在该对话框中单击“保存位置”下拉列表，选择存放文件的位置；在“文件名”文本框中输入文件名，如图1-26所示。单击“保存”按钮。

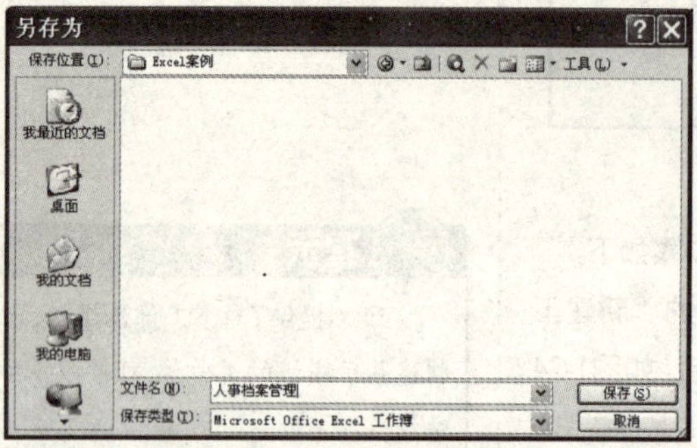

图1-26 “另存为”对话框

2. 另存为工作簿

将工作簿以“另存为”方式保存，可以有效地保护源工作簿的数据。方法是执行“文件”>“另存为”命令，弹出“另存为”对话框，单击“保存位置”下拉列表，选择存放文件的位置，在“文件名”文本框中输入文件名。然后单击“保存”按钮。

3. 自动保存工作簿

Excel提供的“自动保存”功能，可以每隔一段时间自动保存正在编辑的工作簿。如果希望改变自动保存间隔的时间，可以按以下步骤进行设置。

(1) 执行“工具”>“选项”命令★5，弹出“选项”对话框，单击“保存”选项卡。

(2) 勾选“保存自动恢复信息，每隔_分钟”复选框，并在其右侧的微调框中输入间隔的时间数，如图1-27所示。单击“确定”按钮。

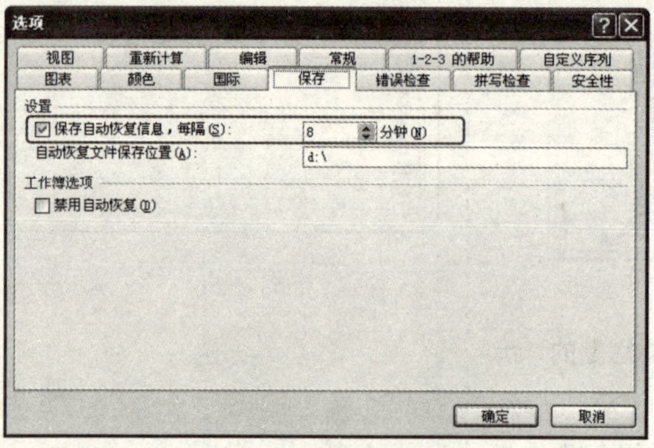

图1-27 设置自动保存间隔时间

注意

在输入或编辑数据的过程中应适时地按“Ctrl”+“S”键来保存文档，这样可以防止因突然死机、断电、软件故障等意外因素造成文档或数据丢失或损坏。

提示

其他保存方法。单击“常用”工具栏上的“保存”按钮。

知识

“保存”与“另存为”两个命令，虽然名称和功能都非常相似，但有区别。对于新创建的工作簿，在第一次执行保存操作时，两个命令功能完全相同，都将调出“另存为”对话框，供用户进行路径、文件名等选择。但如果对已经保存过的工作簿进行保存操作，“保存”命令不会调出“另存为”对话框，而是直接将编辑后的内容保存到当前工作簿中，工作簿的文件名、路径不会发生任何改变。“另存为”命令将会调出“另存为”对话框，允许用户重新设置存放路径和文件名，操作后得到的是当前工作簿的副本。

06 工作表基本操作

通常，一个工作簿由多个工作表组成。用户可以根据需要随时重命名、插入、删除、移动、复制工作表来重新组织工作簿。

1. 命名工作表

创建新工作簿后，系统默认的工作表名称分别为“Sheet1”、“Sheet2”、“Sheet3”，若需要修改工作表名，可以双击要更名的工作表标签★6，然后在标签上直接输入新的工作表名称。

提示

命名工作表的其他方法是用鼠标右键单击需要重新命名的工作表标签，在弹出的快捷菜单中执行“重命名”命令，然后输入新的工作表名称。

2. 插入工作表

如果要在某工作表之前插入一个新工作表，需要先选定该工作表，然后执行“插入”>“工作表”命令★7。新插入的工作表成为当前工作表，并自动采用默认名称，可以根据需要重新命名。

提示

插入工作表的其他方法是用鼠标右键单击工作表标签，在弹出的快捷菜单中执行“插入”命令。

3. 删除工作表

删除工作表的方法是先选定需要删除的工作表；然后执行“编辑”>“删除工作表”命令★8，如果工作表中有数据则会出现警告对话框，如图1-28所示。可根据需要进行删除或取消。

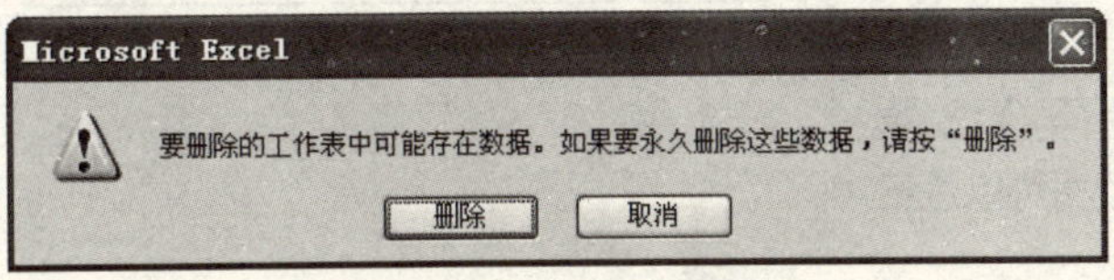

图 1-28　警告对话框

提示

删除工作表的其他方法是用鼠标右键单击工作表标签，在弹出的快捷菜单中执行“删除”命令。

注意

工作表删除后将无法恢复。

4. 移动工作表

工作簿中的工作表是有前后次序的，可以通过移动工作表来改变它们的次序。具体方法是将鼠标指针指向被移动的工作表标签，按住鼠标左键，此时鼠标指针变成带有一页卷角的表的图标，同时旁边的黑色倒三角指示移动的位置，如图1-29所示。拖曳鼠标到达需要的位置后释放鼠标。

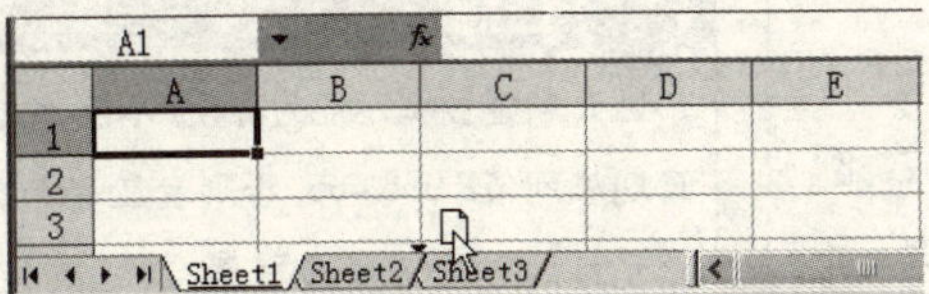

图 1-29　鼠标拖曳移动工作表

提示

使用菜单命令移动工作表的步骤如下。

① 选择需要移动的工作表。

② 执行“编辑”>“移动或复制工作表”命令，弹出“移动或复制工作表”对话框。

③ 选择目标位置，单击“确定”按钮。

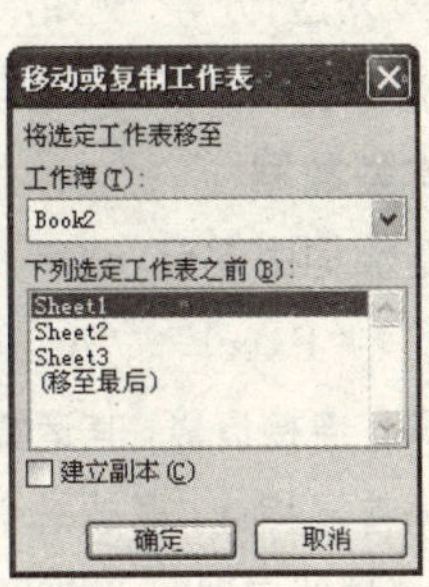

5. 复制工作表

如果需要添加的工作表与现有的某个工作表相似，可采用复制工作表的方法来快速建立所需的工作表。具体方法是将鼠标指针指向被移动的工作表标签，按住“Ctrl”键，按住鼠标左键，此时鼠标指针变成“十”字形的表的图标，同时旁边的黑色倒三角指示工作表的复制位置，如图1-30所示。拖曳鼠标到达目标位置后释放鼠标左键，再放开“Ctrl”键。

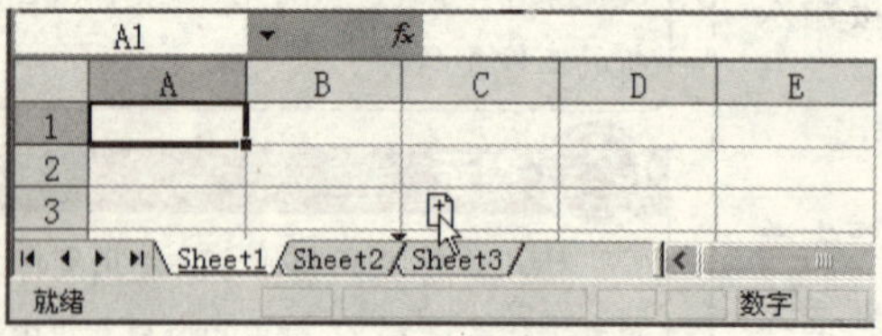

图 1-30　鼠标拖曳复制工作表

知识

复制得到的工作表名称由Excel自动命名，规则是在源工作表名后加上一个带括号的编号，编号表示为该工作表的第几个副本。

提示

使用菜单命令复制工作表。与移动工作表相似，只是在打开的“移动或复制工作表”对话框中，除了需要选择目标位置外，还需要勾选“建立复本”复选框。

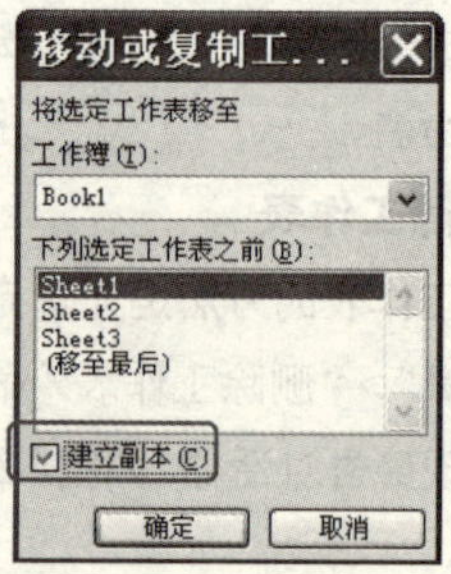

07 数据类型

在Excel中，数据分为3类，分别是数值型、文本型和逻辑型。一般情况下，数据的类型通过输入数据的内容自动确定。

1. 数值型数据

数值型数据由数字0~9及正号（+）、负号（-）、小数点（.）、百分号（%）、千位分隔符（,）、货币符号（$、￥）、指数符号（E或e）、分数符号（/）等组成。此类数据可以进行加、减、乘、除等各种数学运算。

数值型数据有两种特殊形式，即日期型数据和时间型数据。

Excel自动将所有日期型数据存储为1~2 958 465范围内的整数，称为序列值，分别对应1900年1月1日到9999年12月31日。例如，2008年8月8日对应的序列值是39 668。

Excel自动将所有时间型数据存储为小数，0对应0时，1/24（0.0416）对应1时，1/12（0.083）对应2时；1/1440（0.000649）对应1分等。例如，2008年8月8日下午8时对应的是39 668.833 333。

知识

日期型数据是数值，可以进行数学运算。一般运算形式包括：

（1）用一个日期减去另一个日期，结果为两个日期相差的天数。

（2）用一个日期加上或减去一个数，结果为该日期以后或以前若干天的日期。

注意

日期型数据不能为负数，不能超过最大日期序列值2 958 465，否则会显示一串填满单元格的“#”来表示错误。

2. 文本型数据

文本型数据由字母、汉字、空格或其他字符组成。例如，“姓名”、“Excel”、“A234”等都是文本型数据。文本型数据只有连接运算，其运算符为“&”，可以将若干个文本型数据首尾相连，形成一个新的文本型数据。例如，“Excel”&“技能实训”，运算结果为“Excel技能实训”。

3. 逻辑型数据

在Excel中，逻辑型数据只有两个，一个为“TRUE”，即为真；另一个为“FALSE”，即为假。

08 输入文本

文本是Excel工作表中非常重要的一种数据类型，工作表中的文本可以作为行标题、列表题或工作表说明。

在工作表中输入文本数据时，系统默认为左对齐。Excel规定，每个单元格中最多可以容纳32 000个字符，如果在单元格中输入的字符超过了单元格的宽度，Excel自动将字符依次显示在右侧相邻的单元格上，如果相邻单元格中含有数据，文本字符将被自动隐藏。在工作表中输入文本，可以采用以下几种方法。

(1) 在编辑栏中输入。选定待输入文本的单元格，单击编辑栏中的编辑框，输入文本，输入完毕后，按“Enter”键或用鼠标单击其他单元格即可确认完成输入。文本输入完毕后，单击“输入”按钮✓也可以确认完成输入，这时单元格周围出现黑粗框，如图1-31所示，表示该单元格为当前单元格。

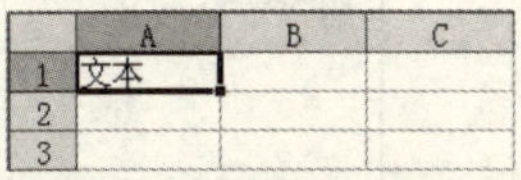

图1-31　输入文本

(2) 在单元格中输入。单击待输入文本的单元格，然后输入文本并确认完成输入；或者双击待输入文本的单元格，然后输入文本并确认完成输入。两种方法的区别是，前者输入的数据将覆盖该单元格原有的数据。

在输入过程中取消输入的内容，可以按“Esc”键退出输入状态。

09 输入数值

数值是Excel工作表中最重要的组成部分，进行数值计算是Excel最基本的功能。Excel中的数值不仅包括普通的数字数值，而且包括小数型数值、货币型数值、分数和百分数等。在工作表中输入数值型数据时，系统默认的对齐方式为右对齐。

提示

确认输入时，“Enter”键的默认移动方向是向下移动一个单元格，如果需要可以改变。具体方法是：

① 执行“工具”>“选项”命令★9，在弹出的“选项”对话框中单击“编辑”选项卡。

② 勾选“按Enter键后移动”复选框，在“方向”下拉列表中选择需要的移动方向。单击“确定”按钮。

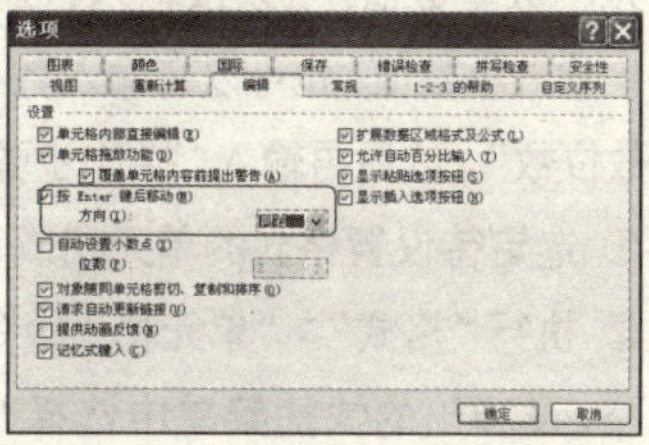

提示

当输入的文本比较长时，可以通过换行，将输入的文本全部显示在当前单元格内。设置换行有两种方法。

方法1：使用组合键。输入文本时，如果需要换行，按“Alt”+“Enter”组合键。

方法2：设置“自动换行”格式。

① 选定待设置格式的单元格或单元格区域；

② 执行“格式”>“单元格”命令★10，在弹出的“单元格格式”对话框中，单击“对齐”选项卡。

③ 勾选“自动换行”复选框，单击“确定”按钮。

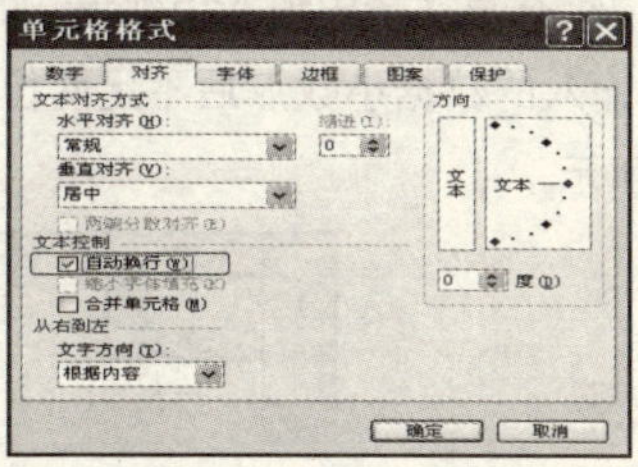

1. 输入普通数值

在Excel中处理的数值型数据多数为普通数值，如235、-1287等。在单元格中输入普通数值的方法与输入文本型数据相似，先选定待输入数字的单元格，然后在编辑框或单元格中输入数值并确认完成输入。

在实际应用中，可能有些数值在形式上有特殊要求，如数值前面加“0”；也可能有些数据在处理上有特殊要求，如要求员工序号“701”按文本型数据进行处理。对这类数据比较有效的处理方法是将数值型数据强行转换为文本型数据。

2. 输入小数值

在输入数据过程中，如果涉及价格等数据时，经常需要输入小数型数值。可以按输入普通数值的方法直接在单元格中输入小数值；也可以在输入数据前，先设置单元格的“小数位数”，然后再输入。操作步骤如下。

① 选定待设置格式的单元格或单元格区域。

② 执行“格式”>“单元格”命令；或右键单击选定的单元格，从弹出的快捷菜单中选择“设置单元格格式”命令，弹出“单元格格式”对话框。

③ 单击“数字”选项卡，在“分类”列表框中选择“数值”选项，在“小数位数”微调框中输入小数位数，如输入“2”，在“负数”列表框中选择“-1234.10”选项，如图1-32所示，单击“确定”按钮。

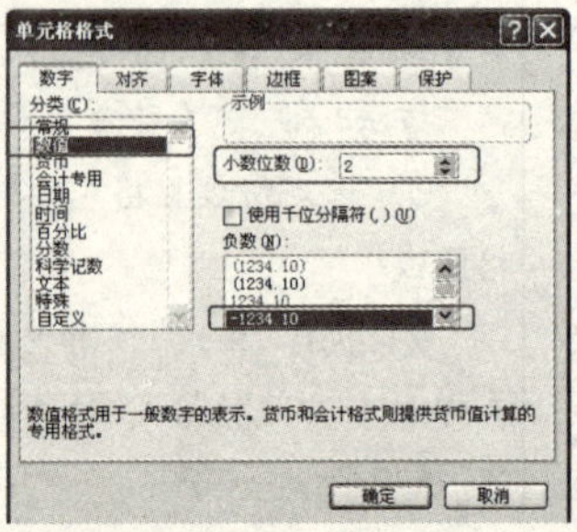

图1-32　设置小数格式

④ 在单元格中输入小数值，此时可以发现在此单元格中输入的数据小数点后不足两位时系统自动补0，如图1-33所示。

	A	B
1	12.00	
2	12.10	
3	12.11	
4		

图1-33　输入小数

技巧

将数值型数据强行转换为文本型数据的方法有以下两种。

方法1：使用前导符。在输入数据之前，先输入一个单引号“'”，然后再输入数据。

方法2：设置“文本”格式。在输入数据之前，先将单元格设置为“文本”格式，然后再输入数据。设置“文本”格式的操作步骤如下。

① 选定待设置格式的单元格或单元格区域。

② 执行“格式”>“单元格”命令，弹出“单元格格式”对话框。

③ 单击“数字”选项卡，在“分类”列表框中选择“文本”选项，单击“确定”按钮。

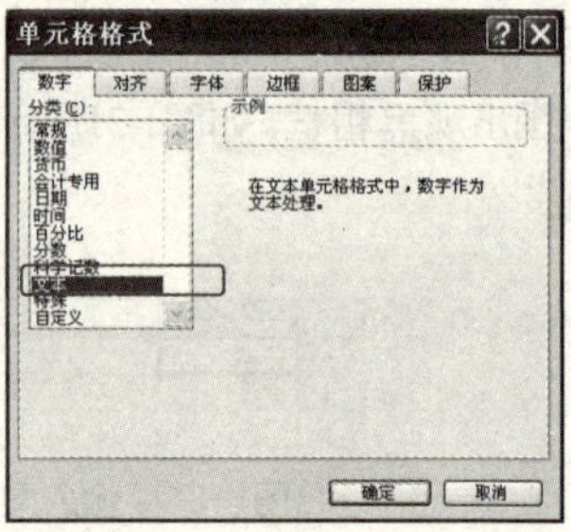

3. 输入货币值

货币型数值属于特殊数据，往往需要在数值前加上货币符号，常规数据格式不适合这类数据。因此，需要在输入前设置单元格的数字类型，以保证数据的匹配。可以使用两种方法进行设置。第一种是先选定待输入货币值的单元格，然后单击“格式”工具栏上的“货币样式”按钮，再输入货币数值。第二种是在输入数据前，先将单元格设置为“货币”格式，然后再输入。设置“货币”格式的操作步骤如下。

① 选定待设置格式的单元格或单元格区域。

② 执行“格式”>“单元格”命令，弹出“单元格格式”对话框。

③ 单击“数字”选项卡，在“分类”列表框中选择“货币”选项，在“货币符号”下拉列表框中选择“￥”选项，设置“小数位数”和“负数”。如图1-34所示。单击“确定”按钮。

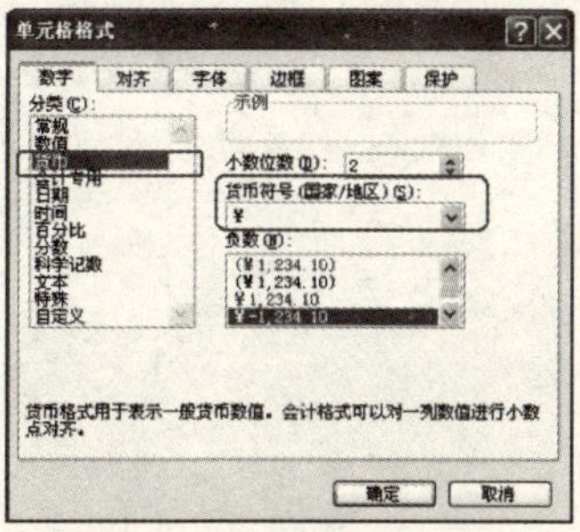

图1-34　设置货币格式

4. 输入分数值

输入分数时，输入顺序是：整数→空格→分子→正斜杠（/）→分母。例如要输入二又四分之一，则应在选定的单元格中输入“2 1/4”。如果输入纯分数，整数部分的0不能省略，比如输入四分之一的方法是“0 1/4”。

5. 输入百分比

输入百分比数值时，可以在输入数值后，直接输入百分号“%”；也可以按一般数值数据输入百分比数据，然后选定单元格，再单击“格式”工具栏上的“百分比样式”按钮 %。两者的区别是：采用后一种方法时，Excel会自动将输入的数据乘以100%。例如要输入65%，前一种方法是直接输入“65%”，而后一种方法是先输入“0.65”，然后选定该单元格，再单击“格式”工具栏上的“百分比样式”按钮。

注意

如果单元格中数值显示为“########”，说明单元格的宽度不够。如果希望将数值显示出来，应增加单元格宽度。

10 自动填充数据

在Excel中，有时需要输入一些相同的或者有规律的数据，这时可以利用自动填充的方法输入数据。

1. 填充相同数据

在连续的单元格中输入相同数据，操作步骤如下。

① 在单元格区域的第一个单元格中输入第一个数据。

② 选定已输入数据的单元格，这时该单元格周围出现黑粗框，右下角有一个黑色小矩形，称作填充柄。

③ 将鼠标指针移至该单元格的填充柄处，此时指针会变成 十 字形状，按住鼠标左键不放拖曳至所需单元格放开。

图1-35所示示例均可以使用这种方法。其中，第1行的数据是先输入的，第2~6行数据是填充得到的。

	A	B
1	1	自填充
2	1	自填充
3	1	自填充
4	1	自填充
5	1	自填充
6	1	自填充

图1-35 填充相同数据

在非连续的单元格中输入相同数据，操作步骤如下。

① 选定要输入数据的其中任一个单元格，按住“Ctrl”键依次选定需要输入相同数据的多个单元格，如图1-36所示。

	A	B	C	D
1				
2				
3				
4				
5				

图1-36 选定多个单元格

② 选定的最后一个单元格则呈白色，在这个白色单元格中输入需要的数据，然后按“Ctrl”+“Enter”组合键，这时可以看到输入的数据自动地填充到选定的单元格中，如图1-37所示。

	A	B	C	D
1	历史		历史	
2		历史		
3	历史		历史	
4				历史
5		历史		历史

图1-37 输入结果

技巧

在连续的单元格中填充相同数据更快捷、简单的方法是在第一个单元格中输入数据后，双击第一个单元格填充柄。进行双击填充时，填充到最后一个单元格的位置，取决于左侧一列中第一个空单元格的位置，如果填充列是第一列，则取决于右侧一列中第一个空单元格的位置。

2. 填充等差序列数据

输入等差序列数据的操作步骤如下。

① 在前两个单元格中分别输入序列中前两个数据。

② 选定已输入数据的两个单元格。

③ 将鼠标指针移至第2个单元格的填充柄处，当鼠标指针变成 十 字形状时，按住鼠标左键不放拖曳至所需单元格放开。

图1-38所示示例均可以使用这种方法。其中，第1、2行的数据是先输入的，第3~7行数据是填充得到的。

	A	B	C
1	1	1	0.1
2	2	3	0.6
3	3	5	1.1
4	4	7	1.6
5	5	9	2.1
6	6	11	2.6
7	7	13	3.1

图1-38 等差序列数据填充结果

3. 填充日期数据

与数字的自动填充相比，Excel提供的日期填充方法更加智能，能够根据输入的日期内容进行逐日、逐月或逐年填充，也可以按工作日填充。操作步骤如下。

① 输入第一个日期。

② 将鼠标指针移至该单元格的填充柄处，指针变成 十 字形状后，按住鼠标右键不放拖曳至所需单元格放开，此时弹出快捷菜单，如图1-39所示。选择相应的命令完成相应内容的填充。

图1-40所示示例均可以使用这种方法。其中，第1行的数据是先输入的，第2~12行数据是填充得到的。

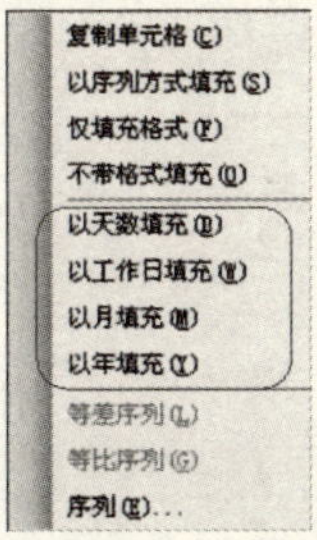

图1-39 快捷菜单

	A	B	C	D
1	2010-8-1	2010-8-1	2010-8-1	2010-8-1
2	2010-8-2	2010-8-2	2010-9-1	2011-8-1
3	2010-8-3	2010-8-3	2010-10-1	2012-8-1
4	2010-8-4	2010-8-4	2010-11-1	2013-8-1
5	2010-8-5	2010-8-5	2010-12-1	2014-8-1
6	2010-8-6	2010-8-6	2011-1-1	2015-8-1
7	2010-8-7	2010-8-9	2011-2-1	2016-8-1
8	2010-8-8	2010-8-10	2011-3-1	2017-8-1
9	2010-8-9	2010-8-11	2011-4-1	2018-8-1
10	2010-8-10	2010-8-12	2011-5-1	2019-8-1
11	2010-8-11	2010-8-13	2011-6-1	2020-8-1
12	2010-8-12	2010-8-16	2011-7-1	2021-8-1
	以天数	以工作日	以月	以年

图1-40 日期数据填充结果

知识

所谓等差序列是指在单元格区域中两个相邻单元格的数据之差等于一个固定值。例如1、3、5、…，就是等差序列。

技巧

如果要填充1、2、3…这样的等差序列数据，可以在第1个单元格中输入1，然后按住“Ctrl”键同时拖动鼠标至最后一个单元格。

4. 填充特殊数据

在实际工作中，有时需要填充一些特殊数据，如中英文星期、中英文月份、中文季度以及天、干、地、支等，可以使用Excel已经定义的内置序列进行填充。方法是先输入第一个数据，然后使用鼠标拖曳填充柄至所需单元格放开。

图1-41所示示例均可以使用这种方法。其中，第1行的数据是先输入的，第2~12行数据是填充得到的。

	A	B	C	D	E
1	第一季	甲	子	Sun	January
2	第二季	乙	丑	Mon	February
3	第三季	丙	寅	Tue	March
4	第四季	丁	卯	Wed	April
5	第一季	戊	辰	Thu	May
6	第二季	己	巳	Fri	June
7	第三季	庚	午	Sat	July
8	第四季	辛	未	Sun	August
9	第一季	壬	申	Mon	September
10	第二季	癸	酉	Tue	October
11	第三季	甲	戌	Wed	November
12	第四季	乙	亥	Thu	December

图1-41　特殊数据填充结果

提示

若所需填充的数据不在Excel已定义的内置序列中，可根据需要自行定义。具体操作步骤如下。

① 执行“工具”>“选项”命令★11，弹出“选项”对话框，单击“自定义序列”选项卡。

② 选择“新序列”或单击“添加”按钮，在“输入序列”框中输入序列内容，每输入完一项，按“Enter”键。单击“确定”按钮。

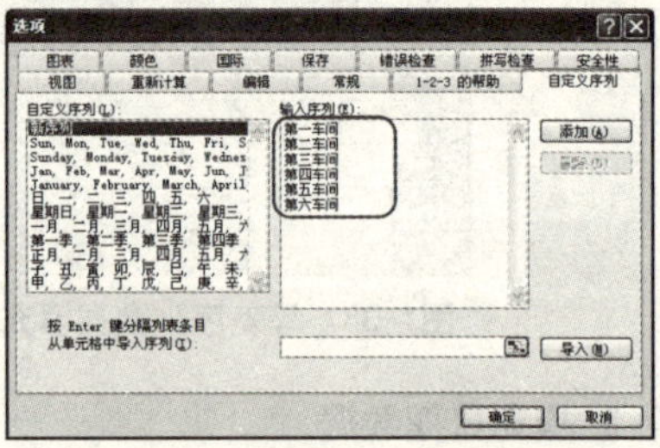

11 设置数据有效性

如果输入的数据在一个自定义的范围内，或取自某一组固定的值，可以使用Excel提供的数据有效性功能。数据有效性是为一个特定的单元格或单元格区域定义可以接受数据范围的工具，这些数据可以是数字序列、日期、时间、文本长度等，也可以是自定义的数据序列。设置数据的有效性，可以限定数据的输入范围、输入内容以及输入个数，以保证数据的正确性和有效性。

1. 在单元格中创建下拉列表

当需要输入重复数据时，可以使用Excel“有效性”功能创建一个下拉列表。这样，就可以直接从下拉列表中选择所需数据，提高输入效率。创建下拉列表的操作步骤如下。

① 选定需要创建下拉列表的单元格或单元格区域。

② 执行“数据”>“有效性”命令★12，弹出“数据有效性”对话框，单击“设置”选项卡。

③ 在“允许”下拉列表中选择“序列”选项，在“来源”文本框中输入要创建的下拉列表中的选项，每项之间使用逗号“,”分开，勾选“忽略空值”和“提供下拉列表箭头”复选框，如图1-42所示。单击“确定”按钮。

注意

在“来源”文本框中输入的文本，每项之间的逗号“,”一定为英文状态下的半角形式，否则就会失去数据有效性的功能。

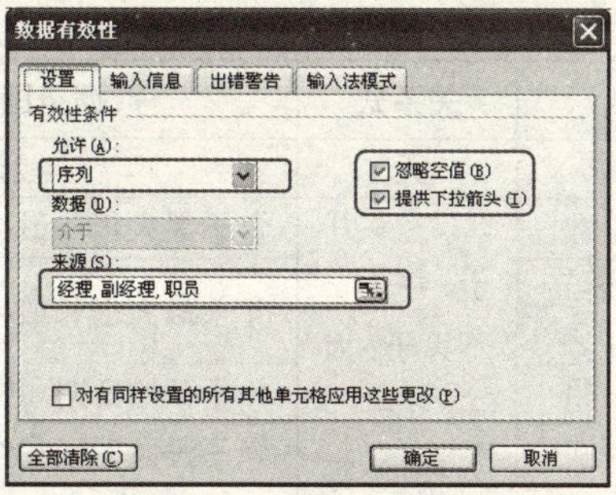

图1-42 设置数据有效性

完成上述设置后，当单击设置好的单元格时，单元格右侧会出现下拉箭头，单击该箭头，会弹出下拉列表，如图1-43所示，选择其中的选项即可完成输入。使用自己创建的下拉列表，输入时既方便、快捷，又能够保证输入的正确性。

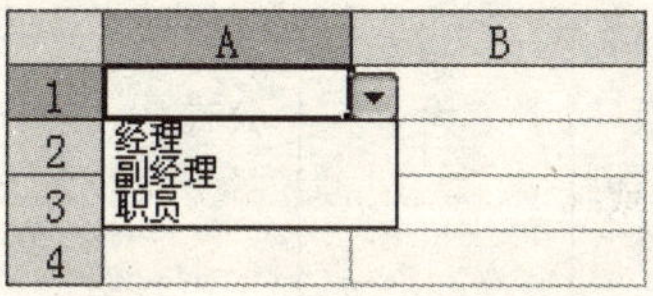

图1-43 在下拉列表中选择数据

2. 在单元格中设置数据的输入范围

在单元格中设置输入数值的范围，这样当在单元格中输入的数值超出设置的范围或者输入了其他内容的数据时，Excel将视其为无效。操作步骤如下。

① 选定单元格或单元格区域。

② 打开“数据有效性”对话框，单击“设置”选项卡。

③ 在“允许”下拉列表中选择“整数”选项，在“数据”下拉列表中选择“介于”选项，在“最小值”文本框中输入数据范围的下限值，在“最大值”文本框中输入数据范围的上限值，勾选“忽略空值”复选框，如图1-44所示。单击“确定”按钮。

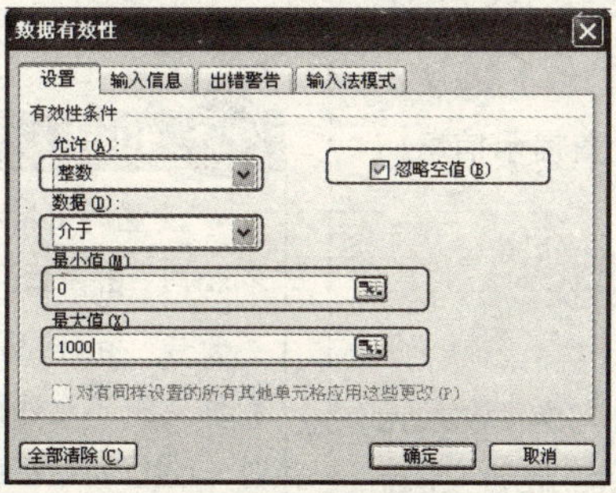

图 1-44 设置输入范围

完成上述设置后，当用户在设置好的单元格中输入数据时，Excel自动对数据进行有效性检验。在“数据有效性”对话框的“允许”下拉列表框中列出了多种有效数据，有效数据不同，可以定义的有效性内容不同。“允许”列表框中有效数据的类型、含义及关系式如下表所示。

类型	含义	关系式	数据范围或来源	说明
任何值	对输入数据不做任何限制	无	无	不进行验证
整数	限制输入的数据必须是整数	介于、未介于、等于、不等于、大于、小于、大于或等于、小于或等于	介于最大值和最小值之间	在设定数据类型、关系式及数据范围之间进行验证
小数	限制输入的数据必须是数字或小数		介于最大值和最小值之间	
日期	限制输入的数据必须是日期		介于开始日期和结束日期之间	
时间	限制输入的数据必须是时间		介于开始时间和结束时间之间	
文本长度	限制输入的数据必须是指定的有效数据的字符数		介于最大值和最小值之间	
序列	限制输入的数据必须是指定的有效数据序列	无	选择或自行输入序列的数据来源	利用数据来源进行验证
自定义	允许使用公式、表达式或者引用其他单元格中的计算值来判定输入数值的正确性。公式得出的必须是“True”或“False”。	无	公式	利用输入的公式进行验证

3. 设置提示信息

设置数据有效性后，如果输入的数据不符合设置的规则，Excel将给出错误警告，并拒绝接受错误数据。但是，Excel给出的警告信息内容比较单一，没有针对性，如图1-45所示。

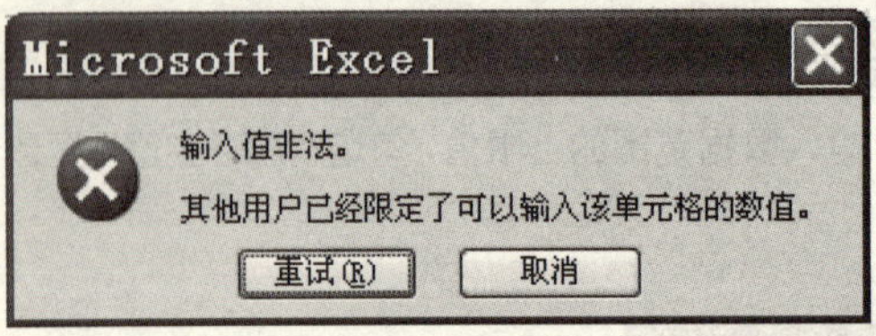

图1-45　警告对话框

事实上，Excel允许用户自行设置提示信息。操作步骤如下。

① 选定单元格。

② 打开“数据有效性”对话框。

③ 单击“出错警告”选项卡，勾选“输入无效数据时显示出错警告”复选框，在“样式”下拉列表中选择一种提示样式，在“标题”和“错误信息”文本框中输入相应内容，如图1-46所示。

知识

设置的出错样式不同，对无效数据的处理将不相同。出错信息的样式由重到轻分为“停止”、“警告”和“信息”3种。当使用“停止”时，无效的数据是绝不允许出现在单元格中；当使用“警告”时，无效的数据可以出现在单元格中，但是会警告这样的操作可能要出现错误；当选择“信息”时，无效的数据只是被当作特殊的形式而被单元格接受。在使用时，可以根据具体情况和需要，选择不同程度的出错样式。

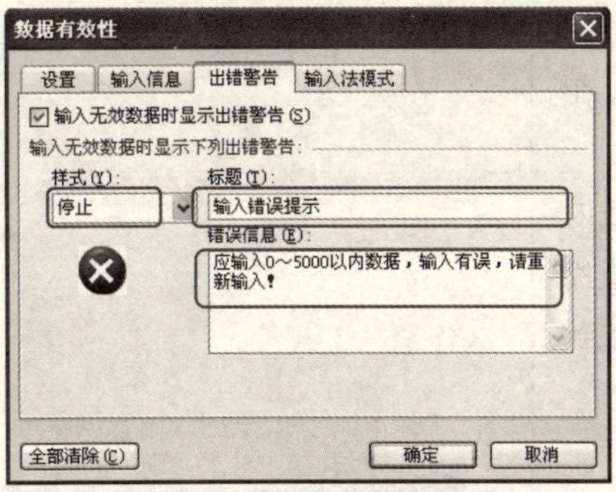

图1-46 设置出错警告

④ 单击“输入信息”选项卡，勾选“选定单元格时显示输入信息”复选框，在“标题”和“输入信息”文本框中输入相应内容，如图1-47所示。单击“确定”按钮。

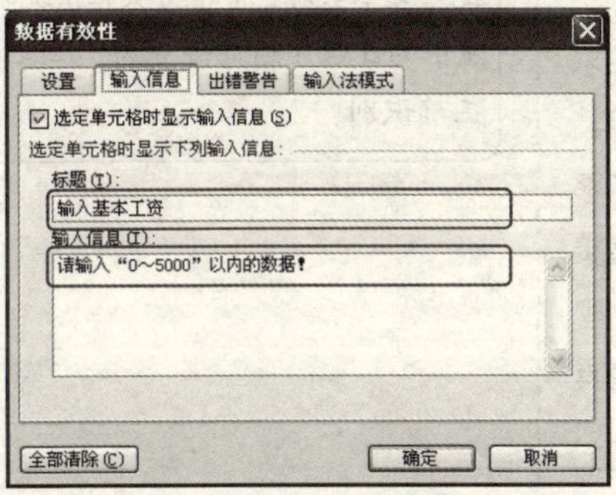

图1-47 设置输入信息

12 从下拉列表中选择数据

当需要输入在同一列单元格已经输入过的数据时，可以从下拉列表中选择。使用下拉列表输入数据，可以避免因手工输入带来输入内容的不一致，同时也可以提高输入速度和效率。操作步骤如下。

① 右键单击单元格，在弹出的快捷菜单中选择“从下拉列表选择”命令。

② 在下拉列表中选择需要输入的数据值。

13 查找替换数据

利用Excel提供的查找与替换功能可以实现多个重复词汇或短语的输入。例如，将需要多次输入的词汇定义为键盘上一个特殊字符，输入这个词汇时用定义的特殊字符代替，然后使用查找替换功能，查找特殊字符，替换为需要输入的词汇。

操作步骤如下。

① 执行“编辑”>“替换”命令★13，弹出“查找和替换”对

注意

从下拉列表选择数据需要在同一列中已有所需数据，且只在同一列连续单元格内输入才有效，该方法适用于文本型数据的输入。

知识

查找是将光标定位在与查找数据相符的单元格上，替换是将与查找数据相符的单元格内原有数据替换为新的数据。

查找替换功能是一种快速自动修改数据的好方法，尤其对长文档多处进行同样内容的修改时极为方便，并且不会发生遗漏。

话框。

② 在“查找内容”下拉列表框中输入要替换掉的数据，在“替换为”下拉列表框中输入要替换的数据。

③ 若单击“全部替换”按钮，将文档中所有与“查找内容”中相符的单元格的内容全部替换为新内容；若单击“查找下一个”按钮，找到后再单击“替换”按钮，则只替换当前找到的数据。

14 输入日期和时间

日期和时间属于特殊数值型数据，与输入数值型数据不同，应遵循一定的格式。在工作表中输入日期和时间时，系统默认的对齐方式为右对齐。

1. 输入日期

Excel对日期数据的处理有一定的格式要求，不符合要求的数据被当作文本型数据处理，不能进行与日期有关的计算。Excel默认的日期格式为“年-月-日”，“年/月/日”等格式也能够识别。输入日期时应先选定单元格，然后使用“-”或“/”直接在单元格中输入。例如，输入“2008-8-8”或“2008/8/8”。

在Excel中，日期的输入形式所对应的显示值和存储值具有一定规则，如下表所示。。

输入值	显示值	存储值
10-1	10月1日	2010-10-1
10/10/1	2010-10-1	2010-10-1
2010/10/1	2010-10-1	2010-10-1
10-10-1	2010-10-1	2010-10-1
1-May	1-May	2010-5-1
1- May -10	1- May -10	2010-5-1
2010年10月1日	2010年10月1日	2010-10-1

输入日期数据时，还可以在输入前，先将单元格设置为“日期”格式，然后再输入。具体操作步骤如下。

① 选定待设置格式的单元格或单元格区域，打开“单元格格式”对话框。

② 单击“数字”选项卡，在“分类”列表框中选择“日期”选项，在“类型”列表框中选择一种显示类型，如图1-48所示。单击“确定”按钮。

知识

按中国人的习惯，可能会输入2008.8.8这样的日期值，但是系统并不能将这种数据识别为日期格式，而只能将其视为文本数据。除非将操作系统的区域设置中的日期分隔符设置为“.”，Excel才能正确识别。

注意

在输入日期型数据时，应尽量采用简便的方法。输入当年日期时，可以只输入“月—日”，Excel会自动加上当年的年份。例如当年年份是2010，输入“10—1”时，Excel存入的实际数据值是“2010—10—1”。不是当年的日期，需要输入年份，但是一般只需输入后两位即可，Excel会自动加上世纪数据。例如输入“08—8—8”，Excel存入的实际数据值是“2008—8—8”，而输入“55—4—10”，Excel存入的实际数据值是“1955—4—10”。但是如果要输入1930年以前的日期，年份必须输入完整。例如应输入“1926—12—19”，如果输入“26—12—19”，Excel会将其按“2026—12—19”处理。

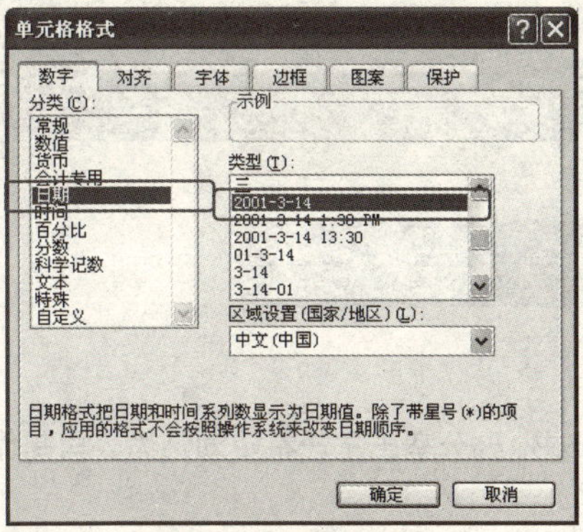

图1-48 设置日期格式

③ 输入日期数值。

技巧

如果希望快速输入系统当前日期，可以按下"Ctrl"+";"组合键。

2. 输入时间

与日期输入一样，也有多种固定的输入格式，输入的形式与其所对应的显示值和存储值也具有一定规则，如下表所示。

输入值	显示值	存储值
8:30	8:30	8:30:00
16:30:00	16:30:00	16:30:00
8:30:00 am	8:30:00 AM	8:30:00
4:30 pm	4:30 PM	16:30:00
16时30分	16时30分	16:30:00
16时30分00秒	16时30分00秒	16:30:00
下午4时30分	下午4时30分	16:30:00
上午4时30分0秒	上午4时30分00秒	4:30:00

在单元格中输入时间时，系统默认按24小时制输入。如果需要按照12小时制输入时间，则输入的顺序为：时间→空格→AM（或者PM），其中 "AM"表示上午，"PM"表示下午。例如，输入"10:20 AM"。

技巧

如果希望快速输入系统当前时间，可以按下"Ctrl"+"Shift"+";"组合键。

15 输入身份证号码

中国的身份证号码一般为18位，如果在单元格中输入一个18位长度的身份证号码，Excel将以科学记数法来显示，同时将其最后3位数字变为0。原因是Excel将身份证号码作为数值数据来处理。Excel能够处理的数值精度为15位，超过15位的数值则作为0来保存；超过11位的数值，则以科学记数法来表示。因此如果需要在单元格中输入正确的身份证号码，应将其作为文本型数据来输入。具体方法是：

方法一：在输入身份证号码之前，先输入一个"'"，然后再输入身份证号码。

方法二：在输入身份证号码之前，先将单元格设置为"文本"格式，然后再输入。

独立实践任务

任务二　制作员工基本信息表（一）

任务背景

毕业生刘洁在成文公司实习，岗位为办公室秘书。办公室王主任希望刘洁为公司制作一个员工基本信息表。

任务要求

制作一个员工基本信息表。要求如下。

内容包括：工号、姓名、性别、岗位、部门、入职日期、办公地点、办公电话、移动电话、E-mail地址和备注。

表名：员工基本信息。

文档名：员工基本信息管理.xls。

【技术要领】新建工作簿；数据输入；保存文档。

【解决问题】选择有效的数据输入方法；随时保存文档。

【应用领域】单位的人事档案、生产部门的产品资料、销售单位的顾客信息、学校的学生学籍档案、医院的病人病案等。

任务分析

建立一个空白工作簿，并按要求修改工作表名。分析数据特点，选择自动填充、下拉列表、数据有效性、查找替换等方法输入数据。

任务效果参考图

	A	B	C	D	E	F	G	H	I	J
1	工号	姓名	性别	岗位	部门	入职日期	办公电话	移动电话	E-mail地址	备注
2	0001	孙家龙	男	主任	办公室	1984-8-3	65971111	13311211011	sunjialong@cheng-wen.com.cn	
3	0002	张卫华	男	职员	办公室	1990-8-28	65971112	13611101010	zhanghuihua@cheng-wen.com.cn	
4	0003	王叶	女	职员	办公室	1996-9-19	65971113	13511212121	wangye@cheng-wen.com.cn	
5	0004	梁勇	男	职员	办公室	1996-9-1	65971113	13511212122	liangyong@cheng-wen.com.cn	
6	0005	朱思华	女	职员	办公室	1970-7-3	65971115	13511212123	zhusihua@cheng-wen.com.cn	
7	0006	陈关敏	女	主任	财务部	1998-8-2	65971115	13511212124	chungm@cheng-wen.com.cn	
8	0007	陈德生	男	职员	财务部	1998-9-12	65971115	13511212125	chunds@cheng-wen.com.cn	
9	0008	陈桂兰	女	职员	财务部	1996-8-1	65971115	13511212126	chunguilan@cheng-wen.com.cn	
10	0009	彭庆华	男	主任	工程部	1984-8-3	65971115	13511212127	pqh@cheng-wen.com.cn	
11	0010	王成祥	男	职员	工程部	1996-8-4	65971120	13511212128	wangcxyang@cheng-wen.com.cn	
12	0011	何家強	男	职员	工程部	1971-12-3	65971120	13511212129	hejq@cheng-wen.com.cn	
13	0012	曾伦清	男	职员	工程部	1967-8-3	65971120	13511212130	zlq@cheng-wen.com.cn	
14	0013	张新民	男	职员	工程部	1990-8-25	65971120	13511212131	zhangxm@cheng-wen.com.cn	
15	0014	张跃华	男	主任	技术部	1990-9-13	65971124	13511212132	zhangyuh@cheng-wen.com.cn	
16	0015	邓都平	男	职员	技术部	1958-2-28	65971125	13511212133	dengdp@cheng-wen.com.cn	
17	0016	朱京丽	女	职员	技术部	1993-7-17	65971126	13511212134	zhujl8041@cheng-wen.com.cn	
18	0017	蒙继炎	男	主任	市场部	1996-9-3	65971127	13511212135	penjy@cheng-wen.com.cn	
19	0018	王丽	女	职员	市场部	1976-8-3	65971128	13511212136	wl_1996@cheng-wen.com.cn	
20	0019	梁鸿	男	职员	市场部	1984-2-1	65971129	13511212137	lianghong_62@cheng-wen.com.cn	
21	0020	刘尚武	男	主任	销售部	1991-5-22	65971130	13511212138	liu_shangwu@cheng-wen.com.cn	
22	0021	朱强	男	职员	销售部	1974-8-3	65971131	13511212139	zhuqiang@cheng-wen.com.cn	
23	0022	丁小飞	女	职员	销售部	1998-6-14	65971132	13511212140	dignxiaofei@cheng-wen.com.cn	
24	0023	孙宝彦	男	职员	销售部	2004-9-27	65971132	13511212141	sby@cheng-wen.com.cn	
25	0024	张港	男	职员	销售部	1996-9-21	65971134	13511212142	zhangg@cheng-wen.com.cn	
26										

课后作业

1. 填空题

（1）工作表中行与列交叉位置形成的矩形区域，称为单元格地址，一般用________来表示。

（2）在Excel中，某矩形区域的左上角单元格地址为E2，右下角单元格地址为G5，该单元格区域地址为________。

（3）在Excel中，每个工作簿可以包含多个工作表，其中正在编辑的工作表称为________。

（4）在Excel中，输入分数的顺序是________。

（5）在Excel中，输入1、2、3、…数据序列，比较简单的方法是先在第1个单元格中输入“1”，然后按住________键的同时拖曳鼠标至最后一个单元格。

2. 单选题

（1）下列关于Excel的叙述中，错误的是________。

A. 在Excel中，可以移动工作表

B. 在Excel中，既可显示工具栏，也可隐藏工具栏

C. 在Excel中，可以改变工作簿中默认的工作表数

D. 同一工作簿内的不同工作表可以有相同的名称

（2）下列关于Excel工作表的叙述中，正确的是________。

A. 工作表是计算和存取数据的文件

B. 工作表名称显示在工作簿的顶部

C. 无法对工作表名称进行重新命名

D. 工作表默认名称为“Sheet1、Sheet2、…”

（3）下列关于Excel单元格的叙述中，正确的是________。

A. 单元格中容纳的字符数最多为32000个

B. 单元格中容纳的字符个数没有限制

C. 单元格中容纳的字符个数由单元格实际宽度来决定

D. 单元格中容纳的字符个数由单元格格式设置来决定

（4）在A1单元格内输入“一月”，然后拖曳该单元格填充柄至A2，则A2单元格中的数据是________。

A. 一月　　B. 二月　　C. 一　　D. 二

（5）若在Excel单元格中显示数据：01065971234，应输入________。

A. 01065971234　　B. "01065971234"

C. '01065971234　　D. '01065971234'

3. 简答题

(1) 新建工作簿中默认的工作表数是多少？如何增加工作表数？

(2) 如何显示完整的Excel菜单？

(3) 在Excel中数据类型有几种？各自的特点是什么？

(4) 输入数据的方法有几种？各自的特点是什么？

(5) 保证输入数据有效性应从哪几方面考虑？请简单说明。

模块 02

制作人事档案表（二）
——Excel工作表的修饰与打印

● **能力目标**

能用Excel编辑、格式化并打印工作表

● **专业知识目标**

1. 了解工作表的主要处理对象

2. 理解保护工作表和单元格的含义

3. 了解格式设置中各选项的含义

4. 了解编辑、格式化及打印工作表的操作内容

● **软件知识目标**

1. 熟悉打开工作簿的各种操作方法

2. 掌握编辑工作表的基本操作方法

3. 掌握各项格式设置功能及操作方法

4. 掌握各项打印设置功能及操作方法

● **课时安排**

8课时（讲课4课时，实践4课时）

● **任务效果参考图**

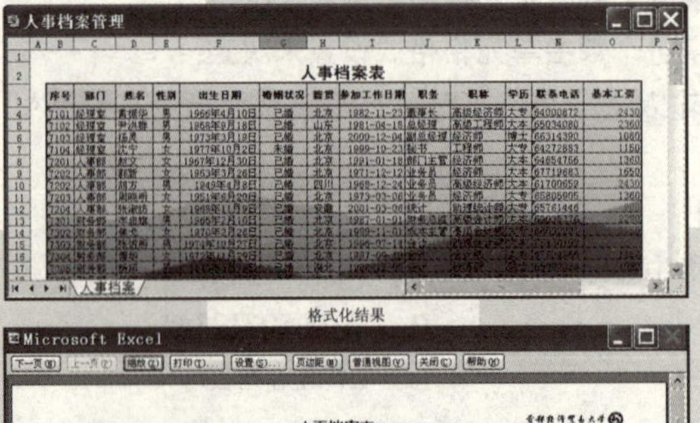

格式化结果

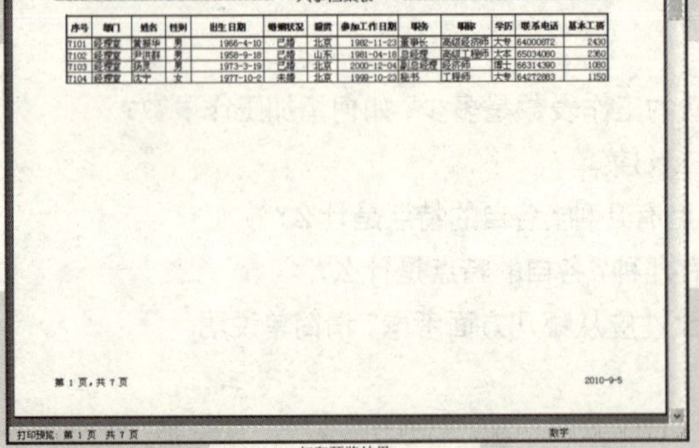

打印预览结果

模拟制作任务

任务一 人事档案表的编辑与打印

任务背景

某企业已经建立了人事档案表，为了使企业管理人员更加方便而有效地处理员工的基本信息，需要编辑人事档案表。为了提供更加美观的表格，需要对人事档案表进行必要的修饰。如果需要提供人事档案的纸质版，则要打印人事档案表。

任务要求

对已经建立的“人事档案管理.xls”工作簿中的“人事档案”工作表进行编辑、格式化和打印设置，要求如下。

编辑内容：调整工作表数据列的次序，使数据之间的显示次序更为合理。

格式化内容：设置表格标题和表头格式，设置有关数据列和表格的显示格式，使表格显示更加美观；隐藏保密数据，保护重要信息。

打印设置内容：设置页眉和页脚，以便显示必要的说明或提示信息，分部门打印员工基本信息。

任务分析

在实际应用中，数据表格可能经常会发生变动，因此需要对建好的工作表进行各种编辑操作，如增加行、删除列、调整数据列次序等。在日常管理工作中，经常需要对建好的工作表进行修饰，如添加标题，调整行高和列宽，进行对齐、字体、边框等格式设置的操作，来使工作表中的数据格式更为规范，重要的数据更为突出，表格的内容更为美观、丰富、便于阅读。

需要注意的是：对已经建立的工作表进行操作之前，应先打开保存该工作表的工作簿文件；对工作表进行编辑、格式化等操作之前，应先选定操作对象；对工作表进行打印设置之前，应先设计好打印纸张的大小及版面，包括上、下、左、右的边距，页眉、页脚的距离，页眉、页脚的显示内容等。

另外，使用“单元格格式”对话框可以设置丰富的格式，打开“单元格格式”对话框的快捷方法是直接按“Ctrl”+“1”组合键。

本案例的重点难点

对各种设置选项的理解及应用。

【技术要领】“Ctrl”+“1”（打开“单元格格式”对话框）；格式设置方法。

【解决问题】理解各种设置选项的含义及功能。

【应用领域】单位的人事档案、生产部门的产品资料、销售单位的顾客信息、学校的学生学籍档案、医院的病人病案等。

操作步骤详解

打开工作簿文档

❶ 启动Excel，执行“文件”>“打开”命令，弹出“打开”对话框。在“查找范围”下拉列表中找到文件所在的位置，在文件列表中找到需要打开的文件名，如图2-1所示。双击该文件名[01]。

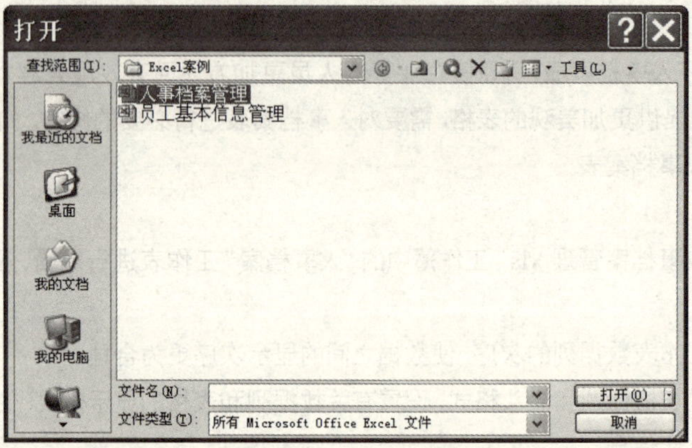

图2-1 “打开”对话框

移动“参加工作日期”信息到F列

❷ 单击F列的列标签[02]或单击F1单元格，执行“插入”>“列”命令[03]，结果如图2-2所示。

	A	B	C	D	E	F	G	H	I	J	K	L	M	N	O
1	序号	部门	姓名	性别	出生日期		职务	职称	学历	参加工作日期	婚姻状况	籍贯	身份证号	联系电话	基本工资
2	7101	经理室	黄振华	男	1966-4-10		董事长	高级经济师	大专	1982-11-23	已婚	北京	110102196408080138	64000872	2430
3	7102	经理室	尹洪群	男	1958-9-18		总经理	高级工程师	大本	1981-04-18	已婚	山东	110102197201070010	65034080	2360
4	7103	经理室	扬灵	男	1973-3-19		副总经理	经济师	博士	2000-12-04	已婚	北京	110101197408081117	66314390	1080
5	7104	经理室	沈宁	女	1977-10-2		秘书	工程师	大专	1999-10-23	未婚	北京	110101196808081836	64272883	1150
6	7201	人事部	赵文	女	1967-12-30		部门主管	经济师	大本	1991-01-18	已婚	北京	110102195007081800	64654756	1360
7	7202	人事部	郭新	女	1953-3-26		业务员	经济师	大本	1971-12-12	已婚	北京	110101197911082430	67719683	1650
8	7202	人事部	胡方	男	1949-4-8		业务员	高级经济师	大本	1968-12-24	已婚	四川	110101198005122100	61700659	2430
9	7203	人事部	周晓明	女	1951-6-20		业务员	经济师	大专	1973-03-06	已婚	北京	110101196805123131	65805905	1360
10	7204	人事部	张淑纺	女	1968-11-9		统计	助理统计师	大专	2001-03-06	已婚	安徽	110101196408082306	65761446	960
11	7301	财务部	李忠旗	男	1965-2-10		财务总监	高级会计师	大本	1987-01-01	已婚	北京	110101196805123339	63035376	2280
12	7302	财务部	焦戈	女	1970-2-26		成本主管	高级会计师	大专	1989-11-01	已婚	北京	110101195112083452	66032221	2280
13	7303	财务部	张进明	男	1974-10-27		会计	助理会计师	大本	1996-07-14	已婚	北京	110103194908083859	65430108	960
14	7304	财务部	傅华	女	1972-11-29		会计	会计师	大专	1997-09-19	已婚	北京	110101196205124051	67624956	1150
15	7305	财务部	杨阳	男	1973-3-19		会计	经济师	硕士	1998-12-05	已婚	湖北	110101197112124151	65090099	1080

图2-2 插入空列

❸ 单击“参加工作日期”列的列标签，将鼠标指针指向选定列的黑色边框上，当鼠标指针由 十 字变为黑色 十 字箭头图标时，按住鼠标左键，拖曳至F列放开[04]，结果如图2-3所示。

	A	B	C	D	E	F	G	H	I	J	K	L	M	N	O
1	序号	部门	姓名	性别	出生日期	参加工作日期	职务	职称	学历		婚姻状况	籍贯	身份证号	联系电话	基本工资
2	7101	经理室	黄振华	男	1966-4-10	1982-11-23	董事长	高级经济师	大专		已婚	北京	110102196408080138	64000872	2430
3	7102	经理室	尹洪群	男	1958-9-18	1981-04-18	总经理	高级工程师	大本		已婚	山东	110102197201070010	65034080	2360
4	7103	经理室	扬灵	男	1973-3-19	2000-12-04	副总经理	经济师	博士		已婚	北京	110101197408081117	66314390	1080
5	7104	经理室	沈宁	女	1977-10-2	1999-10-23	秘书	工程师	大专		未婚	北京	110101196808081836	64272883	1150
6	7201	人事部	赵文	女	1967-12-30	1991-01-18	部门主管	经济师	大本		已婚	北京	110102195007081800	64654756	1360
7	7202	人事部	郭新	女	1953-3-26	1971-12-12	业务员	经济师	大本		已婚	北京	110101197911082430	67719683	1650
8	7202	人事部	胡方	男	1949-4-8	1968-12-24	业务员	高级经济师	大本		已婚	四川	110101198005122100	61700659	2430
9	7203	人事部	周晓明	女	1951-6-20	1973-03-06	业务员	经济师	大专		已婚	北京	110101196805123131	65805905	1360
10	7204	人事部	张淑纺	女	1968-11-9	2001-03-06	统计	助理统计师	大专		已婚	安徽	110101196408082306	65761446	960
11	7301	财务部	李忠旗	男	1965-2-10	1987-01-01	财务总监	高级会计师	大本		已婚	北京	110101196805123339	63035376	2280
12	7302	财务部	焦戈	女	1970-2-26	1989-11-01	成本主管	高级会计师	大专		已婚	北京	110101195112083452	66032221	2280
13	7303	财务部	张进明	男	1974-10-27	1996-07-14	会计	助理会计师	大本		已婚	北京	110103194908083859	65430108	960
14	7304	财务部	傅华	女	1972-11-29	1997-09-19	会计	会计师	大专		已婚	北京	110101196205124051	67624956	1150
15	7305	财务部	杨阳	男	1973-3-19	1998-12-05	会计	经济师	硕士		已婚	湖北	110101197112124151	65090099	1080

图2-3 移动“参加工作日期”列信息

❹ 单击J列的列标签，执行“编辑”>“删除”命令[05]

移动“婚姻状况”、“籍贯”信息到F列和G列

❺ 单击“婚姻状况”列的列标签，然后按住鼠标左键不放，拖曳至“籍贯”列放开；单击“常用”工具栏上的“剪切”按钮，或是直接按“Ctrl”+“X”组合键；

❻ 右键单击F1单元格，弹出快捷菜单，如图2-4所示。执行“插入已剪切的单元格”命令，结果如图2-5所示。

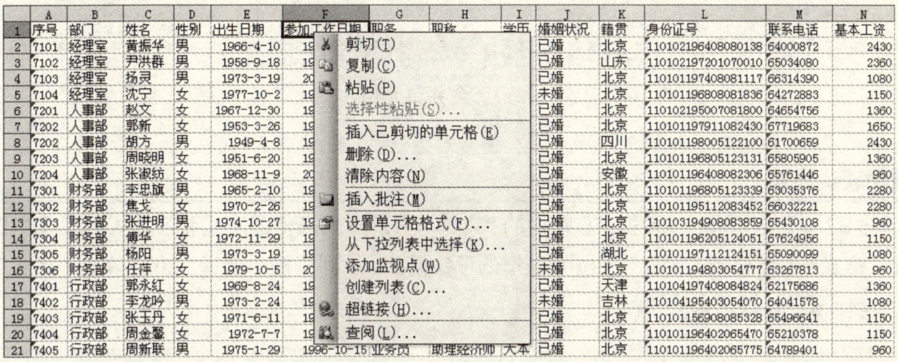

序号	部门	姓名	性别	出生日期	参加工作日期	职务	职称	学历	婚姻状况	籍贯	身份证号	联系电话	基本工资
7101	经理室	黄振华	男	1966-4-10	19				已婚	北京	110102196408080138	64000872	2430
7102	经理室	尹洪群	男	1958-9-18	19				已婚	山东	110102197201070010	65034080	2360
7103	经理室	扬灵	男	1973-3-19	20				已婚	北京	110101197408081117	66314390	1080
7104	经理室	沈宁	女	1977-10-2	19				未婚	北京	110101196808081836	64272883	1150
7201	人事部	赵文	女	1967-12-30	19				已婚	北京	110102195007081800	64654756	1360
7202	人事部	郭新	女	1953-3-26	19				已婚	北京	110101197911082430	67719683	1650
7202	人事部	胡方	男	1949-4-8	19				已婚	四川	110101198005122100	61700659	2430
7203	人事部	周晓明	女	1951-6-20	19				已婚	北京	110101196805123131	65805905	1360
7204	人事部	张淑纺	女	1968-11-9	20				已婚	安徽	110101196408082306	65761446	960
7301	财务部	李忠旗	男	1965-2-10	19				已婚	北京	110101196805123339	63035376	2280
7302	财务部	焦戈	女	1970-2-26	19				已婚	北京	110101195112083452	66032221	2280
7303	财务部	张进明	男	1974-10-27	19				已婚	北京	110103194908083859	65430108	960
7304	财务部	傅华	女	1972-11-29	19				已婚	北京	110101196205124051	67624956	1150
7305	财务部	杨阳	男	1973-3-19	19				已婚	湖北	110101197112124151	65090099	1080
7306	财务部	任萍	女	1979-10-5	20				未婚	北京	110101194803054777	63267813	960
7401	行政部	郭永红	女	1969-8-24	19				已婚	天津	110104197408084824	62175686	1360
7402	行政部	李龙吟	男	1973-2-24	19				未婚	吉林	110104195403054070	64041578	1080
7403	行政部	张玉丹	女	1971-6-11	19				已婚	北京	110101156908085328	65496641	1150
7404	行政部	周金馨	女	1972-7-7	19				已婚	北京	110101196402065470	65210378	1150
7405	行政部	周新联	男	1975-1-29	1996-10-15	业务员	助理经济师	大本	已婚	北京	110101196402065775	64789401	960

图2-4　插入剪切单元格的操作

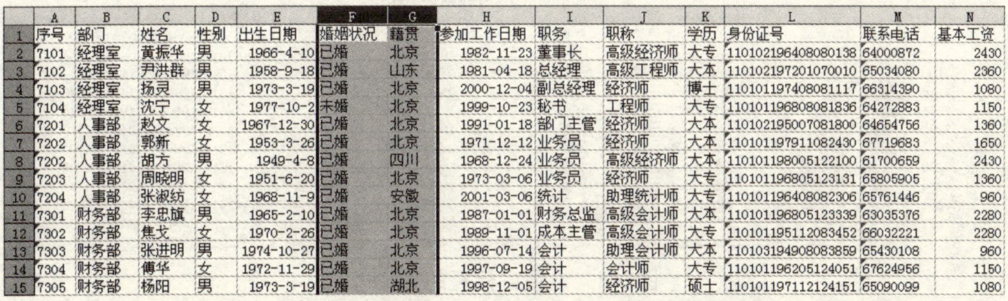

序号	部门	姓名	性别	出生日期	婚姻状况	籍贯	参加工作日期	职务	职称	学历	身份证号	联系电话	基本工资
7101	经理室	黄振华	男	1966-4-10	已婚	北京	1982-11-23	董事长	高级经济师	大专	110102196408080138	64000872	2430
7102	经理室	尹洪群	男	1958-9-18	已婚	山东	1981-04-18	总经理	高级工程师	大本	110102197201070010	65034080	2360
7103	经理室	扬灵	男	1973-3-19	已婚	北京	2000-12-04	副总经理	经济师	博士	110101197408081117	66314390	1080
7104	经理室	沈宁	女	1977-10-2	未婚	北京	1999-10-23	秘书	工程师	大专	110101196808081836	64272883	1150
7201	人事部	赵文	女	1967-12-30	已婚	北京	1991-01-18	部门主管	经济师	大本	110102195007081800	64654756	1360
7202	人事部	郭新	女	1953-3-26	已婚	北京	1971-12-12	业务员	经济师	大本	110101197911082430	67719683	1650
7202	人事部	胡方	男	1949-4-8	已婚	四川	1968-12-24	业务员	高级经济师	大本	110101198005122100	61700659	2430
7203	人事部	周晓明	女	1951-6-20	已婚	北京	1973-03-06	业务员	经济师	大专	110101196805123131	65805905	1360
7204	人事部	张淑纺	女	1968-11-9	已婚	安徽	2001-03-06	统计	助理统计师	大专	110101196408082306	65761446	960
7301	财务部	李忠旗	男	1965-2-10	已婚	北京	1987-01-01	财务总监	高级会计师	大本	110101196805123339	63035376	2280
7302	财务部	焦戈	女	1970-2-26	已婚	北京	1989-11-01	成本主管	高级会计师	大专	110101195112083452	66032221	2280
7303	财务部	张进明	男	1974-10-27	已婚	北京	1996-07-14	会计	助理会计师	大本	110103194908083859	65430108	960
7304	财务部	傅华	女	1972-11-29	已婚	北京	1997-09-19	会计	会计师	大专	110101196205124051	67624956	1150
7305	财务部	杨阳	男	1973-3-19	已婚	湖北	1998-12-05	会计	经济师	硕士	110101197112124151	65090099	1080

图2-5　“婚姻状况”和“籍贯”信息移动后的工作表

增加标题

❼ 单击A1单元格，执行“插入”>“列”命令；选定第1行和第2行，执行“插入”>“行”命令，即在工作表的最左端插入了一个空列，在工作表的最上端插入两个空行，如图2-6所示。

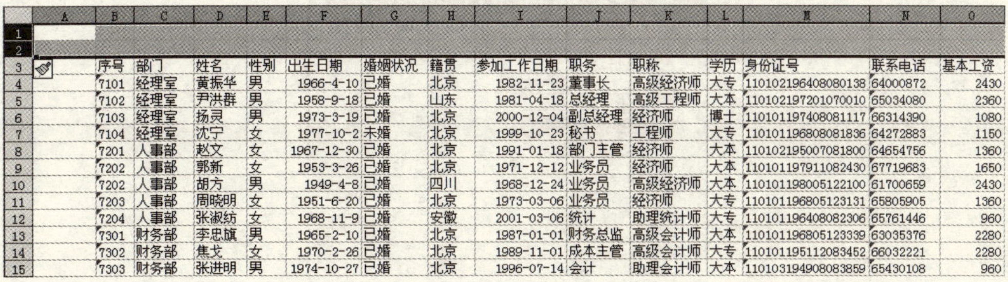

	序号	部门	姓名	性别	出生日期	婚姻状况	籍贯	参加工作日期	职务	职称	学历	身份证号	联系电话	基本工资
	7101	经理室	黄振华	男	1966-4-10	已婚	北京	1982-11-23	董事长	高级经济师	大专	110102196408080138	64000872	2430
	7102	经理室	尹洪群	男	1958-9-18	已婚	山东	1981-04-18	总经理	高级工程师	大本	110102197201070010	65034080	2360
	7103	经理室	扬灵	男	1973-3-19	已婚	北京	2000-12-04	副总经理	经济师	博士	110101197408081117	66314390	1080
	7104	经理室	沈宁	女	1977-10-2	未婚	北京	1999-10-23	秘书	工程师	大专	110101196808081836	64272883	1150
	7201	人事部	赵文	女	1967-12-30	已婚	北京	1991-01-18	部门主管	经济师	大本	110102195007081800	64654756	1360
	7202	人事部	郭新	女	1953-3-26	已婚	北京	1971-12-12	业务员	经济师	大本	110101197911082430	67719683	1650
	7202	人事部	胡方	男	1949-4-8	已婚	四川	1968-12-24	业务员	高级经济师	大本	110101198005122100	61700659	2430
	7203	人事部	周晓明	女	1951-6-20	已婚	北京	1973-03-06	业务员	经济师	大专	110101196805123131	65805905	1360
	7204	人事部	张淑纺	女	1968-11-9	已婚	安徽	2001-03-06	统计	助理统计师	大专	110101196408082306	65761446	960
	7301	财务部	李忠旗	男	1965-2-10	已婚	北京	1987-01-01	财务总监	高级会计师	大本	110101196805123339	63035376	2280
	7302	财务部	焦戈	女	1970-2-26	已婚	北京	1989-11-01	成本主管	高级会计师	大专	110101195112083452	66032221	2280
	7303	财务部	张进明	男	1974-10-27	已婚	北京	1996-07-14	会计	助理会计师	大本	110103194908083859	65430108	960

图2-6　插入行与列

❽ 单击B2单元格，输入“人事档案表”。

❾ 选定B2到O2所有单元格，然后单击“格式”工具栏的“合并及居中”按钮，如图2-7所示。

	A	B	C	D	E	F	G	H	I	J	K	L	M	N	O
1															
2		人事档案表													
3		序号	部门	姓名	性别	出生日期	婚姻状况	籍贯	参加工作日期	职务	职称	学历	身份证号	联系电话	基本工资
4		7101	经理室	黄振华	男	1966-4-10	已婚	北京	1982-11-23	董事长	高级经济师	大专	110102196408080138	64000872	2430
5		7102	经理室	尹洪群	男	1958-9-18	已婚	山东	1981-04-18	总经理	高级工程师	大本	110102197201070010	65034080	2360
6		7103	经理室	扬灵	男	1973-3-19	已婚	北京	2000-12-04	副总经理	经济师	博士	110101197408081117	66314390	1080
7		7104	经理室	沈宁	女	1977-10-2	未婚	北京	1999-10-23	秘书	工程师	大专	110101196808081836	64272883	1150
8		7201	人事部	赵文	女	1967-12-30	已婚	北京	1991-01-18	部门主管	经济师	大本	110102195007081800	64654756	1360
9		7202	人事部	郭新	女	1953-3-26	已婚	北京	1971-12-12	业务员	经济师	大本	110101197911082430	67719683	1650
10		7202	人事部	胡方	男	1949-4-8	已婚	四川	1968-12-24	业务员	高级经济师	大本	110101198005122100	61700659	2430
11		7203	人事部	周晓明	女	1951-6-20	已婚	北京	1973-03-06	业务员	经济师	大专	110101196805123131	65805905	1360
12		7204	人事部	张淑纺	女	1968-11-9	已婚	安徽	2001-03-06	统计	助理统计师	大专	110101196408082306	65761446	960
13		7301	财务部	李忠旗	男	1965-2-10	已婚	北京	1987-01-01	财务总监	高级会计师	大本	110101196805123339	63035376	2280
14		7302	财务部	焦戈	女	1970-2-26	已婚	北京	1989-11-01	成本主管	高级会计师	大专	110101195112083452	66032221	2280
15		7303	财务部	张进明	男	1974-10-27	已婚	北京	1996-07-14	会计	助理会计师	大本	110103194908083859	65430108	960

图2-7　合并单元格

设置标题和表头格式

❿ 单击B2单元格，单击“格式”工具栏的“字体”⑥下拉列表框的下拉箭头，从列表框中选择“黑体”；单击“格式”工具栏的“字号”下拉列表框的下拉箭头，从列表框中选择“20”；单击“格式”工具栏的“加粗”按钮**B**。结果如图2-8所示。

	A	B	C	D	E	F	G	H	I	J	K	L	M	N	O
1															
2		**人事档案表**													
3		序号	部门	姓名	性别	出生日期	婚姻状况	籍贯	参加工作日期	职务	职称	学历	身份证号	联系电话	基本工资
4		7101	经理室	黄振华	男	1966-4-10	已婚	北京	1982-11-23	董事长	高级经济师	大专	110102196408080138	64000872	2430
5		7102	经理室	尹洪群	男	1958-9-18	已婚	山东	1981-04-18	总经理	高级工程师	大本	110102197201070010	65034080	2360
6		7103	经理室	扬灵	男	1973-3-19	已婚	北京	2000-12-04	副总经理	经济师	博士	110101197408081117	66314390	1080
7		7104	经理室	沈宁	女	1977-10-2	未婚	北京	1999-10-23	秘书	工程师	大专	110101196808081836	64272883	1150
8		7201	人事部	赵文	女	1967-12-30	已婚	北京	1991-01-18	部门主管	经济师	大本	110102195007081800	64654756	1360
9		7202	人事部	郭新	女	1953-3-26	已婚	北京	1971-12-12	业务员	经济师	大本	110101197911082430	67719683	1650
10		7202	人事部	胡方	男	1949-4-8	已婚	四川	1968-12-24	业务员	高级经济师	大本	110101198005122100	61700659	2430
11		7203	人事部	周晓明	女	1951-6-20	已婚	北京	1973-03-06	业务员	经济师	大专	110101196805123131	65805905	1360
12		7204	人事部	张淑纺	女	1968-11-9	已婚	安徽	2001-03-06	统计	助理统计师	大专	110101196408082306	65761446	960
13		7301	财务部	李忠旗	男	1965-2-10	已婚	北京	1987-01-01	财务总监	高级会计师	大本	110101196805123339	63035376	2280
14		7302	财务部	焦戈	女	1970-2-26	已婚	北京	1989-11-01	成本主管	高级会计师	大专	110101195112083452	66032221	2280
15		7303	财务部	张进明	男	1974-10-27	已婚	北京	1996-07-14	会计	助理会计师	大本	110103194908083859	65430108	960

图2-8　设置好标题的工作表

⓫ 用鼠标指针指向表头所在行的行号3下沿，此时鼠标指针变成黑色双向箭头形状，向下拖曳至合适的位置，这里调整为27.00（36像素）。

⓬ 用鼠标右键单击表头所在行号3，在弹出的快捷菜单中执行“设置单元格格式”命令，弹出“单元格格式”对话框，单击“对齐”选项卡，在“水平对齐”⑦和“垂直对齐”下拉列表框中均选择“居中”，如图2-9所示。

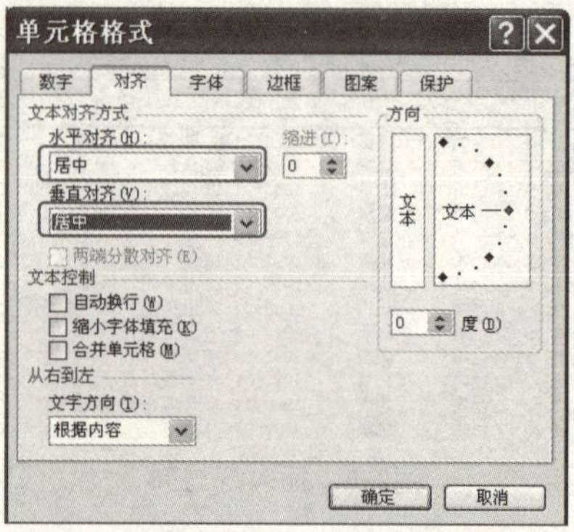

图2-9　设置表头的居中对齐

⑬ 单击“字体”选项卡[08]，在“字体”列表框中选择“黑体”，在“字形”列表框中选择“加粗”，单击“确定”按钮。结果如图2-10所示。

	A	B	C	D	E	F	G	H	I	J	K	L	M	N	O
1															
2		人事档案表													
3		序号	部门	姓名	性别	出生日期	婚姻状况	籍贯	参加工作日期	职务	职称	学历	身份证号	联系电话	基本工资
4		7101	经理室	黄振华	男	1966-4-10	已婚	北京	1982-11-23	董事长	高级经济师	大专	110102196408080138	64000872	2430
5		7102	经理室	尹洪群	男	1958-9-18	已婚	山东	1981-04-18	总经理	高级工程师	大本	110102197201070010	65034080	2360
6		7103	经理室	扬灵	男	1973-3-19	已婚	北京	2000-12-04	副总经理	经济师	博士	110101197408081117	66314390	1080
7		7104	经理室	沈宁	女	1977-10-2	未婚	北京	1999-10-23	秘书	工程师	大专	110101196808081836	64272883	1150
8		7201	人事部	赵文	女	1967-12-30	已婚	北京	1991-01-18	部门主管	经济师	大本	110102195007081800	64654756	1360
9		7202	人事部	郭新	女	1953-3-26	已婚	北京	1971-12-12	业务员	经济师	大本	110101197911082430	67719683	1650
10		7202	人事部	胡方	男	1949-4-8	已婚	四川	1968-12-24	业务员	高级经济师	大本	110101198005122100	61700659	2430
11		7203	人事部	周晓明	女	1951-6-20	已婚	北京	1973-03-06	业务员	经济师	大专	110101196805123131	65805905	1360
12		7204	人事部	张淑纺	女	1968-11-9	已婚	安徽	2001-03-06	统计	助理统计师	大专	110101196408082306	65761446	960
13		7301	财务部	李忠旗	男	1965-2-10	已婚	北京	1987-01-01	财务总监	高级会计师	大本	110101196805123339	63035376	2280
14		7302	财务部	焦戈	女	1970-2-26	已婚	北京	1989-11-01	成本主管	高级会计师	大专	110101195112083452	66032221	2280
15		7303	财务部	张进明	男	1974-10-27	已婚	北京	1996-07-14	会计	助理会计师	大本	110103194908083859	65430108	960

图2-10 设置表头格式

设置“性别”等信息居中显示

⑭ 单击“性别”列的列标签，单击“格式”工具栏的“居中”按钮，使用相同方法将“婚姻状况”和“籍贯”等列设置为居中显示。结果如图2-11所示。

	A	B	C	D	E	F	G	H	I	J	K	L	M	N	O
1															
2		人事档案表													
3		序号	部门	姓名	性别	出生日期	婚姻状况	籍贯	参加工作日期	职务	职称	学历	身份证号	联系电话	基本工资
4		7101	经理室	黄振华	男	1966-4-10	已婚	北京	1982-11-23	董事长	高级经济师	大专	110102196408080138	64000872	2430
5		7102	经理室	尹洪群	男	1958-9-18	已婚	山东	1981-04-18	总经理	高级工程师	大本	110102197201070010	65034080	2360
6		7103	经理室	扬灵	男	1973-3-19	已婚	北京	2000-12-04	副总经理	经济师	博士	110101197408081117	66314390	1080
7		7104	经理室	沈宁	女	1977-10-2	未婚	北京	1999-10-23	秘书	工程师	大专	110101196808081836	64272883	1150
8		7201	人事部	赵文	女	1967-12-30	已婚	北京	1991-01-18	部门主管	经济师	大本	110102195007081800	64654756	1360
9		7202	人事部	郭新	女	1953-3-26	已婚	北京	1971-12-12	业务员	经济师	大本	110101197911082430	67719683	1650
10		7202	人事部	胡方	男	1949-4-8	已婚	四川	1968-12-24	业务员	高级经济师	大本	110101198005122100	61700659	2430
11		7203	人事部	周晓明	女	1951-6-20	已婚	北京	1973-03-06	业务员	经济师	大专	110101196805123131	65805905	1360
12		7204	人事部	张淑纺	女	1968-11-9	已婚	安徽	2001-03-06	统计	助理统计师	大专	110101196408082306	65761446	960
13		7301	财务部	李忠旗	男	1965-2-10	已婚	北京	1987-01-01	财务总监	高级会计师	大本	110101196805123339	63035376	2280
14		7302	财务部	焦戈	女	1970-2-26	已婚	北京	1989-11-01	成本主管	高级会计师	大专	110101195112083452	66032221	2280
15		7303	财务部	张进明	男	1974-10-27	已婚	北京	1996-07-14	会计	助理会计师	大本	110103194908083859	65430108	960

图2-11 设置“性别”等信息居中显示

设置“出生日期”显示格式

⑮ 选定单元格区域F4:F66，执行“格式”>“单元格”命令，弹出“单元格格式”对话框，单击“数字”选项卡[09]，在“分类”列表中选择“日期”，在“区域设置”下拉列表中选择“中文”，在“类型”列表中选择“2001年3月14日”，如图2-12所示，单击“确定”按钮。结果如图2-13所示。

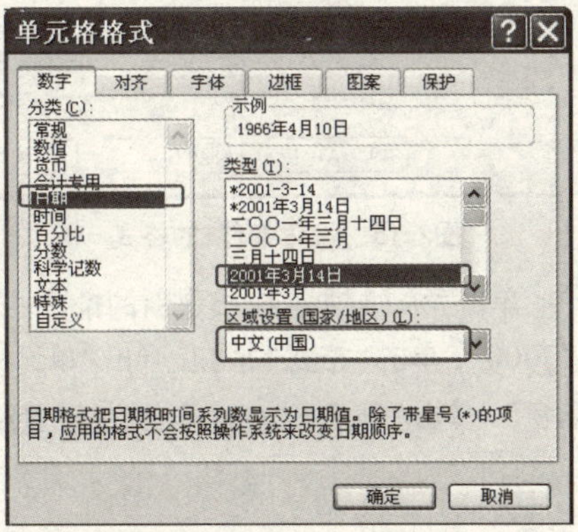

图2-12 设置日期显示格式

人事档案表

行	序号	部门	姓名	性别	出生日期	婚姻状况	籍贯	参加工作日期	职务	职称	学历	身份证号	联系电话	基本工资
4	7101	经理室	黄振华	男	##########	已婚	北京	1982-11-23	董事长	高级经济师	大专	110102196408080138	64000872	2430
5	7102	经理室	尹洪群	男	##########	已婚	山东	1981-04-18	总经理	高级工程师	大本	110102197201070010	65034080	2360
6	7103	经理室	扬灵	男	##########	已婚	北京	2000-12-04	副总经理	经济师	博士	110101197408081117	66314390	1080
7	7104	经理室	沈宁	女	##########	未婚	北京	1999-10-23	秘书	工程师	大专	110101196808081836	64272883	1150
8	7201	人事部	赵文	女	##########	已婚	北京	1991-01-18	部门主管	经济师	大本	110102195007081800	64654756	1360
9	7202	人事部	郭新	女	##########	已婚	北京	1971-12-12	业务员	经济师	大本	110101197911082430	67719683	1650
10	7202	人事部	胡方	男	##########	已婚	四川	1968-12-24	业务员	高级经济师	大本	110101198005122100	61700659	2430
11	7203	人事部	周晓明	女	##########	已婚	北京	1973-03-06	业务员	经济师	大专	110101196805123131	65805905	1360
12	7204	人事部	张淑纺	女	##########	已婚	安徽	2001-03-06	统计	助理统计师	大专	110101196408082306	65761446	960
13	7301	财务部	李忠旗	男	##########	已婚	北京	1987-01-01	财务总监	高级会计师	大本	110101196805123339	63035376	2280
14	7302	财务部	焦戈	女	##########	已婚	北京	1989-11-01	成本主管	高级会计师	大专	110101195112083452	66032221	2280
15	7303	财务部	张进明	男	##########	已婚	北京	1996-07-14	会计	助理会计师	大本	110103194908083859	65430108	960

图2-13　日期显示格式

⑯ 将鼠标指针指向F列列标签右侧的分割线上，当鼠标指针变为双向箭头形状时，按住鼠标左键拖曳分割线至合适的宽度[10]。使用相同方法调整A列宽度。结果如图2-14所示。

人事档案表

行	序号	部门	姓名	性别	出生日期	婚姻状况	籍贯	参加工作日期	职务	职称	学历	身份证号	联系电话	基本工资
4	7101	经理室	黄振华	男	1966-4-10	已婚	北京	1982-11-23	董事长	高级经济师	大专	110102196408080138	64000872	2430
5	7102	经理室	尹洪群	男	1958-9-18	已婚	山东	1981-04-18	总经理	高级工程师	大本	110102197201070010	65034080	2360
6	7103	经理室	扬灵	男	1973-3-19	已婚	北京	2000-12-04	副总经理	经济师	博士	110101197408081117	66314390	1080
7	7104	经理室	沈宁	女	1977-10-2	未婚	北京	1999-10-23	秘书	工程师	大专	110101196808081836	64272883	1150
8	7201	人事部	赵文	女	1967-12-30	已婚	北京	1991-01-18	部门主管	经济师	大本	110102195007081800	64654756	1360
9	7202	人事部	郭新	女	1953-3-26	已婚	北京	1971-12-12	业务员	经济师	大本	110101197911082430	67719683	1650
10	7202	人事部	胡方	男	1949-4-8	已婚	四川	1968-12-24	业务员	高级经济师	大本	110101198005122100	61700659	2430
11	7203	人事部	周晓明	女	1951-6-20	已婚	北京	1973-03-06	业务员	经济师	大专	110101196805123131	65805905	1360
12	7204	人事部	张淑纺	女	1968-11-9	已婚	安徽	2001-03-06	统计	助理统计师	大专	110101196408082306	65761446	960
13	7301	财务部	李忠旗	男	1965-2-10	已婚	北京	1987-01-01	财务总监	高级会计师	大本	110101196805123339	63035376	2280
14	7302	财务部	焦戈	女	1970-2-26	已婚	北京	1989-11-01	成本主管	高级会计师	大专	110101195112083452	66032221	2280
15	7303	财务部	张进明	男	1974-10-27	已婚	北京	1996-07-14	会计	助理会计师	大本	110103194908083859	65430108	960

图2-14　调整列宽

强调显示“基本工资”信息

⑰ 将人事档案表中基本工资低于1000元和高于2000元的工资数据分别用不同颜色进行显示。选定O4:O66单元格区域。

⑱ 执行“格式”>“条件格式”命令[11]，弹出“条件格式”对话框，在“条件1”下方，分别选择“单元格数值”和“小于”，在右侧框中输入“1000”；单击“格式”按钮，弹出“单元格格式”对话框，单击“字体”选项卡，在“颜色”下拉列表中选择“红色”，单击“确定”按钮。条件1的设置结果如图2-15所示。

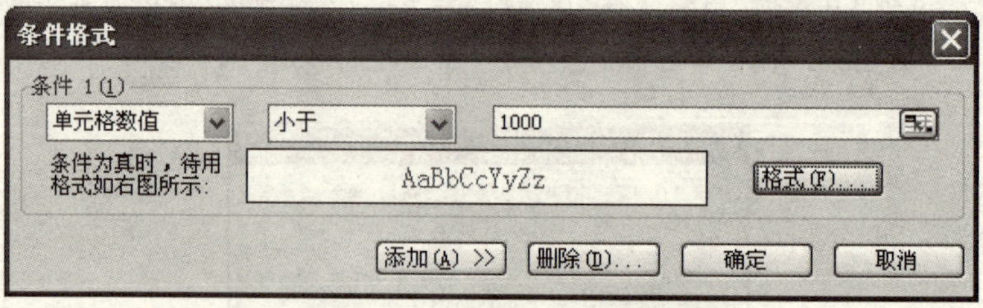

图2-15　设置条件1的格式

⑲ 在“条件格式”对话框中，单击“添加”按钮，出现新的条件（条件2）输入框，设置“单元格数值”、“大于”，在右侧框中输入“2000”；单击“格式”按钮，弹出“单元格格式”对话框，在“字体”选项卡的“颜色”下拉列表中选择“蓝色”，单击“确定”按钮。条件2的设置结果如图2-16所示。单击“确定”按钮。结果如图2-17所示。

图2-16　设置条件2的格式

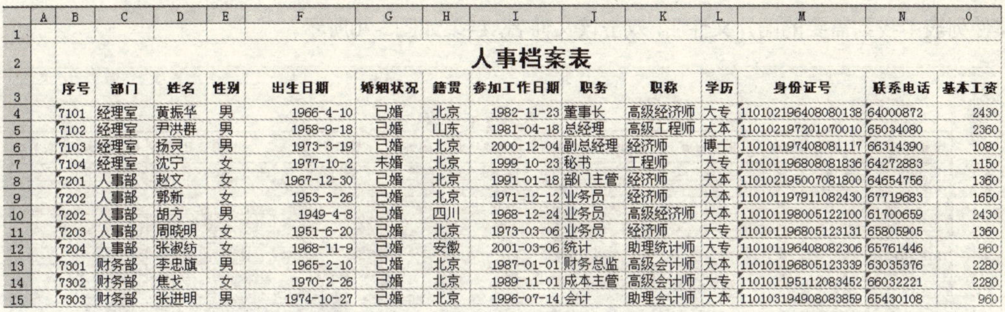

人事档案表

序号	部门	姓名	性别	出生日期	婚姻状况	籍贯	参加工作日期	职务	职称	学历	身份证号	联系电话	基本工资
7101	经理室	黄振华	男	1966-4-10	已婚	北京	1982-11-23	董事长	高级经济师	大专	110102196408080138	64000872	2430
7102	经理室	尹洪群	男	1958-9-18	已婚	山东	1981-04-18	总经理	高级工程师	大本	110102197201070010	65034080	2360
7103	经理室	扬灵	男	1973-3-19	已婚	北京	2000-12-04	副总经理	经济师	博士	110101197408081117	66314390	1080
7104	经理室	沈宁	女	1977-10-2	未婚	北京	1999-10-23	秘书	工程师	大专	110101196808081836	64272883	1150
7201	人事部	赵文	女	1967-12-30	已婚	北京	1991-01-18	部门主管	经济师	大本	110102195007081800	64654756	1360
7202	人事部	郭新	女	1953-3-26	已婚	北京	1971-12-12	业务员	经济师	大本	110101197911082430	67719683	1650
7202	人事部	胡方	男	1949-4-8	已婚	四川	1968-12-24	业务员	高级经济师	大本	110101198005122100	61700659	2430
7203	人事部	周晓明	女	1951-6-20	已婚	北京	1973-03-06	业务员	经济师	大专	110101196805123131	65805905	1360
7204	人事部	张淑纺	女	1968-11-9	已婚	安徽	2001-03-06	统计	助理统计师	大专	110101196408082306	65761446	960
7301	财务部	李忠旗	男	1965-2-10	已婚	北京	1987-01-01	财务总监	高级会计师	大本	110101196805123339	63035376	2280
7302	财务部	焦戈	女	1970-2-26	已婚	北京	1989-11-01	成本主管	高级会计师	大专	110101195112083452	66032221	2280
7303	财务部	张进明	男	1974-10-27	已婚	北京	1996-07-14	会计	助理会计师	大本	110103194908083859	65430108	960

图2-17　按条件显示“基本工资”

设置工作表框线[12]

⑳ 选定B3:O66单元格区域，单击“格式”工具栏“边框”按钮的下拉箭头，弹出“边框”示例按钮列表，如图2-18所示。单击“所有框线”田，再次单击“格式”工具栏“边框”按钮的下拉箭头，在弹出的“边框”示例按钮列表中单击第3行第4列的“粗闸框线”回。

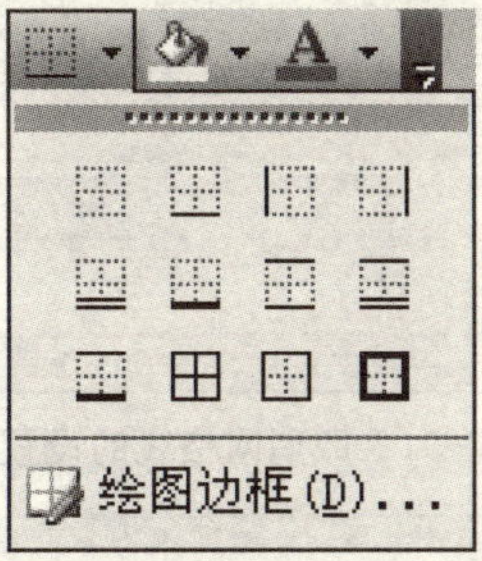

图2-18　边框示例按钮列表

㉑ 为了使表头部分突出，也为表头部分加上粗闸框线。先选定表头单元格区域B3:O3，然后直接单击“格式”工具栏的“边框”按钮即可。因为此时默认的边框线就是刚刚设置过的粗闸框线。设置好表格线的人事档案表如图2-19所示。

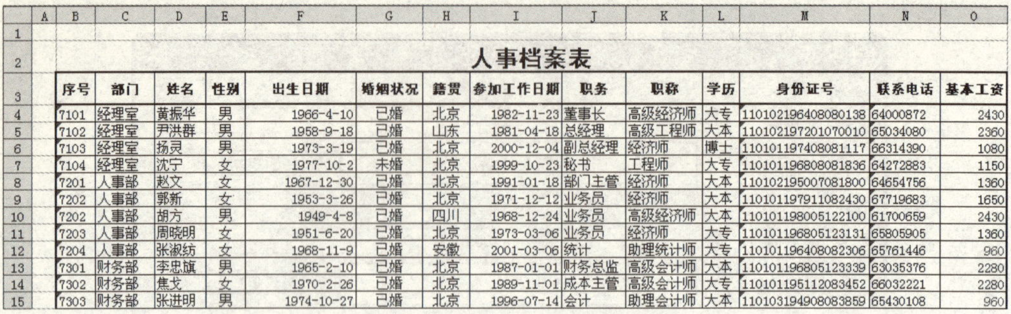

人事档案表

序号	部门	姓名	性别	出生日期	婚姻状况	籍贯	参加工作日期	职务	职称	学历	身份证号	联系电话	基本工资
7101	经理室	黄振华	男	1966-4-10	已婚	北京	1982-11-23	董事长	高级经济师	大专	110102196408080138	64000872	2430
7102	经理室	尹洪群	男	1958-9-18	已婚	山东	1981-04-18	总经理	高级工程师	大本	110102197201070010	65034080	2360
7103	经理室	扬灵	男	1973-3-19	已婚	北京	2000-12-04	副总经理	经济师	博士	110101197408081117	66314390	1080
7104	经理室	沈宁	女	1977-10-2	未婚	北京	1999-10-23	秘书	工程师	大专	110101196808081836	64272883	1150
7201	人事部	赵文	女	1967-12-30	已婚	北京	1991-01-18	部门主管	经济师	大本	110102195007081800	64654756	1360
7202	人事部	郭新	女	1953-3-26	已婚	北京	1971-12-12	业务员	经济师	大本	110101197911082430	67719683	1650
7202	人事部	胡方	男	1949-4-8	已婚	四川	1968-12-24	业务员	高级经济师	大本	110101198005122100	61700659	2430
7203	人事部	周晓明	女	1951-6-20	已婚	北京	1973-03-06	业务员	经济师	大专	110101196805123131	65805905	1360
7204	人事部	张淑纺	女	1968-11-9	已婚	安徽	2001-03-06	统计	助理统计师	大专	110101196408082306	65761446	960
7301	财务部	李忠旗	男	1965-2-10	已婚	北京	1987-01-01	财务总监	高级会计师	大本	110101196805123339	63035376	2280
7302	财务部	焦戈	女	1970-2-26	已婚	北京	1989-11-01	成本主管	高级会计师	大专	110101195112083452	66032221	2280
7303	财务部	张进明	男	1974-10-27	已婚	北京	1996-07-14	会计	助理会计师	大本	110103194908083859	65430108	960

图2-19　添加表格边框

设置工作表背景⑬

㉒ 执行“格式”>“工作表”>“背景”命令，弹出“工作表背景”对话框，找到图片文件所在的位置，在文件列表中找到需要的图片文件名，双击该文件名，结果如图2-20所示。

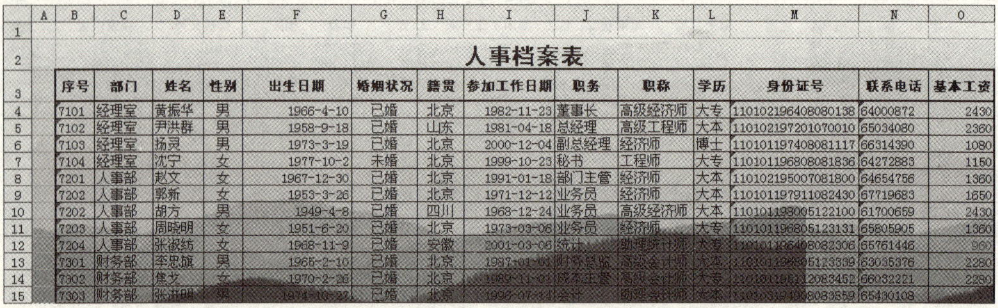

人事档案表

序号	部门	姓名	性别	出生日期	婚姻状况	籍贯	参加工作日期	职务	职称	学历	身份证号	联系电话	基本工资
7101	经理室	黄振华	男	1966-4-10	已婚	北京	1982-11-23	董事长	高级经济师	大专	110102196408080138	64000872	2430
7102	经理室	尹洪群	男	1958-9-18	已婚	山东	1981-04-18	总经理	高级工程师	大本	110102197201070010	65034080	2360
7103	经理室	扬灵	男	1973-3-19	已婚	北京	2000-12-04	副总经理	经济师	博士	110101197408081117	66314390	1080
7104	经理室	沈宁	女	1977-10-2	未婚	北京	1999-10-23	秘书	工程师	大专	110101196808081836	64272883	1150
7201	人事部	赵文	女	1967-12-30	已婚	北京	1991-01-18	部门主管	经济师	大本	110102195007081800	64654756	1360
7202	人事部	郭新	女	1953-3-26	已婚	北京	1971-12-12	业务员	经济师	大本	110101197911082430	67719683	1650
7202	人事部	胡方	男	1949-4-8	已婚	四川	1968-12-24	业务员	高级经济师	大本	110101198005122100	61700659	2430
7203	人事部	周晓明	女	1951-6-20	已婚	北京	1973-03-06	业务员	经济师	大专	110101196805123131	65805905	1360
7204	人事部	张淑纺	女	1968-11-9	已婚	安徽	2001-03-06	统计	助理统计师	大专	110101196408082306	65761446	960
7301	财务部	李忠旗	男	1965-2-10	已婚	北京	1987-01-01	财务总监	高级会计师	大本	110101196805123339	63035376	2280
7302	财务部	焦戈	女	1970-2-26	已婚	北京	1989-11-01	成本主管	高级会计师	大专	110101195112083452	66032221	2280
7303	财务部	张进明	男	1974-10-27	已婚	北京	1996-07-14	会计	助理会计师	大本	110103194908083859	65430108	960

图2-20　在工作表中使用背景图片

㉓ 执行“工具”>“选项”命令，弹出“选项”对话框，单击“视图”选项卡，取消勾选“网格线”复选框，如图2-21所示。单击“确定”按钮，结果如图2-22所示。

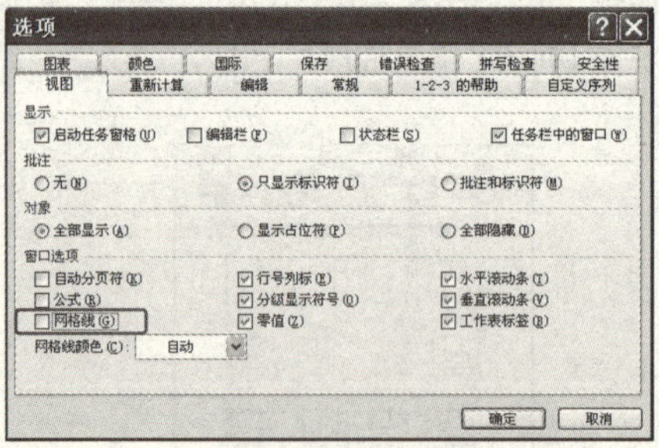

图2-21　取消网格线的设置

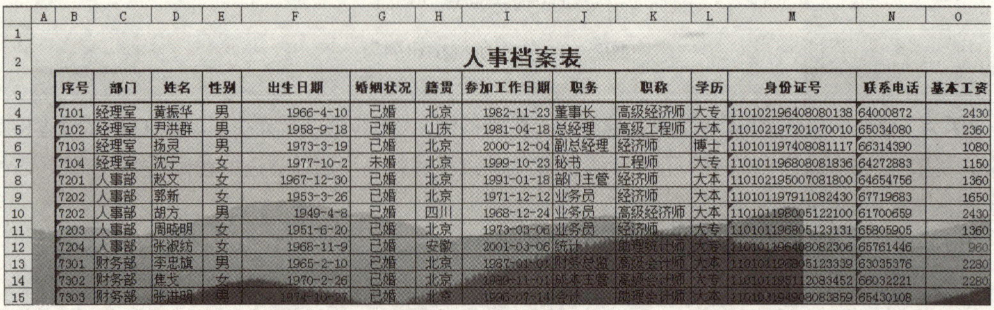

人事档案表

序号	部门	姓名	性别	出生日期	婚姻状况	籍贯	参加工作日期	职务	职称	学历	身份证号	联系电话	基本工资
7101	经理室	黄振华	男	1966-4-10	已婚	北京	1982-11-23	董事长	高级经济师	大专	110102196408080138	64000872	2430
7102	经理室	尹洪群	男	1958-9-18	已婚	山东	1981-04-18	总经理	高级工程师	大本	110102197201070010	65034080	2360
7103	经理室	扬灵	男	1973-3-19	已婚	北京	2000-12-04	副总经理	经济师	博士	110101197408081117	66314390	1080
7104	经理室	沈宁	女	1977-10-2	未婚	北京	1999-10-23	秘书	工程师	大专	110101196808081836	64272883	1150
7201	人事部	赵文	女	1967-12-30	已婚	北京	1991-01-18	部门主管	经济师	大本	110102195007081800	64654756	1360
7202	人事部	郭新	女	1953-3-26	已婚	北京	1971-12-12	业务员	经济师	大本	110101197911082430	67719683	1650
7202	人事部	胡方	男	1949-4-8	已婚	四川	1968-12-24	业务员	高级经济师	大本	110101198005122100	61700659	2430
7203	人事部	周晓明	女	1951-6-20	已婚	北京	1973-03-06	业务员	经济师	大专	110101196805123131	65805905	1360
7204	人事部	张淑纺	女	1968-11-9	已婚	安徽	2001-03-06	统计	助理统计师	大专	110101196408082306	65761446	960
7301	财务部	李忠旗	男	1965-2-10	已婚	北京	1987-01-01	财务总监	高级会计师	大本	110101196805123339	63035376	2280
7302	财务部	焦戈	女	1970-2-26	已婚	北京	1989-11-01	成本主管	高级会计师	大专	110101195112083452	66032221	2280
7303	财务部	张进明	男	1974-10-27	已婚	北京	1996-07-14	会计	助理会计师	大本	110103194908083859	65430108	960

图2-22　取消网格线

只在所选单元格区域中显示背景

㉔ 单击工作表选定按钮选定整个工作表，然后执行“格式”>“单元格”命令，弹出“单元格格式”对话框，单击“图案”选项卡⑭，选择单元格底纹颜色为“白色”，单击“确定”按钮。结果如图2-23所示。

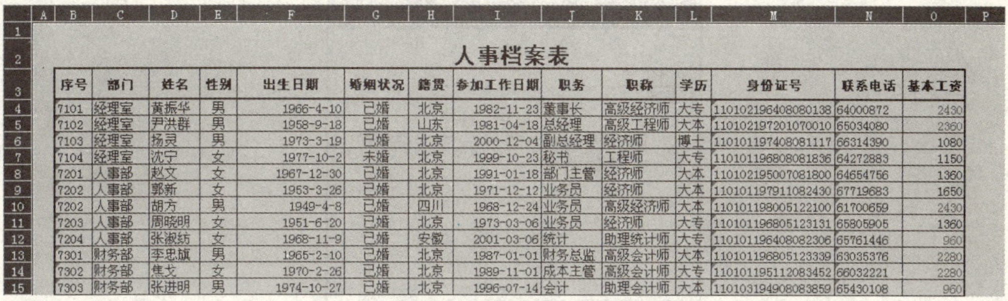

人事档案表

序号	部门	姓名	性别	出生日期	婚姻状况	籍贯	参加工作日期	职务	职称	学历	身份证号	联系电话	基本工资
7101	经理室	黄振华	男	1966-4-10	已婚	北京	1982-11-23	董事长	高级经济师	大专	110102196408080138	64000872	2430
7102	经理室	尹洪群	男	1958-9-18	已婚	山东	1981-04-18	总经理	高级工程师	大本	110102197201070010	65034080	2360
7103	经理室	扬灵	男	1973-3-19	已婚	北京	2000-12-04	副总经理	经济师	博士	110101197408081117	66314390	1080
7104	经理室	沈宁	女	1977-10-2	未婚	北京	1999-10-23	秘书	工程师	大专	110101196808081836	64272883	1150
7201	人事部	赵文	女	1967-12-30	已婚	北京	1991-01-18	部门主管	经济师	大本	110102195007081800	64654756	1360
7202	人事部	郭新	女	1953-3-26	已婚	北京	1971-12-12	业务员	经济师	大本	110101197911082430	67719683	1650
7202	人事部	胡方	男	1949-4-8	已婚	四川	1968-12-24	业务员	高级经济师	大本	110101198005122100	61700659	2430
7203	人事部	周晓明	女	1951-6-20	已婚	北京	1973-03-06	业务员	经济师	大专	110101196805123131	65805905	1360
7204	人事部	张淑纺	女	1968-11-9	已婚	安徽	2001-03-06	统计	助理统计师	大专	110101196408082306	65761446	960
7301	财务部	李忠旗	男	1965-2-10	已婚	北京	1987-01-01	财务总监	高级会计师	大本	110101196805123339	63035376	2280
7302	财务部	焦戈	女	1970-2-26	已婚	北京	1989-11-01	成本主管	高级会计师	大专	110101195112083452	66032221	2280
7303	财务部	张进明	男	1974-10-27	已婚	北京	1996-07-14	会计	助理会计师	大本	110103194908083859	65430108	960

图2-23　设置单元格底纹颜色为“白色”

㉕ 选定需要背景的单元格区域B3:O66，然后按“Ctrl”+“1”组合键，弹出“单元格格式”对话框，单击“图案”选项卡，选择单元格底纹颜色为“无颜色”，单击“确定”按钮。结果如图2-24所示。

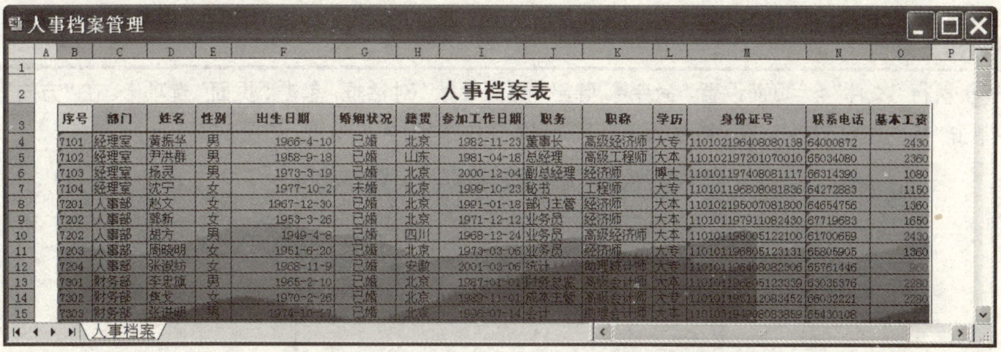

人事档案表

序号	部门	姓名	性别	出生日期	婚姻状况	籍贯	参加工作日期	职务	职称	学历	身份证号	联系电话	基本工资
7101	经理室	黄振华	男	1966-4-10	已婚	北京	1982-11-23	董事长	高级经济师	大专	110102196408080138	64000872	2430
7102	经理室	尹洪群	男	1958-9-18	已婚	山东	1981-04-18	总经理	高级工程师	大本	110102197201070010	65034080	2360
7103	经理室	扬灵	男	1973-3-19	已婚	北京	2000-12-04	副总经理	经济师	博士	110101197408081117	66314390	1080
7104	经理室	沈宁	女	1977-10-2	未婚	北京	1999-10-23	秘书	工程师	大专	110101196808081836	64272883	1150
7201	人事部	赵文	女	1967-12-30	已婚	北京	1991-01-18	部门主管	经济师	大本	110102195007081800	64654756	1360
7202	人事部	郭新	女	1953-3-26	已婚	北京	1971-12-12	业务员	经济师	大本	110101197911082430	67719683	1650
7202	人事部	胡方	男	1949-4-8	已婚	四川	1968-12-24	业务员	高级经济师	大本	110101198005122100	61700659	2430
7203	人事部	周晓明	女	1951-6-20	已婚	北京	1973-03-06	业务员	经济师	大专	110101196805123131	65805905	1360
7204	人事部	张淑纺	女	1968-11-9	已婚	安徽	2001-03-06	统计	助理统计师	大专	110101196408082306	65761446	960
7301	财务部	李忠旗	男	1965-2-10	已婚	北京	1987-01-01	财务总监	高级会计师	大本	110101196805123339	63035376	2280
7302	财务部	焦戈	女	1970-2-26	已婚	北京	1989-11-01	成本主管	高级会计师	大专	110101195112083452	66032221	2280
7303	财务部	张进明	男	1974-10-27	已婚	北京	1996-07-14	会计	助理会计师	大本	110103194908083859	65430108	960

图2-24　只在所选单元格区域显示背景图片

隐藏“身份证号”信息

㉖ 右键单击“身份证号”列的列标签，在弹出的快捷菜单中执行“隐藏”命令⑮，结果如图2-25所示。

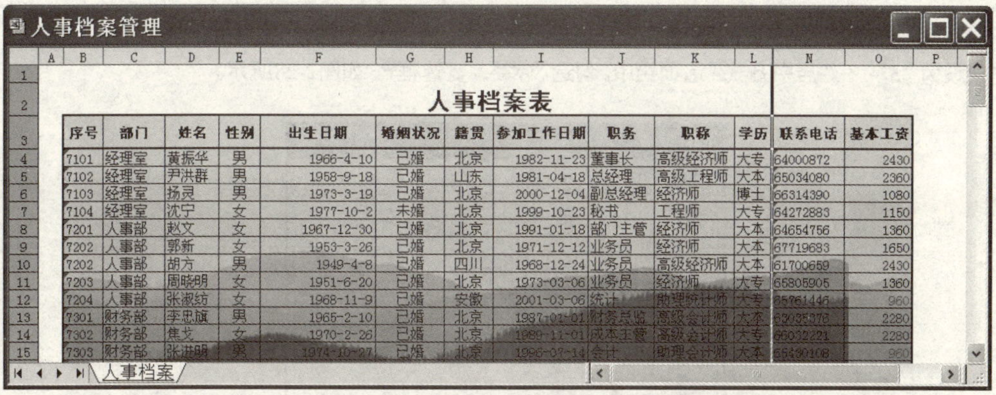

人事档案表

序号	部门	姓名	性别	出生日期	婚姻状况	籍贯	参加工作日期	职务	职称	学历	联系电话	基本工资
7101	经理室	黄振华	男	1966-4-10	已婚	北京	1982-11-23	董事长	高级经济师	大专	64000872	2430
7102	经理室	尹洪群	男	1958-9-18	已婚	山东	1981-04-18	总经理	高级工程师	大本	65034080	2360
7103	经理室	扬灵	男	1973-3-19	已婚	北京	2000-12-04	副总经理	经济师	博士	66314390	1080
7104	经理室	沈宁	女	1977-10-2	未婚	北京	1999-10-23	秘书	工程师	大专	64272883	1150
7201	人事部	赵文	女	1967-12-30	已婚	北京	1991-01-18	部门主管	经济师	大本	64654756	1360
7202	人事部	郭新	女	1953-3-26	已婚	北京	1971-12-12	业务员	经济师	大本	67719683	1650
7202	人事部	胡方	男	1949-4-8	已婚	四川	1968-12-24	业务员	高级经济师	大本	61700659	2430
7203	人事部	周晓明	女	1951-6-20	已婚	北京	1973-03-06	业务员	经济师	大专	65805905	1360
7204	人事部	张淑纺	女	1968-11-9	已婚	安徽	2001-03-06	统计	助理统计师	大专	65761446	960
7301	财务部	李忠旗	男	1965-2-10	已婚	北京	1987-01-01	财务总监	高级会计师	大本	63035376	2280
7302	财务部	焦戈	女	1970-2-26	已婚	北京	1989-11-01	成本主管	高级会计师	大专	66032221	2280
7303	财务部	张进明	男	1974-10-27	已婚	北京	1996-07-14	会计	助理会计师	大本	65430108	960

图2-25　隐藏“身份证号”

保护“基本工资”信息

㉗ 选定单元格区域B3:N66，执行“格式”>“单元格”命令，弹出“单元格格式”对话框，单击“保护”选项卡，取消勾选“锁定”复选框[16]，如图2-26所示。单击“确定”按钮。

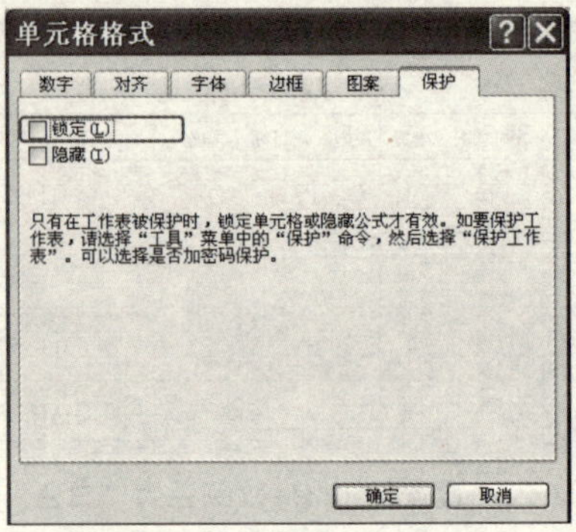

图2-26　设置取消“锁定”

㉘ 执行“工具”>“保护”>“保护工作表”命令，弹出“保护工作表”对话框，单击“确定”按钮。

设置打印页面

㉙ 执行“文件”>“页面设置”命令[17]，弹出“页面设置”对话框，单击“页面”选项卡，在“方向”选项中单击“横向”单选按钮，在“纸张大小”下拉列表框中选择“A4”选项，如图2-27所示。

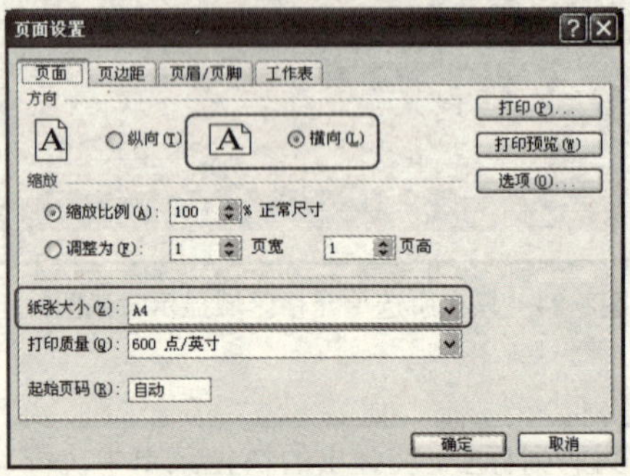

图2-27　设置打印页面

设置打印页边距和居中方式

㉚ 在“页面设置”对话框中，单击“页边距”选项卡，将“左”、“右”微调框值设为“0”，将“上”微调框值设为“3”；在“居中方式”选项组中，勾选“水平”复选框[18]，如图2-28所示。

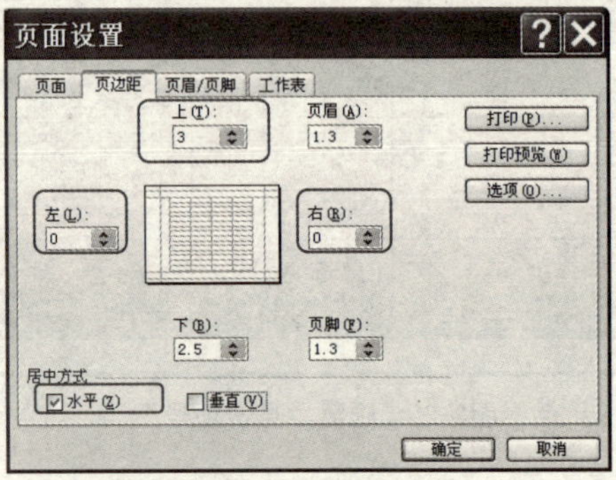

图2-28　设置打印页边距和居中方式

设置打印顶端标题行[19]

㉛ 在“页面设置”对话框中，单击“工作表”选项卡，单击“顶端标题行”右侧的“折叠”按钮，单击“人事档案”工作表的第3行任意位置，如图2-29所示。

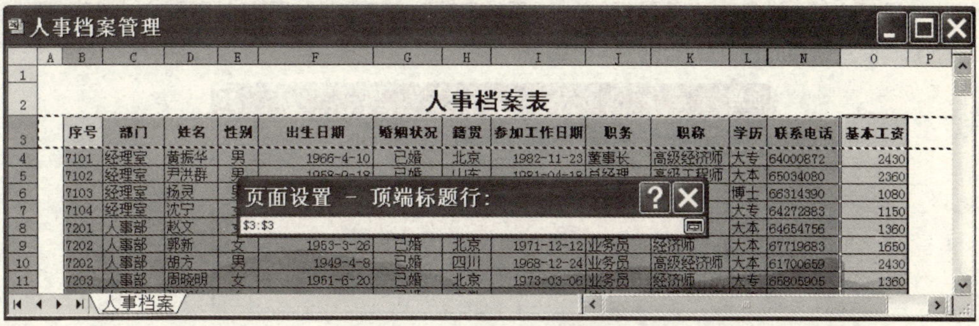

图2-29 选择顶端标题行操作

㉜ 再次单击“顶端标题行”右侧的“折叠”按钮，重新显示“页面设置”对话框，如图2-30所示。

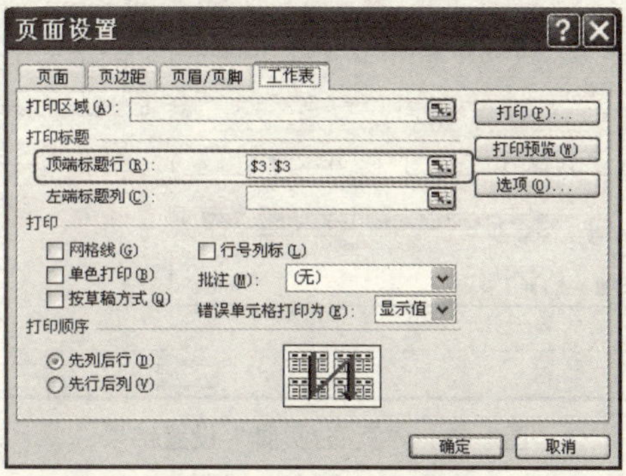

图2-30 设置顶端标题行

设置在打印页上端显示文字和图片

㉝ 在“页面设置”对话框中，单击“页眉/页脚”选项卡，单击“自定义页眉”按钮，弹出“页眉”对话框[20]，单击“左”编辑框，单击“插入图片”按钮，弹出“插入图片”对话框，找到并选择已准备好的图片，单击“插入”按钮。

㉞ 单击“中”编辑框，输入“人事档案表”，选定已输入的文字，单击“字体”按钮，弹出“字体”对话框，在“字体”列表框中选择“幼圆”，在“字形”列表框中选择“加粗”，在“字号”列表框中选择“20”，单击“确定”按钮。

㉟ 单击“右”编辑框，单击“插入图片”按钮，弹出“插入图片”对话框，找到并选择已准备好的图片，单击“插入”按钮。设置结果如图2-31所示。单击“确定”按钮。

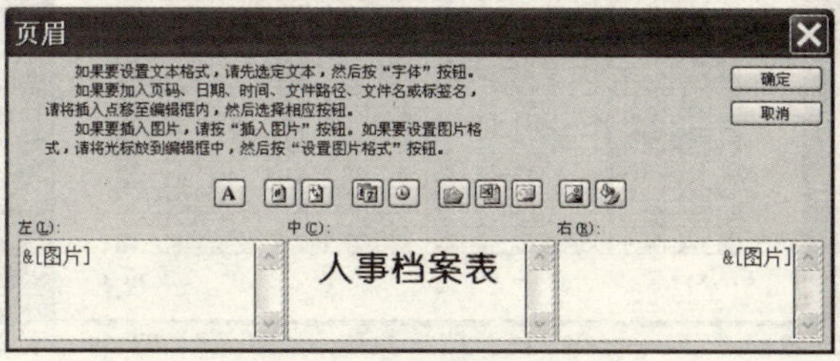

图2-31 自定义页眉

设置在打印页下端显示页码和日期

㊱ 单击“页脚”下拉列表框的下拉按钮，从中选择“第1页，共？页”选项；单击“自定义页脚”按钮，弹出“页脚”对话框，选择“中”编辑框中的内容，按“Ctrl”+“X”组合键，单击“左”编辑框，按“Ctrl”+“V”组合键；单击“右”编辑框，单击“系统日期”按钮，如图2-32所示。单击“确定”按钮。“页眉/页脚”设置结果如图2-33所示。

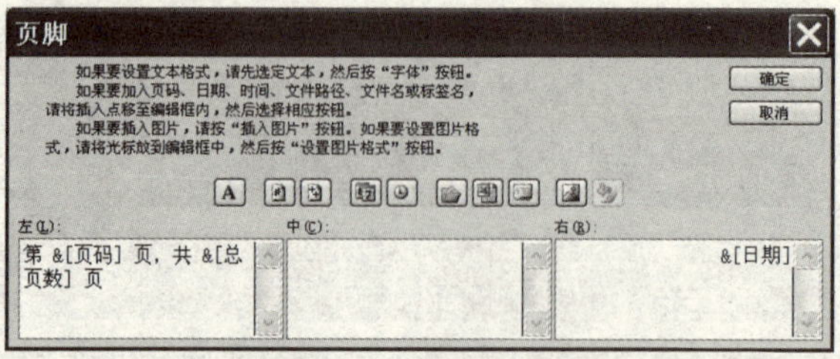

图2-32 自定义页脚

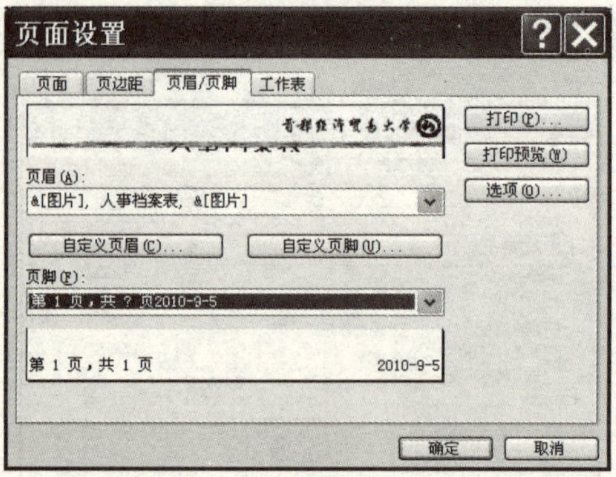

图2-33 “页眉/页脚”设置结果

设置打印区域

㊲ 选定单元格区域B3:O66，执行“文件”>“打印区域”>“设置打印区域”命令[21]。

打印预览人事档案表

㊳ 单击“常用”工具栏上的“打印预览”按钮[22]，预览结果如图2-34所示。

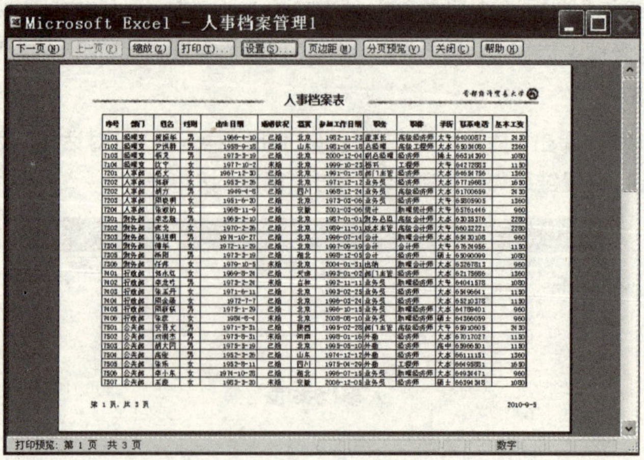

图2-34 打印预览效果

按部门打印预览人事档案表

㊴ 在打印预览窗口中单击“分页预览”㉓按钮，这时将进入“分页预览”视图，如2-35所示。

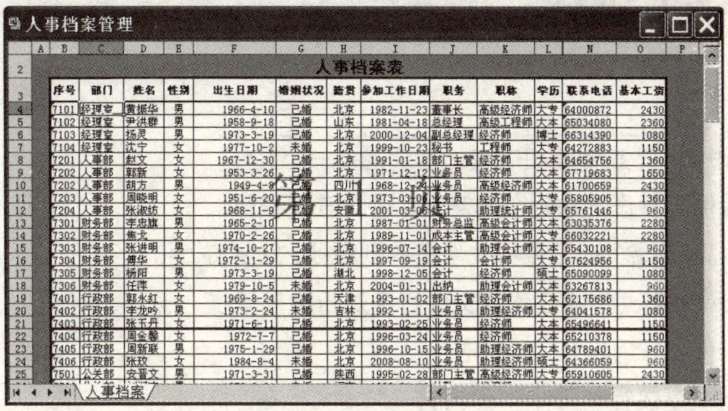

图2-35 分页预览效果

㊵ 在“分页预览”中显示的蓝色虚线就是Excel设置的分页符。可以用鼠标拖曳分页符（蓝色虚线）到适当的位置。这里将下面的分页符拖曳到第7行（经理室的最后一行）下面；类似地，再将其他分页符拖曳到每个部门的最后一行下面。结果如图2-36所示。

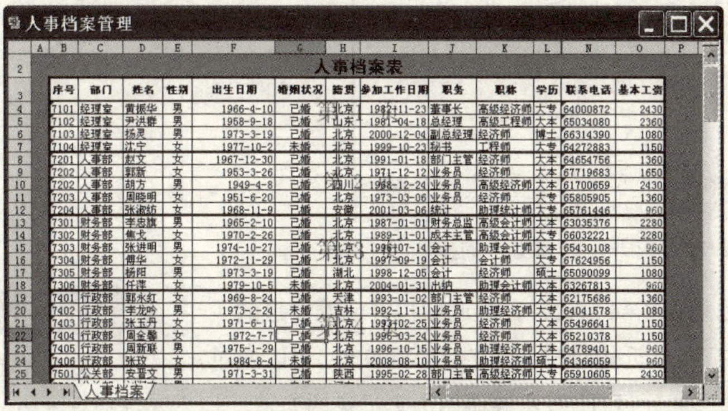

图2-36 按部门设置分页符

㊶ 单击“常用”工具栏上的“打印预览”按钮，可以看到按部门分页预览的效果，如图2-37所示。

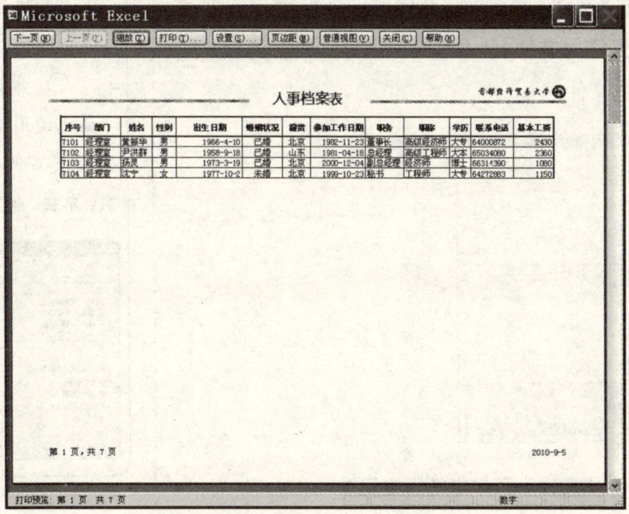

图2-37 按部门分页打印预览

知识点拓展

01 打开工作簿

将创建的工作簿保存后，在计算机硬盘上就会形成一个文件，可以使用Windows提供的管理方法对工作簿文件进行管理操作，如复制、移动、重命名和删除等。无论将文件保存到何处，只要所在的计算机安装了Excel，都可以将工作簿文件打开进行编辑等操作。打开工作簿文件，可以采用以下几种方法。

（1）使用菜单命令。执行"文件">"打开"★14命令，在"打开"对话框中，找到文件所在位置和需要打开的工作簿文件，如图2-38所示。双击该文件名即可。

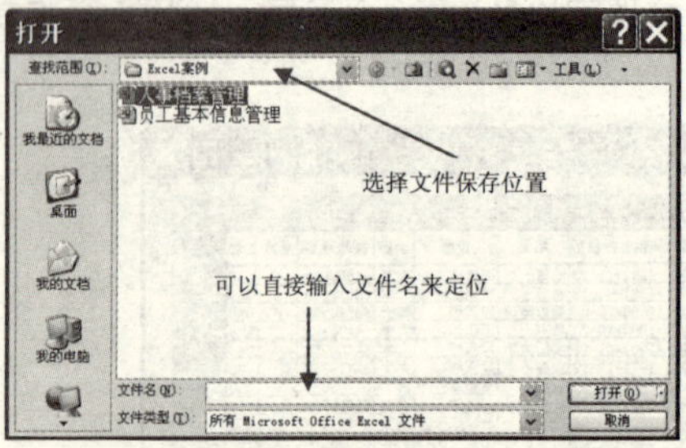

图2-38 打开工作簿文件的操作

（2）使用历史记录。通常Excel会记录近期打开或操作过的工作簿文件，如果需要打开最近曾经操作过的工作簿文件，可以通过历史记录快捷地找到文件并打开。有两种调用历史记录的方法。一是启动Excel后，在窗口右侧默认显示的"开始工作"任务窗格上会列出最近操作过的工作簿文件名，单击文件名即可打开相应的工作簿文件。二是单击"文件"菜单项，在弹出的下拉菜单底部可以看到最近操作过的工作簿文件名，如图2-39所示。单击列表中的文件名即可打开相应的文件。

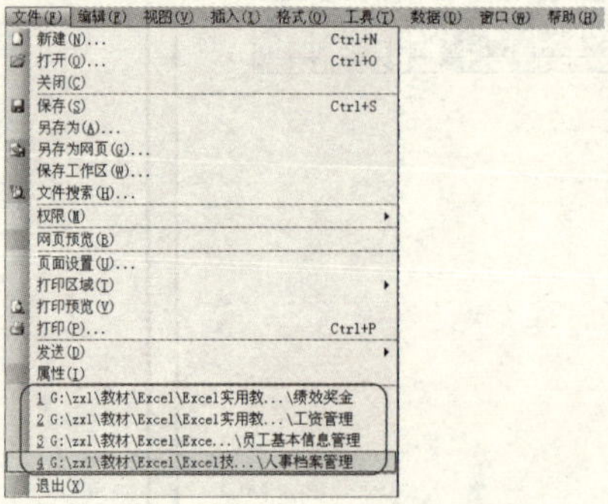

图2-39 "文件"菜单中的历史记录

提示

默认情况下，Excel只记录4个最近操作过的文件，如果需要改变历史记录个数，可以按以下步骤进行设置。

① 执行"工具">"选项"命令★15，弹出"选项"对话框。

② 单击"常规"选项卡，勾选"最近使用过的文件列表"复选框，并在其右侧的微调框中输入文件数，单击"确定"按钮。

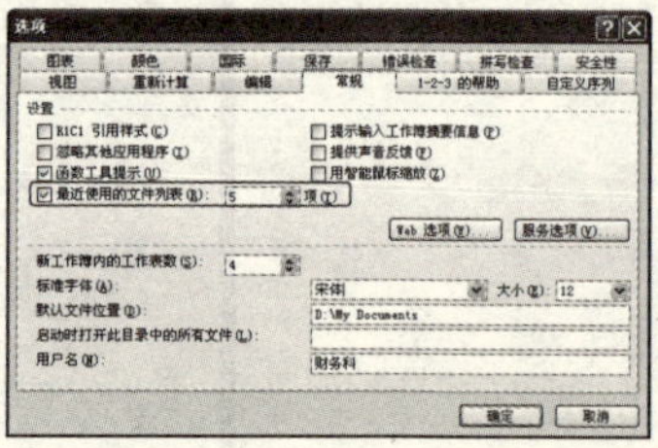

02 选择行与列

1. 选定单行或单列

单击某行的行号标签或列标标签，即可选定相应的整行或整列。当选定某行后，此行的行标签会改变颜色，所有的列标签会加亮显示，此行的所有单元格也会加亮显示，以此来表示此行当前处于被选定状态。相应地，当列被选定时也会有类似的显示效果。

2. 选定相邻连续的多行或多列

(1) 使用鼠标。单击某行标签后，按住鼠标左键不放，向上或向下拖曳即可选定与此行相邻连续的多行。选定多列的方法与此相似。拖曳鼠标时，行标签下或列标签旁会出现一个带字母和数字内容的提示框，显示当前选定的有多少行或多少列，如图3-40所示。选择多行时提示框显示“nR”，选择多列时提示框显示“nC”。

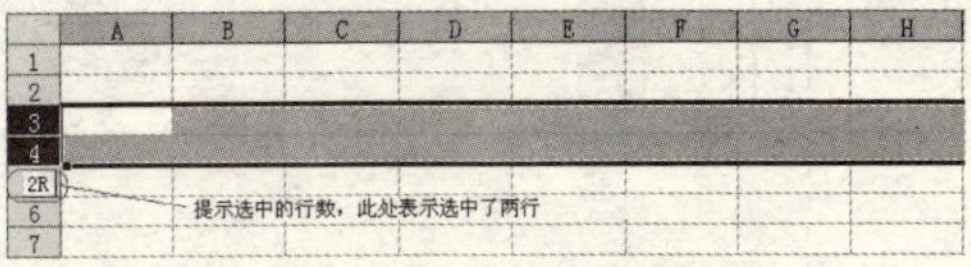

图2-40 选定相邻连续多行

(2) 使用键盘。首先选定第一行或第一列，然后按住“Shift”键，使用方向键或者“Home”键、“End”键、“PgUp”键、“PgDn”键来扩展选择的行列区域。

(3) 使用鼠标和键盘。首先选定第一行或第一列，再按住“Shift”键选定最后一行或最后一列。

3. 选定不相邻的多行或多列

选定不相邻的多行方法是首先选定单行，然后按住“Ctrl”键不放，再逐个单击要选定的其他行标签，最后放开“Ctrl”键。选定不相邻的多列方法与此相似。

03 插入行与列

编辑工作表时，有时需要增加一些内容，并且这些内容并不是添加在现有表格的最后一行，而是添加在现有表格的中间，这就需要使用插入行或插入列的功能。

(1) 使用菜单命令。首先单击某行标签选定此行或是在此行中单击任意单元格；然后执行“插入”>“行”命令★16，此时会在当前行上方插入一个空行。

(2) 使用快捷菜单。首先单击某行标签选定此行或是在此行中单击任意单元格，然后单击鼠标右键，在弹出的快

技巧

若选定整行，可以先选定目标行上的任意单元格，然后按“Shift”+“Space”组合键。相似地，也可以选定整列。

提示

在工作表的左上角行和列标签交叉处，有一个“全选”按钮，单击该按钮或直接按“Ctrl”+“A”组合键，可以选定整个工作表区域。

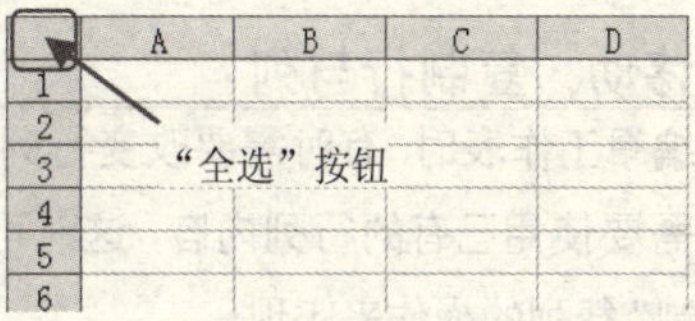

注意

插入整行或整列时，如果插入位置的周围单元格设置了格式，执行插入操作后将出现格式刷式样的“插入选项”智能标记按钮。单击该智能标记按钮弹出下拉列表，从中选择“与上面（左边）格式相同”、“与下面（右边）格式相同”及“清除格式”单选项，可以为插入行或列设置格式。

捷菜单中执行“插入”命令。如果当前选定的是行中某个单元格，执行“插入”命令后将弹出“插入”对话框，单击“整行”单选按钮，如图2-41所示。单击“确定”按钮。

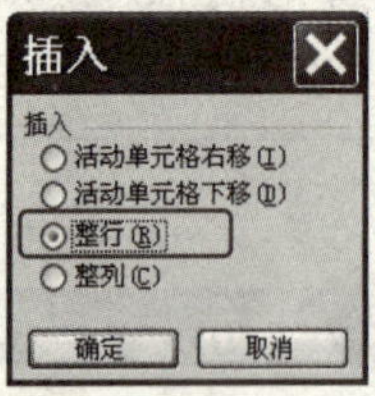

图2-41　“插入”对话框

插入列的方法与插入行的方法相似，同样也有通过菜单命令或通过快捷菜单两种操作方法。

04 移动、复制行与列

编辑工作表时，有时需要改变行列内容的排列次序，有时需要使用已有的行列内容，这时可以使用“移动”或“复制”行列的操作来实现。

1. 移动行与列

实现移动行的操作有以下几种方法。

(1) 使用鼠标。选定需要移动的行，将鼠标指针指向选定行的黑色边框上，当鼠标指针由 十 字变为黑色 十 字箭头图标时，按住鼠标左键，拖曳至目标位置放开。

(2) 使用命令。具体操作步骤如下。

① 选定需要移动的行，执行“编辑”>“剪切”命令，或者单击“常用”工具栏上的“剪切”按钮，或者直接按“Ctrl”+“X”组合键，此时当前选定的行会出现虚线边框。

② 选定需要移动的目标位置行的下一行（选定整行或者选定此行的第一个单元格），执行“插入”>“剪切单元格”命令；或者右键单击选定的行，在弹出的快捷菜单中执行“插入已剪切的单元格”命令。

移动列的方法与此相似。

2. 复制行与列

复制行列与移动行列的操作非常相似，两者的区别是前者保留了原有行列内容，而后者则清除了原有行列内容。复制行列的操作方法有以下几种。

(1) 使用鼠标。选定需要复制的行，将鼠标指针指向选定行的黑色边框上，当鼠标指针由十字变为黑色十字箭头图标时，按住“Ctrl”键同时拖曳鼠标至空行或空列位置放开。

技巧

如果要插入多行或多列，可以按以下步骤操作。

① 选定需要插入的新行之下的若干行或新列右侧的若干列。

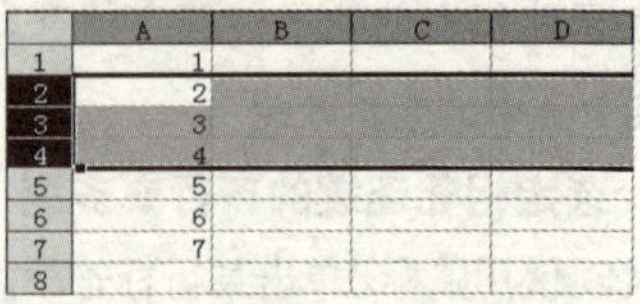

② 执行“插入”>“行”或“列”命令★16。

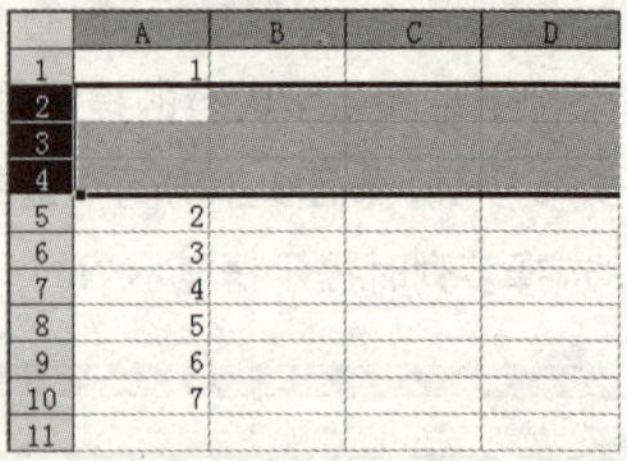

注意

使用鼠标拖曳时，如果目标行或列中有内容，系统将提示“是否替换目标单元格内容”，单击“确定”按钮将替换目标单元格中内容。若希望保留目标单元格中的原有内容，可以在拖曳的同时按住“Shift”键。

注意

与移动行列相似，使用鼠标复制行列时，如果目标行或列中有内容，将直接替换目标单元格中的内容。若希望保留目标单元格中原有内容可以在拖曳时按“Shift”+“Ctrl”组合键。

(2) 使用命令。具体操作步骤如下。

① 选定需要移动的行，执行“编辑”>“复制”命令，或者单击“常用”工具栏上的“复制”按钮，或者直接按“Ctrl”+“C”组合键，此时当前选定的行会出现虚线边框。

② 选定需要复制的目标位置行的下一行（选定整行或者选定此行的第一个单元格），执行“插入”>“复制单元格”命令；或者右键单击选定的行，在弹出的快捷菜单中执行“插入复制单元格”命令。

复制列的方法与此相似。

05 删除行与列

对于不需要的行列内容，可以将其删除。删除行的步骤如下。

① 选定要删除的整行或多行。

② 执行“编辑”>“删除”命令★[17]或单击鼠标右键，在弹出的快捷菜单中执行“删除”命令。

06 “格式”工具栏

工作表的整体外观主要取决于单元格的样式外观，而单元格的样式外观在Excel的可选设置中包括数字显示格式、字体格式、文字对齐方式、单元格边框以及底纹图案等。

对于单元格中文字格式的设置和更改，比较简单、快捷的方法是通过使用“格式”工具栏上的按钮来操作。“格式”工具栏如图2-42所示。

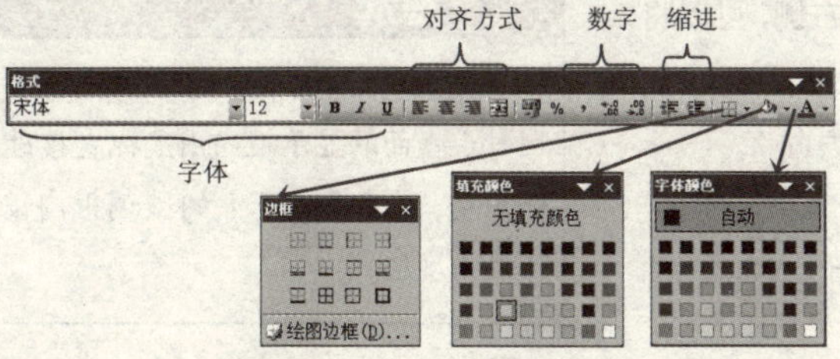

图2-42 “格式”工具栏

字体组：包括字体、字号、加粗、倾斜和下划线。

对齐方式组：包括左对齐、居中、右对齐和合并及居中。

数字组：包括货币样式、百分比样式、千位分隔样式、增加小数位数和减少小数位数。

缩进组：包括减少缩进量和增加缩进量。

边框：以下拉列表形式提供各种边框工具，包括单元格无边框工具和各种边框工具。

填充颜色：以下拉列表形式提供各种颜色工具，可以设置填

提示

使用“常用”工具栏按钮进行格式设置的操作方法如下。

(1) 对于不带下拉箭头的命令按钮，在选定需要格式化的单元格或单元格区域后，直接单击相应按钮即可。例如，将单元格中的文字设置为加粗时，直接单击“加粗”按钮B即可。

(2) 对于带有下拉箭头的命令按钮，在选定单元格或单元格区域后，单击下拉箭头按钮，从列表框中选择相应的选项。例如，将单元格中的文字大小设置为20磅时，单击字号下拉列表框的下拉箭头，从列表框中选择“20”。

充单元格的背景色。

字体颜色：以下拉列表形式提供各种颜色工具，可以设置文字的颜色。

07 设置对齐方式

可以使用“格式”工具栏上的按钮对单元格及其中的文字进行对齐、字体等常规的格式设置和修改，但是更加丰富的格式设置需要使用“单元格格式”对话框。

图2-43所示的是“单元格格式”对话框中的“对齐”选项卡内容。“对齐”选项卡主要用于设置文本对齐方式、方向、文字方向及文本控制等内容。

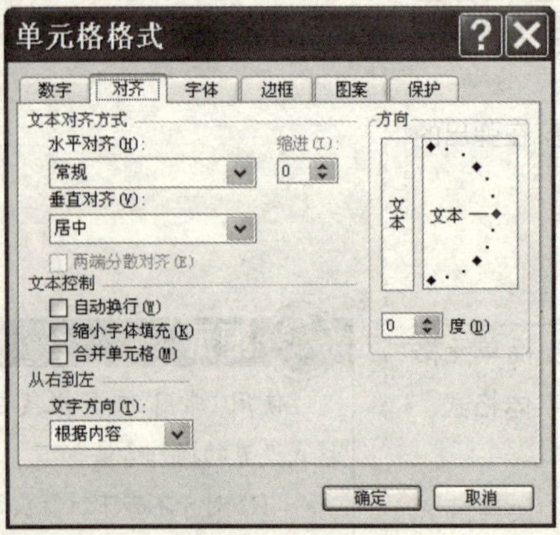

图2-43 “单元格格式”对话框的“对齐”选项卡

1. 方向

“方向”格式设置位于“对齐”选项卡的右侧，可以将文本显示为具有一定的倾斜角度。倾斜角度为-90°~+90°的半圆范围。还可以将文本设置为“竖排文本方向”。

2. 文字方向

“文字方向”是指文字从左向右或从右向左书写和阅读方向。

3. 水平对齐

控制文本在单元格内水平方向上的各种对齐方式。其中包含的对齐方式及其含义如下表所示。

对齐方式	含　义
常规	Excel默认的对齐方式，数值型数据靠右对齐，文本型数据靠左对齐，逻辑型数据居中对齐
靠左（缩进）	单元格内容靠左对齐，可在“缩进”微调框内调整距离单元格左侧边框的距离

提示

打开“单元格格式”对话框的方法有以下几种。

(1) 使用菜单。执行“格式”＞“单元格”命令★[18]。

(2) 使用快捷菜单。选定单元格或单元格区域后，单击鼠标右键，在弹出的快捷菜单中执行“设置单元格格式”命令。

(3) 使用键盘。直接按“Ctrl”＋“1”组合键。

提示

设置“文本方向”的方法是在类似半圆钟表盘面的显示框内用鼠标直接选择倾斜角度，或者是在下方的微调框内设置具体的角度值。

提示

设置水平对齐的操作步骤如下。

① 选定单元格或单元格区域，打开“单元格格式”对话框，单击“对齐”选项卡。

② 单击“水平对齐”下拉列表框的下拉箭头，选择需要的对齐方式。

③ 单击“确定”按钮。

续表

对齐方式	含义
居中	单元格内容居中对齐
靠右（缩进）	单元格内容靠右对齐，可在“缩进”微调框内调整距离单元格右侧边框的距离
填充	重复单元格内容，直到单元格的宽度被填满为止
两端对齐	使文本两端对齐，当文本内容为单行时效果类似“左”对齐，当文本内容为多行时是两端对齐效果，当文本内容超过单元格宽度时会自动换行显示
跨列居中	当选定内容为单个单元格时，效果类似“居中”对齐；当选定内容为多个单元格时，将单元格内容在选定的同一行连续多个单元格内居中显示
分散对齐（缩进）	对于中文字符和空格间隔的英文单词等显示内容，在单元格内平均分布并充满整个单元格宽度；而对于连续的数字或英文字母等内容，效果类似“居中”对齐；可在“缩进”微调框内调整距离单元格两侧边框的距离

4. 垂直对齐

控制文本在单元格内方向上的各种对齐方式。其中包含的对齐方式及其含义如下表所示。

对齐方式	含义
靠上	单元格内容靠上对齐
居中	单元格内容垂直居中
靠下	单元格内容靠下对齐
两端对齐	单元格内容垂直方向上向两端对齐，并且在垂直距离上平均分布；当文本内容超过单元格宽度时会自动换行显示
分散对齐	当文本方向为水平方向时，显示效果与“两端对齐”相同；当文本方向为垂直方向时，多行文字的末行文字会在垂直方向上平均分布排满整个单元格高度，并且两端靠近单元格边框；当文本内容超过单元格宽度时会自动换行显示

提示

设置垂直对齐的操作步骤如下。

① 选定单元格或单元格区域，打开“单元格格式”对话框，单击“对齐”选项卡。

② 单击“垂直对齐”下拉列表框的下拉箭头，选择需要的对齐方式。

③ 单击“确定”按钮。

5. 自动换行

使文本内容分为多行显示，适合于当文本内容超过单元格宽度时的情况。注意：如果调整单元格宽度，文本内容的换行位置也随之调整。

6. 缩小字体填充

使文本内容自动缩小进行显示，以适应单元格的宽度。注意：缩小字体填充并不会改变原有字号大小，一旦单元格有足够的空间，其中的内容仍然会按原字号大小显示。

7. 合并单元格

合并单元格就是使一个单元格占有多个单元格的空间。合并后的单元格保留最初选定区域的最左上角单元格中的内容，并且沿用其单元格格式。如果在合并的连续单元格中包含多个非空单元格，则在进行合并单元格时会弹出警告对话框，提示用户如继续合并将仅保留最左上角的单元格数据而删除其他数据，如图2-44所示。

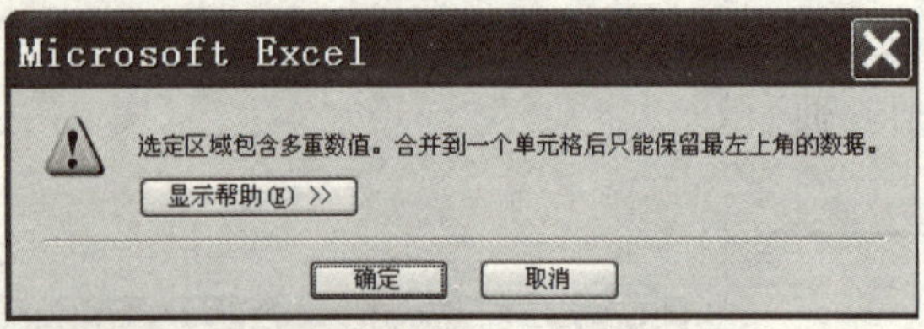

图2-44　合并区域包含多个数据时的警告对话框

复制合并单元格到其他单元格区域时，可以将目标区域转变为同样组合结构的合并单元格。而如果要以合并单元格所在位置作为多个单元格的数据粘贴目标，除非覆盖整个合并单元格区域，否则将无法对合并单元格的一部分进行更改。合并单元格操作的方法有以下两种。

(1) 使用“单元格格式”对话。操作步骤如下。

① 选定要合并的单元格区域，按“Ctrl”+“1”组合键，弹出“单元格格式”对话框，单击“对齐”选项卡。

② 勾选“文本控制”中的“合并单元格”复选框，再按所需选择水平对齐及垂直对齐方式。单击“确定”按钮。若合并的区域中含有多个单元格数据，则会弹出警告对话框，如图2-44所示。单击“确定”按钮则执行合并；单击“取消”按钮则取消合并操作。

(2) 使用“格式”工具栏按钮。除了使用“单元格格式”对话框的“对齐”选项卡中的合并单元格复选框来对单元格进行合并操作外，使用“格式”工具栏的“合并及居

提示

设置自动换行和缩小字体填充的操作步骤如下。

① 选定单元格或单元格区域，打开“单元格格式”对话框，单击“对齐”选项卡。

② 根据需要，勾选“自动换行”或“缩小字体填充”复选框。

③ 单击“确定”按钮。

知识

合并单元格是指将跨越几行或几列的多个单元格合并为一个单元格。

注意

合并单元格通常用来放置标题内容，但合并单元格的操作会改变表格的整体结构，因此建议不要过多使用此项功能。事实上，在很多情况下，使用“跨列居中”的文本对齐，可以在一定程序上实现水平方向的合并单元格效果。

注意

被合并的单元格区域只能是相邻的若干个单元格。

知识

取消勾选“对齐”选项卡中的“合并单元格”复选框或再次单击“格式”工具栏上的“合并及居中”按钮，可以取消当前合并单元格的合并状态。恢复后的单元格区域中，只有最左上角单元格中保留原合并单元格的数据，但所有单元格都会保留原合并单元格的格式。

中”按钮，是一种更为简单的操作方法。选定多个单元格后在工具栏上单击此按钮即可完成合并，并且同时将合并的文本水平对齐方式设置为“居中”。

08 设置字体

“字体”选项卡主要用于设置单元格文本的字体、字形和字号，还可以对下划线、颜色及特殊效果等内容进行相关设置，如图2-45所示。

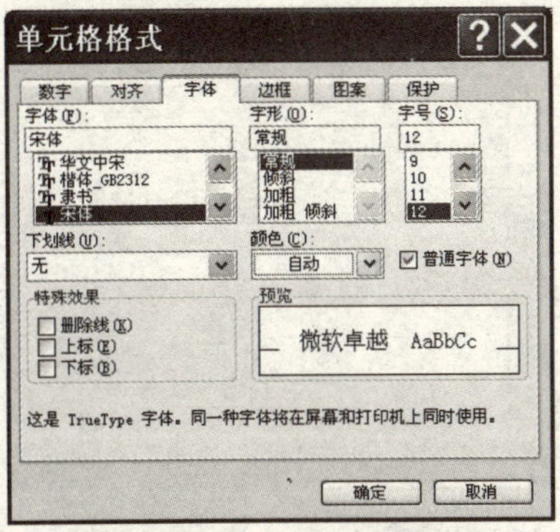

图2-45 “字体”选项卡

1. 字体、字形和字号

字体：在“字体”列表框内可以为文本内容选择不同的字体样式。

字形：在“字形”列表框内可以为文本内容选择“常规”、“加粗”、“倾斜”或“加粗倾斜”等不同的字形。

字号：在“字号”列表框内可以为文本内容选择不同的字号，字号允许范围为1～409。

设置“字体”、“字形”或“字号”的操作步骤如下。

① 选定单元格或单元格区域，打开“单元格格式”对话框，单击“字体”选项卡。

② 在“字体”、“字形”或“字号”列表框中选择所需内容。

③ 单击“确定”按钮。

2. 下划线和颜色

下划线：在“下划线”下拉列表框内可以为文本内容设置下划线，包括“单下划线”、“双下划线”、“会计用单下划线”、“会计用双下划线”和“无”等。Excel默认设置的下划线为“无”。

颜色：为文本内容设置颜色，其中可选择颜色包括“自动”和调色板上的56种颜色。

技巧

通常情况下，是对整个单元格内容设置“字体”、“字形”或“字号”，但如果需要可以对单元格中的内容分别设置不同的格式。操作步骤如下。

① 选定单元格，然后在“编辑栏”上选定需要设置格式的部分内容。

② 按“Ctrl”+“1”组合键，打开“单元格格式”对话框，此时对话框中只有一个“字体”选项卡。

③ 在“字体”、“字形”或“字号”列表框中选择所需内容。

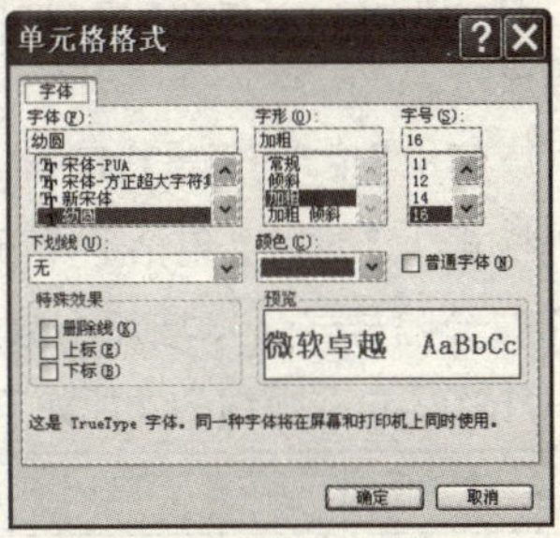

④ 单击“确定”按钮。

需要注意的是，Excel只允许对文本型数据进行这样的设置。

设置“下划线”或“颜色”的方法是：选定单元格或单元格区域，打开“单元格格式”对话框，在“字体”选项卡中，单击“下划线”或“颜色”下拉列表框的下拉箭头，选择所需内容，然后单击“确定”按钮。

3. 删除线

在单元格内容上显示横穿过内容的直线，表示内容被删除。设置“删除线”的方法是：选定单元格或单元格区域，打开“单元格格式”对话框，在“字体”选项卡中，勾选“删除线”复选框，然后单击“确定”按钮。

4. 上标和下标

上标：将文本内容显示为上标形式。

下标：将文本内容显示为下标形式。

设置“上标”或“下标”的方法是：选定文本，打开“单元格格式”对话框，在“字体”选项卡中，勾选“上标”或“下标”复选框，然后单击“确定”按钮。

09 设置数字格式

数字格式是单元格格式设置中最有用的功能之一，专门用于对单元格数值进行格式化。

1. 内置的数字格式

Excel内置的数字格式包括 “常规”、“数值”、“货币”、“会计专用”、“日期”、“时间”、“百分比”、“分数”、“科学记数”、“特殊”等，能够满足一般的数字格式定义需求。

(1) 使用“格式”工具栏按钮

“格式”工具栏上包括了货币样式、百分比样式%、千位分隔样式,、增加小数位数和减少小数位数等按钮。这些按钮的功能如下表所示。

按 钮	功 能
货币样式	在数值开头添加货币符号，并为数值添加千位分隔符，数值显示两位小数
百分比样式	以百分比形式显示数值，无小数位数
千位分隔样式	使用千位分隔符分隔数值，显示两位小数
增加小数位数	在原数值小数位数的基础上增加一位小数位
减少小数位数	在原数值小数位数的基础上减少一位小数位

技巧

按“Ctrl”+“F5”组合键可以快速地为选定的单元格内容添加删除线。

知识

无论为单元格设置了何种数字格式，都只会改变单元格中数值的显示形式，而不会改变单元格存储的真正内容。反之，在工作表上看到的单元格内容，并不一定是其真正的内容，而可能是原始内容经过各种变化后的一种表现形式。

提示

使用工具按钮应用数字格式的方法是：在工作表中选定包含数值的单元格或单元格区域，然后单击“格式”工具栏上的相关按钮。

（2）使用“单元格格式”对话框

使用工具栏按钮设置数字格式，每种格式的样式比较单一，若希望有更多的选择，可以通过“单元格格式”对话框的“数字”选项卡来进行数字格式设置。

“单元格格式”对话框中“数字”选项卡的左侧为“分类”列表框，其中包括12类数字格式，如图2-46所示。

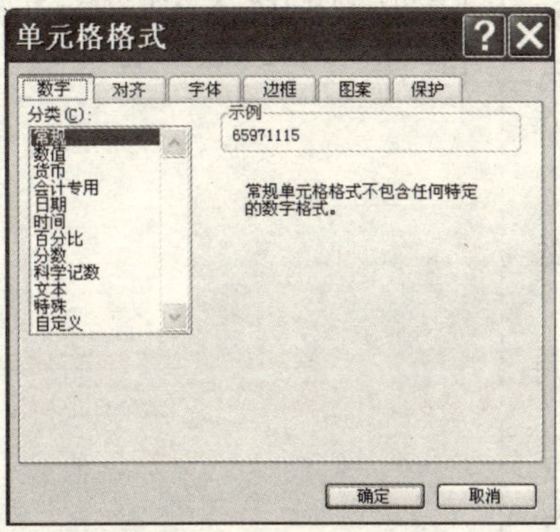

图2-46 “数字”选项卡

每类格式的特点及作用如下表所示。

类型	特点及功能
常规	数据输入默认格式，数值显示为数字或以科学记数法显示的数字
数值	可以设置小数位数、是否添加千位分隔符、负数样式等
货币	可以设置小数位数、货币符号、负数样式等
会计专用	可以设置小数位数、货币符号，数字显示自动包含千位分隔符
日期	可以选择多种日期显示模式，其中包括显示日期和时间的模式
时间	可以选择多种时间显示模式
百分比	可以设置小数位数，数字以百分数形式显示
分数	可以设置多种分数显示格式
科学记数	可以设置小数位数，以包含指数符号（E）的科学记数法显示数值
文本	将数值作为文本来进行处理
特殊	包含了几种以系统区域设置为基础的特殊格式
自定义	允许用户自己定义格式

知识

一个数字被设置为不同格式后，显示效果会有所不同。例如，某单元格中有数字3723.1，在默认情况下，Excel不会对单元格设置任何数字格式，此时的格式名称为“常规”，数字按其真实形式显示。但如果在“分类”列表框中选择了“数值”选项，并且勾选了“使用千位分隔符”复选框，显示数据将会发生改变。

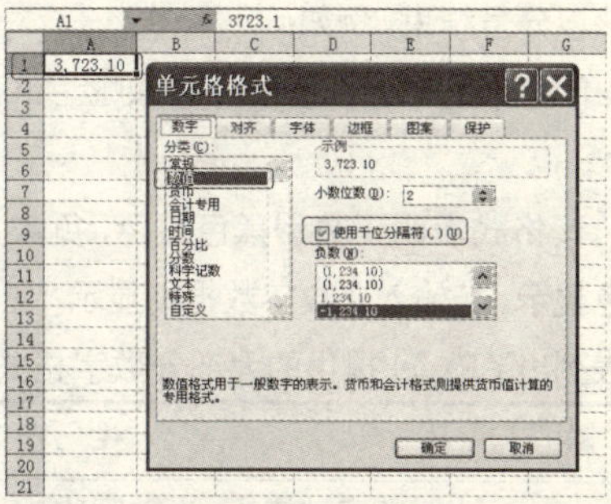

提示

使用“单元格格式”对话框设置数字格式的操作步骤如下。

① 选定目标单元格或单元格区域，打开“单元格格式”对话框，选择“数字”选项卡。

② 在“分类”列表框中选择所需类型，此时对话框右侧显示出该类型中可用的格式及示例，根据需要进行选择。

③ 单击“确定”按钮。

知识

日期和时间是Excel中处理较多的一类数值，在不同的表格或报告中经常用到。在Excel中内置了许多日期格式。

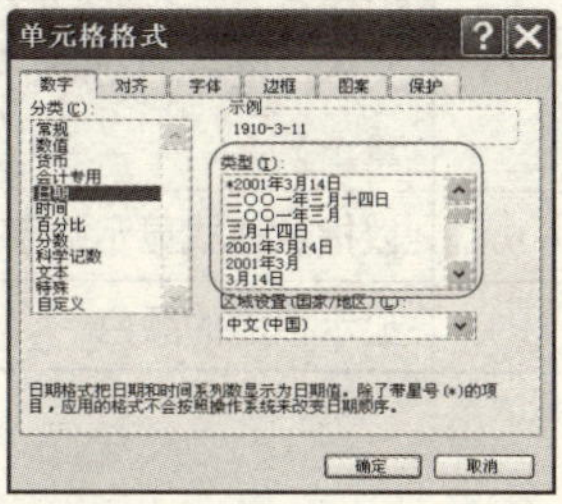

2. 创建自定义数字格式

如果Excel内置的数字格式无法满足实际应用中的需求，还可以创建自定义的数字格式。

自定义数字格式代码结构如下。

<正数格式>;<负数格式>;<零值格式>;<文本格式>

共有4个区域，之间用分号“;”隔开，最多可以指定四个部分。如果指定了两个部分，那么第一部分用于正数和零值，第二部分用于负数；如果只指定了一个部分，则所有数字都将使用该格式；如果要跳过某一部分，那么该部分应该以分号结束。例如：

[黑色]$#,##0;[红色]($#,##0);[蓝色]0;"应输入数值型数据"

该格式表明正数用黑色显示，负数用红色显示，零用蓝色显示，若输入非数字数据则显示“应输入数值型数”。下表列出了Excel 提供的大部分数字格式符号及其作用。

符 号	作 用
0	数字占位符，当数字比代码的数量少时，显示无意义的零值
#	数字占位符，只显示有意义的数字，而不显示无意义的零值
?	数字占位符，与“0”相似，但它以显示空值来代替无意义的零值
.	标记小数点位置
%	显示百分数
,	标记出千位、百万位等位置
_(下划线)	留出与下一个字符宽度相等的空格
¥/$	在指定位置显示货币符号
( )	在指定位置显示左右括号
+/-	在指定位置显示正/负号
\	紧接其后的是文本字符
"文本"	显示双引号内的文本
*	用星号后的字符填满单元的剩余部分
@	文本占位符，标识出用户输入文字显示的位置
E	以指数格式显示数字
[颜色]	显示相应的颜色

知识

自定义数字格式是指定的一些格式代码，用以描述数据的显示格式。Excel允许用户创建自定义数字格式，并可在格式化工作表时使用该格式。

提示

创建自定义数字格式的操作步骤如下。

① 选定单元格或单元格区域，打开“单元格格式”对话框，选择“数字”选项卡。

② 在“分类”列表框中选择“自定义”选项。

③ 在自定义类型中提供了一些预设的格式，可选取其中的预设格式或在“类型”文本框中输入自定义格式。

④ 单击“确定”按钮。

注意

一旦创建了自定义的格式，此格式将一直被保存在工作簿中，并且能像其他内置数字格式一样被使用。如果用户不再需要自定义的数字格式，可先选择要删除的自定义数字格式，再单击对话框中的“删除”按钮。注意，不能删除Excel提供的内置数字格式。

续表

符 号	作 用
[颜色 n]	用调色板中相应的颜色显示字符(n范围为0～56)
[condition value]	设置条件，条件通常用<,>,=,<=,>=,< >以及数值构成

10 设置行高和列宽

为了将表格修饰得更加美观，常常需要设置合适的行高和列宽。设置行高和列宽的方法有以下几种。

(1) 使用鼠标。将鼠标指针指向要设置行高的行号标签下沿，当鼠标指针变为黑色双向箭头形状时，向下拖曳鼠标来改变行高。将鼠标指针指向列标标签右侧的分割线，当指针变为双向箭头形状时，按住鼠标左键拖曳分隔线来改变列宽。

(2) 使用命令。使用命令可以精确地设置行高和列宽。设置行高的操作步骤如下。

① 选定需要设置行高的整行或行中的单元格。

② 执行“格式”>“行”>“行高”命令★[19]或将鼠标指针指向所选行的行标标签上单击鼠标右键，在弹出的快捷菜单中执行“行高”命令。

③ 在“行高”对话框中输入所需的行高的具体值，单击“确定”按钮。

设置列宽的操作步骤如下。

① 选定需要设置列宽的整列或列中的单元格。

② 执行“格式”>“列”>“列宽”命令，或将鼠标指针指向所选列的列标标签上单击鼠标右键，在弹出的快捷菜单中执行“列宽”命令。

③ 在“列宽”对话框中输入所需的列宽的具体值，单击“确定”按钮。

(3) 自动设置。Excel可以根据单元格中的数据内容自动设置最合适的行高与列宽。

设置行高时，先选择目标行的整行或行中的单元格，然后执行“格式”>“行”>“最适合的行高”命令★[20]。

设置列宽时，先选择目标列的整列或列中的单元格，然后执行“格式”>“列”>“最适合的列宽”命令。

(4) 标准列宽。执行“格式”>“列”>“标准列宽”命令，可以一次性设置当前工作表的所有列宽。

知识

（1）行高数值的单位是磅 (point)，它是一种印刷业描述印刷字体大小的专用尺度，1 磅近似等于 1/72 英寸 (inch)，1 英寸等于 25.4mm。因此，1 磅近似等于 0.35278mm，行高的最大限制为 409 磅。

（2）列宽数值的单位是字符，列宽的数值表示这一列所能容纳的半角字符个数。列宽的最大限制为 255 个字符。

技巧

快速设置最适合的列宽的步骤如下。

① 选定一列或多列。

② 将鼠标指针移动到列标标签右侧的分隔线上，当它变为双向箭头形状时双击即可。

注意

“标准列宽”命令，对已经设置过列宽的列无效，也不会影响其他工作表。

11 设置条件格式

Excel提供的条件格式功能，能够预置一种单元格格式，并在指定的条件满足时自动应用于目标单元格。简单地说，条件格式就是指当单元格中的数据满足指定条件时所设置的显示格式，一般包括字体、边框和图案等。

1. 设置条件格式

① 选定需要设置条件格式的单元格或单元格区域。

② 执行“格式”>“条件格式”命令★21，弹出“条件格式”对话框，如图2-47所示。

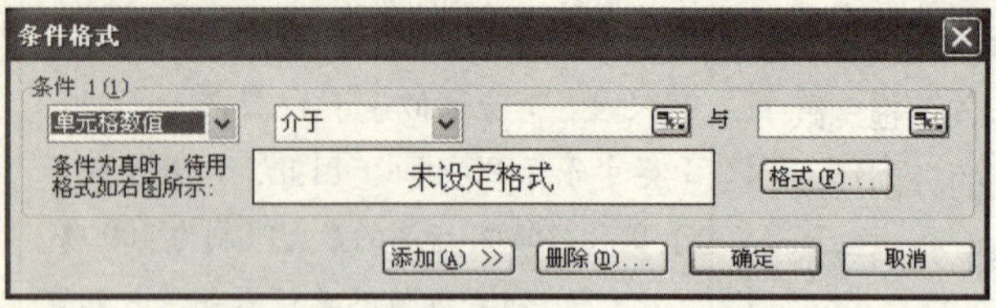

图2-47 “条件格式”对话框

③ 在“条件1(1)”下拉列表框中选择一种条件类型，可以选择“单元格数值”，也可以选择“公式”。选择的条件类型不同，条件设置会有所不同。条件可以是常量，也可以是单元格引用或公式。

④ 单击“格式”按钮，弹出用于条件格式的“单元格格式”对话框，在该对话框中可以设置满足条件时要应用的格式。单击“确定”按钮。

2. 添加条件格式

在“条件格式”对话框中，单击“添加”按钮★21，出现新的条件设置框，可以设置不满足条件1但满足条件2情况下的单元格格式。

3. 删除条件格式

单击“条件格式”对话框中的“删除”按钮★22，弹出“删除条件格式”对话框，如图2-48所示。勾选要删除条件的复选框，单击“确定”按钮完成删除操作。

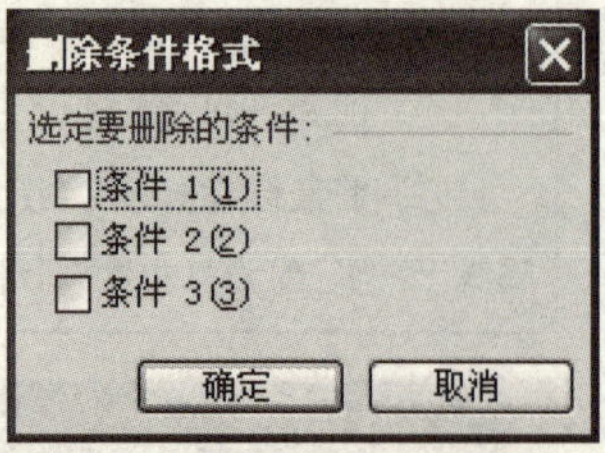

图2-48 “删除条件格式”对话框

知识

设置单元格数值条件有以下几个判断选项。

（1）介于与未介于。用来判断单元格的数值是否在同一区间内，如果条件成立，即单元格的数值介于或未介于某一区间内。

（2）等于与不等于。用来判断单元格的数值等于或不等于目标值。

（3）大于与小于。用来判断单元格的数值大于或小于某个数值。

（4）大于或等于。用来判断单元格数值大于或等于某个数值。

（5）小于或等于。用来判断单元格数值小于或等于某个数值。

注意

最多允许设置三个条件。

提示

如果要删除选定单元格的所有条件和所有的格式，可以执行“编辑”>“清除”>“格式”命令，进行清除格式的操作。

12 设置边框

“边框”选项卡主要用于设置单元格的边框、线条样式以及颜色等内容，如图2-49所示。

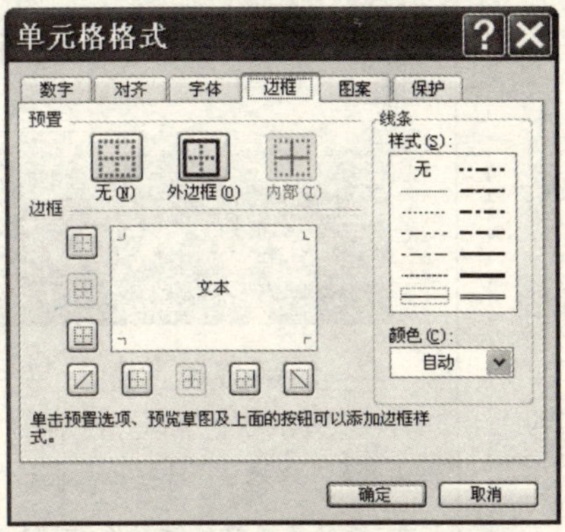

图2-49 “边框”选项卡

预设：“预设”区域包括3种快捷的预置方案，其中，“无”表示取消所选区域内的所有边框线条；“外边框”表示在所选区域的外围4条连线添加边框；“内部”表示在所选区域的内部所有单元格连线上添加边框。如果当前选定的是单个单元格，则此按钮不可用。单击这些方案可以快速设置边框样式。

边框：“边框”区域中有8个小按钮，可以快速地进行边框位置设定，按钮上所显示的图案即为边框线条的相应设置位置。

对边框线条的所有选择和设定都会在显示“文本”字样的矩形框内反映出实际效果，可以根据这样的显示效果决定是否最终应用所选择的边框设置。

13 设置工作表背景

默认情况下，工作表背景是白色的。如果需要，可以选择某个图片文件作为工作表的背景，使制作出的表格更具有个性化。

1. 添加工作表背景

使用图片作为工作表背景的操作步骤如下。

① 执行“格式”>“工作表”>“背景”命令★23，弹出“工作表背景”对话框。

② 在“工作表背景”对话框中找到文件所在位置和需要打开的图片文件，双击该文件名。结果如图2-50所示。

知识

边框通常被用来划分单元格，增强单元格的视觉效果。在为单元格或单元区域设置边框时，可以选择的线条有13种；可添加边框线条的位置，包括单元格的4条连线和单元格内部的2条对角斜线。

注意

在“单元格格式”对话框的“边框”选项卡中设置边框时，需要首先在“线条”区域的“样式”列表框中选择边框的线条样式类型，然后在“颜色”下拉列表框中选择“线条”颜色，接下来可以在“边框”区域显示“文本”字样的矩形框内设置边框线条位置。

提示

添加工作表背景后，“格式”菜单中“工作表”级联菜单下的原“背景”命令将被“删除背景”命令所取代。因此，执行该命令，可以删除已添加的工作表背景。

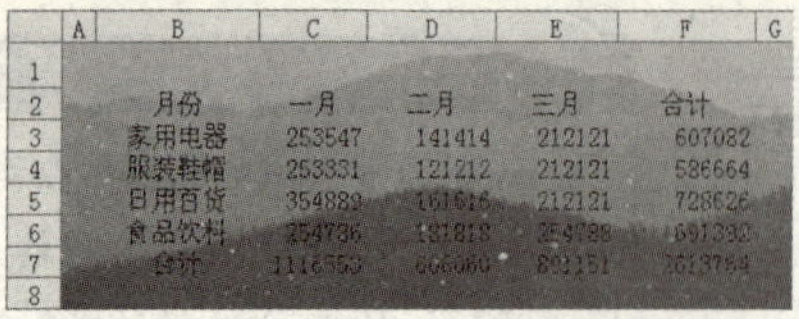

图2-50　在工作表中使用图片背景

2. 清除网格线

为了使工作表的内容与背景更加和谐，显示更加美观，需要清除网格线。清除网格线，可按以下步骤进行设置。

① 执行“工具”>“选项”命令★24，弹出“选项”对话框，单击“视图”选项卡。

② 在“窗口选项”区中，清除“网格线”复选框的勾选，如图2-51所示。单击“确定”按钮。

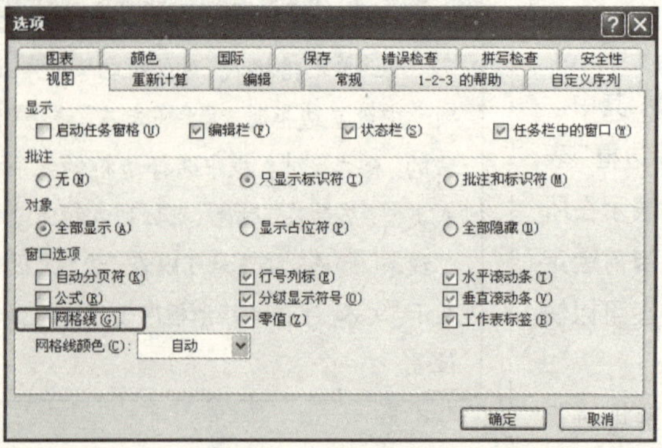

图2-51　“视图”选项卡

14 设置图案

“图案”选项卡主要用于设置单元格的背景色和包含某些图案的底纹，如图2-52所示。

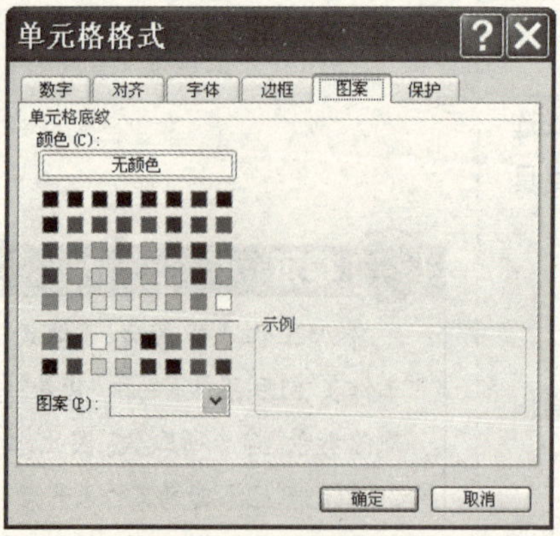

图2-52　“图案”选项卡

技巧

如果只希望背景图片在指定的单元格区域显示，可按以下步骤进行操作：

① 在工作表中插入背景图片，并清除网格线。

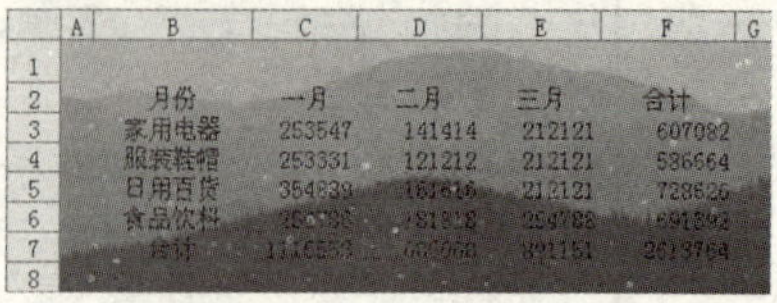

② 单击工作表“全选”按钮，选定整个工作表。然后执行“格式”>“单元格”命令，弹出“单元格格式”对话框，单击“图案”选项卡，选择单元格底纹颜色为“白色”。

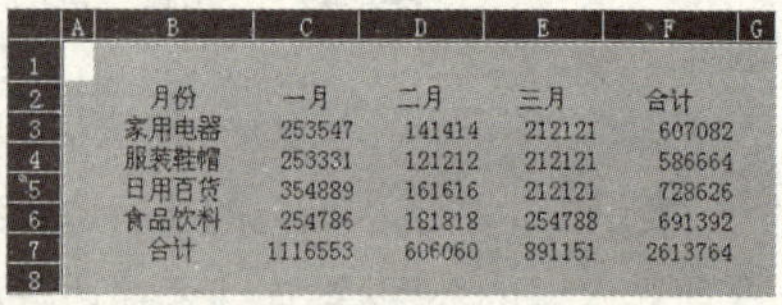

③ 选定需要背景的单元格区域，然后按“Ctrl”+“1”组合键，弹出“单元格格式”对话框，单击“图案”选项卡，选择单元格底纹颜色为“无颜色”。

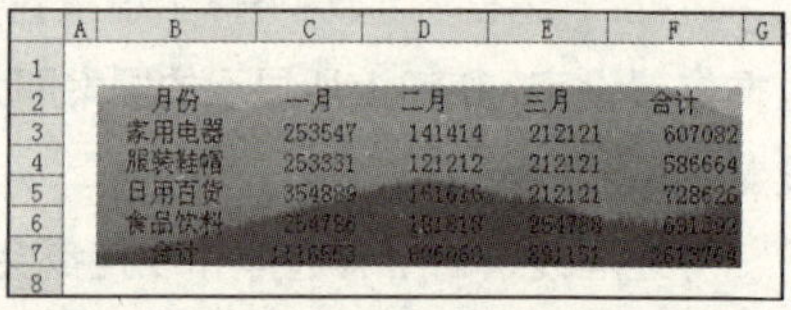

提示

设置“图案”的方法是：选定单元格或单元格区域，在打开的“单元格格式”对话框的“图案”选项卡中，单击“颜色”区域下的调色板中的所需颜色，也可以进一步单击“图案”下拉列表框的下拉箭头，从扩展显示的面板上选择底纹图案及其颜色，最后单击“确定”按钮。

单元格底色从调色板中选取，而底纹的图案类型除默认的“实心”图案外共有17种可以选择。底纹图案的颜色可以与单元格底色保持一致，也可以从调色板中另外选取。

设置中选择的底纹图案及背景颜色都是会在“预览”区域内实时显示实际效果。

15 隐藏行和列

如果工作表的某些行或列不希望被别人看到，可以将它们隐藏，需要时再显示出来。

1. 隐藏列

选定欲隐藏的列或列中的某单元格，然后执行“格式”>“列”>“隐藏”命令★[25]。

可以使用相似的方法隐藏行。

2. 取消对列的隐藏

取消对列的隐藏的方法是，选定隐藏列两侧的列或两侧列中的任意单元格，执行“格式”>“列”>“取消隐藏”命令★[25]。

可以使用相似的方法取消隐藏的行。

16 保护工作表

在很多情况下，用户需要将单元格的数据“保护”或“隐藏”起来，甚至需要将工作表“保护”起来，以防止他人使用、删除或移动工作表，防止修改单元格中的数据。Excel工作表的保护功能可以帮助用户达到这些目的。

1. 保护工作表

保护工作表的操作步骤如下。

① 选定需要保护的工作表，执行“工具”>“保护”>“保护工作表”★[26]，弹出“保护工作表”对话框，如图2-53所示。

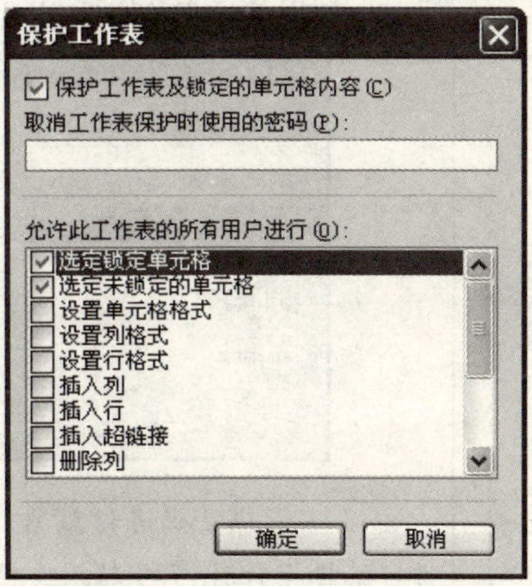

图2-53　“保护工作表”对话框

注意

过多使用底纹图案会影响单元格内容的显示效果，应有选择地使用。

技巧

⑴ 按“Ctrl”+“9”组合键可以隐藏选定单元格或单元格区域所在行。

⑵ 按“Ctrl”+“0”组合键可以隐藏选定单元格或单元格区域所在列。

知识

如果隐藏行或列后，再保护工作表，那么被隐藏的行或列在工作表被解除保护以前是不能够取消隐藏的。

提示

如果需要撤销对工作表的保护，可以执行“工具”>“保护”>“撤销工作表保护”命令★[27]。如果在设置保护工作表时添加了密码，将弹出“撤销工作表保护”对话框，在“密码”文本框中输入设置的密码，然后单击“确定”按钮。

② 在“保护工作表”对话框中，勾选“保护工作表及锁定的单元格内容”复选框，在“允许此工作表的所有用户进行”列表框中，勾选允许所需的选项，然后单击“确定”按钮。

如果需要，可在“保护工作表”对话框中的“取消工作表保护时使用的密码”文本框中输入密码，单击“确定”按钮后将弹出“确认密码”对话框，再次输入相同的密码，单击“确定”按钮。这样只有输入正确的密码，才能对工作表进行操作。

2. 单元格保护

在工作表处于被保护状态时，默认情况下工作表中的所有单元格都被锁定并保护，不能进行删除、清除、移动、编辑和格式化等操作。如果只需要对一部分单元格进行保护，可以先取消不需要保护的单元格的锁定设置，然后再设置工作表的保护。具体操作步骤如下。

① 选定要撤销保护的单元格或单元格区域，执行“格式”>“单元格”命令，弹出“单元格格式”对话框，单击“保护”选项卡，取消勾选“锁定”复选框，如图2-54所示，单击“确定”按钮。

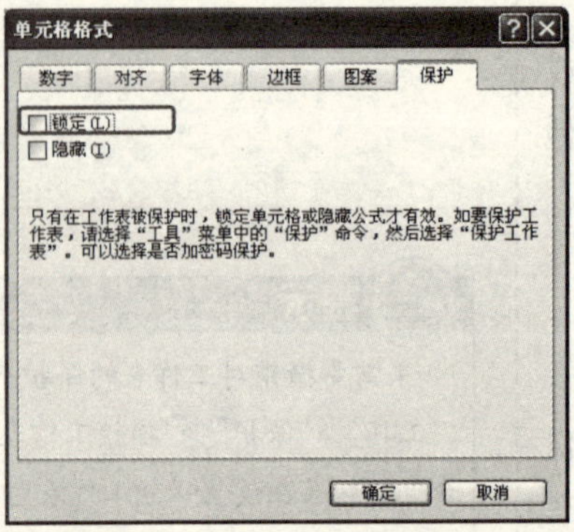

图2-54　取消“锁定”设置

② 按上述已介绍的工作表保护方法设置工作表保护。

17 设置页面

在打印工作表之前，需要对工作表进行页面设置，包括设置页面、设置页边距、设置页眉/页脚、设置打印标题等。设置页面主要是设置待打印工作表所用的纸张大小、打印方向、打印范围和打印质量等。具体操作步骤如下。

① 执行“打印”>“页面设置”命令★28，弹出“页面设置”对话框，单击“页面”选项卡。

注意

必须先进行单元格的保护设置，然后再执行工作表保护操作。只有在工作表保护状态下，单元格的保护才能生效。

知识

设置单元格的保护，有以下几种方式：

(1) 禁止选定。在“保护工作表”对话框中取消勾选“选定锁定单元格”复选框，同时勾选“选定未锁定的单元格”复选框。

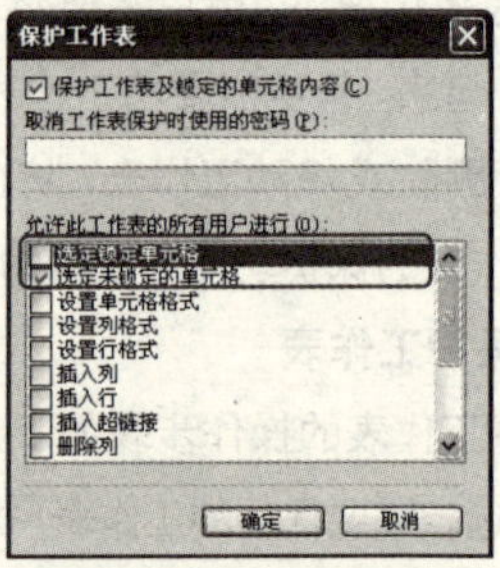

(2) 可选但不可编辑。

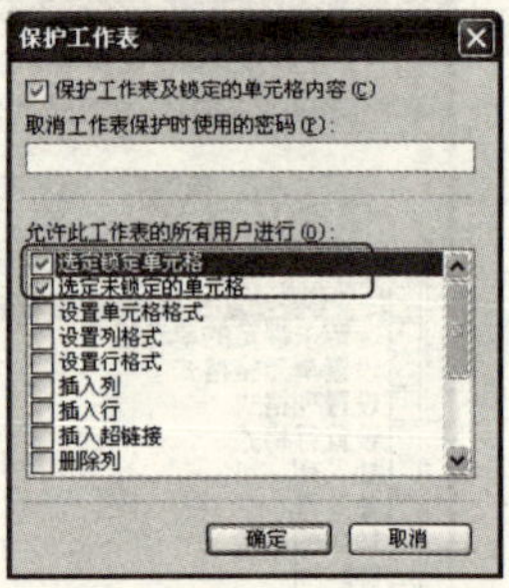

(3) 依据密码进行编辑。对单元格进行编辑操作时，需要输入密码。

② 根据需要对“方向”、“缩放”、“纸张大小”、“打印质量”进行选择，如图2-55所示，单击“确定”按钮。

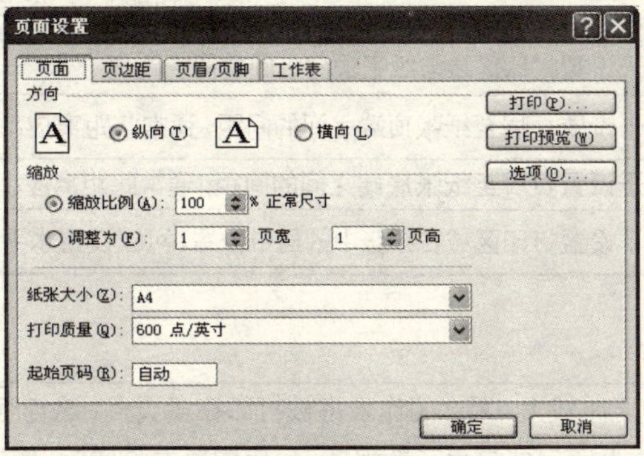

图2-55 “页面设置”对话框的“页面”选项卡

在“页面”选项卡中可以设置的各选项及其功能如下表所示。

选项	功能
方向	用于指定打印纸的打印方向，可以选择“纵向”或“横向”；系统默认为“纵向”打印
缩放	缩放比例用于指定打印比例，可以输入10%~400%，也可以通过“调整为”选项调整页宽和页高，其中页宽与页高的调整互不影响；注意，在此指定的是打印的缩放比例，并不影响工作表在屏幕上的显示比例
纸张大小	用于选择所需打印纸规格
打印质量	用于设置打印质量；点数越大，打印质量越好，但打印时间也越长
起始页码	用于设置要打印工作表的起始页码；页码可以从需要的任何数值开始；若页码从1或从下一个顺序数字开始，则选择“自动”

18 设置页边距

页边距是指打印内容的位置与纸边的距离，一般以厘米（cm）为单位。设置页边距的操作步骤如下。

① 在“页面设置”对话框中，单击“页边距”选项卡。

② 根据需要分别在“上”、“下”、“左”、“右”等微调框中输入相应的值，并对“居中方式”选项进行选择，如图2-56所示。单击“确定”按钮。

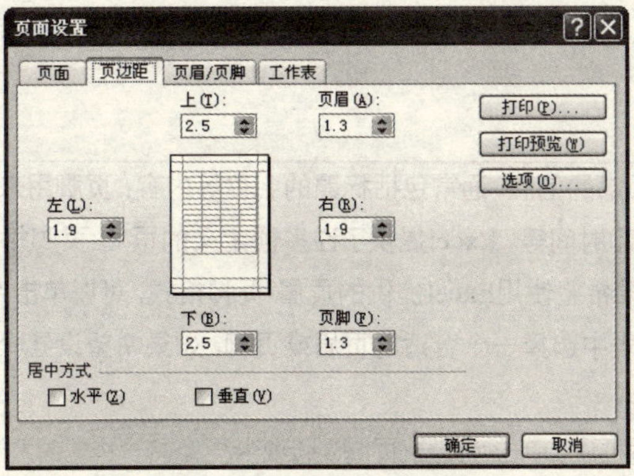

图2-56 “页边距”选项卡

在“页边距”选项卡中可以设置的各选项及其功能如下表所示。

选项	功能
上、下、左、右	用于设置打印区域与纸张边界之间的留空距离
页眉	用于设置页眉至纸张顶端之间的间距，通常此距离应小于上边距
页脚	用于设置页脚至纸张底端之间的间距，通常此距离应小于下边距
居中方式	用于设置打印区域在纸张中的居中位置，可以设置水平居中或垂直居中

19 设置打印标题

如果需要打印的工作表比较大，那么工作表将被打印在多页上，这样有些页可能不显示标题行，有些页可能不显示标题列，而有些页可能只显示数据项。如果需要在打印时，能够在每页的顶端或左端打印出标题，可以通过设置打印标题实现。具体操作步骤如下。

① 在“页面设置”对话框中，单击“工作表”选项卡。

② 如果需要指定在顶部重复一行或连续几行，单击“顶端标题行”框右侧“折叠”按钮，然后在工作表中进行相应的选定；如果需要指定在左侧重复一列或连续几列，单击“左端标题列”框右侧“折叠”按钮，然后在工作表中进行相应的选定。选定结果如2-57所示。

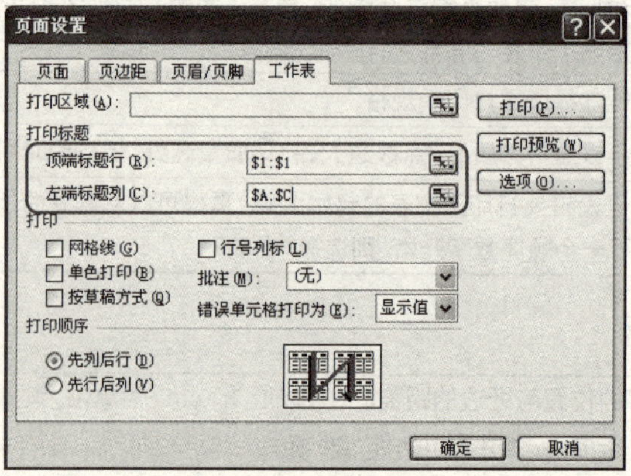

图2-57　设置重复的标题行和标题列

③ 单击“确定”按钮，关闭“页面设置”对话框。

这样当打印的内容一页打不下时，每页都会在页面上方和左侧打印出指定的标题行和标题列内容。

20 设置页眉和页脚

页眉用来显示每一页顶部的信息，通常包括标题的名称等内容；页脚用来显示每一页底部的信息，通常包括页数、打印日期或打印时间等。Excel提供了许多预定义的页眉/页脚格式，如页码、日期、时间、文件名、工作表标签名等。如果希望使用Excel提供的页眉/页脚格式，可以单击“页眉”或“页脚”右侧的下拉箭头，并从弹出的下拉列表中选择一个合适的页眉或页脚。如果希望设置个性化的页眉或页脚，可按以下步骤进行操作。

① 在“页面设置”对话框中，单击“页眉/页脚”选项卡★29。

② 若自定义页眉，则单击“自定义页眉”按钮，在弹出的“页眉”对话框的“左”、“中”、“右”编辑

框中输入或插入希望显示的内容。若自定义页脚，则单击“自定义页脚”按钮，在弹出的“页脚”对话框的“左”、“中”、“右”编辑框中输入或插入希望显示的内容。如图2-58所示，单击“确定”按钮。

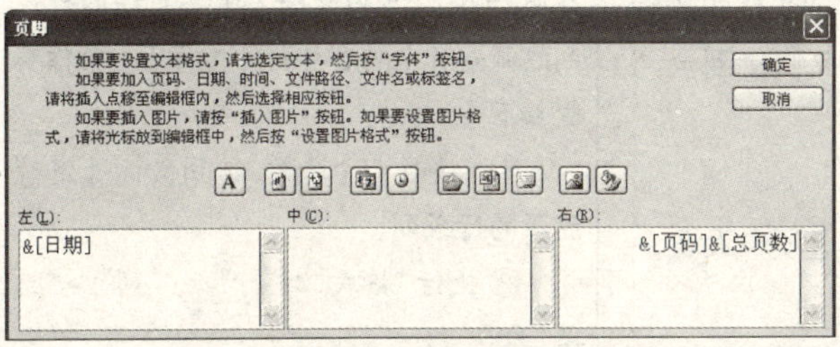

图2-58 自定义页脚

自定义页眉/页脚时，需要打开“页眉”或“页脚”对话框。对话框中各工具按钮的功能如下表所示。

按钮	代码	功能
A	无	设置选定文本的字体、大小、字形和下划线等
	&[页码]	插入页号
	&[总页数]	插入总页数
	&[日期]	插入日期
	&[时间]	插入时间
	&[路径]&[文件]	插入文件所在位置路径名及文件名
	&[文件]	插入文件名
	&[标签名]	插入工作表标签名
	&[图片]	插入图片
	无	编辑所选图片

21 设置打印区域

如果需要打印工作表中某部分数据，可以设置打印区域。设置打印区域有很多方法，可以直接使用菜单命令进行打印；也可以通过“页面设置”对话框中的“工作表”选项卡进行设置；还可以在打印时设置打印区域。

1. 使用菜单命令

这种方法可以直接打印选定的单元格区域。具体操作步骤如下。

知识

打印区域既可以是工作表中一个连续的单元格区域，也可以是不连续的几个单元格区域。如果打印区域设置为工作表中几个不连续的单元格区域，则每个区域将被打印在不同的页上，并且Excel按顺序打印所设定的多个打印区域。

① 使用鼠标选定待打印的单元格区域。

② 执行“文件”>“打印区域”>“设置打印区域”命令。此时，选定的单元格区域即被设置为被打印的区域，同时单元格区域会出现虚线框。

取消设置打印区域的方法是：执行“文件”>“打印区域”>“取消打印区域”命令。取消后，工作表又恢复到全部内容可以打印的状态。

2. 使用“页面设置”对话框

使用“页面设置”对话框中的“工作表”选项卡设置打印区域的操作步骤如下。

① 执行“文件”>“页面设置”，弹出“页面设置”对话框，单击“工作表”选项卡。

② 在“打印区域”文本框中输入待打印单元格区域地址。若需打印多个单元格区域，则在输入时使用逗号“，”将待打印单元格区域地址分开。也可以单击“打印区域”框右侧“折叠”按钮，使用鼠标选定待打印的单元格区域，如图2-59所示，单击“确定”按钮。

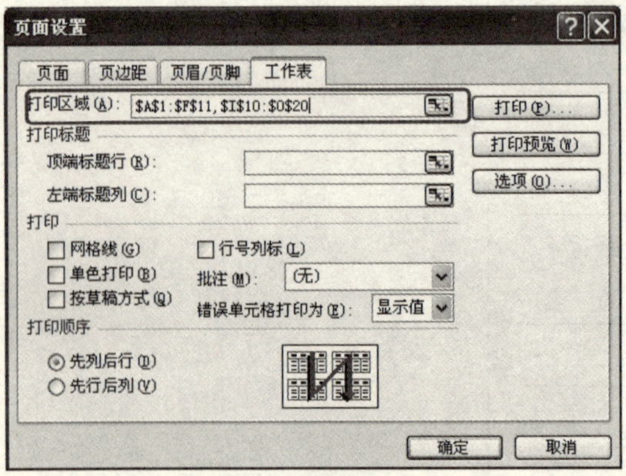

图2-59　设置打印区域

3. 使用“打印内容”对话框

打印工作表中指定区域的另一种方法是在“打印内容”对话框中进行设置。操作步骤如下。

① 选定待打印的单元格区域。

② 执行“文件”>“打印”命令，弹出“打印内容”对话框。

③ 在对话框的“打印内容”选项中，选定“选定区域”单选按钮，然后单击“确定”按钮。

技巧

如果希望将多个不连续的行或列打印在同一页上，可以先将不需要打印的行或列隐藏起来，然后再打印工作表。操作步骤如下。

① 按住“Ctrl”键，使用鼠标选定待隐藏的行或列。

②执行“格式”>“行”/ “列”>“隐藏”命令。

22 打印预览

页面设置完成后，在打印之前，还应利用打印预览功能查看打印的模拟效果，通过预览，可以更精细地设置打印效果，直到满意再打印。在打开的“页面设置”对话框中，每个选项卡里都有“打印预览”命令按钮。也可以单击“常用”工具栏的“打印预览”按钮，还可以执行“文件”>“打印预览”命令★[30]。打印预览窗口中包含有许多工具按钮，每个按钮的功能如下表所示。

按钮	功能
下一页(N)	显示要打印的下一页。如果选择了多个工作表并且当显示选定工作表的最后一页时单击了“下一页”按钮，那么 Excel 将显示下一个选定工作表的第一页
上一页(P)	显示要打印的上一页。如果选择了多个工作表并且当显示选定工作表的第一页时单击了“上一页”按钮，那么 Excel 将显示上一个选定工作表的最后一页
缩放(Z)	在放大和缩小视图之间切换。“缩放”功能并不影响实际打印时的大小
打印(T)...	设置打印选项，然后打印所选工作表
设置(S)...	设置用于控制打印工作表外观的选项
页边距(M)	显示或隐藏页边距。可通过拖曳来调整页边距、页眉和页脚边距以及列宽的操作柄
分页预览(V)	切换到分页预览视图。在分页预览视图中可以调整当前工作表的分页符，可以调整打印区域的大小以及编辑工作表。 在分页预览中当单击“打印预览”按钮时，按钮名称会由“分页预览”变为“普通视图”
普通视图(V)	在普通视图中显示活动工作表
关闭(C)	关闭打印预览窗口，并返回活动工作表的以前显示状态

提示

在打印预览窗口中，单击“分页预览”按钮，即可进入分页预览视图。

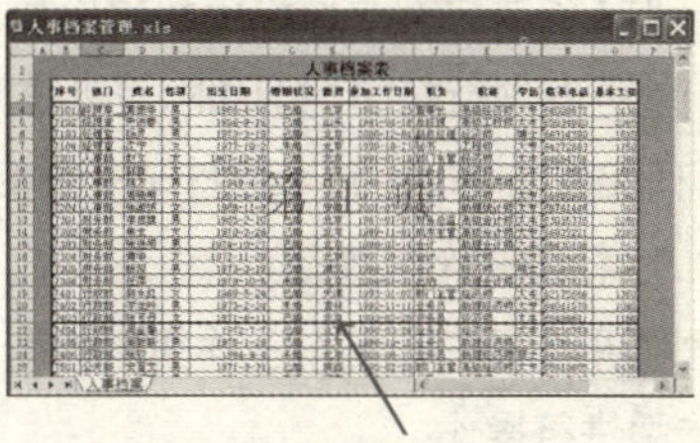

水平分页符

在该视图中显示的蓝色虚线称为“自动分页符”，是Excel根据打印区域和页面范围自动设置的分页标志。如果需要可以对自动产生的分页符位置进行调整。方法是用鼠标拖曳分页符到适当的位置。除了可以调整分页符位置以外，还可以在打印区域中插入新的分页符。操作步骤如下。

① 选定分页位置下一行的最左端单元格。

② 单击鼠标右键，在弹出的快捷菜单中选择“插入分页符”命令。

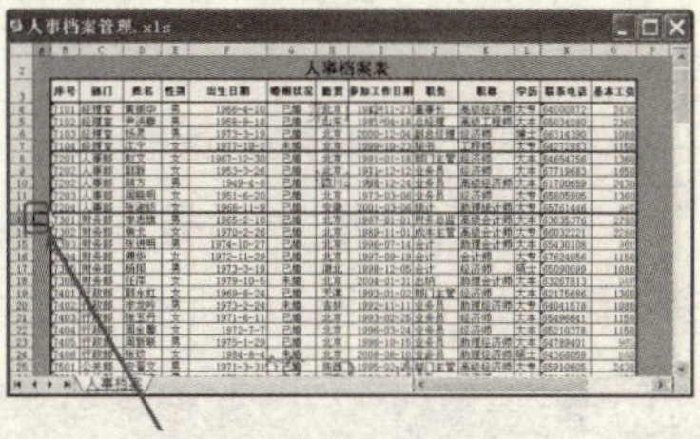

分页位置下一行的第一个单元格

删除人工分页符的操作方法是选定需要删除的分页符下方的单元格，单击鼠标右键，在弹出的快捷菜单中选择“删除分页符”命令。

注意

不能删除自动分页符。

延伸知识点

23 打印工作表

对工作表进行页面设置和预览后，如果对设置效果满意，就可以进行打印。打印时，可以打印整个工作簿，也可以打印部分工作表，还可以打印多份相同的工作表。

1. 打印整个工作簿

如果需要打印当前工作簿中的所有工作表，可以按以下步骤进行操作：

① 执行“文件”>“打印”命令，弹出“打印内容”对话框。

② 在“打印内容”选项中，单击“整个工作簿”单选按钮。

③ 单击“确定”按钮，系统将执行打印操作。

2. 打印部分工作表

如果希望打印工作簿上的某几个工作表，可以在按住“Ctrl”键的同时，逐个单击待打印的工作表的标签，然后单击“常用”工具栏上的“打印”按钮。

3. 打印多份相同的工作表

如果需要打印多份相同的工作表，可按以下步骤进行设置。

① 打开“打印内容”对话框。

② 在“打印内容”对话框的“打印份数”微调框中输入待打印的份数。如图2-60所示。单击“确定”按钮。

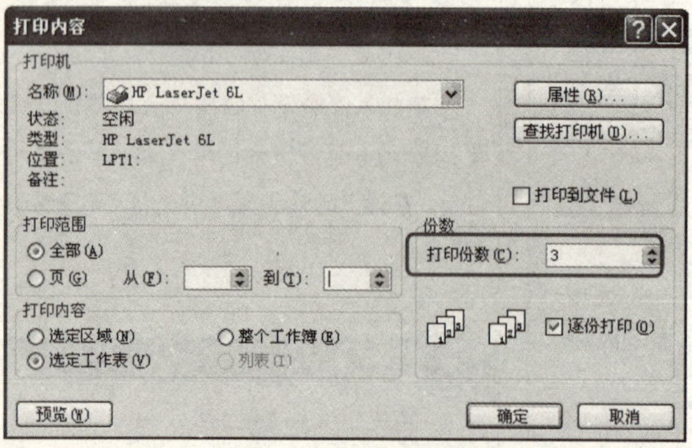

图2-60 设置打印份数

“打印内容”对话框中各选项的功能如下表所示。

技巧

如果希望打印的多个工作表具有连续的页码，可按以下步骤进行设置：

① 选定待打印的工作表。

② 执行“文件”>“页面设置”命令，弹出“页面设置”对话框，单击“页眉/页脚”选项卡。

③ 单击“自定义页眉”或“自定义页脚”按钮，在弹出对话框的“左”、“中”或“右”编辑框中插入页码。

④ 单击“确定”按钮，关闭“页眉”或“页脚”对话框；单击“确定”按钮，关闭“页面设置”对话框。

选项组	选项	功能
打印范围	全部	打印工作表中的所有页数
	页	打印工作表中指定的页，必须输入要打印的页码。即在其右侧“从”微调框中输入起始页码，在“到”微调框中输入结束页码
打印内容	选定区域	仅打印工作表中选定的单元格和对象
	选定工作表	打印选定的每一个工作表。工作簿中的每一个工作表均另起新页。如果为工作表指定了打印区域，则仅打印该打印区域。如果选择了图表对象，则该选项将更改为“选定图表”
	整个工作簿	打印工作簿中包含数据的所有工作表。如果为工作表指定了打印区域，则仅打印“打印区域”
份数	打印份数	指定要打印的份数
	逐份打印	打印多份文档时，按页码顺序打印文档。上一份文档全部打印完成后再打印下一份文档

24 显示工作表

在打印工作表前，或在编辑、修饰工作表的过程中，常常需要显示工作表中的相关内容，如希望显示工作表的不同部分或显示工作表中更多的数据。利用Excel的拆分窗口与冻结窗格功能可以实现上述需求。

1. 拆分窗口

当工作表比较大时，其数据无法全部显示在当前屏幕上。若希望同时显示工作表中不同部分的数据，可以使用Excel提供的拆分窗口功能。拆分窗口是以工作表当前单元格为分隔点，拆分成多个窗格，并且在每个被拆分的窗格中都可以通过滚动条来显示工作表的某一部分数据。具体方法是先选定作为拆分点的单元格，然后执行“窗口>“拆分命令★31，Excel自动在选定的单元格处将工作表分为4个独立的窗格，如图2-61所示。

注意

如果希望将窗口拆分为左右两个窗格，应选定第一行的某个单元格；如果希望将窗口拆分为上下两个窗格，应选定第一列的某个单元格。

提示

如果不再使用拆分的窗口，可以执行“窗口”>“取消拆分”命令，将其取消。

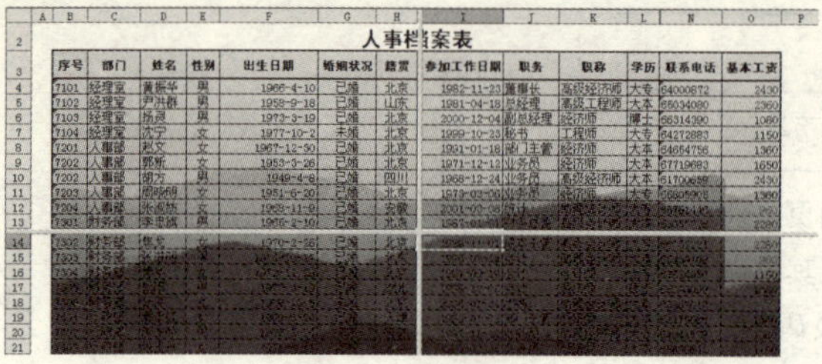

图2-61　拆分窗口

2. 冻结窗格

对于比较复杂的大型表格，当移动窗口滚动条浏览数据时，往往会将表格中的标题行或标题列移出屏幕，使得无法搞清楚当前单元格所属的行或列。解决此问题最好的方法是利用Excel提供的冻结窗格功能。冻结窗格是将当前单元格以上行和以左列进行冻结，通常用来冻结标题行或标题列，以便通过滚动条来显示工作表其他部分的内容。具体方法是先选定作为冻结点的单元格；然后执行“窗口”>“冻结窗格”命令★32，Excel自动将选定单元格以上和以左的所有单元格冻结，并一起保留在屏幕上，如图2-62所示。

注意

冻结窗格与拆分窗口不能在同一工作表上同时使用。

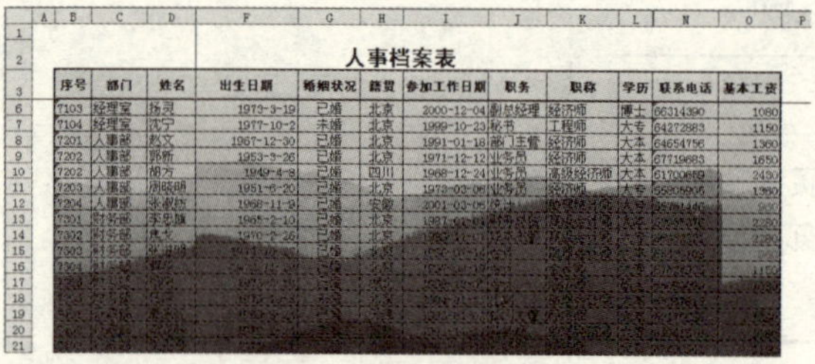

图2-62　冻结窗格

从图中可以看到，D列右侧和第3行下方出现了一条实的黑细线，表示包括D列在内的以左和包括第3行在内的以上行被冻结，这时当使用滚动条上下或左右滚动时，A、B、C、D四列和第1、2、3行将不会移出窗口。

提示

当不再需要冻结窗格时，可以执行“窗口”>“取消冻结窗格”命令，将其取消。

25 改变工作表标签颜色

Excel工作簿可以包含若干个工作表，每个工作表都有一个名称，也叫工作表标签，显示在工作簿窗口底部的标签显示区中。在Excel中可以为工作表标签添加各种颜色，使每个工作表名称显示更加醒目。改变工作表标签颜色的操作步骤如下。

① 选定需要改变颜色的工作表。

② 执行“格式”>“工作表”>“工作表标签颜色”命令★33，在弹出的“设置工作表标签颜色”对话框中选择工作表标签的颜色，单击“确定”按钮。

提示

位于标签栏和水平滚动条之间的小竖块是标签拆分框。当鼠标指针指向标签拆分框时，指针变成两条竖直短线并带有一对水平方向箭头。拖动标签拆分框可增加水平滚动条或标签框的长度，双击标签拆分框可恢复其默认的位置。

独立实践任务

任务二 制作员工基本信息表（二）

任务背景

刘洁按照办公室王主任的要求，为公司制作了员工基本信息表。现在王主任希望美化表格，并将表格按部门分页打印输出。

任务要求

修饰及打印员工基本信息表，要求如下。

编辑内容：

(1) 将“入职日期”更改为“参加工作时间”。

(2) 按照“任务参考结果图（格式化结果）”调整数据列次序。

格式设置内容：

(1) 增加标题，名称为“员工基本信息表”，标题字体为隶书、字号为20、合并居中。

(2) 设置表头字体为黑体，并为表格加边框线。

(3) 将1990-1-1以前参加工作的员工的“参加工作日期”用红色、加粗、倾斜字体显示。

(4) 按照“任务参考结果图（格式化结果）”设置各列对齐方式。

(5) 按照“任务参考结果图（格式化结果）”设置表格背景图片。

打印设置内容：

(1) 按照“任务参考结果图（打印预览结果）”设置页面、页眉、页脚和标题内容。

(2) 按部门输出员工信息。

【技术要领】打开工作簿；选定设置对象；编辑工作表、设置格式、设置打印页面。

【解决问题】理解各种设置选项含义；灵活运用设置操作。

【应用领域】单位的人事档案、生产部门的产品资料、销售单位的顾客信息、学校的学生学籍档案、医院的病人病案等。

任务分析

打开“员工基本信息管理.xls”工作簿。分析题目要求，确定操作对象及操作内容，然后进行相应操作。

任务效果参考图

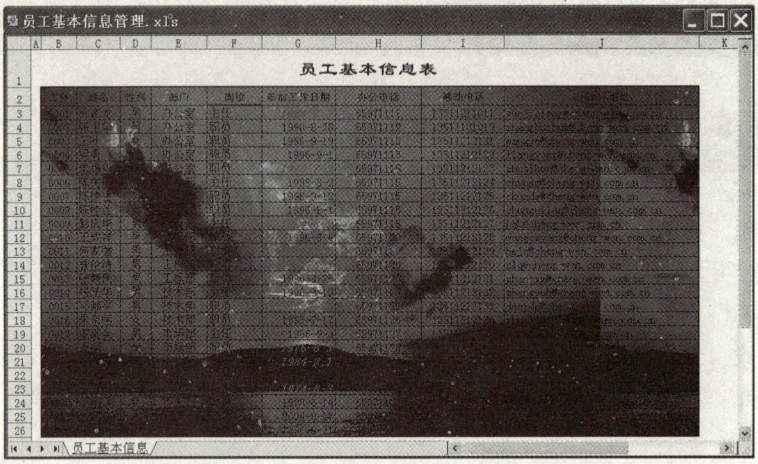

格式化结果

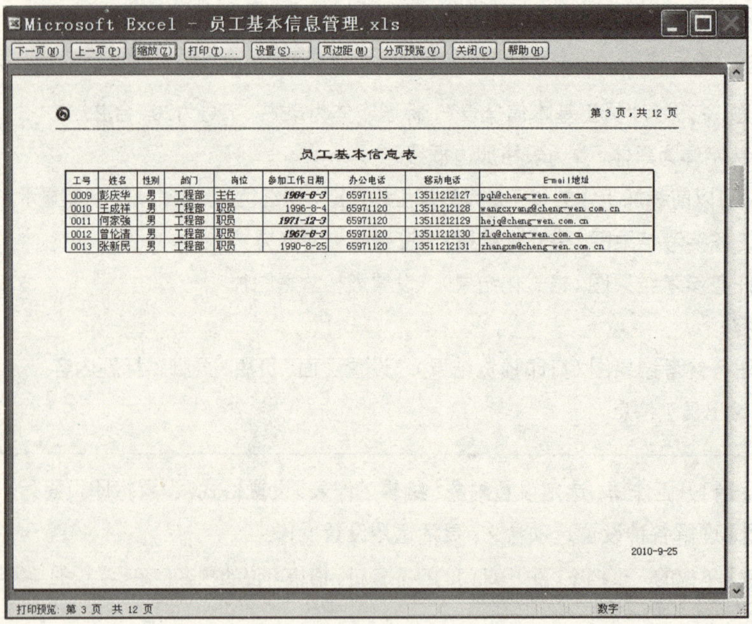

工号	姓名	性别	部门	岗位	参加工作日期	办公电话	移动电话	E-mail地址
0009	彭庆华	男	工程部	主任	1984-8-3	65971115	13511212127	pqh@cheng-wen.com.cn
0010	王成祥	男	工程部	职员	1996-8-4	65971120	13511212128	wangcxyang@cheng-wen.com.cn
0011	何家強	男	工程部	职员	1971-12-3	65971120	13511212129	hejq@cheng-wen.com.cn
0012	曾伦清	男	工程部	职员	1967-8-3	65971120	13511212130	zlq@cheng-wen.com.cn
0013	张新民	男	工程部	职员	1990-8-25	65971120	13511212131	zhangxm@cheng-wen.com.cn

打印预览结果

课后作业

1. 填空题

（1）在Excel中，如果使用鼠标直接将选定的某列移至另一列之前，应该在拖曳鼠标的同时按住________键。

（2）隐藏工作表中网格线的操作方法是执行“工具”>“选项”命令，在弹出的“选项”对话框中，单击“________”选项卡，然后取消勾选“网格线”复选框。

（3）在Excel中，按________组合键可以选择整个工作表。

（4）在打印工作表时，可以通过设置________，将工作表的某一行内容在每页的最上端打印。

（5）在Excel中，为了查看对比大型工作表不同位置的数据，应该进行________操作。

2. 单选题

（1）在工作表中，将第3行和第4行选定，然后进行插入行操作。下列关于此操作的叙述中，正确的是________。

A. 在原来的行号2和3之间插入两个空行

B. 在原来的行号2和3之间插入一个空行

C. 在原来的行号3和4之间插入两个空行

D. 在原来的行号3和4之间插入一个空行

（2）下列关于单元格合并功能的叙述中，正确的是________。

A. 不能合并单元格　　B. 只能水平合并单元格

C. 只能垂直合并单元格　　D. 能将一个单元格区域合并成一个单元格

（3）下列关于选择性粘贴功能的叙述中，错误的是________。

A. 只能粘贴格式　　B. 只能粘贴数值型数据

C. 可以将复制区域的内容与粘贴区域的内容进行算术运算

D. 可以将复制区域的内容转置后粘贴到指定单元格区域中

（4）下列关于行高的叙述中，错误的是________。

A. 一次只能设置一行的高度　　B. 一次可以设置多个连续行的高度

C. 一次可以设置多行的高度　　D. 一次可以设置多个不连续行的高度

（5）在打印工作表时，不能实现的功能是________。

A. 调整打印内容的缩放比例　　B. 将打印的内容压缩在指定的页高内

C. 将打印的内容压缩在指定的页宽内　　D. 将不连续的单元格区域的内容连续打印

3．简答题

（1）Excel主要的处理对象有哪些？如何选定？

（2）何时需要对工作表进行保护？

（3）设置条件格式的作用是什么？

（4）打印预览时，分页预览的功能是什么？

（5）如何在打印较长的工作表时，能够在每一页都打印出标题行？

模块 03

制作工资表
——Excel公式应用与简单计算

● **能力目标**

能用Excel计算工作表

● **专业知识目标**

1. 理解单元格引用的概念
2. 理解公式的基本形式
3. 能根据计算需要灵活运用公式
4. 理解函数的概念及其基本形式

● **软件知识目标**

1. 掌握公式的输入方法
2. 掌握函数的输入方法
3. 掌握常用函数中各参数的含义及其使用方法

● **课时安排**

4课时（讲课2课时，实践2课时）

● **任务效果参考图**

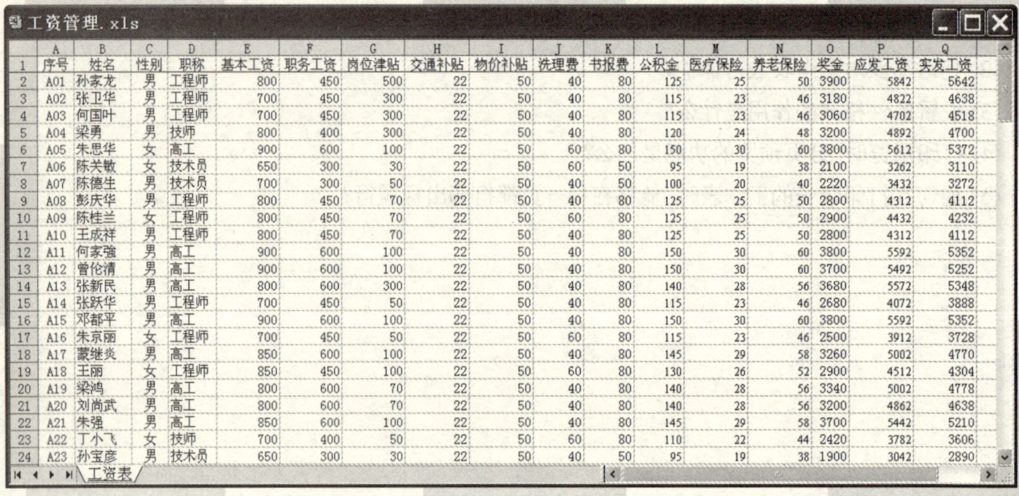
工资管理.xls

	A	B	C	D	E	F	G	H	I	J	K	L	M	N	O	P	Q
1	序号	姓名	性别	职称	基本工资	职务工资	岗位津贴	交通补贴	物价补贴	洗理费	书报费	公积金	医疗保险	养老保险	奖金	应发工资	实发工资
2	A01	孙家龙	男	工程师	800	450	500	22	50	40	80	125	25	50	3900	5842	5642
3	A02	张卫华	男	工程师	700	450	300	22	50	40	80	115	23	46	3180	4822	4638
4	A03	何国叶	男	工程师	700	450	300	22	50	40	80	115	23	46	3060	4702	4518
5	A04	梁勇	男	技师	800	400	300	22	50	40	80	120	24	48	3200	4892	4700
6	A05	朱思华	女	高工	900	600	100	22	50	60	80	150	30	60	3800	5612	5372
7	A06	陈关敏	女	技术员	650	300	30	22	50	60	50	95	19	38	2100	3262	3110
8	A07	陈德生	男	技术员	700	300	50	22	50	40	50	100	20	40	2220	3432	3272
9	A08	彭庆华	男	工程师	800	450	70	22	50	40	80	125	25	50	2800	4312	4112
10	A09	陈桂兰	女	工程师	800	450	70	22	50	60	80	125	25	50	2900	4432	4232
11	A10	王成祥	男	工程师	800	450	70	22	50	40	80	125	25	50	2800	4312	4112
12	A11	何家強	男	高工	900	600	100	22	50	40	80	150	30	60	3800	5592	5352
13	A12	曾伦清	男	高工	900	600	100	22	50	40	80	150	30	60	3700	5492	5252
14	A13	张新民	男	高工	800	600	300	22	50	40	80	140	28	56	3680	5572	5348
15	A14	张跃华	男	工程师	700	450	50	22	50	40	80	115	23	46	2680	4072	3888
16	A15	邓都平	男	高工	900	600	100	22	50	40	80	150	30	60	3800	5592	5352
17	A16	朱京丽	女	工程师	700	450	50	22	50	60	80	115	23	46	2500	3912	3728
18	A17	蒙继炎	男	高工	850	600	100	22	50	40	80	145	29	58	3260	5002	4770
19	A18	王丽	女	工程师	850	450	100	22	50	60	80	130	26	52	2900	4512	4304
20	A19	梁鸿	男	高工	800	600	70	22	50	40	80	140	28	56	3340	5002	4778
21	A20	刘尚武	男	高工	800	600	70	22	50	40	80	140	28	56	3200	4862	4638
22	A21	朱强	男	高工	850	600	100	22	50	40	80	145	29	58	3700	5442	5210
23	A22	丁小飞	女	技师	700	400	50	22	50	60	80	110	22	44	2420	3782	3606
24	A23	孙宝彦	男	技术员	650	300	30	22	50	40	50	95	19	38	1900	3042	2890

工资表

模拟制作任务

任务一 工资表的计算

任务背景

某企业现有员工139人，会计人员已经将员工的基本工资信息填入到工资表中，但还需要计算一些工资项目。

任务要求

按照企业规定的计算方法，计算“洗理费”、“书报费”、“公积金”、“医疗保险”、“养老保险”、“应发工资”和“实发工资”等。计算方法如下。

洗理费：男职工每人每月40元，女职工每人每月60元。

书报费：技术员每人每月50元，技师、工程师和高工每人每月80元。

公积金：基本工资和职务工资之和的10%。

医疗保险：基本工资和职务工资之和的2%。

养老保险：基本工资和职务工资之和的4%。

应发工资：基本工资+职务工资+岗位津贴+交通补贴+物价补贴+洗理费+书报费+奖金。

实发工资：应发工资 -（公积金+医疗保险+养老保险）。

任务分析

工资管理应用普遍，处理频繁，计算相对规范和简单，是最早应用计算机管理的领域之一。不同的单位在工资管理方面差异较大，有的按计时工资计算，有的按计件工资计算；有的单位的工资是按月发放，有的则是按周发放。但是管理的方式和步骤是类似的，基本上都是采用二维表格进行处理的。

工资表的制作需要根据各企业的特点，由财务部门按照本企业员工收入的构成来设计。通常情况下，企业规模与工资条目成正比，即企业规模越大，工资条目越多。但是，无论工资表的条目、外观如何变换，都是先按定额输入，再按一定比例计算出各类明细项，然后求一批数据之和构成应发的工资，求另一批数据之和构成应扣的工资，应发的工资减去应扣的工资构成实发的工资。

在本任务中，要计算的明细项目包括“洗理费”、“书报费”、“公积金”、“医疗保险”、“养老保险”、“应发工资”和“实发工资”等。其中，“公积金”、“医疗保险”和“养老保险”三项的计算方法相似，计算公式为：(基本工资+职务工资)×相应比例。“洗理费”和“书报费”计算方法类似，需要通过判断来得到相应的值。例如，男职工的洗理费为40元，女职工的洗理费为60元，需要根据该职工的性别来决定。对于这类计算应使用IF函数来处理。

本案例的重点难点

对单元格引用的理解以及公式的应用。

【技术要领】粘贴函数功能；公式及函数输入方法。

【解决问题】理解单元格引用的概念及引用方法。

【应用领域】单位的工资、销售单位的销售业绩、学校的学生成绩等。

操作步骤详解

打开工作簿文档

❶ 启动Excel，执行“文件”>“打开”命令，弹出“打开”对话框。在“查找范围”下拉列表中找到文件所在的位置，在文件列表中找到需要打开的文件名，双击该文件名。打开的“工资管理”工作簿中的“工资表”，内容如图3-1所示。

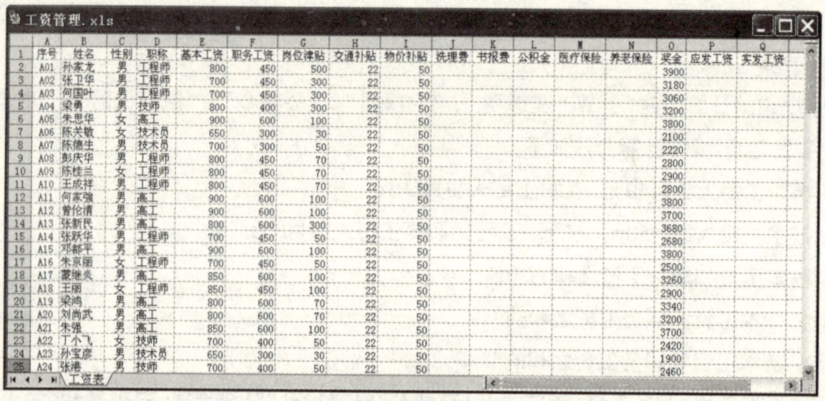

工资管理.xls

	A	B	C	D	E	F	G	H	I	J	K	L	M	N	O	P	Q
1	序号	姓名	性别	职称	基本工资	职务工资	岗位津贴	交通补贴	物价补贴	洗理费	书报费	公积金	医疗保险	养老保险	奖金	应发工资	实发工资
2	A01	孙家龙	男	工程师	800	450	500	22	50						3900		
3	A02	张卫华	男	工程师	700	450	300	22	50						3180		
4	A03	何国叶	男	工程师	700	450	300	22	50						3060		
5	A04	梁勇	男	技师	800	400	300	22	50						3200		
6	A05	朱思华	女	高工	900	600	100	22	50						3800		
7	A06	陈关敏	女	技术员	650	300	30	22	50						2100		
8	A07	陈德生	男	技术员	700	300	50	22	50						2220		
9	A08	彭庆华	男	工程师	800	450	70	22	50						2800		
10	A09	陈桂兰	女	工程师	800	450	70	22	50						2900		
11	A10	王成祥	男	工程师	800	450	70	22	50						2800		
12	A11	何家強	男	高工	900	600	100	22	50						3800		
13	A12	曾伦清	男	高工	900	600	100	22	50						3700		
14	A13	张新民	男	高工	800	600	300	22	50						3680		
15	A14	张跃华	男	工程师	700	450	50	22	50						2680		
16	A15	邓都平	男	高工	900	600	100	22	50						3800		
17	A16	朱京丽	女	工程师	700	450	50	22	50						2500		
18	A17	蒙继炎	男	高工	850	600	100	22	50						3260		
19	A18	王丽	女	工程师	850	450	100	22	50						2900		
20	A19	梁鸿	男	高工	800	600	70	22	50						3340		
21	A20	刘尚武	男	高工	800	600	70	22	50						3200		
22	A21	朱强	男	高工	850	600	100	22	50						3700		
23	A22	丁小飞	女	技师	700	400	50	22	50						2420		
24	A23	孙宝彦	男	技术员	650	300	30	22	50						1900		
25	A24	张港	男	技师	700	400	50	22	50						2460		

图3-1　计算前的工资表

计算公积金

❷ 企业规定“公积金”按基本工资和职务工资之和的10%计算。计算公式[01]为：公积金=(基本工资+职务工资)*0.1[02]。选定第1个员工“公积金”所在的单元格L2。

❸ 输入“公积金”的计算公式“=(E2+F2)*0.1”，单击编辑栏的“输入”按钮✓[03]，结果如图3-2所示。由图3-2可以看出，L2单元格中存储的是计算公式，显示的则是公式的计算结果。

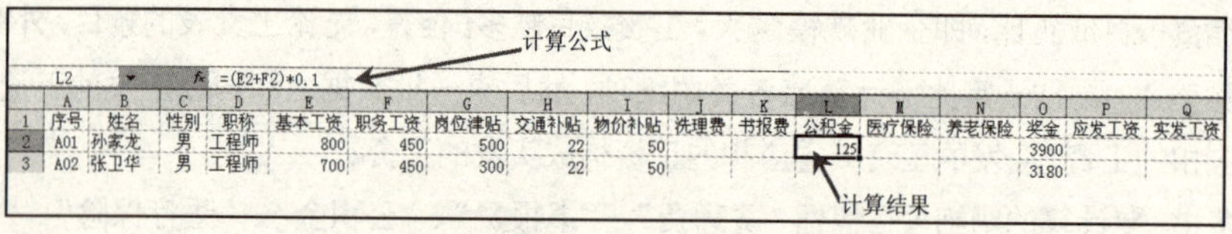

L2　=(E2+F2)*0.1

	A	B	C	D	E	F	G	H	I	J	K	L	M	N	O	P	Q
1	序号	姓名	性别	职称	基本工资	职务工资	岗位津贴	交通补贴	物价补贴	洗理费	书报费	公积金	医疗保险	养老保险	奖金	应发工资	实发工资
2	A01	孙家龙	男	工程师	800	450	500	22	50			125			3900		
3	A02	张卫华	男	工程师	700	450	300	22	50						3180		

图3-2　计算第1个员工的公积金

❹ 用鼠标指针指向L2单元格右下角的填充柄，然后按住鼠标左键不放拖曳至L140单元格放开，将L2单元格的公式填充到L3:L140单元格[04]。结果如图3-3所示。

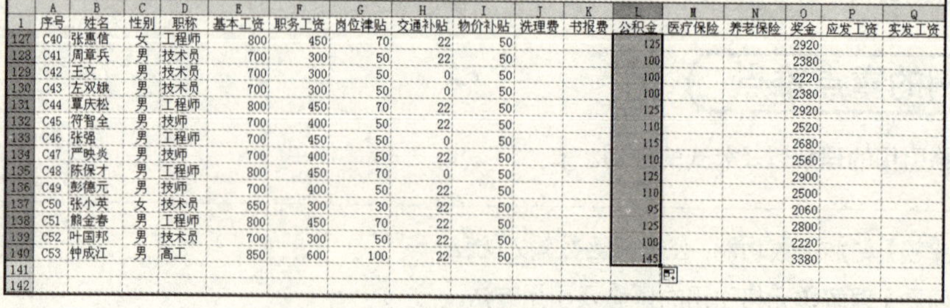

L2　=(E2+F2)*0.1

	A	B	C	D	E	F	G	H	I	J	K	L	M	N	O	P	Q
1	序号	姓名	性别	职称	基本工资	职务工资	岗位津贴	交通补贴	物价补贴	洗理费	书报费	公积金	医疗保险	养老保险	奖金	应发工资	实发工资
127	C40	张惠信	女	工程师	800	450	70	22	50			125			2920		
128	C41	周章兵	男	技术员	700	300	50	22	50			100			2380		
129	C42	王文	男	技术员	700	300	50	0	50			100			2220		
130	C43	左双娥	男	技术员	700	300	50	0	50			100			2380		
131	C44	覃庆松	男	工程师	800	450	70	22	50			125			2920		
132	C45	符智全	男	技师	700	400	50	22	50			110			2520		
133	C46	张强	男	工程师	700	450	50	0	50			115			2680		
134	C47	严映炎	男	技师	700	400	50	22	50			110			2560		
135	C48	陈保才	男	工程师	800	450	70	0	50			125			2900		
136	C49	彭德元	男	技师	700	400	50	22	50			110			2500		
137	C50	张小英	女	技术员	650	300	30	22	50			95			2060		
138	C51	鮑金春	男	工程师	800	450	70	22	50			125			2800		
139	C52	叶国邦	男	技术员	700	300	50	22	50			100			2220		
140	C53	钟成江	男	高工	850	600	100	22	50			145			3380		
141																	
142																	

图3-3　“公积金”计算结果

计算医疗保险和养老保险

❺ “医疗保险”按基本工资和职务工资之和的2%计算，“养老保险”按基本工资和职务工资之和的4%计算，计算公式分别为：

医疗保险=(基本工资+职务工资)*0.02

养老保险=(基本工资+职务工资)*0.04

❻ “医疗保险”的计算与“公积金”的计算类似，即先在第1个员工“医疗保险”所在的单元格M2中输入计算公式“=(E2+F2)*0.02[05]”，然后将该公式填充到M3:M140单元格区域。填充公式时，将鼠标指针指向M2单元格右下角的填充柄处，再双击鼠标左键。“养老保险”的操作步骤与此类似。计算结果如图3-4所示。

	A	B	C	D	E	F	G	H	I	J	K	L	M	N	O	P	Q
1	序号	姓名	性别	职称	基本工资	职务工资	岗位津贴	交通补贴	物价补贴	洗理费	书报费	公积金	医疗保险	养老保险	奖金	应发工资	实发工资
2	A01	孙家龙	男	工程师	800	450	500	22	50			125	25	50	3900		
3	A02	张卫华	男	工程师	700	450	300	22	50			115	23	46	3180		
4	A03	何国叶	男	工程师	700	450	300	22	50			115	23	46	3060		
5	A04	梁勇	男	技师	800	400	300	22	50			120	24	48	3200		
6	A05	朱思华	女	高工	900	600	100	22	50			150	30	60	3800		
7	A06	陈关敏	女	技术员	650	300	30	22	50			95	19	38	2100		
8	A07	陈德生	男	技术员	700	300	50	22	50			100	20	40	2220		
9	A08	彭庆华	男	工程师	800	450	70	22	50			125	25	50	2800		
10	A09	陈桂兰	女	工程师	800	450	70	22	50			125	25	50	2900		
11	A10	王成祥	男	工程师	800	450	70	22	50			125	25	50	2800		

图3-4　“医疗保险”和“养老保险”计算结果

计算洗理费和书报费

❼ 企业规定“洗理费”标准按男职工每人每月40元，女职工每人每月60元发放；“书报费”标准按技术员每人每月50元，技师、工程师和高工每人每月80元发放。计算公式分别为：

洗理费=IF(性别="男",40,60)

书报费=IF(职称="技术员",50,80)

❽ 选定第1个员工“洗理费”所在的单元格J2。单击“常用”工具栏的“自动求和”按钮[06]的下拉箭头，如图3-5所示。单击下拉列表中的“其他函数”，弹出“插入函数”对话框。

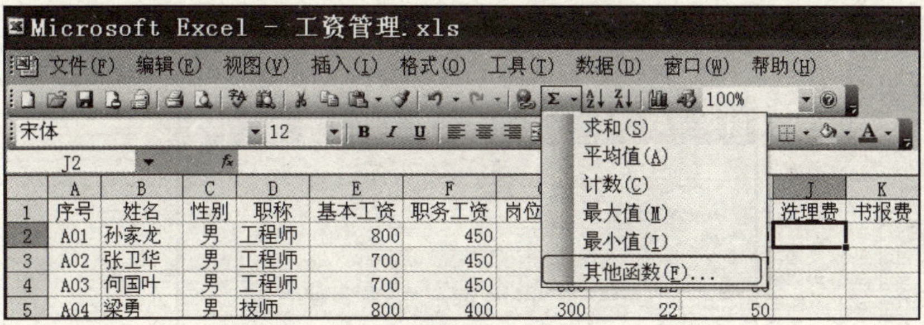

图3-5　选择“其他函数”

❾ 一般情况下，可以在常用函数列表中找到“IF”函数[07]。如果没有列出，可以在“或选择类别”下拉列表框中选择“逻辑”选项，然后在下面的“选择函数”列表框中选择“IF”，如图3-6所示。单击“确定”按钮，弹出IF的“函数参数”对话框，如图3-7所示。

❿ 将焦点定位到IF函数的第1个参数框“Logical_test”中，单击该员工对应的“性别”单元格C2；接着输入“="男"”，如图3-8所示。

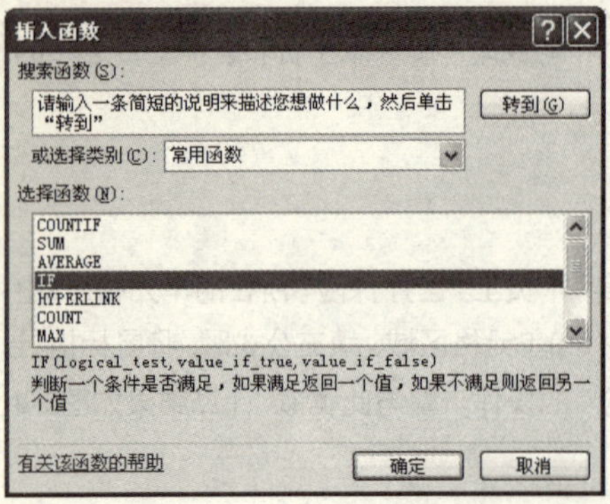

图3-6 选择“IF”函数

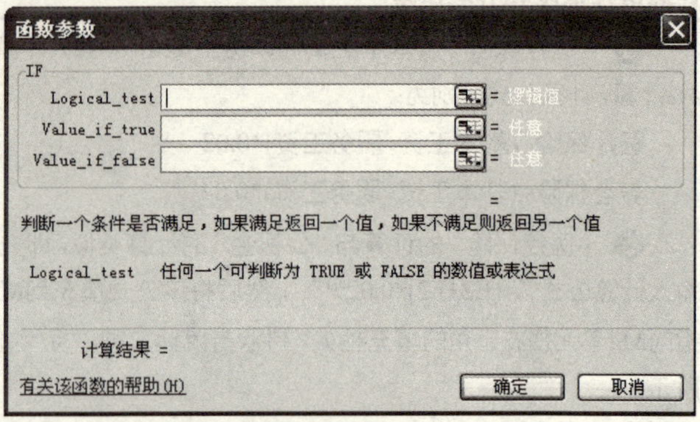

图3-7 “函数参数”对话框

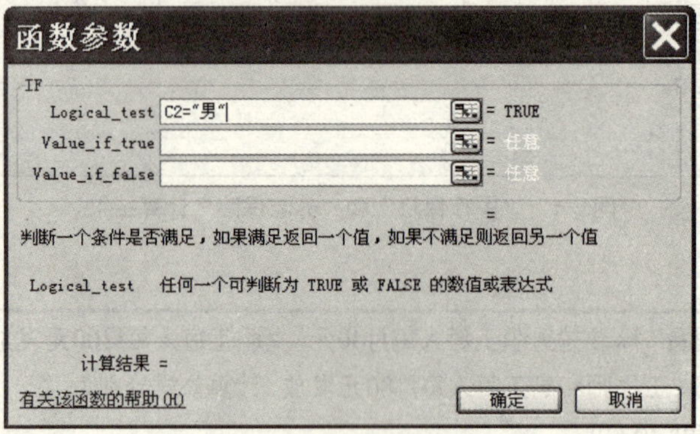

图3-8 输入第1个参数

⓫ 在“Value_if_true”和“Value_if_false”框中分别输入“40”和“60”。结果如图3-9所示。单击“确定”按钮。

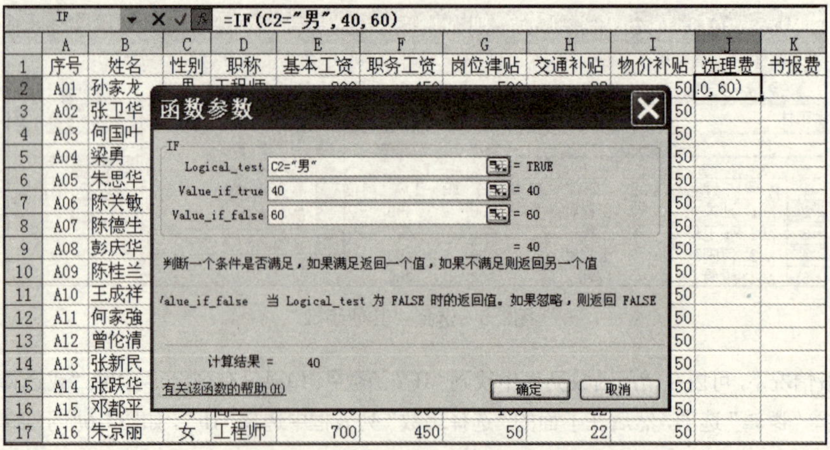

图3-9 输入完成的“函数参数”对话框

⓬ 用鼠标指针指向J2单元格右下角的填充柄处，然后双击鼠标左键，将J2单元格的公式填充到J3:J140单元格区域，如图3-10所示。

J2　=IF(C2="男",40,60)

	A	B	C	D	E	F	G	H	I	J	K	L	M	N	O	P	Q
1	序号	姓名	性别	职称	基本工资	职务工资	岗位津贴	交通补贴	物价补贴	洗理费	书报费	公积金	医疗保险	养老保险	奖金	应发工资	实发工资
2	A01	孙家龙	男	工程师	800	450	500	22	50	40		125	25	50	3900		
3	A02	张卫华	男	工程师	700	450	300	22	50	40		115	23	46	3180		
4	A03	何国叶	男	工程师	700	450	300	22	50	40		115	23	46	3060		
5	A04	梁勇	男	技师	800	400	300	22	50	40		120	24	48	3200		
6	A05	朱思华	女	高工	900	600	100	22	50	60		150	30	60	3800		
7	A06	陈关敏	女	技术员	650	300	30	22	50	60		95	19	38	2100		
8	A07	陈德生	男	技术员	700	300	50	22	50	40		100	20	40	2220		
9	A08	彭庆华	男	工程师	800	450	70	22	50	40		125	25	50	2800		
10	A09	陈桂兰	女	工程师	800	450	70	22	50	60		125	25	50	2900		
11	A10	王成祥	男	工程师	800	450	70	22	50	40		125	25	50	2800		

图3-10　“洗理费”计算结果

⓭ 使用相同的操作步骤，按照“洗理费”的计算步骤计算“书报费”。计算结果如图3-11所示。

	A	B	C	D	E	F	G	H	I	J	K	L	M	N	O	P	Q
1	序号	姓名	性别	职称	基本工资	职务工资	岗位津贴	交通补贴	物价补贴	洗理费	书报费	公积金	医疗保险	养老保险	奖金	应发工资	实发工资
2	A01	孙家龙	男	工程师	800	450	500	22	50	40	80	125	25	50	3900		
3	A02	张卫华	男	工程师	700	450	300	22	50	40	80	115	23	46	3180		
4	A03	何国叶	男	工程师	700	450	300	22	50	40	80	115	23	46	3060		
5	A04	梁勇	男	技师	800	400	300	22	50	40	80	120	24	48	3200		
6	A05	朱思华	女	高工	900	600	100	22	50	60	80	150	30	60	3800		
7	A06	陈关敏	女	技术员	650	300	30	22	50	60	50	95	19	38	2100		
8	A07	陈德生	男	技术员	700	300	50	22	50	40	50	100	20	40	2220		
9	A08	彭庆华	男	工程师	800	450	70	22	50	40	80	125	25	50	2800		
10	A09	陈桂兰	女	工程师	800	450	70	22	50	60	80	125	25	50	2900		
11	A10	王成祥	男	工程师	800	450	70	22	50	40	80	125	25	50	2800		

图3-11　“书报费”计算结果

计算应发工资

⓮ “应发工资”的计算公式为：应发工资=(基本工资+职务工资+岗位津贴+工龄补贴+交通补贴+物价补贴+洗理费+书报费+奖金)。从上述公式中可以发现，需要汇总的项数比较多，公式较长，对于这样的计算，使用SUM函数求和更为简单和方便。计算第1个员工“应发工资”的计算公式为：

应发工资=SUM(E2:K2,O2)[08]

⓯ 选定第1个员工“应发工资”所在的单元格P2。单击编辑栏上的“插入函数”按钮 fx ，或执行“插入”>“函数”命令，或按“Shift”+“F3”组合键，弹出“插入函数”对话框。在常用函数列表中选择SUM函数。单击“确定”按钮，弹出SUM函数的“函数参数”对话框，如图3-12所示。

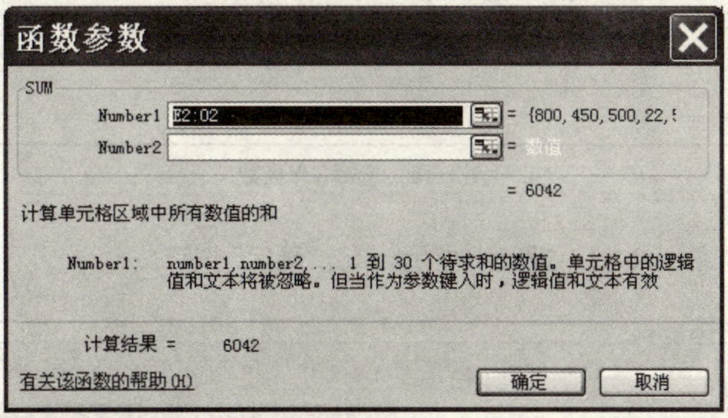

图3-12　“函数参数”对话框

⓰ 将焦点定位到SUM函数的第1个参数框“Number1”中，选定单元格区域E2:K2；将焦点定位到SUM函数的第2个参数框“Number2”中，单击单元格O2。结果如图3-13所示，单击“确定”按钮。

⓱ 用鼠标指针指向P2单元格右下角的填充柄处，然后双击鼠标左键，将P2单元格的公式填充到P3:P140单元格区域。结果如图3-14所示。

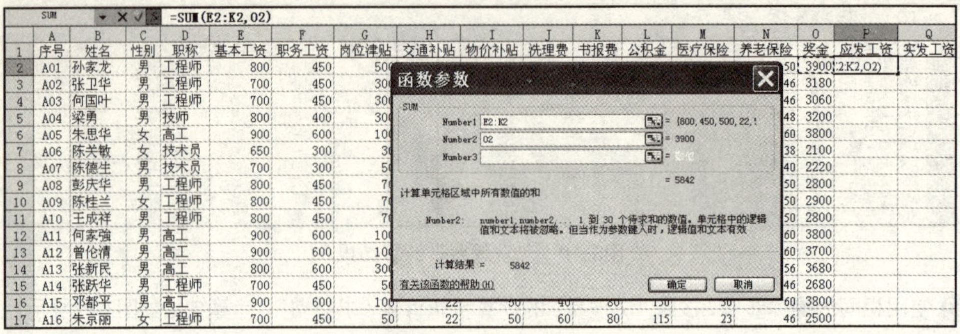

图3-13　输入参数

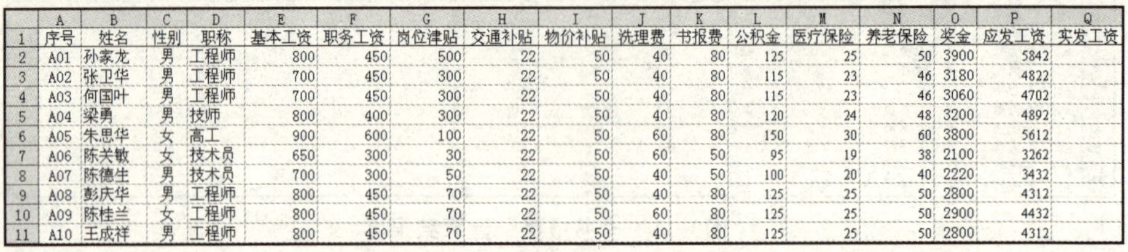

图3-14　“应发工资”计算结果

计算实发工资

⑱ “实发工资”的计算公式为：实发工资=应发工资-(公积金+医疗保险+养老保险)。这里使用SUM函数计算公积金、医疗保险及养老保险之和。选定第1个员工“实发工资”所在的单元格Q2。

⑲ 输入“=P2-”，然后单击编辑栏最左侧下拉箭头，从弹出的下拉列表中选择“SUM”，如图3-15所示。此时弹出所选函数的“函数参数”对话框。

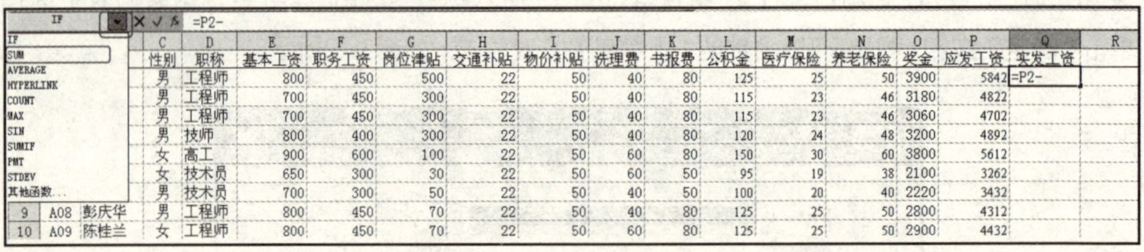

图3-15　选择SUM函数

⑳ 在第1个参数中输入L2:N2，如图3-16所示。单击“确定”按钮。

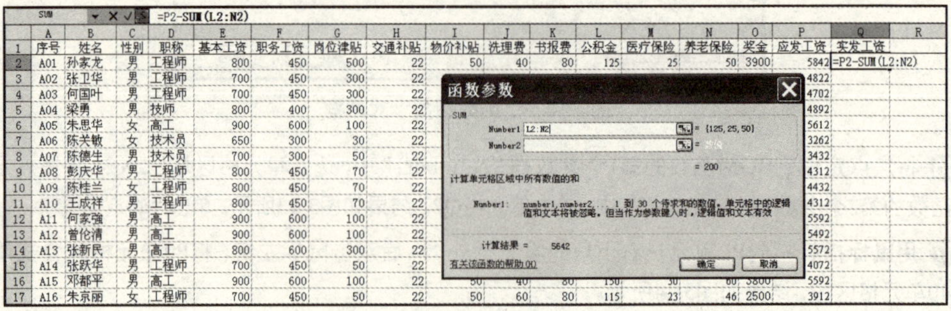

图3-16　输入SUM函数的第1个参数

㉑ 用鼠标指针指向Q2单元格右下角的填充柄处，然后双击鼠标左键，将Q2单元格的公式填充到Q3:Q140单元格区域。结果如图3-17所示。

	A	B	C	D	E	F	G	H	I	J	K	L	M	N	O	P	Q
1	序号	姓名	性别	职称	基本工资	职务工资	岗位津贴	交通补贴	物价补贴	洗理费	书报费	公积金	医疗保险	养老保险	奖金	应发工资	实发工资
2	A01	孙家龙	男	工程师	800	450	500	22	50	40	80	125	25	50	3900	5842	5642
3	A02	张卫华	男	工程师	700	450	300	22	50	40	80	115	23	46	3180	4822	4638
4	A03	何国叶	男	工程师	700	450	300	22	50	40	80	115	23	46	3060	4702	4518
5	A04	梁勇	男	技师	800	400	300	22	50	40	80	120	24	48	3200	4892	4700
6	A05	朱思华	女	高工	900	600	100	22	50	60	80	150	30	60	3800	5612	5372
7	A06	陈关敏	女	技术员	650	300	30	22	50	60	50	95	19	38	2100	3262	3110
8	A07	陈德生	男	技术员	700	300	50	22	50	40	50	100	20	40	2220	3432	3272
9	A08	彭庆华	男	工程师	800	450	70	22	50	40	80	125	25	50	2800	4312	4112
10	A09	陈桂兰	女	工程师	800	450	70	22	50	60	80	125	25	50	2900	4432	4232
11	A10	王成祥	男	工程师	800	450	70	22	50	40	80	125	25	50	2800	4312	4112
12	A11	何家強	男	高工	900	600	100	22	50	40	80	150	30	60	3800	5592	5352
13	A12	曾伦清	男	高工	900	600	100	22	50	40	80	150	30	60	3700	5492	5252
14	A13	张新民	男	高工	800	600	300	22	50	40	80	140	28	56	3680	5572	5348
15	A14	张跃华	男	工程师	700	450	50	22	50	40	80	115	23	46	2680	4072	3888
16	A15	邓都平	男	高工	900	600	100	22	50	40	80	150	30	60	3800	5592	5352

图3-17　“实发工资”计算结果

加密保存工资表

㉒ 执行“文件”>“另保存”命令，弹出“另存为”对话框，单击“工具”⁰⁹按钮的下拉箭头，从弹出的下拉列表中选择“常规选项”，如图3-18所示。弹出“保存选项”对话框。

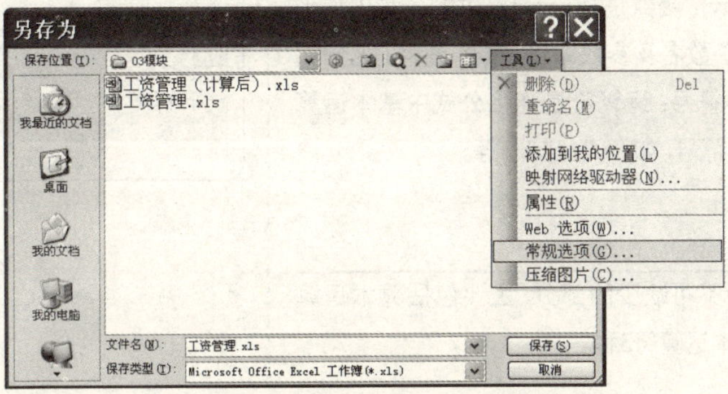

图3-18　执行“常规选项”命令

㉓ 在“打开权限密码”文本框中输入打开文档所需的密码，如图3-19所示。单击“确定”按钮，弹出“确认密码”对话框。

㉔ 再次输入打开权限密码，然后单击“确定”按钮，回到“另存为”对话框，如图3-20所示。单击“保存”按钮。

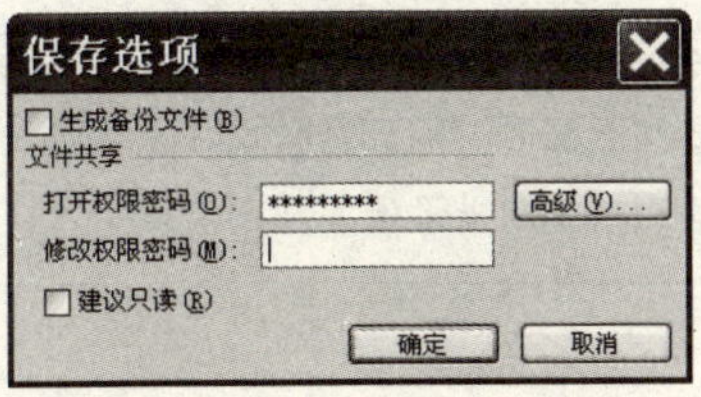

图3-19　输入打开权限密码

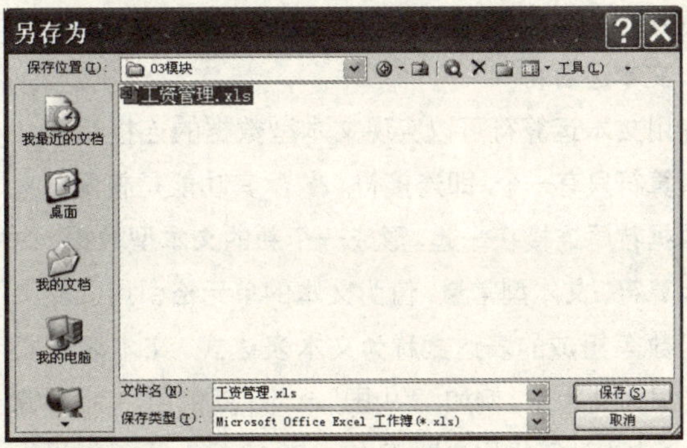

图3-20　设置打开权限密码后的“另存为”对话框

知识点拓展

01 公式

公式是对Excel工作表中的数据进行计算和操作的等式。它由前导符等号（=）、常量、单元格引用、单元格区域名称、函数、括号及相应的运算符组成。其中，常量是指通过键盘直接输入到工作表中的数字或者文本，如115、“day”等；单元格引用是指通过使用一些固定的格式引用单元格中的数据，如B5、$B$10、$A1等；单元格区域名称是指直接引用为该单元格区域定义的名称，假设将单元格区域E1:F10命名为“day”，那么在计算时可以使用该名称代替此单元格区域，例如，求该单元格区域数据之和，可将计算公式写为：=sum(day)；函数是指Excel提供的各种内置函数，使用时直接给出函数名及参数即可；括号是为了区分运算顺序而增加的一种符号；运算符是连接公式中基本运算量并完成特定计算的符号，如“+”、“&”等。

02 运算符

运算符是公式中不可缺少的部分，主要包括算术运算符、关系运算符和文本运算符3种。

1. 算术运算符

使用算术运算符可以实现基本的算术运算，算术运算符包括加“+”、减“-”、乘“*”、除“/”、百分号“%”和乘方“^”。由算术运算符、数值常量、值为数值的单元格引用以及数值函数等组成的表达式称为算术表达式。算术表达式运算的结果为数值型。例如，C3和D3单元格中存放的是数值型数据，那么C3/D3*100就属于算术表达式。

2. 文本运算符

使用文本运算符可以实现文本型数据的连接运算。文本运算符只有一个，即连接符“&”，其功能是将两个文本型数据首尾连接在一起，形成一个新的文本型数据。由文本运算符、文本型常量、值为文本的单元格引用以及文本型函数等组成的表达式称为文本表达式。文本表达式运算结果为文本型。例如，“中国”&“计算机用户”，运算结果为“中国计算机用户”；又如，1234&567，运算结果为1234567。

提示

为单元格或单元格区域定义名称的基本方法如下。

① 选定需要命名的单元格或单元格区域，执行“插入”>“名称”>“定义”命令★34或直接按“Ctrl”+“F3”组合键，弹出“定义名称”对话框。

② 在“在当前工作簿的名称”框中输入名称，单击“确定”按钮。

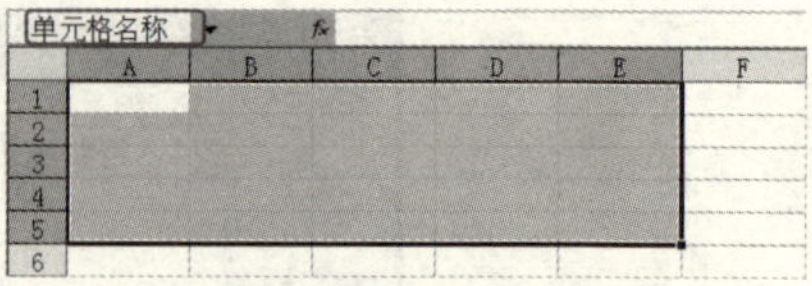

注意

使用文本运算符“&”连接数值型数据时，数据两侧的双引号可以省略，但连接文本型数据时，数据两侧的双引号不能省略，否则将返回错误值。

3. 关系运算符

使用关系运算符可以实现比较运算。关系运算符包括大于“>”、大于等于“>=”、小于“<”、小于等于“<=”、等于“=”和不等于“<>”等6种。关系运算用来比较两个数据的大小。由关系运算符、数值表达式、文本表达式等组成的表达式称为关系表达式。关系表达式运算的结果为一个逻辑值，TURE或FALSE。例如，“ABC”>“BAC”是一个关系表达式，关系运算符两边均为文本表达式，比较结果为FALSE。

注意

关系运算符两边的表达式应为同一种类型。

4. 运算符的优先级

如果一个表达式用到了多种运算符，那么这个表达式中的运算将按一定的顺序进行，这种顺序称为运算的优先级。运算符的优先级为：^（乘方）→-（负号）→%（百分比）→*、/（乘或除）→+、-（加或减）→&（文本连接）→>、>=、<、<=、=、<>（比较）。

如果公式中包含了相同优先级的运算符，例如公式中同时包含了乘法和除法，Excel将从左到右进行计算。如果要修改计算顺序，可将先计算的部分放在括号内。

注意

括号的优先级最高，也就是说，如果在公式中包含括号，那么应先计算括号内的表达式，然后再计算括号外的表达式。另外，在公式中使用括号时，括号必须成对出现。

03 输入公式

输入公式与输入数据类似，可以在单元格中输入，也可以在编辑栏中输入。无论在什么位置上输入，均可以使用两种方法，即手工输入和单击单元格输入。

1. 手工输入

手工输入就是完全通过键盘来输入整个公式。方法是先输入一个等号，然后依次输入公式中的各元素。例如，在F4单元格中输入“=D4+E4”。在输入过程中，可以发现当输入D4时，D4单元格的边框变为蓝色，表示已成为公式中的引用元素，输入了E4后，E4单元格的边框变为绿色，同样表示成为公式中的引用元素，如果后面还有更多的引用元素，将分别以不同的颜色显示出来。

2. 单击单元格输入

使用手工输入公式，需要一个一个输入公式中的所有元素。事实上，Excel提供了一种简捷、快速的输入公式方法，即通过单击单元格输入运算元素，手工只输入运算符。例如，在F4单元格中输入公式“=D4+E4”。操作步骤如下。

① 选定输入公式的单元格F4，输入“=”。

② 单击D4单元格，这时D4单元格的边框变为一个活动虚线框，此时F4单元格内容变为“=D4”。

③ 输入“+”，此时D4单元格的边框变为蓝色实线，同时状态

栏中再次显示“输入”，表示要输入下一个元素。

④ 单击E4单元格，这时E4单元格的边框变为一个活动虚线框，此时F4单元格内容变为“=D4+E4”。

⑤ 单击编辑栏上的“输入”按钮。

当单元格D4或E4的数据发生变化时，F4中的内容也随之发生改变，而不需要手工修改其中的信息，这正是公式的优势所在。

04 编辑公式

如果输入的公式有误，可以对其进行修改。修改公式的方法与修改单元格中数据的方法相同。除此之外，还可以对输入的公式进行复制、删除、显示等操作。

1. 复制公式

可以使用自动填充的方法将公式从一个单元格复制到另一个单元格。也可以使用“复制”命令复制公式。使用自动填充方法复制公式的操作步骤如下。

① 选定要复制公式的单元格。

② 将鼠标指针移到所选单元格的填充柄处，当鼠标指针变为十字形状时，按住鼠标左键不放拖曳至所需单元格放开。此时，可以看到填充的单元格立即显示出计算结果。

2. 显示公式

默认情况下，含有公式的单元格中显示的数据是公式的计算结果。但是，如果希望显示公式，则可以通过设置“选项”对话框来实现。具体操作步骤如下。

① 执行“工具”>“选项”命令★35，弹出“选项”对话框，单击“视图”选项卡。

② 勾选“窗口选项”中的“公式”复选框，设置结果如图3-21所示。单击“确定”按钮，这时工作表中所有的公式将立即显示出来。

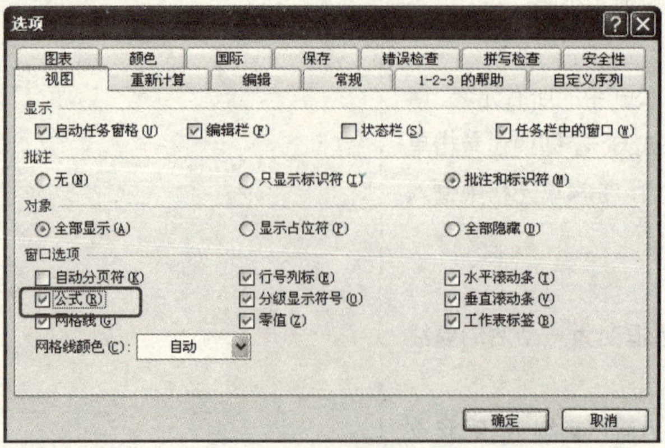

图3-21　设置显示公式

技巧

使用组合键在连续的单元格区域中填充公式，能够快速实现公式的复制操作。具体操作方法是：

① 选定连续的单元格区域。其中，该区域中的第一个单元格为需要复制公式的单元格。

	A	B	C	D	E	F
1	月份	一月	二月	三月	总计	
2	家用电器	253547	141414	212121	607082	
3	服装鞋帽	253331	121212	212121		
4	日用百货	354889	161616	212121		
5	食品饮料	254786	181818	254788		
6	总计	1116553	606060	891151		
7						

②. 按“Ctrl”+“D”组合键。

	A	B	C	D	E	F
1	月份	一月	二月	三月	总计	
2	家用电器	253547	141414	212121	607082	
3	服装鞋帽	253331	121212	212121	586664	
4	日用百货	354889	161616	212121	728626	
5	食品饮料	254786	181818	254788	691392	
6	总计	1116553	606060	891151	2613764	
7						

注意

如果希望含有公式的单元格中显示计算结果，可以在打开的“选项”对话框的“视图”选项卡中，取消勾选“公式”复选框。

3. 删除公式

如果希望在含有公式的单元格中只显示和保留其中的数据，可以将公式删除。操作步骤如下。

① 选定需要删除公式的单元格或单元格区域，然后执行“编辑”>“复制”命令，或者直接按“Ctrl”+“C”组合键。

② 执行“编辑”>“选择性粘贴”命令★36（或者右键单击单元格，从弹出的快捷菜单中执行“选择性粘贴”命令），弹出“选择性粘贴”对话框。

③ 单击“粘贴”选项中的“数值”单选按钮，设置结果如图3-22所示。单击“确定”按钮，这样即可将选定的单元格中的公式删除。

注意

按“Delete”键，将删除包括数值和公式在内的所有内容。

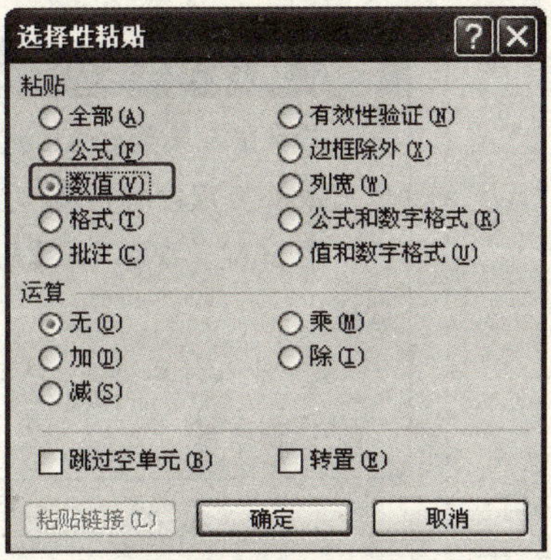

图3-22 粘贴内容设置结果

05 单元格引用

在Excel中处理数据时，几乎所有的公式都要引用单元格或单元格区域，引用的作用相当于链接，指明公式中使用的数据的位置。公式的计算结果取决于被引用的单元格中的值，并随着其值的变化发生相应的改变。在Excel中，共有3种引用单元格的方式，分别是相对引用、绝对引用和混合引用。

1. 相对引用

相对引用是指公式所在的单元格与公式中引用的单元格之间的相对位置。若公式所在的单元格的位置发生了改变，那么公式中引用的单元格的位置也将随之发生变化，这种变化是以公式所在的单元格为基点。例如，在F4单元格中输入了公式“=D4+E4”，公式中使用了相对引用D4和E4，被引用的D4是以公式所在的单元格F4为基点，向左移动2列的单元格，被引用的E4以公式所在的单元格F4为基点，向左移动1列的单元格。

知识

若公式中使用相对引用，在复制公式时，Excel将根据目标单元格与源公式所在单元格的相对位置，相应地调整公式的引用标识。

当将F4单元格中的公式复制到F5单元格中时，公式中被引用的单元格是以公式所在的单元格F5为基点，向左移动2 列的单元格是D5，向左移动1列的单元格是E5，因此F5单元格中的公式变为“=D5+E5”。这就是相对引用，也就是说，相对引用是随着公式所在单元格位置的变化而相对变化。

2. 绝对引用

有时在公式中需要引用某个固定的单元格，无论将该单元格复制或者填充到什么位置，都不希望它发生任何改变，这时就要使用单元格的绝对引用。绝对引用的方法是在列标和行号前分别加上“$”符号。例如，$H$2表示工作表H2单元格的绝对引用，而$A$1:$C$6则表示A1:C6单元格区域的绝对引用。绝对引用与公式所在的单元格位置无关，即使公式所在的单元格位置发生了变化，引用的公式不会改变，引用的内容也不会有任何变化。图3-23展示了某企业第一季度销售统计表。

	A	B	C	D	E	F
1	销售统计表					
2		一月	二月	三月	合计	百分比
3	东部	11012.00	15376.00	13856.00	40244.00	18.11%
4	南部	27907.00	36542.00	35909.00	100358.00	45.15%
5	西部	10311.00	12610.00	10029.00	32950.00	14.82%
6	北部	12767.00	18742.00	17209.00	48718.00	21.92%
7	合计	61997.00	83270.00	77003.00	222270.00	100.00%

图3-23　相对引用和绝对引用

其中每个地区销售合计的计算公式为：合计=（一月+二月+三月）。由于E列各行数据均为前三列数据之和，因此在该公式中应当使用相对引用。例如E3单元格中的公式为：=B3+C3+D3，当将公式复制到E4时，公式自动修改为：=B4+C4+D4。同理，第7行每列数据计算方法一样，也应使用相对引用。

每个地区销售合计占总销售合计的百分比是通过使用该地区销售合计数除以所有地区销售合计总数得到的。由于在计算中每个地区固定引用了E7单元格中的数据，因此在公式中应使用绝对引用，即F3单元格的计算公式应为：=E3/$E$7，以方便公式的复制和填充。

3. 混合引用

有时希望公式中使用的单元格引用的一部分固定不变，而另一部分自动改变。例如，行变、列不变，或者列变、行不变，这时可以使用混合引用。混合引用有两种形式：一是行使用相对引用，列使用绝对引用；二是行使用绝对引用，列使用相对引用。例如，$C3、C$3均为混合引用。如果公式所在单元格位置改变，则相对引用改变，而绝对引用不改变。

知识

若公式中使用绝对引用，在复制公式时，不论目标单元格所在的位置如何改变，绝对引用所指向的区域都是不会改变。

技巧

若希望在某单元格区域内快速输入并填充公式，可以按以下步骤进行操作：

① 选定需要输入并填充公式的单元格区域。

② 输入计算公式，然后按“Ctrl”+“Enter”组合键。

技巧

若要改变公式中的引用方式，可以通过快捷键“F4”来完成。输入一个单元格引用后，反复按“F4”键可以在4种类型中循环选择。例如，在编辑栏中输入“=D4”，按一次“F4”键，变为“=$D$4”；再按一次“F4”键，变为“=D$4”；再按一次“F4”键，变为“=$D4”；最后按一次“F4”键，又返回到开始时的“=D4”。

06 函数与输入方法

公式是对工作表中数据进行计算和操作的等式，函数则是一些预先编写的、按特定顺序或结构执行计算的特殊公式，也称为函数公式。与公式一样，Excel函数的最终返回结果为值。

Excel中的每个函数都具有相同的结构形式，其格式为：函数名(参数1, 参数2,…)。例如，IF(D2>0,30,50)。其中，函数名即函数的名称，每个函数名唯一标识一个函数；参数是函数的输入值，用来计算所需的数据，参数可以是数字、文本、表达式、单元格引用、区域名称、逻辑值，或者是其他函数。有时函数不带参数，如NOW()、TODAY()等。

当函数的参数也是函数时，称为函数的嵌套。例如，IF(D2>0,30,SUM(A1:C10))。其中，IF和SUM都是函数名，IF函数有3个参数，第1个参数D2>0是逻辑表达式，第2个参数30是一个数值常量，第3个参数SUM(A1:C10)是作为参数形式出现的嵌套函数。当D2大于0时，函数值为30，否则对A1:C10单元格区域求和。

函数作为公式来使用，输入时应以前导符等号“=”开始，后面是函数。输入函数有以下四种方法。

1. 使用“插入函数”向导

对于比较复杂的函数或者参数较多的函数，可以使用“插入函数”向导输入。具体操作步骤如下。

① 选定存放函数公式的单元格。

② 单击编辑栏上的“插入函数”按钮 fx，或执行“插入”>“函数”命令，或按“Shift”+“F3”组合键，弹出“插入函数”对话框。

③ 在“或选择类别”下拉列表框中选择函数的类别，在“选择函数”列表框中选择所需函数，如图3-24所示。单击“确定”按钮，弹出“函数参数”对话框。

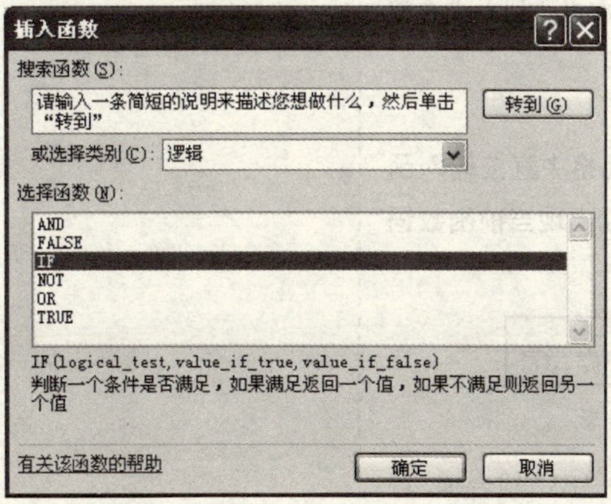

图3-24 “插入函数”对话框

知识

Excel函数只有唯一的名称且不区分大小写，它决定了功能和用途。

提示

如在“搜索函数”编辑框中输入“查找信息”，再单击“转到”按钮，系统会显示一个“推荐”列表。

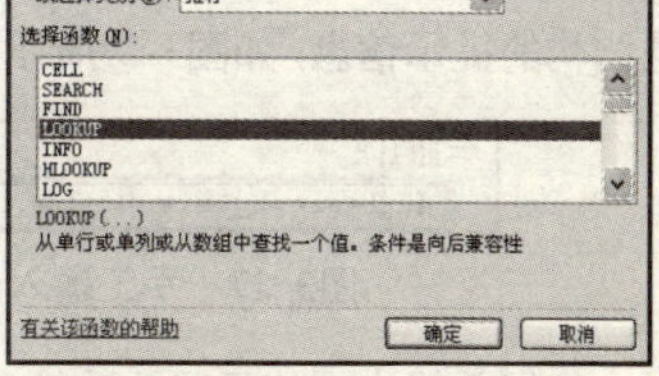

可以通过查看列表中的函数简介以确定使用具体的函数。

④ 输入函数所需的各项参数，每个参数框右侧会显示出该参数的当前值。对话框的下方有关于所选函数的一些描述性文字，以及对当前参数的相关说明。如图3-25所示，单击“确定”按钮。

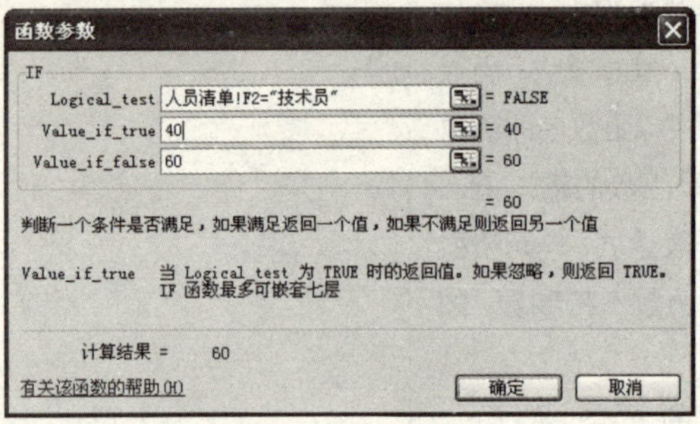

图3-25 输入参数

> **注意**
>
> 个别函数的参数提示是错误的。如单击IF函数的第2个参数时，下方显示“当Logical_test为TRUE时返回的值。如果忽略，则返回TRUE”。这个提示就是错误的，这个参数不能忽略。

2. 使用“自动求和”按钮

为了方便用户使用，Excel在工具栏上设置了一个“自动求和”按钮Σ ▾★37，单击该按钮可以自动添加求和函数；单击该按钮右侧下拉箭头，会出现一个下拉菜单，其中包含SUM、AVERAGE、COUNT、MAX、MIN和其他函数，如图3-26所示。

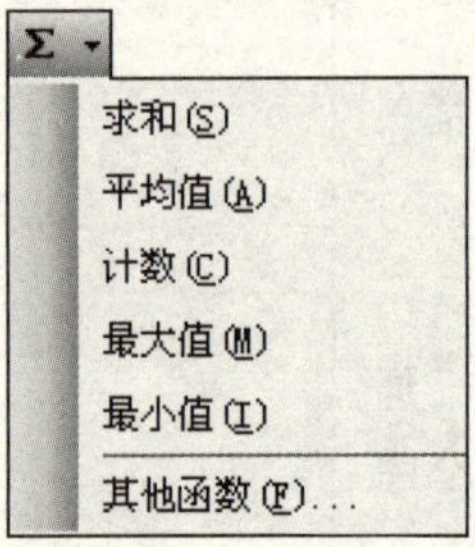

图3-26 “自动求和”按钮下拉菜单

单击前五个函数中的任意一个，Excel会非常智能地识别出需要统计的单元格区域，并将单元格区域地址自动加到函数的参数中，方便了用户输入。单击“其他函数”选项，Excel将打开“函数参数”对话框，用户可以在其中输入参数。

3. 手工直接输入

如果熟练地掌握了函数的格式，可以在单元格中直接输入函数。当输入等号、函数名和左括号后，系统会自动出现当前函数语法结构的提示信息，如图3-27所示。

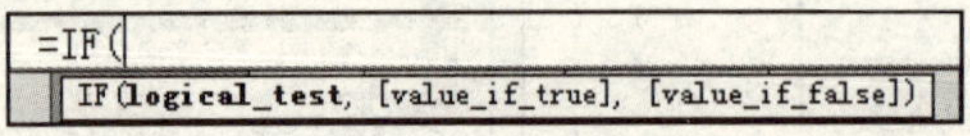

图3-27 手工输入函数时的提示信息

如果希望进一步了解函数信息，按“Shift”+“F3”组合键，可以打开“函数参数”对话框。

4. 函数的嵌套输入

当处理的问题比较复杂时，计算数据的公式往往需要使用函数嵌套。例如，函数公式：=IF(D2>0,30,SUM(A1:C10))。下面以该函数公式为例，介绍嵌套函数公式的输入方法。

① 选定存放函数公式的单元格。

② 单击编辑栏上的“插入函数”按钮，弹出“插入函数”对话框。

③ 在“或选择类别”下拉列表框中选择“逻辑”选项，在“选择函数”列表框中选择“IF”函数，如图3-28所示。单击“确定”按钮，弹出“函数参数”对话框。

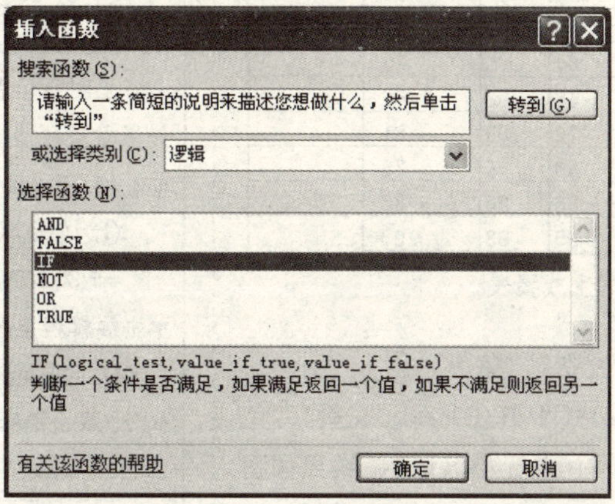

图3-28 选择IF函数

④ 在第1个参数框中输入“D2>0”；在第2个参数框中输入“30”；单击第3个参数框，单击编辑栏最左侧下拉箭头，从弹出的下拉列表中选择SUM，如图3-29所示。此时弹出所选函数的“函数参数”对话框，在第1个参数框中输入“A1:C10”，如图3-30所示，单击“确定”按钮。

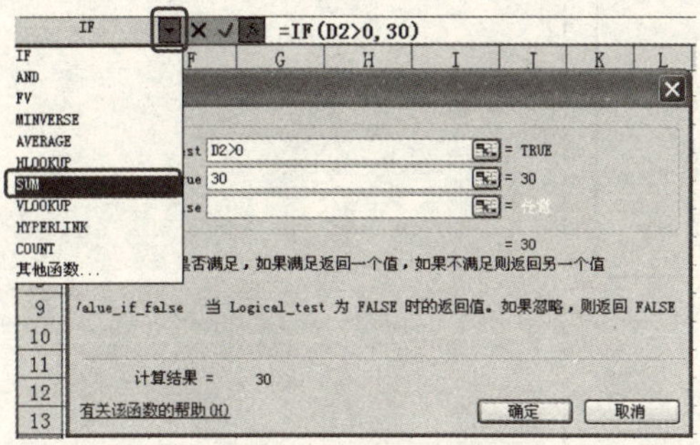

图3-29 选择嵌套函数

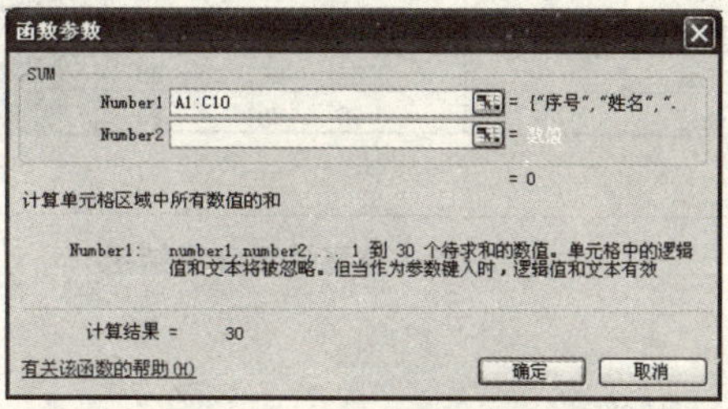

图3-30 输入嵌套函数参数

07 IF函数

格式：IF(Logical_test,Value_if_true,Value_if_false)

功能：判断条件是否成立，如果条件成立，返回第一个值，否则返回第二个值。

说明：该函数有3个参数。Logical_test为逻辑判断条件；Value_if_true为条件为真时返回的结果；Value_if_false为条件为假时返回的结果。计算时，IF函数对Logical_test的值进行逻辑判断，根据其真假而返回不同的结果。

示例：根据学生的平均成绩，确定图3-31所示表格中，每名学生的交费情况，如果平均成绩小于60，需要交费，否则免费。

	A	B	C	D	E	F
1	学生成绩表					
2	姓名	计算机基础	高等数学	英语	平均成绩	交费情况
3	郑南	91	90	89	90	
4	邓加	90	93	88	90	
5	朱凯	87	64	85	79	
6	王鹏	54	45	58	52	
7	李丽	73	72	99	81	
8	陈小东	60	83	76	73	
9	沈云	83	85	90	86	
10	张红	96	95	88	93	

图3-31　学生成绩表

计算公式：=IF(E3<60,"交费","免费")

在F3单元格中输入计算公式"=IF(E3<60,"交费","免费")"，然后将其填充到F4:F10单元格区域中。结果如图3-32所示。

F3　　fx　=IF(E3<60,"交费","免费")

	A	B	C	D	E	F	G
1	学生成绩表						
2	姓名	计算机基础	高等数学	英语	平均成绩	交费情况	
3	郑南	91	90	89	90	免费	
4	邓加	90	93	88	90	免费	
5	朱凯	87	64	85	79	免费	
6	王鹏	54	45	58	52	交费	
7	李丽	73	72	99	81	免费	
8	陈小东	60	83	76	73	免费	
9	沈云	83	85	90	86	免费	
10	张红	96	95	88	93	免费	
11							
12							

图3-32　交费情况计算结果

08 SUM函数

格式：SUM(Number1, Number2,…,Number30)

功能：计算单元格区域中所有数值之和。

说明：SUM函数最多允许包含30个参数。参数可以是数字、包含数字的名称、含有数值型数据的单元格及含有数值型数据的单元格区域。如果参数为文本、空格或逻辑值，则这些值将被忽略。如果参数为错误值或为不能转换成数字的文本，则将会出现错误。

示例：图3-33展示的表格为商品销售表。计算"一月"

技巧

使用IF函数和COUNTA函数可以检查输入的数据是否有遗漏。

	A	B	C	D	E	F	G
1	学生成绩表						
2	姓名	计算机基础	高等数学	英语	平均成绩	交费情况	检查标志
3	郑南	91	90	89	90	免费	
4	邓加	90	93	88	90		
5	朱凯	87	64	85	79		
6	王鹏	54	45	58	52		
7	李丽	73	72	99	81		
8	陈小东	60	83	76	73		
9	沈云	83	85	90	86		
10	张红	96	95	88	93		

上图所示表格中A3:F10共有6列数据。如果希望检查该单元格区域中是否存在空单元格，可以按如下步骤进行操作：

① 在G3单元格中输入计算公式：=IF(COUNTA(A3:F3)=6,"无空","有空")。单击编辑栏上的"输入"按钮。

② 将鼠标指针移到G3单元格的填充柄处，双击鼠标左键。

	A	B	C	D	E	F	G
1	学生成绩表						
2	姓名	计算机基础	高等数学	英语	平均成绩	交费情况	检查标志
3	郑南	91	90	89	90	免费	无空
4	邓加	90	93	88	90		有空
5	朱凯	87	64	85	79		有空
6	王鹏	54	45	58	52		有空
7	李丽	73	72	99	81		有空
8	陈小东	60	83	76	73		有空
9	沈云	83	85	90	86		有空
10	张红	96	95	88	93		有空

商品销售合计。

计算公式：=SUM(C3:C6)

将计算公式输入到C7单元格中，其中C3:C6为需要求和的单元格区域地址。如果需要计算各月商品销售合计，只需将C7单元格中的计算公式填充到D7:E7单元格区域即可。结果如图3-34所示。

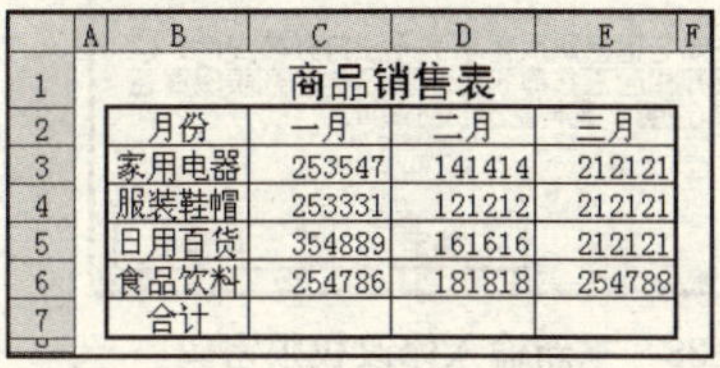

	A	B	C	D	E	F
1		商品销售表				
2		月份	一月	二月	三月	
3		家用电器	253547	141414	212121	
4		服装鞋帽	253331	121212	212121	
5		日用百货	354889	161616	212121	
6		食品饮料	254786	181818	254788	
7		合计				

图3-33 商品销售表

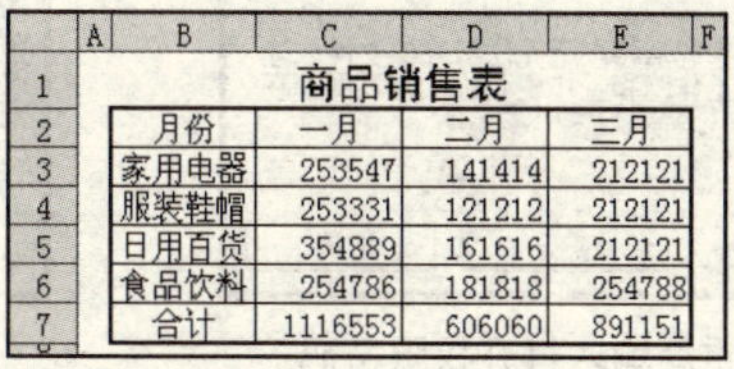

	A	B	C	D	E	F
1		商品销售表				
2		月份	一月	二月	三月	
3		家用电器	253547	141414	212121	
4		服装鞋帽	253331	121212	212121	
5		日用百货	354889	161616	212121	
6		食品饮料	254786	181818	254788	
7		合计	1116553	606060	891151	

图3-34 销售合计计算结果

09 加密保存工作簿

在保存工作簿时，执行“文件”>“另存为”命令，弹出“另存为”对话框。单击该对话框中工具栏上的“工具”按钮，然后执行“常规选项”命令，弹出“保存选项”对话框，如图3-35所示。在此对话框中，可以为工作簿设置打开权限密码，也可以为工作簿设置修改权限密码。

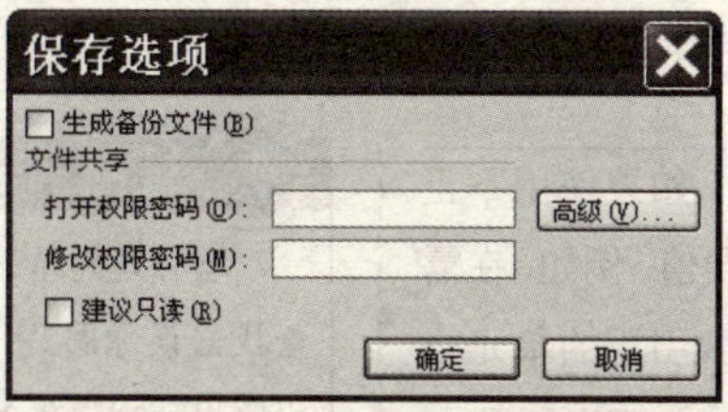

图3-35 “保存选项”对话框

在“保存选项”对话框的“打开权限密码”文本框中输入密码，可以为保存的工作簿设置打开文件的密码保护，没有正确输入密码将无法使用常规的方法读取保存的工作簿文件。同样，如果在“修改权限密码”文本框中输入了密码，可以为保存的工作簿设置修改文件的保护，以防止工作簿被意外修改。设置密码的操作步骤如下。

① 在“打开权限密码”和“修改权限密码”文本框中输入相应密码，如图3-36所示。

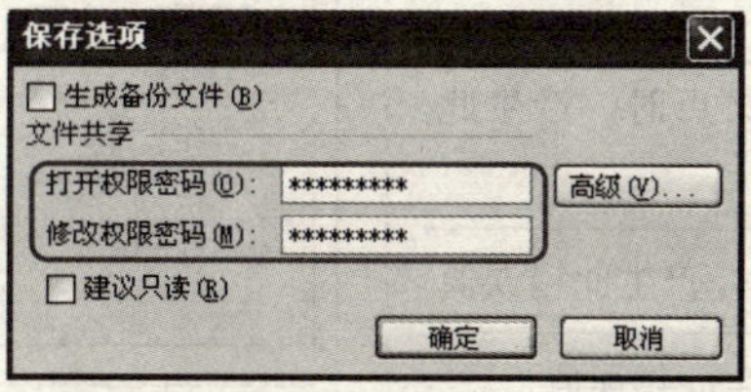

图3-36 输入打开和修改权限密码

② 单击“确定”按钮，弹出“确认密码”对话框。在“重新输入密码”文本框中再

次输入相同的打开权限密码，如图3-37所示。单击“确定”按钮，弹出“确认密码”对话框。在“重新输入修改权限密码”文本框中再次输入相同的修改权限密码，如图3-38所示。

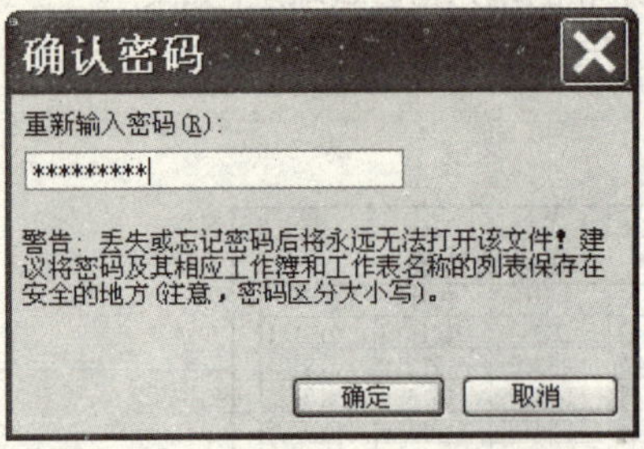

图3-37　重新输入打开权限密码

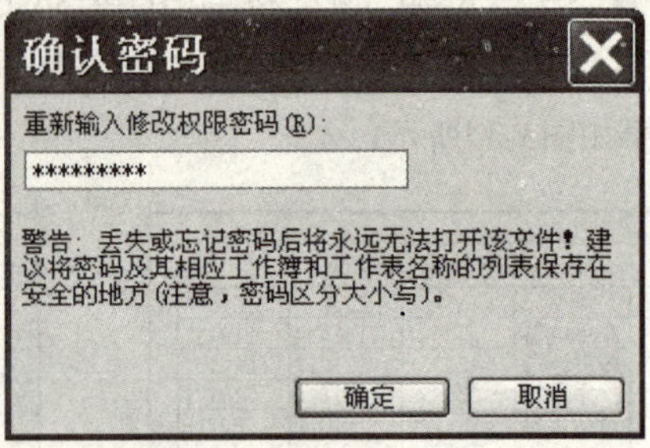

图3-38　重新输入修改权限密码

③ 单击“确定”按钮返回“另存为”对话框，单击“完成”按钮。

延伸知识点

10 使用公式的常见错误

在使用公式或函数进行计算的过程中，如果使用不正确，Excel将在相应的单元格中显示一个错误值。例如，在需要数字的公式中使用了文本、删除了被公式引用的单元格等，都将产生错误值。常见的错误值及其功能如下表所示。

名称	功能
######	当列宽不够，或者使用了负的日期或负的时间时，产生此类错误
#DIV/0!	当数值被0除时，产生此错误值
#N/A	函数或公式中没有可用数值时，产生此错误值
#NAME?	公式中使用了Excel不能识别的名字时，产生此错误值
#NULL!	当指定两个并不相交的区域交叉点时，产生此错误值
#NUM!	公式或函数中使用了无效数字值时，产生此错误值
#REF!	公式引用了无效的单元格时，产生此错误值
#VALUE!	当使用错误的参数或运算对象类型时，产生此错误值

注意

当公式的结果返回错误值时，应当及时查找错误原因，并修改公式来解决问题。可以使用Excel提供的错误检查工具来辅助检查。

为了更好地使用这项功能，首先应执行“工具”>“选项”命令，在弹出的“选项”对话框中单击“错误检查”选项卡，并勾选“允许后台错误检查”复选框。

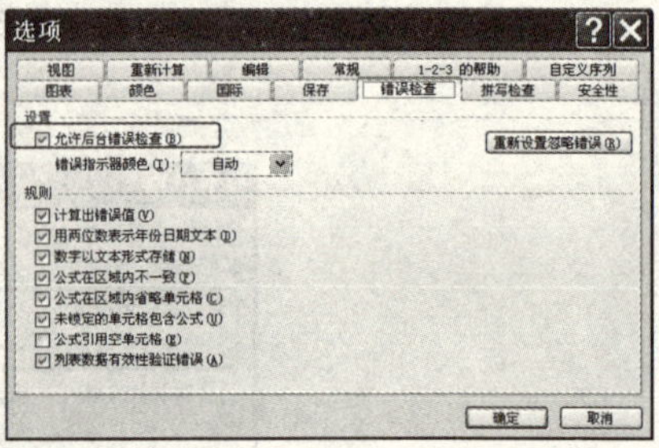

11 追踪单元格

当工作表中使用的公式非常复杂时，往往很难搞清公式与值之间的关联关系。例如，某单元格的公式使用了许多其他单元格，而该单元格又被其他单元格中的公式所使用。为此，利用Excel提供的单元格追踪功能，可以有效地解决这类问题。Excel的审核工具追踪两种单元格，分别为引用单元格和从属单元格。

1. 追踪引用单元格

如果在选定的单元格中包含了一个公式或函数，在公式或函数中引用到的其他单元格称为引用单元格。追踪引用单元格的操作步骤如下。

① 选定要审核的单元格。

② 执行“审核”>“公式审核”>“追踪引用单元格”命令[★38]。

此时，Excel将该公式的引用单元格用蓝色箭头标出。如果想要取消引用单元格追踪箭头，只要单击“公式审核”工具栏上的“移去引用单元格追踪箭头”按钮或“取消所有追踪箭头”按钮就可以了。“公式审核”工具按钮的名称及其功能如下表所示。

按钮	名称	功能
	追踪引用单元格	追踪引用单元格，并在工作表上显示追踪箭头，表明追踪的结果
	移去引用单元格追踪箭头	删除工作表上的引用单元格的追踪箭头
	追踪从属单元格	追踪从属单元格，并在工作表上显示追踪箭头，表明追踪的结果
	移去从属单元格追踪箭头	删除工作表上的从属单元格的追踪箭头
	取消所有追踪箭头	删除工作表上的所有追踪箭头
	追踪错误	显示指向出错误源的追踪箭头
	新批注	添加新的批注
	循环无效数据	标识超过限制的单元格
	清除无效数据标示圈	去掉无效数据标示圈
	公式求值	显示指定单元格公式的计算结果

知识

“正确的数据”是Excel进行数据计算最重要的基本条件之一。但是，如果工作表中的公式太多，就很难发现潜在的错误，这时可以使用公式审核工具追踪引用单元格、从属单元格，来了解某一单元格公式的来龙去脉。如果某单元格因为公式错误而出现错误信息，也可以通过公式审核工具找出公式错误的根源，找出引起错误的单元格。

提示

执行“视图”>“工具栏”>“公式审核”命令，可以调出“公式审核”工具栏。

2. 追踪从属单元格

如果选定了一个单元格，而这个单元格又被一个公式所引用，则被选定单元格就是包含公式单元格的从属单元格。追踪从属单元格的操作步骤如下。

① 选定要观察的单元格。

② 单击“公式审核”工具栏中的“追踪从属单元格”按钮，或执行“工具”>“公式审核”>“追踪从属单元格”命令★[39]。

此时，Excel在工作表中将使用该单元格的公式所在单元格用蓝色箭头线标出，表明选定的单元格被蓝色箭头线指向的单元格使用。同样，如果需要继续观察下一级从属单元格，可再次选择此命令。

> **技巧**
>
> 如果希望在编辑栏中直接查看公式或公式中部分对象的计算结果，可以使用“F9”键。方法是：在编辑栏中选定公式中需要显示计算结果的部分，按“F9”键，即可在编辑栏中显示该部分的计算结果。

12 追踪错误

如果某单元格因为公式错误而出现错误信息，如#VALUE!、#NULL!、#DIV/0! 等错误，可以使用“公式审核”工具栏中的“追踪错误”按钮来追踪。操作步骤如下。

① 选定想要追踪错误的单元格。

② 单击“公式审核”工具栏上的“追踪错误”按钮，或执行“工具”>“公式审核”>“追踪错误”命令★[40]。

此时Excel用红色箭头显示引起错误的单元格，用蓝色箭头显示引起错误单元格包含的公式中引用的其他单元格。当选定红色箭头与蓝色箭头相遇处的单元格，红色圆点出现在引起错误的单元格中。从而发现并分析造成错误的原因，对其进行修改。

如果选定单元格被另一个工作表或工作簿引用，则用黑色箭头从选定单元格指向工作表图标。但是，在Excel追踪这些从属单元格之前，其他工作簿必须打开。

13 添加监视

在监视窗口中添加监视，可以监视指定单元格的公式及其内容的变化，即使该单元格已经移出屏幕，仍然可以由监视窗口查看其内容。具体操作步骤如下。

① 执行“工具”>“公式审核”>“显示监视窗口”命令，弹出“监视窗口”★[41]。

② 单击“添加监视”按钮，弹出“添加监视点”对话框。选定要监视的单元格，结果如图3-39所示。单击“添加”按钮。此时可以看到“监视窗口”中显示了所监视单元格的内容及公式，如图3-40所示。

图3-39 监视点添加结果

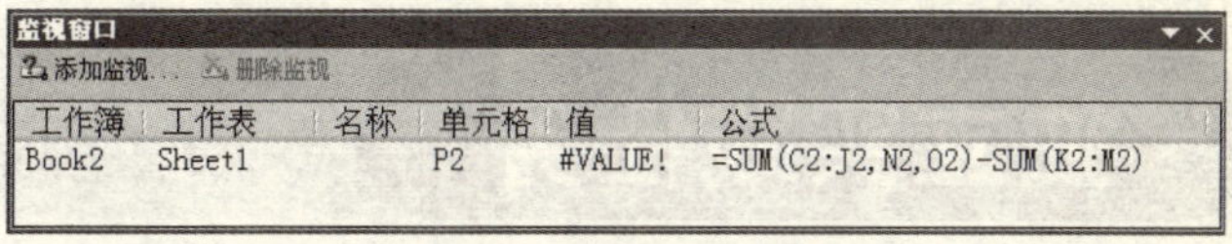

图3-40 添加监视单元格

14 利用公式审核计算结果

可以使用“公式审核”工具栏中的“公式求值”按钮，查看公式的计算结果，以此确定公式的正确性。查看公式计算结果的操作步骤如下。

① 选定要查看公式计算结果的单元格。

② 单击“公式审核”工具栏中的“公式求值”按钮，或执行“工具”>“公式审核”>“公式求值”命令★42，弹出“公式求值”对话框，如图3-41所示。

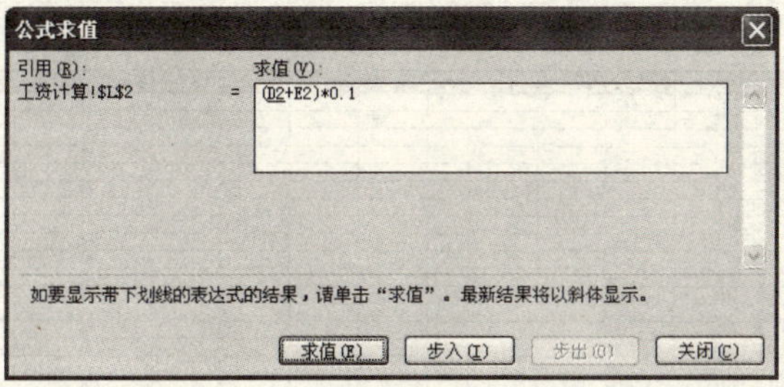

图3-41 “公式求值”对话框

③ 单击“求值”按钮，“求值”文本框中将按公式计算的顺序逐步显示公式的计算过程。即每单击一次“求值”按钮，将计算一个值，图3-42所示为对公式=(D2+E2)*0.1进行“公式求值”的过程。

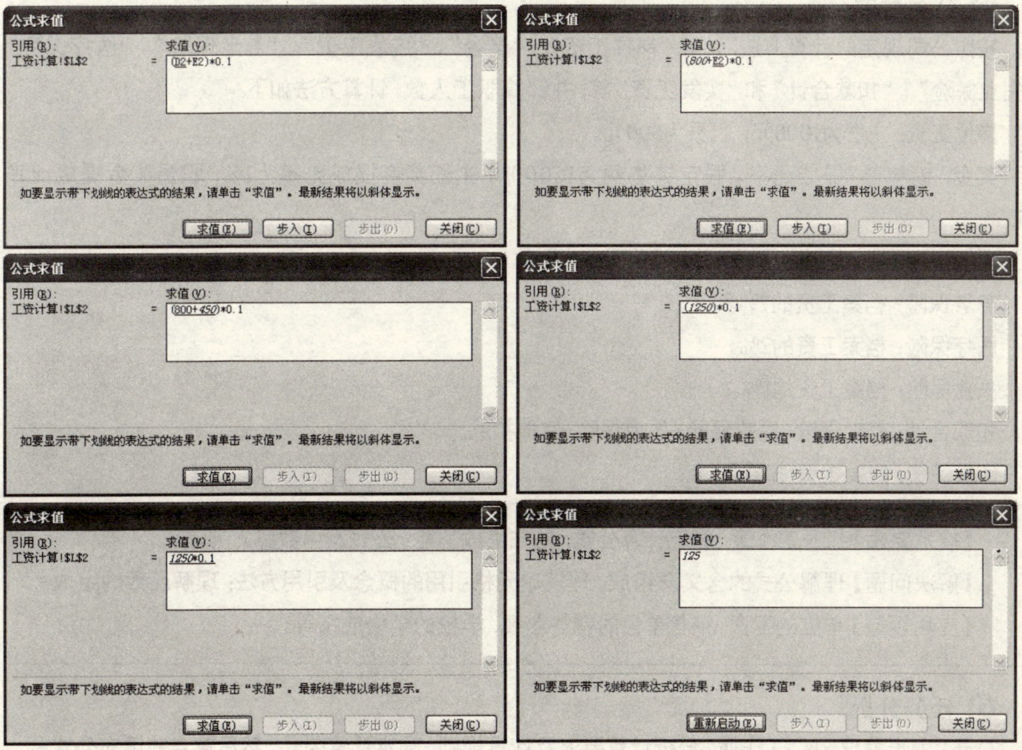

图3-42 分步查看公式计算结果

独立实践任务

任务二　劳资表的计算

任务背景

成文公司劳资科工作人员已经建立了劳资表，并将员工的部分劳资信息填入到了劳资表中，如下图所示。现在公司管理者希望按照公司制定的工资计算规则计算劳资表中的有关工资项目。

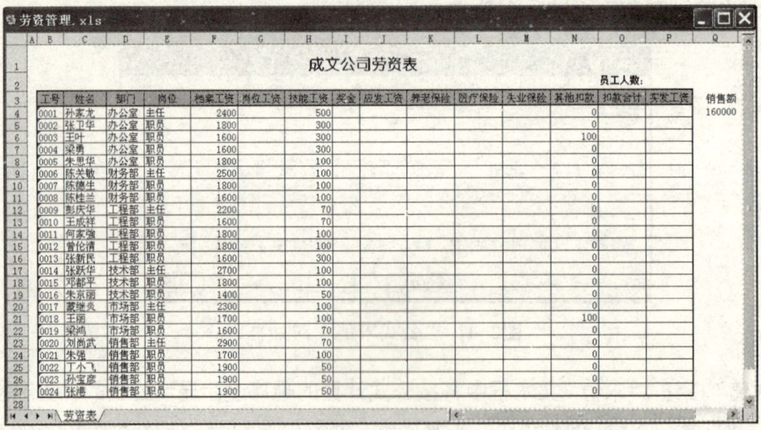

劳资管理.xls

成文公司劳资表

员工人数:

工号	姓名	部门	岗位	档案工资	岗位工资	技能工资	奖金	应发工资	养老保险	医疗保险	失业保险	其他扣款	扣款合计	实发工资
0001	孙家龙	办公室	主任	2400		500						0		
0002	张卫华	办公室	职员	1800		300						0		
0003	王叶	办公室	职员	1600		300						100		
0004	梁勇	办公室	职员	1600		300						0		
0005	朱思华	办公室	职员	1800		100						0		
0006	陈关敏	财务部	主任	2500		100						0		
0007	陈德生	财务部	职员	1800		100						0		
0008	陈桂兰	财务部	职员	1600		100						0		
0009	彭庆华	工程部	主任	2200		70						0		
0010	王成祥	工程部	职员	1600		70						0		
0011	何家强	工程部	职员	1800		100						0		
0012	曾伦清	工程部	职员	1800		100						0		
0013	张新民	工程部	职员	1600		300						0		
0014	张跃华	技术部	主任	2700		100						0		
0015	邓都平	技术部	职员	1800		100						0		
0016	朱京丽	技术部	职员	1400		50						0		
0017	蒙继炎	市场部	主任	2300		100						0		
0018	王丽	市场部	职员	1700		100						100		
0019	梁鸿	市场部	职员	1600		70						0		
0020	刘尚武	销售部	主任	2900		70						0		
0021	朱强	销售部	职员	1700		100						0		
0022	丁小飞	销售部	职员	1900		50						0		
0023	孙宝彦	销售部	职员	1900		50						0		
0024	张港	销售部	职员	1900		50						0		

销售额
160000

劳资表

任务要求

按照公司规定的计算方法，计算“岗位工资”、“奖金”、“应发工资”、“养老保险”、“医疗保险”、“失业保险”、“扣款合计”和“实发工资”等，并计算职工人数。计算方法如下。

岗位工资：主任为1000元，职员为500元。

奖金：销售额*提成比率。假定销售额为160000，主任奖金提成比率为1%，职员奖金提成比率为0.5%。

应发工资：档案工资+岗位工资+技能工资+奖金。

养老保险：档案工资的7%。

医疗保险：档案工资的2%。

失业保险：档案工资的1%。

扣款合计：养老保险+医疗保险+失业保险+其他扣款。

实发工资：应发工资-扣款合计。

【技术要领】打开工作簿；确定计算公式，粘贴函数功能；公式及函数输入方法。

【解决问题】理解公式的含义及组成；理解单元格引用的概念及引用方法；理解函数的组成。

【应用领域】单位的工资、销售单位的销售业绩、学校的学生成绩等。

任务分析

打开“劳资管理.xls”工作簿。分析计算要求及计算规则，确定计算公式，然后输入并填充公式。

任务效果参考图

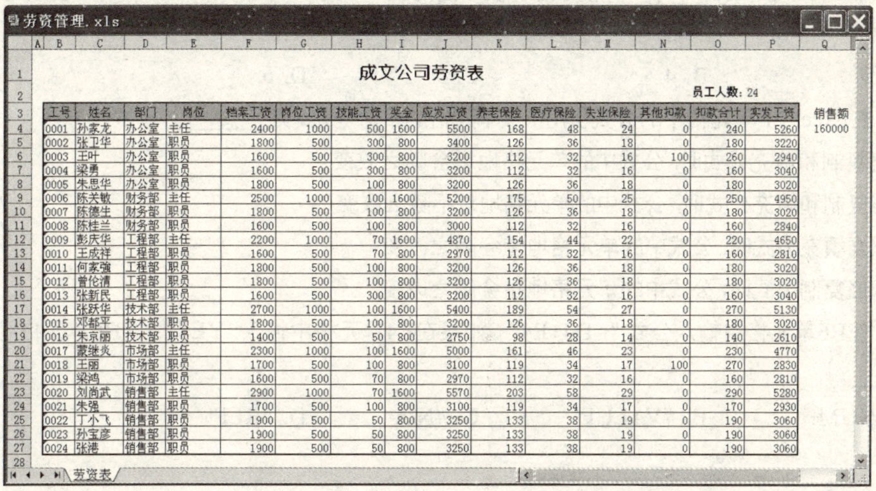

劳资管理.xls

成文公司劳资表

员工人数：24

工号	姓名	部门	岗位	档案工资	岗位工资	技能工资	奖金	应发工资	养老保险	医疗保险	失业保险	其他扣款	扣款合计	实发工资
0001	孙家龙	办公室	主任	2400	1000	500	1600	5500	168	48	24	0	240	5260
0002	张卫华	办公室	职员	1800	500	300	800	3400	126	36	18	0	180	3220
0003	王叶	办公室	职员	1600	500	300	800	3200	112	32	16	100	260	2940
0004	梁勇	办公室	职员	1600	500	300	800	3200	112	32	16	0	160	3040
0005	朱思华	办公室	职员	1800	500	100	800	3200	126	36	18	0	180	3020
0006	陈关敏	财务部	主任	2500	1000	100	1600	5200	175	50	25	0	250	4950
0007	陈德生	财务部	职员	1800	500	100	800	3200	126	36	18	0	180	3020
0008	陈桂兰	财务部	职员	1600	500	100	800	3000	112	32	16	0	160	2840
0009	彭庆华	工程部	主任	2200	1000	70	1600	4870	154	44	22	0	220	4650
0010	王成祥	工程部	职员	1600	500	70	800	2970	112	32	16	0	160	2810
0011	何家強	工程部	职员	1800	500	100	800	3200	126	36	18	0	180	3020
0012	曾伦清	工程部	职员	1800	500	100	800	3200	126	36	18	0	180	3020
0013	张新民	工程部	职员	1600	500	300	800	3200	112	32	16	0	160	3040
0014	张跃华	技术部	主任	2700	1000	100	1600	5400	189	54	27	0	270	5130
0015	邓都平	技术部	职员	1800	500	100	800	3200	126	36	18	0	180	3020
0016	朱京丽	技术部	职员	1400	500	50	800	2750	98	28	14	0	140	2610
0017	蒙继炎	市场部	主任	2300	1000	100	1600	5000	161	46	23	0	230	4770
0018	王丽	市场部	职员	1700	500	100	800	3100	119	34	17	100	270	2830
0019	梁鸿	市场部	职员	1600	500	70	800	2970	112	32	16	0	160	2810
0020	刘尚武	销售部	主任	2900	1000	70	1600	5570	203	58	29	0	290	5280
0021	朱强	销售部	职员	1700	500	100	800	3100	119	34	17	0	170	2930
0022	丁小飞	销售部	职员	1900	500	50	800	3250	133	38	19	0	190	3060
0023	孙宝彦	销售部	职员	1900	500	50	800	3250	133	38	19	0	190	3060
0024	张港	销售部	职员	1900	500	50	800	3250	133	38	19	0	190	3060

销售额 160000

劳资表

课后作业

1. 填空题

（1）在Excel中，如果希望含有公式的单元格显示计算结果，可以在打开的“选项”对话框的“视图”选项卡中，取消勾选________复选框。

（2）使用文本运算符“&”连接文本型数据时，不能省略数据两侧的________。

（3）在Excel中，如果某个公式引用了B3单元格，并且希望该公式在填充到其他任意单元格时引用不变，则应将该单元格的引用地址书写为________。

（4）Excel函数只有唯一的名称且________大小写。

（5）如果选定了一个单元格，而这个单元格又被一个公式所引用，则被选定的单元格就是包含公式单元格的________单元格。

2. 单选题

（1）在Excel中，公式的第一个符号应为________。

A. =　　B. }　　C. #　　D. &

（2）在Excel中，若将B2单元格的公式“=A1+A2-C1”复制到C3单元格，则C3单元格的公式为________。

A. =A1+A2+C6　　B. =B2+B3-D2

C. =D1+D2-F1　　　　D. =D1+D2-F3

(3) 在Excel中，已知A1和A2单元格的值分别为3和6，则IF(A1=A2,A1+1,A2-1)函数的返回值是________。

A. 3　　　　B. 4　　　　C. 5　　　　D. 6

(4) 在Excel中，单元格中的公式引用了某单元格的相对地址，则________。

A. 当复制和填充公式时，公式中的单元格地址会随之改变

B. 当复制和填充公式时，公式中的单元格地址不随之改变

C. 仅当填充公式时，公式中的单元格地址会随之改变

D. 仅当复制公式时，公式中的单元格地址会随之改变

(5) 在B6单元格中输入公式“=D4+E4”，如果在E4单元格中输入“YES”，则B6单元格显示的内容为________。

A. #NUM!　　　　B. #VALUE!　　　　C. #N/A　　　　D. #REF!

3. 简答题

(1) 单元格引用有哪三种，各自的特点是什么?

(2) 什么是函数? 函数的作用是什么?

(3) 输入函数时，如果希望了解函数中各参数的含义，应该如何做?

(4) 追踪引用单元格和从属单元格的目的是什么?

(5) 当单元格出现错误值时，如何判断错误产生的原因?

模块 04

制作销售业绩奖金表
——Excel函数应用与复杂计算

● 能力目标

能够综合应用函数计算工作表

● 专业知识目标

1. 理解多表之间单元格引用的概念
2. 理解多表之间单元格引用的格式
3. 理解函数的结构及分类
4. 掌握根据计算需要灵活运用函数的方法

● 软件知识目标

1. 掌握多表之间单元格引用的具体方法
2. 了解获取函数帮助的方法
3. 掌握函数中各参数的含义及应用方法

● 课时安排

6课时（讲课3课时，实践3课时）

● 任务效果参考图

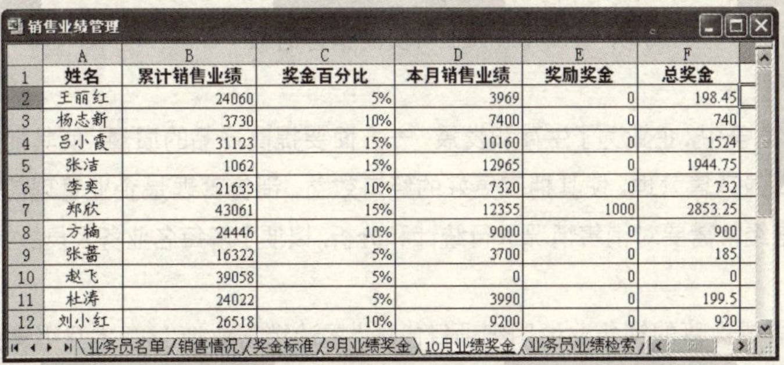

姓名	累计销售业绩	奖金百分比	本月销售业绩	奖励奖金	总奖金
王丽红	24060	5%	3969	0	198.45
杨志新	3730	10%	7400	0	740
吕小霞	31123	15%	10160	0	1524
张洁	1062	15%	12965	0	1944.75
李奕	21633	10%	7320	0	732
郑欣	43061	15%	12355	1000	2853.25
方楠	24446	10%	9000	0	900
张蕾	16322	5%	3700	0	185
赵飞	39058	5%	0	0	0
杜涛	24022	5%	3990	0	199.5
刘小红	26518	10%	9200	0	920

业绩奖金计算结果

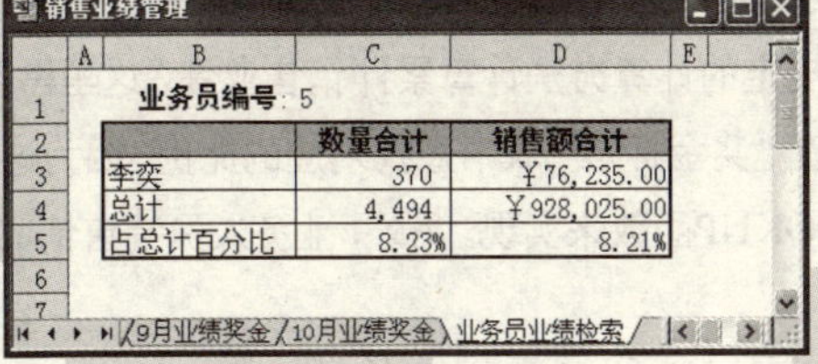

业务员编号：5

	数量合计	销售额合计
李奕	370	￥76,235.00
总计	4,494	￥928,025.00
占总计百分比	8.23%	8.21%

业务员业绩统计检索结果

模拟制作任务

任务一　销售业绩奖金表的计算

任务背景

某文化用品公司负责销售各种复印纸的业务人员有11名。公司管理者希望每月都对业务人员的销售业绩进行统计，计算奖励奖金，并希望随时了解业务人员的销售信息。

任务要求

（1）按照公司规定的奖金计算方法，计算10月份的销售业绩奖金表。计算方法如下。

累计销售业绩：

$$累计销售业绩=\begin{cases}上月累计销售业绩+上月销售业绩 & 上月奖励奖金=0\\ 上月累计销售业绩+上月销售业绩-50000 & 上月奖励奖金\neq 0\end{cases}$$

本月销售业绩：本月销售额之和。

奖金百分比：按照基本奖金标准获取对应的奖金比例。

	A	B	C	D	E	F	G
1	基本奖金标准						
2		4999以下	5000~9999	10000~14999	15000~19999	20000以上	
3	销售业绩对照	0	5000	10000	15000	20000	
4	奖金比例	5%	10%	15%	20%	25%	
5							

奖励奖金：当“累计销售业绩”与“本月销售业绩”合计数超过5万元时，发放1000元奖励奖金。

总奖金：本月销售业绩×奖金百分比+ 奖励奖金。

累计销售额：上月累计销售额+本月销售业绩。

（2）根据输入的业务员编号，查找并统计业务员的销售信息。

任务分析

在激烈的市场竞争中，企业为了生存和发展，一方面要提高产品的质量，使其拥有更强的市场竞争力；另一方面也要加强销售管理，使其拥有更好的经济效益。销售管理是企业管理信息系统的重要组成部分，其主要特点是经常需要对销售情况进行统计和分析，以便了解每名业务人员的销售业绩，来进行绩效考核。

在本任务中，需要计算的销售业绩明细项目包括“累计销售业绩”、“本月销售业绩”、“奖金百分比”、“奖励奖金”、“总奖金”和“累计销售额”等。其中，“累计销售业绩”的计算比较复杂，首先需要知道业务员在9月份得到的奖励奖金数额，可以利用VLOOKUP函数根据业务员姓名来查找；其次，需要判断奖励奖金是否为0，并根据判断结果按规定的计算方法计算累计销售业绩，这里需要使用IF函数。“奖金百分比”的计算是根据本月销售业绩，在“奖金标准”表中查找对应的比例，因为这个操作需要返回同一列中指定行的数值，所以可以使用HLOOKUP函数来实现。另外，业务人员销售情况的明细信息存放在

"销售情况"表中，计算的结果存放在"10月业绩奖金"表中，因此，在计算时需要引用同一工作簿不同工作表中的数据。

本案例的重点难点

对同一工作簿不同工作表单元格引用的理解以及函数公式的应用。

【技术要领】同一工作簿不同工作表单元格引用；粘贴函数功能；函数输入方法。

【解决问题】理解同一工作簿不同工作表单元格引用的概念及引用方法；理解函数的功能及参数含义。

【应用领域】单位的工资、销售单位的销售业绩、学校的学生成绩等。

操作步骤详解

打开工作簿文档

❶ 启动Excel，执行"文件">"打开"命令，弹出"打开"对话框。在"查找范围"下拉列表中找到文件所在的位置，在文件列表中找到需要打开的文件"销售业绩管理.xls"，双击该文件名。"销售业绩管理"工作簿中已经建立了"业务员名单"、"销售情况"、"奖金标准"、"9月业绩奖金"等工作表，记录了业务员的姓名、2010年1月到10月的销售信息、奖金标准以及9月业绩奖金等信息，如图4-1所示。

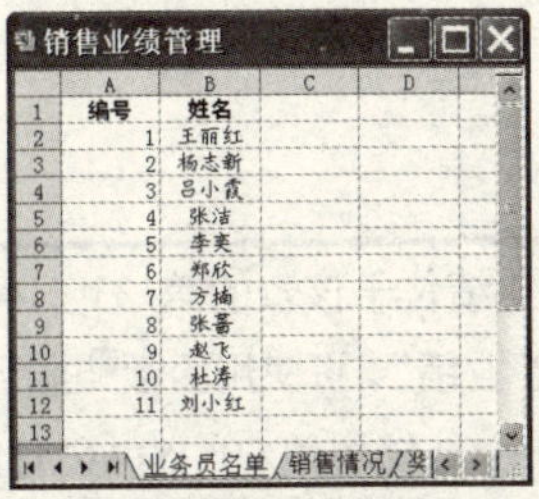

"业务员名单"表

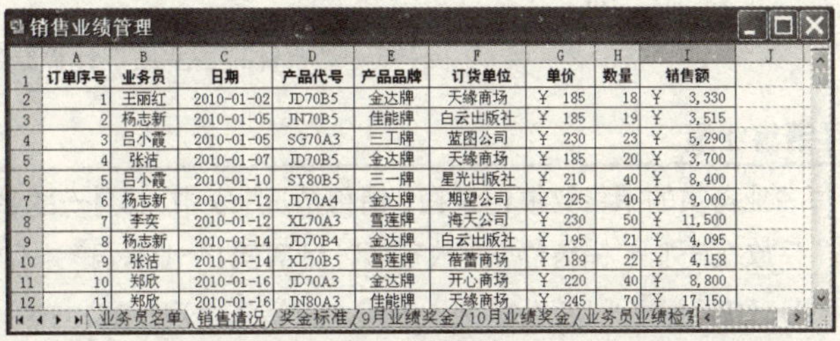

"销售情况"表

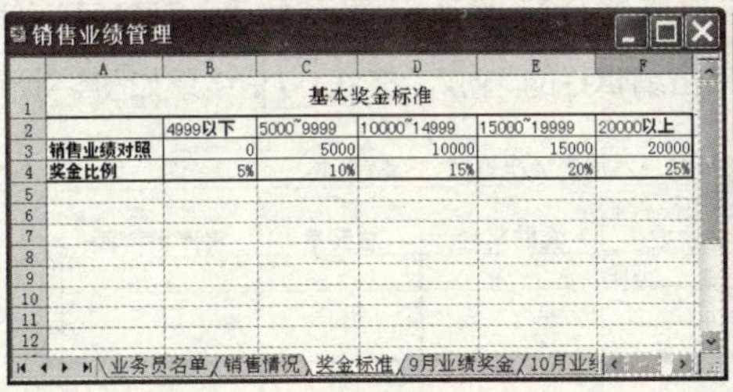

"奖金标准"表

"9月业绩奖金"表

图4-1　"销售管理"工作簿

计算累计销售业绩

❷ 单击"10月业绩奖金"工作表标签，然后选定第1个业务员"累计销售业绩"所在单元格B2。

❸ 输入计算公式"=IF(VLOOKUP(A2,'9月业绩奖金'!$A$2:$G$12,5,0)=0,'9月业绩奖金'!B2[01]+'9月业绩奖金'!D2,'9月业绩奖金'!B2+'9月业绩奖金'!D2-50000)"。其中，第1个参数为查找该业务员9月奖励奖金，并判断奖励奖金是否为0。单击编辑栏的"输入"按钮☑，结果如图4-2所示。

B2 =IF(VLOOKUP(A2,'9月业绩奖金'!$A$2:$G$12,5,0)=0,'9月业绩奖金'!B2+'9月业绩奖金'!D2,'9月业绩奖金'!B2+'9月业绩奖金'!D2-50000)

	A	B					
1	姓名	累计销售业绩	奖金百分比	本月销售业绩	奖励奖金	总奖金	累计销售额
2	王丽红	24060					
3	杨志新						
4	吕小霞						
5	张洁						
6	李爽						
7	郑欣						
8	方楠						
9	张蕾						
10	赵飞						
11	杜涛						
12	刘小红						
13							

图4-2　计算第1个业务员的累计销售业绩

❹ 将鼠标指针指向B2单元格右下角的填充柄，然后双击鼠标左键，将B2单元格的公式填充到B3:B12单元格。结果如图4-3所示。

B2 =IF(VLOOKUP(A2,'9月业绩奖金'!$A$2:$G$12,5,0)=0,'9月业绩奖金'!B2+'9月业绩奖金'!D2,'9月业绩奖金'!B2+'9月业绩奖金'!D2-50000)

	A	B					
1	姓名	累计销售业绩	奖金百分比	本月销售业绩	奖励奖金	总奖金	累计销售额
2	王丽红	24060					
3	杨志新	3730					
4	吕小霞	31123					
5	张洁	1062					
6	李爽	21633					
7	郑欣	43061					
8	方楠	24446					
9	张蕾	16322					
10	赵飞	39058					
11	杜涛	24022					
12	刘小红	26518					
13							
14							

图4-3　“累计销售业绩”计算结果

计算本月销售业绩

❺ 每名业务员的销售业绩记录在“销售情况”表中。10月份的销售业绩位于该表的第133～146行，其中“姓名”存放在B列，“销售额”存放在I列。计算第1个业务员“本月销售业绩”，可使用函数[02]进行计算，这里使用SUMIF函数[03]，计算公式为：=SUMIF(销售情况!$B$133:$B$146,A2,销售情况!$I$133:$I$146)。

❻ 单击第1个业务员“本月销售业绩”所在单元格D2，输入计算公式“=SUMIF(销售情况!$B$133:$B$146,A2,销售情况!$I$133:$I$146)”，然后单击编辑栏的“输入”按钮 ✓，结果如图4-4所示。

D2 =SUMIF(销售情况!$B$133:$B$146,A2,销售情况!$I$133:$I$146)

	A	B	C	D	E	F	G
1	姓名	累计销售业绩	奖金百分比	本月销售业绩	奖励奖金	总奖金	累计销售额
2	王丽红	24060		3969			
3	杨志新	3730					
4	吕小霞	31123					
5	张洁	1062					
6	李爽	21633					
7	郑欣	43061					
8	方楠	24446					
9	张蕾	16322					
10	赵飞	39058					
11	杜涛	24022					
12	刘小红	26518					

图4-4　计算第1个业务员的本月销售业绩

❼ 将鼠标指针指向D2单元格右下角的填充柄，当鼠标指针变为十字形状时，拖曳鼠标至D12单元格放开。结果如图4-5所示。

D2 =SUMIF(销售情况!$B$133:$B$146,A2,销售情况!$I$133:$I$146)

	A	B	C	D	E	F	G
1	姓名	累计销售业绩	奖金百分比	本月销售业绩	奖励奖金	总奖金	累计销售额
2	王丽红	24060		3969			
3	杨志新	3730		7400			
4	吕小霞	31123		10160			
5	张洁	1062		12965			
6	李奕	21633		7320			
7	郑欣	43061		12895			
8	方楠	24446		9000			
9	张蕾	16322		3700			
10	赵飞	39058		0			
11	杜涛	24022		3990			
12	刘小红	26518		9200			
13							

图4-5 “本月销售业绩”计算结果

计算奖金百分比

❽ 计算奖金百分比是用“10月业绩奖金表”中的本月销售业绩与“奖金标准”表进行对比，然后将相应的比例值取出。由于这个操作需要返回同一列中指定行的数值，因此可以使用HLOOKUP[04]函数来实现。计算第1个业务员“奖金百分比”的计算公式为：=HLOOKUP(D3,奖金标准!$A$3:$F$4,2)

❾ 选定第1个业务员“奖金百分比”所在单元格C2，输入计算公式”=HLOOKUP(D2,奖金标准!$A$3:$F$4,2)”，然后单击编辑栏的“输入”按钮 ✓ 。

❿ 将C2单元格的公式填充到C3:C12单元格区域中。计算结果如图4-6所示。

C2 =HLOOKUP(D2,奖金标准!$A$3:$F$4,2)

	A	B	C	D	E	F	G
1	姓名	累计销售业绩	奖金百分比	本月销售业绩	奖励奖金	总奖金	累计销售额
2	王丽红	24060	5%	3969			
3	杨志新	3730	10%	7400			
4	吕小霞	31123	15%	10160			
5	张洁	1062	15%	12965			
6	李奕	21633	10%	7320			
7	郑欣	43061	15%	12895			
8	方楠	24446	10%	9000			
9	张蕾	16322	5%	3700			
10	赵飞	39058	5%	0			
11	杜涛	24022	5%	3990			
12	刘小红	26518	10%	9200			
13							
14							

图4-6 “奖金百分比”计算结果

计算奖励奖金

⓫ 按照奖励奖金发放标准，当“累计销售业绩”与“本月销售业绩”合计数超过5万元时，发放1000元奖励奖金。按照此算法，可以使用IF函数计算每名业务人员的奖励奖金。计算第1个业务员“奖励奖金”的公式为：=IF((B2+D2)>=50000,1000,0)。

⓬ 选定第1个业务员“奖励奖金”所在单元格E2，输入计算公式“=IF((B2+D2)>=50000,1000,0)”，单击“编辑栏”上的“输入”按钮。

⓭ 将E2单元格的公式填充到E3:E12单元格区域。计算结果如4-7所示。

E2 ▼ fx =IF((B2+D2)>=50000,1000,0)

	A	B	C	D	E	F	G
1	姓名	累计销售业绩	奖金百分比	本月销售业绩	奖励奖金	总奖金	累计销售额
2	王丽红	24060	5%	3969	0		
3	杨志新	3730	10%	7400	0		
4	吕小霞	31123	15%	10160	0		
5	张洁	1062	15%	12965	0		
6	李爽	21633	10%	7320	0		
7	郑欣	43061	15%	12895	1000		
8	方楠	24446	10%	9000	0		
9	张蕾	16322	5%	3700	0		
10	赵飞	39058	5%	0	0		
11	杜涛	24022	5%	3990	0		
12	刘小红	26518	10%	9200	0		
13							
14							

图4-7 “奖励奖金”计算结果

计算总奖金

⓮ 总奖金计算方法为：总奖金=（本月销售业绩×奖金百分比）+ 奖励奖金。计算第1个业务员“总奖金”的公式为：=(D2*C2)+E2。

⓯ 选定第1个业务员“总奖金”所在单元格F2，输入计算公式“=(D2*C2)+E2”，单击“编辑栏”上的“输入”按钮。

⓰ 将F2单元格的公式填充到F3:F12单元格区域。计算结果如图4-8所示。

	A	B	C	D	E	F	G
1	姓名	累计销售业绩	奖金百分比	本月销售业绩	奖励奖金	总奖金	累计销售额
2	王丽红	24060	5%	3969	0	198.45	
3	杨志新	3730	10%	7400	0	740	
4	吕小霞	31123	15%	10160	0	1524	
5	张洁	1062	15%	12965	0	1944.75	
6	李爽	21633	10%	7320	0	732	
7	郑欣	43061	15%	12895	1000	2934.25	
8	方楠	24446	10%	9000	0	900	
9	张蕾	16322	5%	3700	0	185	
10	赵飞	39058	5%	0	0	0	
11	杜涛	24022	5%	3990	0	199.5	
12	刘小红	26518	10%	9200	0	920	
13							
14							

图4-8 “总奖金”计算结果

计算累计销售额

⓱ 累计销售额与累计销售业绩不同，它是到目前为止业务员销售业绩的总和未扣除奖励奖金部分。累计销售额反映了业务员总的销售业绩，能够帮助管理者了解每名业务人员的销售成绩和销售能力。累计销售额的计算方法是：累计销售额=上月累计销售额+本月销售业绩。计算第1个业务员“累计销售额”的公式为：= '9月业绩奖金'!G2+D2。

⓲ 选定第1个业务员“累计销售额”所在单元格G2，输入计算公式“= '9月业绩奖金'!G2+D2”，单击“编辑栏”上的“输入”按钮。

⓳ 将G2单元格的公式填充到G3:G12单元格区域。计算结果如图4-9所示。

G2　　f_x ='9月业绩奖金'!G2+D2

	A	B	C	D	E	F	G	H
1	姓名	累计销售业绩	奖金百分比	本月销售业绩	奖励奖金	总奖金	累计销售额	
2	王丽红	24060	5%	3969	0	198.45	23959	
3	杨志新	3730	10%	7400	0	740	81845	
4	吕小霞	31123	15%	10160	0	1524	37862	
5	张洁	1062	15%	12965	0	1944.75	89255	
6	李奕	21633	10%	7320	0	732	36753	
7	郑欣	43061	15%	12895	1000	2934.25	76956	
8	方楠	24446	10%	9000	0	900	38221	
9	张蕾	16322	5%	3700	0	185	73522	
10	赵飞	39058	5%	0	0	0	40023	
11	杜涛	24022	5%	3990	0	199.5	26522	
12	刘小红	26518	10%	9200	0	920	37003	
13								
14								

图4-9　“累计销售额”计算结果

查找并显示业务员姓名

⑳ 按任务要求应将查找到的业务员信息填充至“业务员业绩检索”工作表中。因此先选定“业务员业绩检索”工作表标签。如果在C1单元格中未输入编号或输入编号为0，那么B3单元格应不显示任何信息。查找第1个业务员姓名的计算公式为：=IF($C$1=" "," ",IF($C$1=0," ",VLOOKUP ($C$1,业务员名单!$A$2:$B$12,2)))。

㉑ 单击B3单元格，输入查找公式”=IF($C$1=" "," ",IF($C$1=0," ",VLOOKUP($C$1,业务员名单!$A$2:$B$12,2)))”，单击“确认”按钮。结果如图4-10所示。如果此时在C1单元格中输入某业务员编号，如输入“5”，那么B3单元格将显示该业务员的姓名，如图4-11所示。

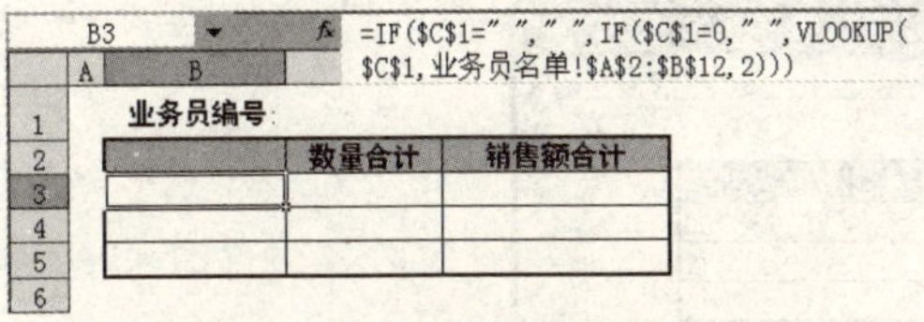

图4-10　未输入编号时的显示结果

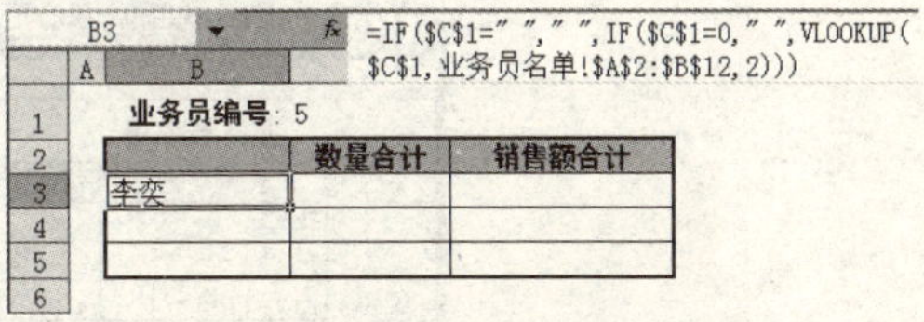

图4-11　输入编号后的显示结果

计算业务员数量合计和销售额合计

㉒ 如果B3单元格未显示任何信息，则不进行任何计算处理；否则将计算的数量合计和销售额合计分别显示在C3和D3单元格中。计算第1个业务员数量合计和销售额合计的公式分别为

数量合计：=IF(B3=" "," ",SUMIF(销售情况!$B$2:$B$146,B3,销售情况!$H$2:$H$146))

销售额合计：=IF(B3=" "," ",SUMIF(销售情况!$B$2:$B$146,B3,销售情况!$I$2:$I$146))

㉓ 在C3单元格中输入数量合计计算公式，并确认输入；在D3单元格中输入销售额合计计算公式，并确认输入。结果如图4-12所示。

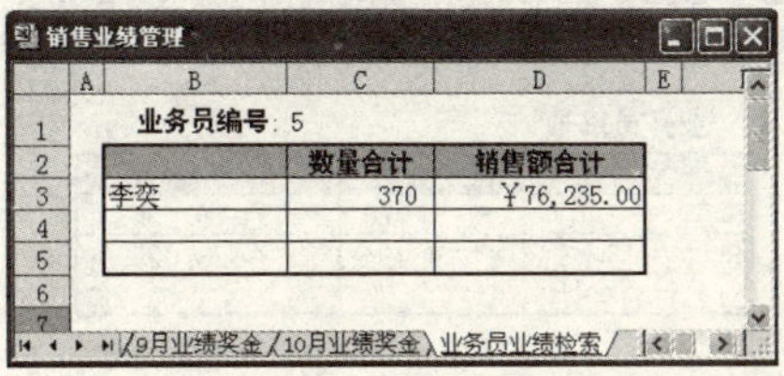

图4-12　数量合计及销售额合计计算结果

计算业务员销售数量占总销售数量的百分比

㉔ 首先统计出所有业务员的数量总和，然后计算该业务员的数量合计占数量总和的百分比。如果B3单元格显示了姓名，那么B4单元格将显示文字“总计”，B5单元格将显示“占总计百分比”，同时在C4单元格显示数量总计，在C5单元格显示百分比。计算公式如下表所示。

单元格地址	细目	公式	说 明
B4	总计	=IF($C$1=" "," ",IF($C$1=0," "," "总计"))	如果在C1单元格中未输入编号或输入编号为0，显示空；否则显示“总计”
B5	占总计百分比	=IF($C$1=" "," ",IF($C$1=0," ","占总计百分比"))	如果在C1单元格中未输入编号或输入编号为0，显示空；否则，显示“占总计百分比”
C4	总数量	=IF(B3=" "," ",SUM(销售情况!$H$2:$H$146))	如果B3单元格为空，显示空；否则，计算“销售情况”表中数量的合计值
C5	业务员数量占总数量百分比	=IF(B3=" "," ",C3/C4)	如果B3单元格为空，显示空；否则，计算业务员数量合计数与数量总计的比值

㉕ 在B4、B5、C4、C5单元格中分别输入表中对应的公式，结果如图4-13所示。

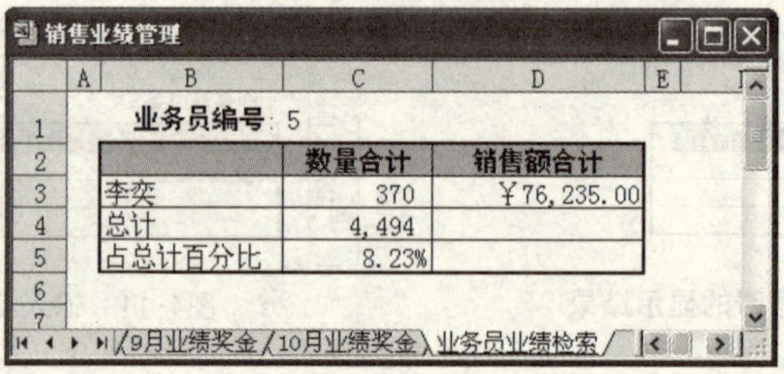

图4-13 业务员销售数量占总销售数量的百分比计算结果

计算业务员销售额占总销售额的百分比

㉖ 与业务员销售数量占总销售数量的百分比计算方法相似，计算公式分别为

销售额总计：=IF(B3=" "," ",SUM(销售情况!$I$2:$I$146))

百分比：=IF(B3=" "," ",D3/D4)

㉗ 在D4、D5单元格中分别输入上述公式，结果如图4-14所示。

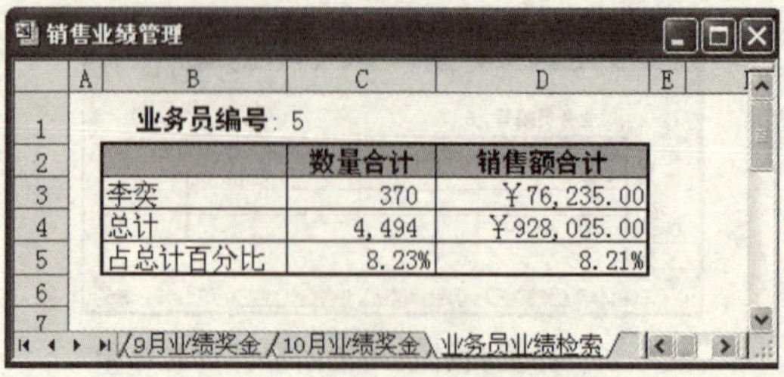

图4-14 业务员业绩检索结果

知识点拓展

01 外部引用

在函数公式中引用单元格，不仅可以引用同一工作表中的单元格，还可以引用同一工作簿中其他工作表的单元格，以及不同工作簿中的单元格。

1. 引用同一工作簿中其他工作表的单元格

在同一工作簿中，引用其他工作表单元格的方法是：在单元格引用前加上相应工作表引用（即工作表的名称），并用感叹号“!”将工作表引用和单元格引用分开。引用格式如下。

工作表引用!单元格引用

例如，要引用“9月业绩奖金”工作表中的B2单元格，则引用格式应为：9月业绩奖金!B2。

引用另一个工作表单元格的数据时采用何种引用方式需要根据计算要求来确定。一般来说，如果希望将该引用移到其他单元格后，所引用的单元格不发生变化，应采用绝对引用。

2. 引用不同工作簿中的单元格

当需要引用其他工作簿中的单元格时，可采取如下引用格式：

[工作簿名字]工作表引用!单元格引用

例如，要引用“工资管理”工作簿中的“人员清单”工作表的C15单元格，则引用格式应为：[工资管理.XLS]人员清单!$C$15。

3. 三维引用

如果需要同时引用工作簿中的多个工作表的单元格或单元格区域，则使用三维引用是非常方便的。尤其是当多个工作表的同一单元格或同一区域的数据相关，且要对它们进行统计计算时，三维引用将为用户带来极大的方便。引用格式如下。

工作表名1:工作表名N!单元格引用

例如，在某个工作簿中存放了12个月销售情况表，名称依次为1月、2月、3月…12月，每个表的结构相同，即同一单元格存放的内容是相同的。假定每个表的F18单元格存放的是月销售利润，现需要计算全年销售总利润。在此，若利用三维引用，就会使问题变得异常简单。方法是：

> **注意**
>
> 如果工作表的名字包含空格，则必须用单引号将工作表引用括起来。

> **注意**
>
> 当引用不同工作簿中的单元格时，一般应打开被引用单元格所在的工作簿。如果引用的工作簿未打开，应在引用中写出该工作簿存放位置的绝对路径，并用单引号括起来。例如，='D:\Excel案例\[工资管理.XLS]人员清单'!$C$15。

在存放“年销售总利润”的单元格中输入公式“=SUM(1月:12月!$F$18)”。

02 函数及函数种类

Excel提供了各种各样的函数，使用函数可以大大地简化公式，并能实现更为复杂的数据计算。

根据应用领域的不同，Excel函数一般分为财务、日期与时间、数学与三角、统计、查找与引用、数据库、文本、逻辑、信息等。

财务函数：主要用于进行一般的财务计算，如确定贷款的支付额，投资的未来值或净现值，以及债券或息票的价值等。

日期与时间函数：用于分析和处理公式中的日期值或时间值。

数学与三角函数：用于进行简单或复杂的数学计算，如数字取整、计算单元格区域的数值总和等。

统计函数：用于对单元格区域进行统计分析，如计算单元格区域的个数、确定一个数据在一列数据中的排位等。

查找与引用函数：用于在工作表中查找特定的数据或者特定的单元格引用。

数据库函数：用于分析和处理数据清单中的数据是否符合给定的条件。

文本函数：用于在公式中处理字符串，如复制文本或者改变英文字母的大小写等。

逻辑函数：用于进行真假值的判断，或者进行复合检验，如可以使用IF函数确定条件为真还是假，并由此返回不同的数值。

信息函数：用于确定存储在单元格中数据的类型。

知识

公式是对工作表中数据进行计算和操作的等式，函数则是一些预先编写的、按特定顺序或结构执行计算的特殊公式，也称为函数公式。与公式一样，Excel函数最终返回结果为值。

03 数学函数

按Excel的函数分类，数学函数包括了取整函数INT、求余数函数MOD、求和函数SUM、条件求和函数SUMIF等。其中，求和、求余数、条件求和等函数常被应用于公式中，或嵌套在较为复杂的公式应用中。

1. INT函数

格式：INT(Number)

功能：将数字向下舍入到最接近的整数。

说明：Number为要进行取整的数值。

示例：假设A1=119.576，B1=-119.567

INT(A1)=119

INT(B1)=-120

2. MOD函数

格式：MOD(Number,divisor)

功能：计算两数相除的余数。结果的正负号与除数相同。

说明：Number为被除数值，divisor为除数。如果 divisor 为零，则函数 MOD 返回错误值 #DIV/0!。

示例：假设A1=7，B1=3

MOD(A1,B1)=1

3. ROUND函数

格式：ROUND(Number, Num_digits)

功能：按指定位数对数值进行四舍五入。

说明：Number为要进行舍入的数值，Num_digits为指定舍入的小数位数。如果 num_digits 大于 0，则四舍五入到指定的小数位。如果 num_digits 等于 0，则四舍五入到最接近的整数。如果 num_digits 小于 0，则在小数点左侧进行四舍五入。

示例：假设A1=119.214

ROUND(A1, 2)=119.21

ROUND(A1, 1)=119.2

ROUND(A1, 0)=119

ROUND(A1, -1)=120

ROUND(A1, -2)=100

4. SUMIF函数

格式：SUMIF(range,criteria,sum_range)

功能：根据给定的条件对若干单元格求和。

说明：range为用于条件判断的单元格区域。criteria为确定哪些单元格将被相加求和的条件，其形式可以为数字、表达式或文本。sum_range为需要求和的实际单元格。只有当range中的相应单元格满足条件时，才对sum_range中的单元格求和。如果省略sum_range，则直接对range中的单元格求和。

示例：图4-15显示的表格为某学期学生考试成绩表，计算女生的“计算机基础”总成绩。

技巧

巧用MOD函数，可以判断星期几。假设A1单元格是一个日期值，使用公式=MOD(A1−1,7)，能够判断A1单元格日期值的星期数。其中，0表示星期日，1～6表示星期一～星期六。

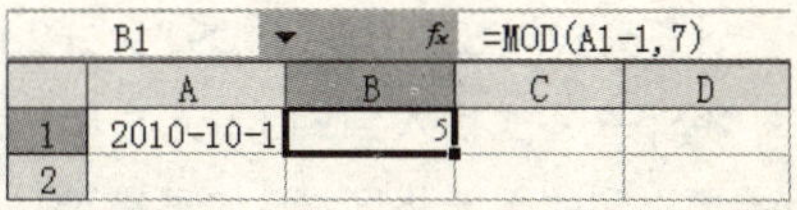

知识

SUMIF函数采用“遍历”方式进行统计，当它引用范围发生变化时，该函数都会重新“遍历”一次。因此该函数属于“高能低效”函数。

	A	B	C	D	E	F	G	H	I	J	K
1		学号	姓名	性别	出生日期	计算机基础	高等数学	英语	平均成绩	名次	交费
2		970708	邓云	女	1987-10-17	91	90	89			
3		970707	郑东	男	1988-7-17	90	93	88			
4		970704	朱凯	女	1988-5-10	87	64	85			
5		970703	王旭	男	1988-3-12	54	45	58			
6		970706	李丽	女	1988-8-1	73	72	99			
7		970705	杨晓	男	1987-11-3	60	83	76			
8		970702	沈畅	女	1987-12-1	83	85	90			
9		970701	张红	女	1988-2-1	96	95	88			
10		全班的最高分									
11		全班的最低分									
12		70分以下人数									
13		女生的总成绩									
14		男生的总成绩									

图4-15　学生成绩表

计算公式：=SUMIF(D2:D9,"女",F2:F9)

将计算公式输入到F13单元格中，其中D2:D9为用于条件判断的单元格区域，"女"为条件，F2:F9为需要求和的单元格区域。如果需要计算每门课程女生的总成绩，应将F13单元格中的计算公式改为=SUMIF($D$2:$D$9 ,"女", F2:F9)。原因是计算其他课程的女生总成绩时，条件判断的单元格区域仍然为"性别"列，因此在向G13和H13单元格填充公式时，第一个参数单元格区域不能有任何变化。计算结果如图4-16所示。

F13　　fx　=SUMIF($D$2:$D$9,"女", F2:F9)

	A	B	C	D	E	F	G	H	I	J	K
1		学号	姓名	性别	出生日期	计算机基础	高等数学	英语	平均成绩	名次	交费
2		970708	邓云	女	1987-10-17	91	90	89			
3		970707	郑东	男	1988-7-17	90	93	88			
4		970704	朱凯	女	1988-5-10	87	64	85			
5		970703	王旭	男	1988-3-12	54	45	58			
6		970706	李丽	女	1988-8-1	73	72	99			
7		970705	杨晓	男	1987-11-3	60	83	76			
8		970702	沈畅	女	1987-12-1	83	85	90			
9		970701	张红	女	1988-2-1	96	95	88			
10		全班的最高分									
11		全班的最低分									
12		70分以下人数									
13		女生的总成绩				430	406	451			
14		男生的总成绩									
15											

图4-16　每门课程女生总成绩计算结果

04 查找函数

HLOOKUP函数、MATCH函数、VLOOKUP函数和INDIRECT函数都属于查找与引用函数，是用户用来查找数据时使用频率非常高的函数。通常可以满足用户进行简单查询的需求。例如，根据编号查询业务员的销售业绩，根据产品名称查询产品价格等。下面详细介绍这4个函数的功能及用法。

1. VLOOKUP函数

格式：VLOOKUP(lookup_value,table_array,col_index_num,range_lookup)

功能：在指定的单元格区域的首列查找满足条件的数值，并按指定的行号返回查找区域中的值。

说明：该函数有4个参数。lookup_value为需要在指定单元格区域中第1列查找的数值，可以为数值、引用或文本字符串。Table_array为指定的需要查找数据的单元格区域。col_index_num为table_array 中待返回的匹配值的列号。range_lookup为一逻辑值，它决定VLOOKUP函数的查找方式：如果为0或是FALSE，函数进行精确查找；如果为1或是TRUE，函数进行模糊查找。即找不到时会返回小于lookup_ value的最大值。但是，这种查找方式要求数据表必须按第1列升序排列。

示例：图4-17展示了某公司年度职工加班情况表，查询“邱月清”某季度的加班情况。计算公式为：=VLOOKUP(B3,$D$2:$I$6,5)。第1个参数为要查找的季度值，它一定位于指定查找的单元格区域中的第1列；第2个参数为指定的需要查找数据的单元格区域；第3个参数为待返回的匹配值的列号，由于邱月清位于单元格区域的第5列，因此第3个参数值为5。查询结果如图4-17所示。

	A	B	C	D	E	F	G	H	I
1	查询邱月清加班次数								
2				季度	林晓彤	江雨薇	郝思嘉	邱月清	曾云儿
3	季度	4		1	2	1	3	3	2
4	邱月清	3		2	1	2	4	1	4
5				3	3	1	1	2	1
6	查询结果			4	1	2	2	3	2

图4-17 年度职工加班情况表及查询结果

当在B3单元格输入了季度值，这个计算会将查找到的数值显示在B4单元格中。

2. HLOOKUP函数

语法：HLOOKUP(lookup_value,table_array,row_index_num,range_lookup)

功能：在指定的单元格区域的首行查找满足条件的数值，并按指定的行号返回查找区域中的值。

说明：该函数有4个参数。lookup_value、 table_array和range_lookup的含义与VLOOKUP函数中的相同。row_index_num为table_array中待返回的匹配值的行号。

示例：图4-18展示了某公司年度职工加班情况表，查询“邱月清”某季度的加班情况。计算公式为：=HLOOKUP(B3,$D$2:$H$7,5)。查询结果如图4-18所示。

	A	B	C	D	E	F	G	H
1	查询邱月清加班次数							
2				季度	1	2	3	4
3	季度	4		林晓彤	2	1	3	1
4	邱月清	3		江雨薇	1	2	1	2
5				郝思嘉	3	4	1	2
6	查询结果			邱月清	3	1	2	3
7				曾云儿	2	4	1	2

图4-18 年度职工加班情况表及查询结果

3. MATCH函数

格式：

MATCH(lookup_value,lookup_array,match_type)

功能：确定查找值在查找范围中的位置序号。

说明：该函数有3个参数。lookup_value为需要查找的数值，可以是数字、文本或逻辑值，或对数字、文本或逻辑

注意

HLOOKUP函数和VLOOKUP函数的语法非常相似，用法基本相同，区别在于HLOOKUP函数按列查询，VLOOKUP函数按行查询。使用这两个函数，应注意，函数的第3个参数中的行（列）号，不能理解为数据表中实际的行（列）号，而应该是需要返回的数据在查找区域中的第几行（列）。

值的单元格引用。lookup_array为指定的需要查找数据的单元格区域。match_type为-1、0或1，它决定怎样在lookup_array 中查找lookup_value。如果值为1，则查找小于或等于lookup_value的最大数值。如果为0，则查找等于 lookup_value的第一个数值。如果为-1，则查找大于或等于lookup_value的最小数值。如果省略，则假设为1。

示例：图4-19展示了某公司年度职工加班情况表，计算每季度加班最多的职工在表中的位置，并填入第7行相应列中。

	A	B	C	D	E
1	季度	1	2	3	4
2	林晓彤	2	1	3	1
3	江雨薇	1	2	1	2
4	郝思嘉	3	4	1	2
5	邱月清	3	1	2	3
6	曾云儿	2	4	1	2
7	加班次数最多的天数位置				
8					
9					

图4-19 年度职工加班情况表

计算公式：=MATCH(MAX(B2:B6),B2:B6,0)

在B7单元格中输入公式，然后将其填充到C3:E3单元格区域。结果如图4-20所示。

	A	B	C	D	E	F
1	季度	1	2	3	4	
2	林晓彤	2	1	3	1	
3	江雨薇	1	2	1	2	
4	郝思嘉	3	4	1	2	
5	邱月清	3	1	2	3	
6	曾云儿	2	4	1	2	
7	加班次数最多的天数位	3	3	1	4	
8						
9						

图4-20 计算结果

延伸知识点

05 统计函数

Excel提供了很多统计函数，有些可以统计选定单元格区域数据个数，有些可以确定数字在某组数字中的排位，还有些可以根据条件进行相关统计。

1. AVERAGE函数

格式：AVERAGE(number1,number2,…)

功能：计算单元格区域中所有数值的平均值。

说明：AVERAGE函数最多允许包含30个参数。参数可以是数字、包含数字的名称、含有数值型数据的单元格及含有数值型数据

知识

统计函数作为Excel中使用频率最高的一类工作表函数，普遍存在于绝大多数的工作报表中，从简单的计数函数，到复杂的数据分析，统计函数都扮演着重要的角色。

的单元格区域。如果参数为文本、空格或逻辑值，则这些值将被忽略。

示例：计算图4-16所示表格中邓云同学三门课程考试的平均成绩，且将计算结果保留两位小数。

计算公式：= ROUND(AVERAGE(F2:H2),2)

将计算公式输入到I2单元格中，其中F2:H2为需要计算平均值的单元格地址。结果如图4-21所示。

I2　　fx　= ROUND(AVERAGE(F2:H2),2)

	A	B	C	D	E	F	G	H	I	J	K
1		学号	姓名	性别	出生日期	计算机基础	高等数学	英语	平均成绩	名次	交费
2		970708	邓云	女	1987-10-17	91	90	89	90.00		
3		970707	郑东	男	1988-7-17	90	93	88			
4		970704	朱凯	女	1988-5-10	87	64	85			
5		970703	王旭	男	1988-3-12	54	45	58			
6		970706	李丽	女	1988-8-1	73	72	99			
7		970705	杨晓	男	1987-11-3	60	83	76			
8		970702	沈畅	女	1987-12-1	83	85	90			
9		970701	张红	女	1988-2-1	96	95	88			
10			全班的最高分								
11			全班的最低分								
12			70分以下人数								
13			女生的总成绩			430	406	451			
14			男生的总成绩								

图4-21　邓云同学平均成绩计算结果

如果需要计算所有同学的平均成绩，只需将I2单元格中的计算公式填充到I3:I9单元格区域即可。结果如图4-22所示。

	A	B	C	D	E	F	G	H	I	J	K
1		学号	姓名	性别	出生日期	计算机基础	高等数学	英语	平均成绩	名次	交费
2		970708	邓云	女	1987-10-17	91	90	89	90.00		
3		970707	郑东	男	1988-7-17	90	93	88	90.33		
4		970704	朱凯	女	1988-5-10	87	64	85	78.67		
5		970703	王旭	男	1988-3-12	54	45	58	52.33		
6		970706	李丽	女	1988-8-1	73	72	99	81.33		
7		970705	杨晓	男	1987-11-3	60	83	76	73.00		
8		970702	沈畅	女	1987-12-1	83	85	90	86.00		
9		970701	张红	女	1988-2-1	96	95	88	93.00		
10			全班的最高分								
11			全班的最低分								
12			70分以下人数								
13			女生的总成绩			430	406	451			
14			男生的总成绩								

图4-22　平均成绩计算结果

2. COUNTIF函数

格式：COUNTIF(range,criteria)

功能：计算单元格区域中满足给定条件的单元格的个数。

说明：参数range为需要计算其中满足条件的单元格数目的单元格区域；range必须是对单元格区域的直接引用，或引用函数对单元格区域的间接引用，但不能是常量数组或使用公式运算后生成的数组。参数criteria 为统计条件，其形式可以是数字、表达式或文本。例如，条件可以表示为32、"32"或">32"等。

知识

与SUMIF函数一样，COUNTIF函数也使用"遍历"方式进行统计，属于高能低效函数。当工作表数据量比较大时，如果大量使用该函数会影响操作响应速度。因此，在实际使用时必须注意该函数引起的系统性能问题。

示例：计算图4-22所示表格中“计算机基础”考试成绩小于70的学生人数。

计算公式：=COUNTIF(F2:F9,"<70")

将计算公式输入到F12单元格中，其中F2:F9为需要计算单元格个数的单元格区域地址，"<70"为统计条件。结果如图4-23所示。

F12 | =COUNTIF(F2:F9,"<70")

	A	B	C	D	E	F	G	H	I	J	K
1		学号	姓名	性别	出生日期	计算机基础	高等数学	英语	平均成绩	名次	交费
2		970708	邓云	女	1987-10-17	91	90	89	90.00		
3		970707	郑东	男	1988-7-17	90	93	88	90.33		
4		970704	朱凯	女	1988-5-10	87	64	85	78.67		
5		970703	王旭	男	1988-3-12	54	45	58	52.33		
6		970706	李丽	女	1988-8-1	73	72	99	81.33		
7		970705	杨晓	男	1987-11-3	60	83	76	73.00		
8		970702	沈畅	女	1987-12-1	83	85	90	86.00		
9		970701	张红	女	1988-2-1	96	95	88	93.00		
10			全班的最高分								
11			全班的最低分								
12			70分以下人数			2					
13			女生的总成绩			430	406	451			
14			男生的总成绩								

图4-23 计算机基础课程学生人数计算结果

如果需要统计每门课程成绩小于70的学生人数，只需将F12单元格中的计算公式填充到F2:F9单元格区域即可。结果如图4-24所示。

	A	B	C	D	E	F	G	H	I	J	K
1		学号	姓名	性别	出生日期	计算机基础	高等数学	英语	平均成绩	名次	交费
2		970708	邓云	女	1987-10-17	91	90	89	90.00		
3		970707	郑东	男	1988-7-17	90	93	88	90.33		
4		970704	朱凯	女	1988-5-10	87	64	85	78.67		
5		970703	王旭	男	1988-3-12	54	45	58	52.33		
6		970706	李丽	女	1988-8-1	73	72	99	81.33		
7		970705	杨晓	男	1987-11-3	60	83	76	73.00		
8		970702	沈畅	女	1987-12-1	83	85	90	86.00		
9		970701	张红	女	1988-2-1	96	95	88	93.00		
10			全班的最高分								
11			全班的最低分								
12			70分以下人数			2	2	1			
13			女生的总成绩			430	406	451			
14			男生的总成绩								

图4-24 成绩小于70的学生人数计算结果

3. MAX函数

格式：MAX(number1,number2,…)

功能：返回给定参数的最大值。

说明：MAX函数最多允许包含30个参数。参数可以是数字、空单元格、逻辑值或以数字代表的文本表达式。如果参数为数组引用中的空单元格、逻辑值或文本，则这些值将被忽略。如果参数值为错误值或其他无法转换成数字的文本，则会出现错误。如果参数不含数字，则函数值为0。

示例：计算图4-24所示表格中“计算机基础”考试的最高分。

技巧

现有课程登录表如下。

	A	B	C	D	E
1		登录时间	课程名	首次登录日期	
2		2009-1-1	计算机基础		
3		2009-1-17	高等数学		
4		2009-1-19	高等数学		
5		2009-1-17	英语		
6		2009-1-17	英语		
7		2009-1-18	计算机基础		
8		2009-1-19	计算机基础		
9		2009-1-19	高等数学		
10		2009-1-20	高等数学		
11		2009-1-21	高等数学		
12		2009-1-22	英语		
13		2009-1-23	英语		

若希望标识出每门课程第一次登录时间，可按如下步骤进行操作：

① 计算公式应为：

=IF(COUNTIF($C$1:$C2,$C2)=1,B2," ")

② 在D2单元格中输入公式，单击“编辑栏”上的“确认”按钮。

③ 将D2单元格中的公式填充至D3:D13单元格中。

	A	B	C	D	E
1		登录时间	课程名	首次登录日期	
2		2009-1-1	计算机基础	2009-1-1	
3		2009-1-17	高等数学	2009-1-17	
4		2009-1-19	高等数学		
5		2009-1-17	英语	2009-1-17	
6		2009-1-17	英语		
7		2009-1-18	计算机基础		
8		2009-1-19	计算机基础		
9		2009-1-19	高等数学		
10		2009-1-20	高等数学		
11		2009-1-21	高等数学		
12		2009-1-22	英语		
13		2009-1-23	英语		

计算公式：=MAX(F2:F9)

将计算公式输入到F10单元格中，其中F2:F9为需要查找最大值的单元格地址。如果需要找出每门课程以及平均成绩的最高分，只需将F10单元格中的计算公式填充到G10:I10单元格区域即可。结果如图4-25所示。

	A	B	C	D	E	F	G	H	I	J	K
1		学号	姓名	性别	出生日期	计算机基础	高等数学	英语	平均成绩	名次	交费
2		970708	邓云	女	1987-10-17	91	90	89	90.00		
3		970707	郑东	男	1988-7-17	90	93	88	90.33		
4		970704	朱凯	女	1988-5-10	87	64	85	78.67		
5		970703	王旭	男	1988-3-12	54	45	58	52.33		
6		970706	李丽	女	1988-8-1	73	72	99	81.33		
7		970705	杨晓	男	1987-11-3	60	83	76	73.00		
8		970702	沈畅	女	1987-12-1	83	85	90	86.00		
9		970701	张红	女	1988-2-1	96	95	88	93.00		
10			全班的最高分			96	95	99	93		
11			全班的最低分								
12			70分以下人数			2	2	1			
13			女生的总成绩			430	406	451			
14			男生的总成绩								

图4-25 最高分计算结果

4. MIN函数

格式：MIN(number1,number2,…)

功能：返回给定参数的最小值。

说明：MIN函数最多允许包含30个参数。参数可以是数字、空单元格、逻辑值或以数字代表的文本表达式。如果参数为数组引用中的空单元格、逻辑值或文本，则这些值将被忽略。如果参数值为错误值或其他无法转换成数字的文本，则将会出现错误。如果参数不含数字，则函数值为0。

示例：计算图4-25所示表格中“计算机基础”考试的最低分。

计算公式：=MIN(F2:F9)

将计算公式输入到F11单元格中，其中F2:F9为需要查找最小值的单元格区域地址。如果需要找出每门课程以及平均成绩的最低分，只需将F11单元格中的计算公式填充到G11:I11单元格区域即可。结果如图4-26所示。

	A	B	C	D	E	F	G	H	I	J	K
1		学号	姓名	性别	出生日期	计算机基础	高等数学	英语	平均成绩	名次	交费
2		970708	邓云	女	1987-10-17	91	90	89	90.00		
3		970707	郑东	男	1988-7-17	90	93	88	90.33		
4		970704	朱凯	女	1988-5-10	87	64	85	78.67		
5		970703	王旭	男	1988-3-12	54	45	58	52.33		
6		970706	李丽	女	1988-8-1	73	72	99	81.33		
7		970705	杨晓	男	1987-11-3	60	83	76	73.00		
8		970702	沈畅	女	1987-12-1	83	85	90	86.00		
9		970701	张红	女	1988-2-1	96	95	88	93.00		
10			全班的最高分			96	95	99	93		
11			全班的最低分			54	45	58	52.33		
12			70分以下人数			2	2	1			
13			女生的总成绩			430	406	451			
14			男生的总成绩								

图4-26 最低分计算结果

5. RANK函数

格式：RANK(number,ref,order)

功能：返回一个数字在数字列表中的排位。

说明：参数number为需要进行排位的数字。参数ref为数字列表或对数字列表的引用，即需要排位的范围，ref中的非数值型参数将被忽略。参数order为一数字，指明排位的方式，即按何种方式排。如果order为0（零）或省略，Excel对数字的排位是

注意

RANK函数支持多表的“三维引用”作为ref的参数。但RANK函数的排名范围只能是单元格引用，不能使用数组，否则结果返回“#N/A”错误。

基于ref为按照降序排列的列表；否则是基于ref为按照升序排列的列表。

示例：使用图4-26所示表格中数据，按平均成绩确定邓云的排名。

计算公式：=RANK(I2,I$2:I$9,0)

对每个学生来说，排位基于的列表范围是不允许改变的。因此第二个参数应使用混合引用（I$2:I$9）来限制该范围内行号的变化。

将计算公式输入到J2单元格中，其中I2为需要排位的数字，I$2:I$9为排位的范围，第3个参数0表示排位按降序方式。如果需要对每名同学进行排名，只需将J2单元格中的计算公式填充到J3:J9单元格区域即可。结果如图4-27所示。

	A	B	C	D	E	F	G	H	I	J	K
1		学号	姓名	性别	出生日期	计算机基础	高等数学	英语	平均成绩	名次	交费
2		970708	邓云	女	1987-10-17	91	90	89	90.00	3	
3		970707	郑东	男	1988-7-17	90	93	88	90.33	2	
4		970704	朱凯	女	1988-5-10	87	64	85	78.67	6	
5		970703	王旭	男	1988-3-12	54	45	58	52.33	8	
6		970706	李丽	女	1988-8-1	73	72	99	81.33	5	
7		970705	杨晓	男	1987-11-3	60	83	76	73.00	7	
8		970702	沈畅	女	1987-12-1	83	85	90	86.00	4	
9		970701	张红	女	1988-2-1	96	95	88	93.00	1	
10		全班的最高分				96	95	99	93		
11		全班的最低分				54	45	58	52.33		
12		70分以下人数				2	2	1			
13		女生的总成绩				430	406	451			
14		男生的总成绩									

图4-27 按平均成绩排名结果

6. COUNT函数

格式：COUNT(value1,value2,…, value30)

功能：统计单元格区域中数字的个数。利用该函数可以统计出单元格区域中数字的输入项个数。

说明：COUNT函数最多允许包含30个参数。参数可以是数字、日期或以文本代表的数字计算在内，但是错误值或其他无法转换成数字的文本将被忽略。

示例：计算图4-28所示表格中有“计算机基础”课程成绩的学生人数。

	A	B	C	D	E	F	G
1	学生成绩表						
2	姓名	计算机基础	高等数学	英语	平均成绩	交费情况	检查标志
3	郑南	91	90	89	90	免费	
4	邓加	90	93	88	90		
5	朱凯	87	64	85	79		
6	王鹏	54	45	58	52		
7	李丽	73	72	99	81		
8	陈小东	60	83	76	73		
9	沈云	83	85	90	86		
10	张红	96	95	88	93		

图4-28 学生成绩表

技巧

当数据源在不连续的单元格区域时，RANK函数还可以采用联合区域的方法进行排名，也就是使用括号将多个区域进行联合引用。例如，对20100721班学生成绩进行排名，排名范围为全年级。计算公式为：

=RANK($D3,($D$3:$D$10,$G$3:$G$10))

	A	B	C	D	E	F	G	H
1		学生成绩表						
2		班级	姓名	平均成绩	班级	姓名	平均成绩	
3		20100721	邓云	90	20100722	张洁	91	
4		20100721	郑东	90.33	20100722	李奕	92.33	
5		20100721	朱凯	78.67	20100722	郑欣	79.7	
6		20100721	王旭	52.33	20100722	方楠	59.33	
7		20100721	李丽	81.33	20100722	张蕾	87	
8		20100721	杨晓	73	20100722	赵飞	73	
9		20100721	沈畅	86	20100722	杜涛	94	
10		20100721	张红	93	20100722	张鑫	92	
11								
12		20100721班学生成绩在全年级的排名						
13				姓名	排名			
14				邓云	7			
15				郑东	6			
16				朱凯	12			
17				王旭	16			
18				李丽	10			
19				杨晓	13			
20				沈畅	9			
21				张红	2			

计算公式：= COUNT (B3:B10)

其中，B3:B10为需要计算数字单元格个数的单元格区域地址。计算结果为8。

7. COUNTA函数

语法：COUNTA(value1,value2,… , value30)

功能：统计单元格区域中非空单元格的个数。

说明：COUNTA函数最多允许包含30个参数。参数可以是任何类型，参数为空文本也会被计算在内，只有空单元格不被计数。

示例：计算图4-28所示表格中填写了交费情况信息的学生人数。

计算公式：= COUNTA (F3:F10)

其中，F3:F10为需要计算非空单元格个数的单元格区域地址。计算结果为1。

06 日期函数

除文本和数值数据以外，日期和时间数据也是用户在日常工作中经常接触的数据类型之一，Excel专门提供了大量的日期和时间函数来处理此类数据。

1. DATE函数

格式：DATE(year,month,day)

功能：生成指定的日期。

说明：参数year可以为1~4位数字，代表年份；如果year为0（零）~1899（包含）之间的数字，则Excel 会将该值加上1900，再计算年份；如果year位于1900~9999（包含）之间，则 Excel 将使用该数值作为年份。参数month代表该年中月份的数字。如果所输入的月份大于12，则将从指定年份的一月份开始往上加。参数day代表在该月份中第几天的数字。如果 day 大于该月份的最大天数，则将从指定月份的第一天开始往上累加。

示例：=DATE(108,8,8)返回代表“2008年8月8日”的日期，显示值为“2008-8-8”

=DATE(2008,8,8)返回代表“2008年8月8日”的日期，显示值为“2008-8-8”

=DATE(2008,14,2) 返回代表“2009年2月2日”的日期，显示值为“2009-2-2”

=DATE(2008,7,39) 返回代表“2008年8月8日的日期”，显示值为“2008-8-8”

知识

在Excel中，系统将日期数据视为一种数值的特殊表现形式，准确地说，日期应该是一组“序列值”。日期的取值范围为1900—1—1~9999—12—31。数据值1代表1900—1—1。同理，2008—8—8与其对应的日期序列值为39668。

技巧

可以利用DATE函数生成指定日期。例如，使用A、B、C列数据生成日期数据并存入D列中，计算公式为：

=DATE(A2,B2,C2)

如果希望得到下个月的日期，并存入E列中，公式为：

=DATE(A2,B2+1,C2)

	A	B	C	D	E
1	年	月	日	日期	下个月的日期
2	2009	2	1	2009-2-1	2009-3-1
3	2009	2	2	2009-2-2	2009-3-2
4	2009	2	4	2009-2-4	2009-3-4
5	2009	3	2	2009-3-2	2009-4-2
6	2009	4	1	2009-4-1	2009-5-1
7	2009	5	2	2009-5-2	2009-6-2
8	2010	1	1	2010-1-1	2010-2-1
9	2010	1	1	2010-1-1	2010-2-1
10	2010	2	2	2010-2-2	2010-3-2
11	2010	3	4	2010-3-4	2010-4-4
12	2010	4	2	2010-4-2	2010-5-2
13	2010	4	1	2010-4-1	2010-5-1
14	2010	5	2	2010-5-2	2010-6-2

2. NOW函数

格式：NOW ()

功能：返回计算机的系统日期和时间。

说明：该函数没有参数。

示例：假设当前系统日期为“2010-10-1”，时间为“10:36 AM”，则NOW()值为“2010-10-1 10:36”。

3. TODAY函数

格式：TODAY()

功能：返回计算机的系统日期。

说明：该函数没有参数。

示例：假设当前系统日期为“2010-10-1”，则TODAY()值为“2010-10-1”。

4. YEAR函数

格式：YEAR(serial_number)

功能：返回指定日期对应的年份值。返回值是介于1900~9999之间的整数。

说明：参数serial_number表示一个日期值，其中包含要查找的年份。如果日期以文本形式输入，则会出现问题。

示例：计算图4-27所示表格中邓云同学出生的年份。

计算公式：=YEAR(E2)

计算结果为1987。

5. MONTH函数

格式：MONTH(serial_number)

功能：返回指定日期对应的月份。返回值是介于1~12之间的整数。

说明：参数serial_number表示一个日期值，其中包含要查找的月份。如果日期以文本形式输入，则会出现问题。

示例：计算图4-27所示表格中邓云同学出生的月份。

计算公式：=MONTH(E2)

计算结果为10。

07 逻辑函数

Excel提供了6种逻辑函数，包括与、或、非、真、假和条件判断。逻辑函数真和假没有参数，逻辑函数与、或、非的参数均为逻辑值，条件判断函数的第1个参数为逻辑值。

技巧

可以利用DAE函数和YEAR函数计算出指定日期是全年中的第几天。例如，A列为日期数据，根据A列日期数据计算其是全年的第几天并存入B列中，计算公式为：

=A2—DATE(YEAR(A2),1,)

	A	B
1	日期	计算天数
2	2000-2-3	34
3	2001-8-1	213
4	2002-4-21	111
5	2003-5-15	135
6	2004-9-23	267
7	2005-10-1	274
8	2006-3-10	69
9	2007-2-1	32
10	2008-8-8	221
11	2009-4-12	102
12	2010-11-9	313

技巧

显示本月末日期的计算公式为：

=DATE(YEAR(NOW()),MONTH(NOW())+1,0)

例如，当前系统日期为“2010—10—1”，使用该公式计算结果为“2010—10—31”。

注意

对于MONTH函数和YEAR函数，如果Serial_number为一个具体日期，则应使用DATE函数输入该日期。例如，YEAR(DATE(2008,8,8))是正确的表示方式。

当需要进行条件判断时，可以使用此类函数。模块03中已经介绍了其中的IF函数，下面再简单介绍AND函数。

格式：AND(logical1,logical2, …)

功能：所有参数的逻辑值为真时，返回TRUE；只要有一个参数的逻辑值为假，返回FALSE。

说明：AND函数最多允许包含30个参数。每个参数必须是逻辑值TRUE或FALSE，或者包含逻辑值的数组或引用。如果数组或引用参数中包含文本或空单元格，则这些值将被忽略。如果指定的单元格区域内包括非逻辑值，则AND将返回错误值 #VALUE!。

示例：判断图4-27所示表格中邓云同学是否为女生。

计算公式：=AND(D2="女")

计算结果为TRUE。

08 文本函数

与文本有关的处理可以使用文本函数。例如，计算文本的长度，从文本中取子字符串，大小写字母转换，数字与文本的转换等。

1. FIND函数

格式：FIND(find_text,within_text,start_num)

功能：查找指定字符在一个文本字符串中的位置。

说明：该函数有3个参数。find_text为需要查找的字符；within_text为包含要查找字符的文本字符串；start_num为开始查找的位置，默认为1。使用时，FIND函数从start_num开始，查找find_text在within_text中第1次出现的位置。

示例：假设A1="Microsoft Excel"，若查找字符“c”在A1中第1次出现的位置。

计算公式：=FIND("c",A1)

计算结果为3。

2. LEN函数

格式：LEN(text)

功能：返回文本字符串中的字符数。

说明：该函数只有1个参数。text为需要计算字符数的文本字符串。空格将作为字符进行计数。

示例：假设A1="Microsoft Excel"，则LEN(A1)=15。

3. REPLACE函数

格式：

注意

事实上，FIND函数用于查找字符在指定的文本字符串中是否存在。如果存在，返回具体位置；否则返回#VALUE!错误。无论是数值还是文本，FIND函数都将其视为文本进行查找。

技巧

使用FIND函数和COUNT函数，可以统计出某个数字中不重复数字的个数。假设A1单元格中的数值为12345234，计算该单元格中不重复数字个数的公式可以写为：

=COUNT(FIND({0,1,2,3,4,5,6,7,8,9},A1))

计算结果为5。

REPLACE(old_text,start_num,num_chars,new_text)

功能：对指定字符串的部分内容进行替换。

说明：该函数有4个参数。old_text 为被替换的文本字符串，start_num 为开始替换位置，num_chars 为替换的字符个数，new_text为用于替换的字符。

示例：假设A1="Mircosoft Excel"，将A1中第3、4个字符替换为"cr"。

计算公式：=REPLACE(A1,3,2,"cr")

计算结果：Microsoft Excel

4. REPT函数

格式：REPT(text,number_times)

功能：按给定的次数重复显示文本。

说明：该函数有2个参数。text为需要重复显示的文本，number_times为重复的次数。如果number_times为0，则REPT返回""（空文本）。如果number_times不是整数，则将被取整。REPT函数的结果不能大于32 767个字符，否则，REPT将返回错误值#VALUE!。

示例：假设A1="Excel"，将A1单元格中的文本重复两次。

计算公式：=REPT(A1,2)

计算结果：ExcelExcel

5. RIGHT函数

格式：RIGHT(text,num_chars)

功能：从指定字符串中截取最后一个或多个字符。

说明：该函数有2个参数。text为需要截取的文本字符串，num_chars为需要截取的字符数。Num_chars必须大于或等于0。如果num_chars大于文本长度，则RIGHT返回所有文本。如果忽略num_chars，则假定其为1。

示例：假设A1="Microsoft Excel"，截取A1单元格中最后5个字符。

计算公式：=RIGHT(A1,5)

计算结果：Excel

6. UPPER函数

格式：UPPER(text)

功能：将指定的文本转换为大写形式。

说明：该函数只有1个参数。text为需要转换成大写形式的文本。Text可以为引用或文本字符串。

示例：假设A1="Microsoft Excel"，将其转换为大写

技巧

巧用REPLACE函数，可以在字符串的指定位置插入字符。例如，A1单元格的内容为"Excel"，若在E前面插入"Microsoft "，计算公式为：

=REPLACE(A1,1,,"Microsoft ")

计算结果为Microsoft Excel。

技巧

若希望将工作表中A列数据的所有数字转换为10进制编码，原位数不足时在前面补0，可以使用RIGHT函数和REPT函数。计算公式为：= RIGHT(REPT(0,10)&A1,10)。

注意

与RIGHT函数功能类似的函数还有MID和LEFT。前者是从指定的位置开始截取指定个数的字符。后者是从第1位开始截取指定个数的字符。

形式。

计算公式：=UPPER(A1)

计算结果：MICROSOFT EXCEL。

09 财务函数

财务函数专门用于财务计算，使用这些函数可以直接得到结果。

1. FV函数

格式：FV(rate,nper,pmt,pv,type)

功能：基于固定利率及等额分期付款方式，返回某项投资的未来值。

说明：该函数有5个参数。rate为各期利率；nper为总投资期，即该项投资的付款期总数；pmt为各期所应支付的金额；pv为现值，即从该项投资开始计算时已经入账的款项，或一系列未来付款的当前值的累积和，也称为本金；type为各期的付款时间，如果为0或省略，则付款时间为期末，如果为1，则付款时间为期初。在所有参数中，支出的款项，如银行存款，表示为负数；收入的款项，如股息收入，表示为正数。

知识

“现值”是指未来的资金按照一定的利率折算而成的当前价值。这种折算过程称为贴现，计算现值的利率称为贴现率。

示例：假如某人将1 000元存入银行账户，每月月初存入500元，年利率为1.9%，按每月复利率计算，则3年后该账户的存款额如图4-29所示。

知识

“复利”是指每次计算利息时，都以上次累积的本金加利息的和作为计算基数，不仅要计算本金的利息，还要计算利息的利息。

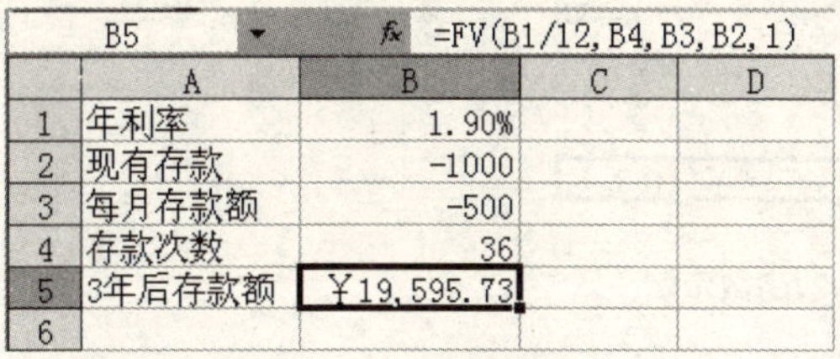
B5 =FV(B1/12,B4,B3,B2,1)

	A	B	C	D
1	年利率	1.90%		
2	现有存款	-1000		
3	每月存款额	-500		
4	存款次数	36		
5	3年后存款额	￥19,595.73		
6				

图4-29 FV函数示例

2. NPER函数

格式：NPER(rate, pmt, pv, fv, type)

功能：基于固定利率及等额分期付款方式，返回某项投资的总期数。

说明：该函数有5个参数。rate为各期利率；pmt为各期应支付的金额；pv为现值，即从该项投资开始计算时已经入账的款项，或一系列未来付款的当前值的累积和，也称为本金；fv为未来值，或在最后一次付款后希望得到的现余额；type为各期付款时间，如果为0或省略，则付款时间为期末，如果为1，则付款时间为期初。

示例1：某人贷款45万元，以后每月偿还5 000元，现在的年利率为4.5%，则将贷款还清的年限如图4-30所示。

示例2：假定基金的年收益率是13%，如果现在投入10万元，多少年后可以变为100万元。计算结果如图4-31所示。

B4 =NPER(B1,B2*12,B3)

	A	B	C
1	年利率	4.5%	
2	每月偿还额	-5,000	
3	贷款额	450,000	
4	还款年限	9	
5			

图4-30 NPER函数示例1

B4 =NPER(B1,,B2,B3)

	A	B	C
1	年收益率	13.00%	
2	初期投入	-100000	
3	目标价值	1000000	
4	花费时间（年）	18.84004003	
5			

图4-31 NPER函数示例2

3. NPV函数

格式：NPV(rate,value1,value2, …)

功能：通过使用贴现率以及一系列未来支出（负值）和收入（正值），返回一项投资的净现值。

说明：参数rate为某一期间的贴现率。value1,value2, …是范围为1~29的参数，代表支出及收入。单元格、逻辑值或数字的文本表达式，则都会计算在内；如果参数是错误值或不能转化为数值的文本，则被忽略。如果参数是一个数组或引用，则只计算其中的数字。数组或引用中的空单元格、逻辑值、文字及错误值将被忽略。

示例：某公司一年前投资为1万元，现在年贴现率为10%，从第一年开始，每年的收益分别为3 000、4 200、6 800，则该投资的净现值如图4-32所示。

B6 =NPV(B1,B2,B3,B4,B5,)

	A	B	C
1	年贴现率	10%	
2	一年前的初期投资	-10,000	
3	第一年的收益	3,000	
4	第二年的收益	4,200	
5	第三年的收益	6,800	
6	投资的净现值	¥1,188.44	
7			

图4-32 NPV函数示例

4. PMT

格式：PMT(rate,nper,pv,fv,type)

功能：基于固定利率及等额分期付款方式，返回贷款的每期付款额。

说明：该函数有5个参数。rate为贷款利率；nper为该项贷款的付款总数；pv为现值，即从该项投资开始计算时已经入账的款项，或一系列未来付款的当前值的累积和，也称为本金；fv为未来值，或在最后一次付款后希望得到的现金余额；type为各期的付款时间，如果为0或省略，则付款时间为期末，如果为1，则付款时间为期初。

示例1：假设某公司要贷款500万元，年限为10年，现在的年利率为3.86%，分月偿还，则每月的偿还额如图4-33所示。

示例2：假定银行存储的利率是6%，从现在起每年年末需要存多少钱，才能在5年后存足20万元的购房首付款。计算结果如图4-34所示。

B4 =PMT(B2/12,B3*12,B1)

	A	B	C
1	贷款额	5,000,000	
2	年利率	3.86%	
3	年限	10	
4	每月偿还额	¥-50,290.55	
5			

图4-33 PMT函数示例1

B4 =PMT(B1,B3,,B2,0)

	A	B	C	D
1	年利率	6%		
2	购房首付款	200,000		
3	存款年限	5		
4	每年末存入额	¥-35,479.28		
5				

图4-34 PMT函数示例2

独立实践任务

任务二 绩效奖金表的计算

任务背景

成文公司为了鼓励员工更好地工作，公司办公会决定每个季度都发放一次季度绩效奖金。现在公司管理者希望由财务处按照公司制定的绩效奖金计算规则计算绩效奖金表中的有关项目，同时还希望对奖金发放情况进行统计。绩效奖金表结构及内容如下图所示。

绩效奖金

成文公司绩效奖金表

工号	姓名	部门	评分	评定等级	评定系数	绩效奖金
0001	孙家龙	办公室	78			
0002	张卫华	办公室	88			
0003	王叶	办公室	90			
0004	梁勇	办公室	76			
0005	朱思华	办公室	60			
0006	陈关敏	财务部	88			
0007	陈德生	财务部	76			
0008	陈桂兰	财务部	90			
0009	彭庆华	工程部	79			
0010	王成祥	工程部	89			
0011	何家強	工程部	45			
0012	曾伦清	工程部	67			
0013	张新民	工程部	88			
0014	张跃华	技术部	90			
0015	邓都平	技术部	67			
0016	朱京丽	技术部	89			
0017	蒙继炎	市场部	88			
0018	王丽	市场部	76			
0019	梁鸿	市场部	78			
0020	刘尚武	销售部	90			
0021	朱强	销售部	77			
0022	丁小飞	销售部	89			
0023	孙宝彦	销售部	90			
0024	张港	销售部	75			

输入工号：

姓名	
部门	
上级评分	
评定等级	
评定系数	
绩效奖金	

总奖金	
平均奖金	
最高奖金	

评定结果	人数	比率
优秀		
良好		
较好		
合格		
需要改进		

劳资表 绩效奖金表

任务要求

(1) 计算“评定等级”、“评定系数”和“绩效奖金”等项目。计算方法如下。

评定等级及评定系数：

评分	评定等级	评定系数
≥90	优秀	1.3
80~89	良好	1
70~79	较好	0.7
60~69	合格	0.5
<60	需要改进	0

绩效奖金：(档案工资+岗位工资+技能工资)*评定系数。其中，各工资项目位于劳资表中，如下图所示。

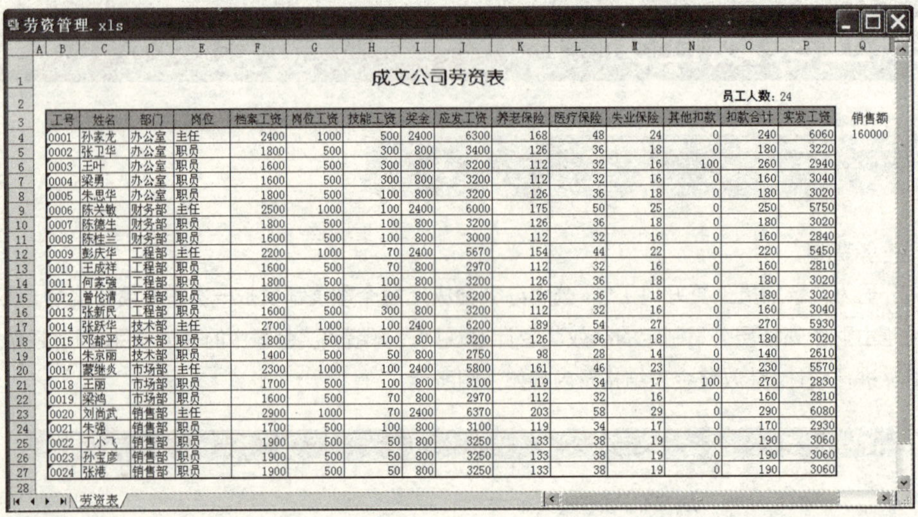
劳资管理.xls

成文公司劳资表

员工人数：24

工号	姓名	部门	岗位	档案工资	岗位工资	技能工资	奖金	应发工资	养老保险	医疗保险	失业保险	其他扣款	扣款合计	实发工资	销售额
0001	孙家龙	办公室	主任	2400	1000	500	2400	6300	168	48	24	0	240	6060	160000
0002	张卫华	办公室	职员	1800	500	300	800	3400	126	36	18	0	180	3220	
0003	王叶	办公室	职员	1600	500	300	800	3200	112	32	16	100	260	2940	
0004	梁勇	办公室	职员	1600	500	300	800	3200	112	32	16	0	160	3040	
0005	朱思华	办公室	职员	1800	500	100	800	3200	126	36	18	0	180	3020	
0006	陈关敏	财务部	主任	2500	1000	100	2400	6000	175	50	25	0	250	5750	
0007	陈德生	财务部	职员	1800	500	100	800	3200	126	36	18	0	180	3020	
0008	陈桂兰	财务部	职员	1600	500	100	800	3000	112	32	16	0	160	2840	
0009	彭庆华	工程部	主任	2200	1000	70	2400	5670	154	44	22	0	220	5450	
0010	王成祥	工程部	职员	1600	500	70	800	2970	112	32	16	0	160	2810	
0011	何家強	工程部	职员	1800	500	100	800	3200	126	36	18	0	180	3020	
0012	曾伦清	工程部	职员	1800	500	100	800	3200	126	36	18	0	180	3020	
0013	张新民	工程部	职员	1600	500	300	800	3200	112	32	16	0	160	3040	
0014	张跃华	技术部	主任	2700	1000	100	2400	6200	189	54	27	0	270	5930	
0015	邓都平	技术部	职员	1800	500	100	800	3200	126	36	18	0	180	3020	
0016	朱京丽	技术部	职员	1400	500	50	800	2750	98	28	14	0	140	2610	
0017	蒙继炎	市场部	主任	2300	1000	100	2400	5800	161	46	23	0	230	5570	
0018	王丽	市场部	职员	1700	500	100	800	3100	119	34	17	100	270	2830	
0019	梁鸿	市场部	职员	1600	500	70	800	2970	112	32	16	0	160	2810	
0020	刘尚武	销售部	主任	2900	1000	70	2400	6370	203	58	29	0	290	6080	
0021	朱强	销售部	职员	1700	500	100	800	3100	119	34	17	0	170	2930	
0022	丁小飞	销售部	职员	1900	500	50	800	3250	133	38	19	0	190	3060	
0023	孙宝彦	销售部	职员	1900	500	50	800	3250	133	38	19	0	190	3060	
0024	张港	销售部	职员	1900	500	50	800	3250	133	38	19	0	190	3060	

劳资表

(2) 统计“总奖金”、“平均奖金”和“最高奖金”，并将结果填入工作表相应单元格中。

(3) 统计每类评定结果的人数及占总人数的比率，并将结果填入工作表相应单元格中。

(4) 根据在K4单元格中输入的工号查找该员工的奖金信息，并显示在工作表相应单元格中。

【技术要领】打开工作簿；确定计算公式，粘贴函数功能；公式及函数输入方法。

【解决问题】理解同一工作簿不同工作表单元格引用的概念及引用方法；理解函数的组成及应用。

【应用领域】企事业单位的工资、销售单位的销售业绩、学校的学生成绩等。

任务分析

打开“绩效奖金.xls”工作簿。分析计算要求及计算规则，确定计算公式，然后输入并填充公式。

任务效果参考图

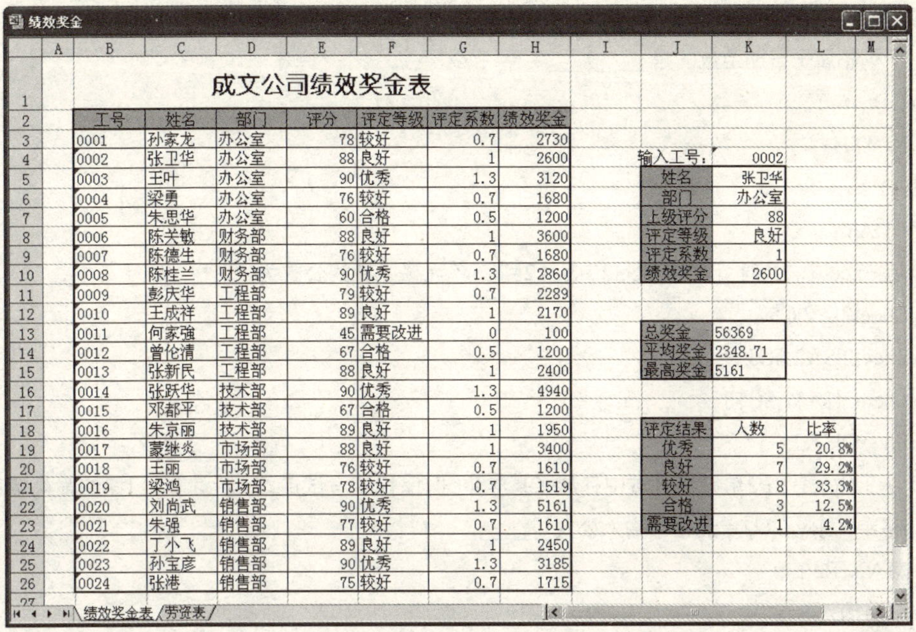

绩效奖金

成文公司绩效奖金表

工号	姓名	部门	评分	评定等级	评定系数	绩效奖金
0001	孙家龙	办公室	78	较好	0.7	2730
0002	张卫华	办公室	88	良好	1	2600
0003	王叶	办公室	90	优秀	1.3	3120
0004	梁勇	办公室	76	较好	0.7	1680
0005	朱思华	办公室	60	合格	0.5	1200
0006	陈关敏	财务部	88	良好	1	3600
0007	陈德生	财务部	76	较好	0.7	1680
0008	陈桂兰	财务部	90	优秀	1.3	2860
0009	彭庆华	工程部	79	较好	0.7	2289
0010	王成祥	工程部	89	良好	1	2170
0011	何家强	工程部	45	需要改进	0	100
0012	曾伦清	工程部	67	合格	0.5	1200
0013	张新民	工程部	88	良好	1	2400
0014	张跃华	技术部	90	优秀	1.3	4940
0015	邓都平	技术部	67	合格	0.5	1200
0016	朱京丽	技术部	89	良好	1	1950
0017	蒙继炎	市场部	88	良好	1	3400
0018	王丽	市场部	76	较好	0.7	1610
0019	梁鸿	市场部	78	较好	0.7	1519
0020	刘尚武	销售部	90	优秀	1.3	5161
0021	朱强	销售部	77	较好	0.7	1610
0022	丁小飞	销售部	89	良好	1	2450
0023	孙宝彦	销售部	90	优秀	1.3	3185
0024	张港	销售部	75	较好	0.7	1715

输入工号：	0002
姓名	张卫华
部门	办公室
上级评分	88
评定等级	良好
评定系数	1
绩效奖金	2600

总奖金	56369
平均奖金	2348.71
最高奖金	5161

评定结果	人数	比率
优秀	5	20.8%
良好	7	29.2%
较好	8	33.3%
合格	3	12.5%
需要改进	1	4.2%

绩效奖金表 劳资表

课后作业

1. 填空题

(1) 在Excel中，VLOOKUP函数第三个参数省略时，表示查找方式是________匹配。

(2) 在Excel中，假设B2:B50单元格区域存放了高等数学的考试成绩，若统计有多少人的成绩为优秀，应使用________函数。

(3) 在Excel中，函数公式“=SUM(B1:B20)”的功能是计算单元格区域B1:B20的________。

(4) 引用同一工作簿中其他工作表的单元格的引用格式是：________。

(5) 下图所示为包含有出生日期和年龄两列数据的工作表，若年龄是通过出生日期数据计算出来的，则计算公式为：________。

	A	B
1	出生日期	年龄
2	1966-04-10	44
3	1958-09-18	52
4	1973-03-19	37
5	1977-10-02	33
6	1967-12-30	43
7	1953-03-26	57
8	1949-04-08	61

2. 单选题

(1) 下列不属于日期函数的是________。

A. MID

B. MONTH

C. DAY

D. TODAY

(2) 在Excel中，绝对引用表Sheet2中从A2到C5单元格区域的公式为________。

A. =Sheet2!A2:C5

B. =Sheet2!$A2:$C5

C. =Sheet2!$A$2:$C$5

D. =Sheet2!$A2:C5

(3) 在工作表B2:F2单元格区域中存放了某学生5门课程的考试成绩，若计算5门课的最高成绩并存入G2单元格中，则应在G2单元格中输入公式________。

A. =MAX(B2:F2)

B. =SUM(B2:F2)

C. =MAX(B2…F2)

D. =SUM(B2…F2)

(4) 在A1单元格中输入公式“=AVERAGE(10,-3)-pi()”，则该单元格显示的值是________。

A. 大于0

B. 小于0

C. 等于0

D. 不确定

(5) 下列不能完成函数公式输入的操作是________。

A. 单击工具栏中的“粘贴函数”按钮

B. 单击“插入”菜单中的“函数”命令

C. 单击“视图”菜单中的“编辑栏”命令

D. 单击“编辑公式”按钮，再从左端的函数列表中选择所需函数

3. 简答题

(1) 在公式中引用其他工作簿的单元格的方法是什么？

(2) COUNTIF函数和SUMIF函数的共同特点是什么？

(3) VLOOKUP函数和HLOOKUP函数的主要区别是什么？

(4) 假设基金的年收益是15%，目前账户余额为10万元，今后每年末追加1万元，那么需要经过多久才能变为100万元。

(5) 假定银行存储利率是1.9%，现已经存储10万元，如果在未来4年内分月支取，那么每月初可取多少钱？

模块 05

制作产品价格表

——Excel工作表的合并计算

● **能力目标**

能够运用合并计算功能计算工作表

● **专业知识目标**

1. 理解按位置合并计算的含义
2. 理解按分类合并计算的含义
3. 了解按位置合并计算和按分类合并计算的不同特点
4. 了解选择性粘贴与普通粘贴的区别

● **软件知识目标**

1. 了解选择性粘贴的内容和操作方法
2. 掌握合并计算的操作方法

● **课时安排**

4课时（讲课2课时，实践2课时）

● **任务效果参考图**

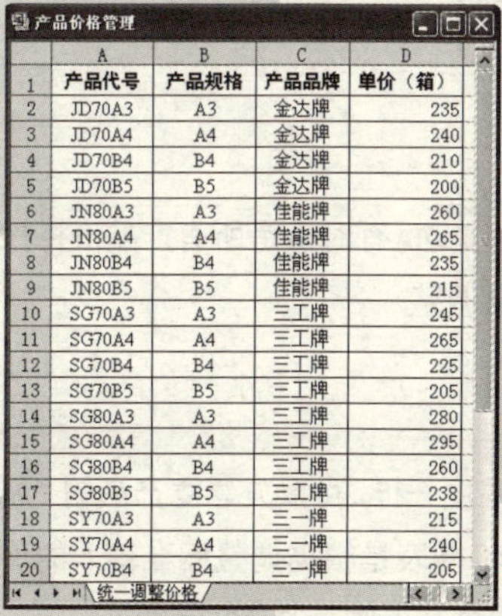

产品价格管理

	A	B	C	D
1	产品代号	产品规格	产品品牌	单价（箱）
2	JD70A3	A3	金达牌	235
3	JD70A4	A4	金达牌	240
4	JD70B4	B4	金达牌	210
5	JD70B5	B5	金达牌	200
6	JN80A3	A3	佳能牌	260
7	JN80A4	A4	佳能牌	265
8	JN80B4	B4	佳能牌	235
9	JN80B5	B5	佳能牌	215
10	SG70A3	A3	三工牌	245
11	SG70A4	A4	三工牌	265
12	SG70B4	B4	三工牌	225
13	SG70B5	B5	三工牌	205
14	SG80A3	A3	三工牌	280
15	SG80A4	A4	三工牌	295
16	SG80B4	B4	三工牌	260
17	SG80B5	B5	三工牌	238
18	SY70A3	A3	三一牌	215
19	SY70A4	A4	三一牌	240
20	SY70B4	B4	三一牌	205

统一调整价格

统一调整结果

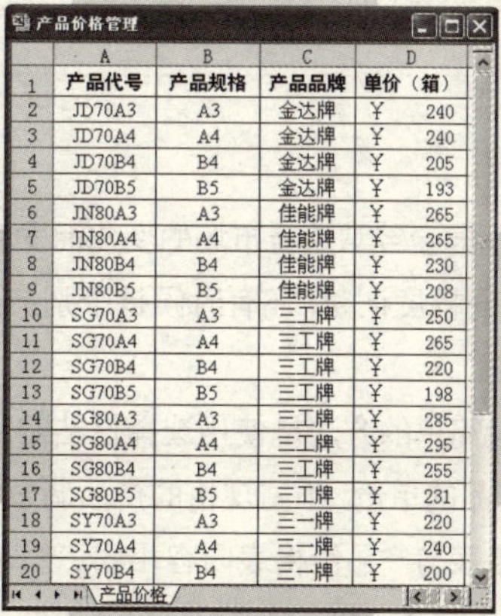

产品价格管理

	A	B	C	D
1	产品代号	产品规格	产品品牌	单价（箱）
2	JD70A3	A3	金达牌	¥ 240
3	JD70A4	A4	金达牌	¥ 240
4	JD70B4	B4	金达牌	¥ 205
5	JD70B5	B5	金达牌	¥ 193
6	JN80A3	A3	佳能牌	¥ 265
7	JN80A4	A4	佳能牌	¥ 265
8	JN80B4	B4	佳能牌	¥ 230
9	JN80B5	B5	佳能牌	¥ 208
10	SG70A3	A3	三工牌	¥ 250
11	SG70A4	A4	三工牌	¥ 265
12	SG70B4	B4	三工牌	¥ 220
13	SG70B5	B5	三工牌	¥ 198
14	SG80A3	A3	三工牌	¥ 285
15	SG80A4	A4	三工牌	¥ 295
16	SG80B4	B4	三工牌	¥ 255
17	SG80B5	B5	三工牌	¥ 231
18	SY70A3	A3	三一牌	¥ 220
19	SY70A4	A4	三一牌	¥ 240
20	SY70B4	B4	三一牌	¥ 200

产品价格

按不同幅度普遍调整结果

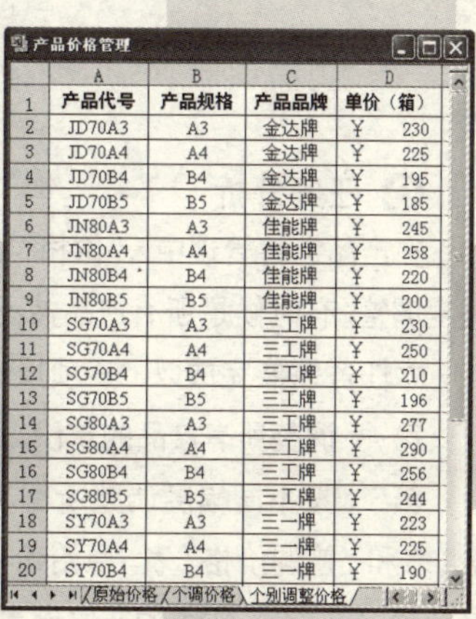

产品价格管理

	A	B	C	D
1	产品代号	产品规格	产品品牌	单价（箱）
2	JD70A3	A3	金达牌	¥ 230
3	JD70A4	A4	金达牌	¥ 225
4	JD70B4	B4	金达牌	¥ 195
5	JD70B5	B5	金达牌	¥ 185
6	JN80A3	A3	佳能牌	¥ 245
7	JN80A4	A4	佳能牌	¥ 258
8	JN80B4	B4	佳能牌	¥ 220
9	JN80B5	B5	佳能牌	¥ 200
10	SG70A3	A3	三工牌	¥ 230
11	SG70A4	A4	三工牌	¥ 250
12	SG70B4	B4	三工牌	¥ 210
13	SG70B5	B5	三工牌	¥ 196
14	SG80A3	A3	三工牌	¥ 277
15	SG80A4	A4	三工牌	¥ 290
16	SG80B4	B4	三工牌	¥ 256
17	SG80B5	B5	三工牌	¥ 244
18	SY70A3	A3	三一牌	¥ 223
19	SY70A4	A4	三一牌	¥ 225
20	SY70B4	B4	三一牌	¥ 190

原始价格 / 个调价格 / 个别调整价格

个别调整结果

模拟制作任务

任务一 产品价格的调整

任务背景

某文化用品公司的主要业务之一是销售各种复印纸，但由于市场需求的变化或进货渠道的不同，纸张的价格会经常发生变动。为了保证价格的实时性，公司管理者希望财务处能够对产品的价格做出及时调整。

任务要求

调整产品价格，要求如下。

统一调整：统一将所有产品的单价上调15元。

普遍调整：按照不同幅度调整单价，调整的标准是"A3"上调20元、"A4"上调15元、"B4"上调10元，"B5"上调8元。

个别调整：调整部分产品的单价，需要调整的产品及金额如下图所示。

	A	B	C	D
1	产品代号	产品规格	产品品牌	单价（箱）
2	JD70A3	A3	金达牌	￥10
3	JN80A4	A4	佳能牌	￥8
4	SG70B5	B5	三工牌	￥6
5	SG80A3	A3	三工牌	￥12
6	SG80A4	A4	三工牌	￥10
7	SG80B4	B4	三工牌	￥11
8	SG80B5	B5	三工牌	￥21
9	SY70A3	A3	三一牌	￥23
10	SY80A3	A3	三一牌	￥10
11	SY80A4	A4	三一牌	￥8
12	SY80B4	B4	三一牌	￥12
13	XL70A3	A3	雪莲牌	￥9
14	XL80B4	B4	雪莲牌	￥11
15	XL80B5	B5	雪莲牌	￥10
16				

任务分析

在产品销售管理中，"价格"数据会经常随着市场的变化而发生变动。有时候是所有产品价格按同一幅度调整，有时候是所有产品按不同幅度调整，还有时候是个别产品调整。

本任务需要完成以下三项操作。

第一，调整所有产品的单价，最简单的方法是使用选择性粘贴。

第二，按不同幅度调整所有产品的单价，不同规格的产品调整幅度一样，可以先建立产品的"原始价格"表和"普调价格"表，原始价格表与产品价格表内容相同，普调价格表是根据调整标准输入的调整价格数额，将三个工作表的布局设置为完全一样，这样就可以通过位置进行工作表的合并计算。

第三，调整部分产品的单价。可以先建立"个调价格"表，使其只包含需要调整单价的产品价格数额，由于产品价格表与个调价格表的行数不同，则应通过分类进行合并计算。

本案例的重点难点

按位置合并计算和按分类合并计算的特点及应用。

【技术要领】判断要合并工作表的布局及内容；“标签位置”的选择。

【解决问题】理解按位置合并计算与按分类合并计算的不同含义、特点及应用。

【应用领域】企事业单位的库存产品价格、销售单位的产品销售单价、学校的学生成绩等。

操作步骤详解

打开工作簿文档

❶ 启动Excel，单击“常用”工具栏的“打开”按钮，弹出“打开”对话框。在“查找范围”下拉列表中找到文件所在的位置，在文件列表中找到需要打开的文件“产品价格管理.xls”，双击该文件名。“产品价格管理”工作簿中已经建立了“产品价格”工作表，记录了28种产品的价格信息，如图5-1所示。

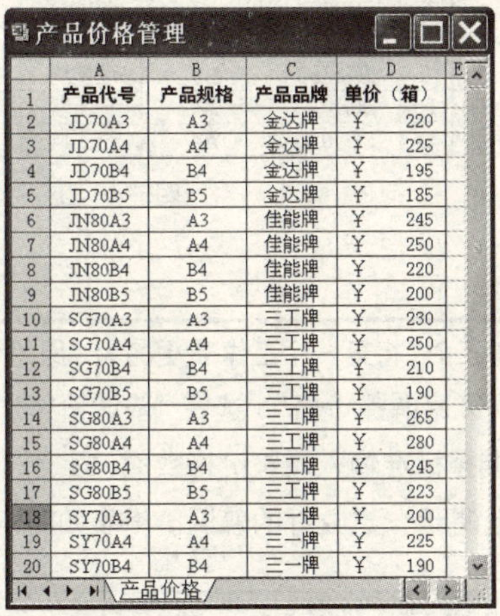
产品价格管理

	A	B	C	D
1	产品代号	产品规格	产品品牌	单价（箱）
2	JD70A3	A3	金达牌	￥ 220
3	JD70A4	A4	金达牌	￥ 225
4	JD70B4	B4	金达牌	￥ 195
5	JD70B5	B5	金达牌	￥ 185
6	JN80A3	A3	佳能牌	￥ 245
7	JN80A4	A4	佳能牌	￥ 250
8	JN80B4	B4	佳能牌	￥ 220
9	JN80B5	B5	佳能牌	￥ 200
10	SG70A3	A3	三工牌	￥ 230
11	SG70A4	A4	三工牌	￥ 250
12	SG70B4	B4	三工牌	￥ 210
13	SG70B5	B5	三工牌	￥ 190
14	SG80A3	A3	三工牌	￥ 265
15	SG80A4	A4	三工牌	￥ 280
16	SG80B4	B4	三工牌	￥ 245
17	SG80B5	B5	三工牌	￥ 223
18	SY70A3	A3	三一牌	￥ 200
19	SY70A4	A4	三一牌	￥ 225
20	SY70B4	B4	三一牌	￥ 190

产品价格

图5-1 “产品价格”工作表

将所有产品的单价上调15元

❷ 右键单击“产品价格”工作表标签，在弹出的下拉菜单中执行“移动或复制工作表”命令，弹出“移动或复制工作表”对话框；在“下列选定工作表之前”列表框中选择“（移至最后）”，勾选“建立副本”复选框，单击“确定”按钮。新建工作表名为“产品价格（2）”。双击该工作表标签，输入“统一调整价格”。

❸ 在“统一调整价格”工作表的F1单元格中输入“价格上调金额”，在F2单元格中输入“15”，如图5-2所示。选定F2单元格，按“Ctrl”+“C”组合键或者单击“常用”工具栏的“复制”命令。

	A	B	C	D	E	F
1	产品代号	产品规格	产品品牌	单价（箱）		价格上调金额
2	JD70A3	A3	金达牌	￥220		15
3	JD70A4	A4	金达牌	￥225		
4	JD70B4	B4	金达牌	￥195		
5	JD70B5	B5	金达牌	￥185		
6	JN80A3	A3	佳能牌	￥245		
7	JN80A4	A4	佳能牌	￥250		
8	JN80B4	B4	佳能牌	￥220		
9	JN80B5	B5	佳能牌	￥200		
10	SG70A3	A3	三工牌	￥230		
11	SG70A4	A4	三工牌	￥250		

图5-2　输入上调金额

❹ 选定“统一调整价格”工作表的D2:D29单元格区域，右键单击选定的区域，在弹出的快捷菜单中执行“选择性粘贴”[01]命令。弹出“选择性粘贴”对话框，选定“运算”选项组中的“加”单选按钮，如图5-3所示。

❺ 单击“确定”按钮，结果如图5-4所示。

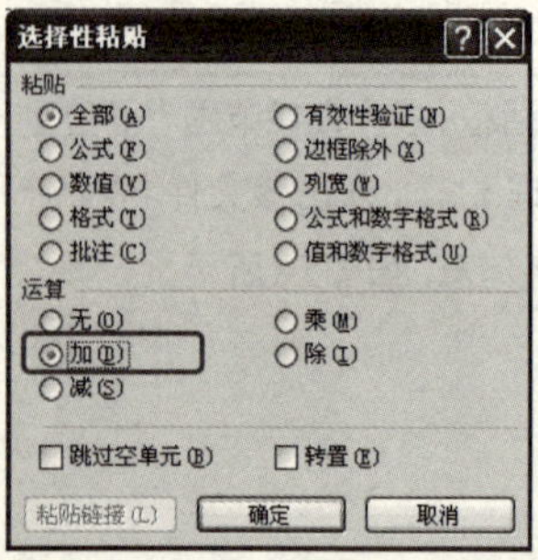

图5-3　“选择性粘贴”对话框

	A	B	C	D	E	F
1	产品代号	产品规格	产品品牌	单价（箱）		价格上调金额
2	JD70A3	A3	金达牌	￥235		15
3	JD70A4	A4	金达牌	￥240		
4	JD70B4	B4	金达牌	￥210		
5	JD70B5	B5	金达牌	￥200		
6	JN80A3	A3	佳能牌	￥260		
7	JN80A4	A4	佳能牌	￥265		
8	JN80B4	B4	佳能牌	￥235		
9	JN80B5	B5	佳能牌	￥215		
10	SG70A3	A3	三工牌	￥245		
11	SG70A4	A4	三工牌	￥265		

图5-4　统一上调价格结果

按不同幅度调整产品单价

❻ 将“产品价格”工作表复制三个。将第一个工作表更名为“原始价格”，将第二个工作表更名为“普调价格”，将第三个工作表更名为“普遍调整价格”。选定“普调价格”工作表标签，将“单价（箱）”栏名称改为“调整价格”，然后再根据调整标准输入调整价格数额。假定调整标准为：“A3”上调20元、“A4”上调15元、“B4”上调10元，“B5”上调8元。建立好的普调价格表如图5-5所示。

	A	B	C	D
1	产品代号	产品规格	产品品牌	调整价格
2	JD70A3	A3	金达牌	￥ 20
3	JD70A4	A4	金达牌	￥ 15
4	JD70B4	B4	金达牌	￥ 10
5	JD70B5	B5	金达牌	￥ 8
6	JN80A3	A3	佳能牌	￥ 20
7	JN80A4	A4	佳能牌	￥ 15
8	JN80B4	B4	佳能牌	￥ 10
9	JN80B5	B5	佳能牌	￥ 8
10	SG70A3	A3	三工牌	￥ 20
11	SG70A4	A4	三工牌	￥ 15
12	SG70B4	B4	三工牌	￥ 10
13	SG70B5	B5	三工牌	￥ 8
14	SG80A3	A3	三工牌	￥ 20
15	SG80A4	A4	三工牌	￥ 15

图5-5　“普调价格”工作表

❼ 选定“普遍调整价格”工作表的D2:D29单元格区域，执行“数据”>“合并计算”命令[02]，弹出“合

并计算”对话框。

❽ 单击“引用位置”框中的“折叠”按钮，单击“原始价格”工作表标签，选定D2：D29单元格区域，单击“还原”按钮，回到“合并计算”对话框，单击“添加”按钮。再次单击“引用位置”框中的“折叠”按钮，选择“普调价格”工作表的D2：D29单元格区域，单击“还原”按钮，单击“添加”按钮。输入完合并计算选项的对话框如图5-6所示。

❾ 单击“确定”按钮,结果如图5-7所示。

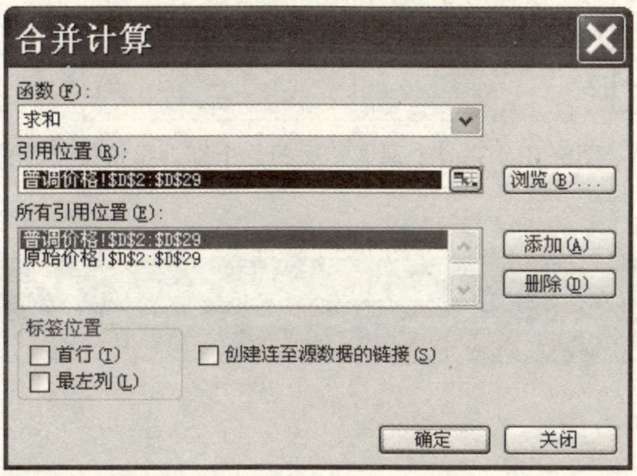

图5-6 “合并计算”对话框

	A	B	C	D
1	产品代号	产品规格	产品品牌	单价（箱）
2	JD70A3	A3	金达牌	￥ 240
3	JD70A4	A4	金达牌	￥ 240
4	JD70B4	B4	金达牌	￥ 205
5	JD70B5	B5	金达牌	￥ 193
6	JN80A3	A3	佳能牌	￥ 265
7	JN80A4	A4	佳能牌	￥ 265
8	JN80B4	B4	佳能牌	￥ 230
9	JN80B5	B5	佳能牌	￥ 208
10	SG70A3	A3	三工牌	￥ 250
11	SG70A4	A4	三工牌	￥ 265
12	SG70B4	B4	三工牌	￥ 220
13	SG70B5	B5	三工牌	￥ 198
14	SG80A3	A3	三工牌	￥ 285
15	SG80A4	A4	三工牌	￥ 295

图5-7 调整后的“普遍调整价格”工作表

调整部分产品的单价

❿ 建立一个“个调价格”表，表中只包含需要调整单价的产品，如图5-8所示。

	A	B	C	D
1	产品代号	产品规格	产品品牌	单价（箱）
2	JD70	A3	金达牌	￥10
3	JN80	A4	佳能牌	￥8
4	SG70	B5	三工牌	￥6
5	SG80	A3	三工牌	￥12
6	SG80	A4	三工牌	￥10
7	SG80	B4	三工牌	￥11
8	SG80	B5	三工牌	￥21
9	SY70	A3	三一牌	￥23
10	SY80	A3	三一牌	￥10
11	SY80	A4	三一牌	￥8
12	SY80	B4	三一牌	￥12
13	XL70	A3	雪莲牌	￥9
14	XL80	B4	雪莲牌	￥11
15	XL80	B5	雪莲牌	￥10
16				

图5-8 “个调价格”工作表

⓫ 将“产品价格”工作表复制一个，并将该工作表更名为“个别调整价格”。选定“原始价格”工作表的A2:D29单元格区域。执行“数据”>“合并计算”命令，弹出“合并计算”对话框。

⓬ 将焦点定位到“引用位置”框，选定“个别调整价格”工作表的A2:D29单元格区域，单击“添加”按钮；再选定“个调价格”工作表的A2:D15单元格区域，单击“添加”按钮；勾选“标志位置”选项组中的“最左列”复选框[03]。输入完合并计算选项的对话框如图5-9所示。单击“确定”按钮。

⓭ 选定“原始价格”的D2:D29单元格区域，按“Ctrl”+“C”组合键，选定“个别调整价格”工作表D2单元格，按“Ctrl”+“V”组合键。结果如图5-10所示。

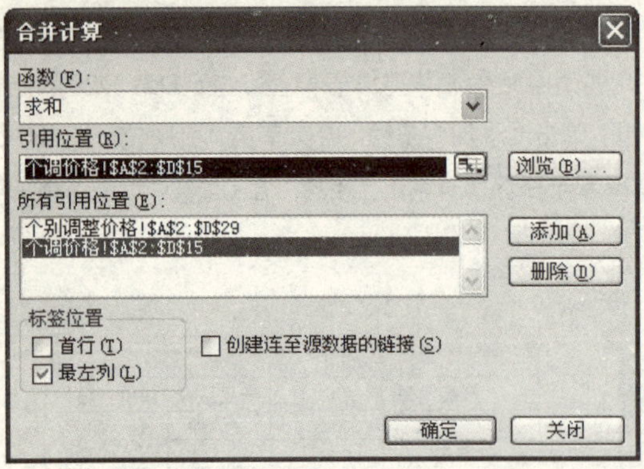

图5-9　“合并计算”对话框

	A	B	C	D
1	产品代号	产品规格	产品品牌	单价（箱）
2	JD70A3	A3	金达牌	¥ 230
3	JD70A4	A4	金达牌	¥ 225
4	JD70B4	B4	金达牌	¥ 195
5	JD70B5	B5	金达牌	¥ 185
6	JN80A3	A3	佳能牌	¥ 245
7	JN80A4	A4	佳能牌	¥ 258
8	JN80B4	B4	佳能牌	¥ 220
9	JN80B5	B5	佳能牌	¥ 200
10	SG70A3	A3	三工牌	¥ 230
11	SG70A4	A4	三工牌	¥ 250
12	SG70B4	B4	三工牌	¥ 210
13	SG70B5	B5	三工牌	¥ 196
14	SG80A3	A3	三工牌	¥ 277
15	SG80A4	A4	三工牌	¥ 290
16	SG80B4	B4	三工牌	¥ 256
17	SG80B5	B5	三工牌	¥ 244
18	SY70A3	A3	三一牌	¥ 223
19	SY70A4	A4	三一牌	¥ 225
20	SY70B4	B4	三一牌	¥ 190

图5-10　完成个别调整后的“个别调整价格”工作表

知识点拓展

01 选择性粘贴

复制和粘贴是Excel最常用的操作之一。很多时候，可能并不需要将原始区域的所有信息都复制到目标区域中，如只复制原始区域中的数值而不复制格式。如果希望更好地控制复制到目标区域的内容，可以在对原始区域数据复制后，使用“选择性粘贴”命令。熟练使用“选择性粘贴”命令，将能够在实际处理计算中获得更多的便利。

1. 粘贴选项

在“选择性粘贴”对话框中，“粘贴”组各选项的含义如下。

全面：在绝大多数情况下，与默认的常规粘贴相同。即粘贴原始区域中全部复制内容，包括数据、单元格中的所有格式、数据有效性及单元格的批注。

公式：只复制原始区域的公式。

数值：只复制原始区域的数值，如果原始区域是公式，则复制公式的计算结果。

格式：只复制原始区域的格式。

批注：只复制原始区域的批注。

有效性验证：只复制原始区域中设置的数字有效性。

边框除外：复制除了边框以外的所有内容。

列宽：复制列宽信息。

公式和数字格式：复制所有公式和数字格式。

值和数字格式：复制所有数值和数字格式，如果原始

指示

“选择性粘贴”的操作步骤如下。

① 选定需要复制的单元格或单元格区域，按“Ctrl”+“C”组合键。

② 选定目标区域，执行“编辑”>“选择性粘贴”命令★43，或右键单击目标区域第一个单元格，在弹出的快捷菜单中执行“选择性粘贴”命令，弹出“选择性粘贴”对话框。

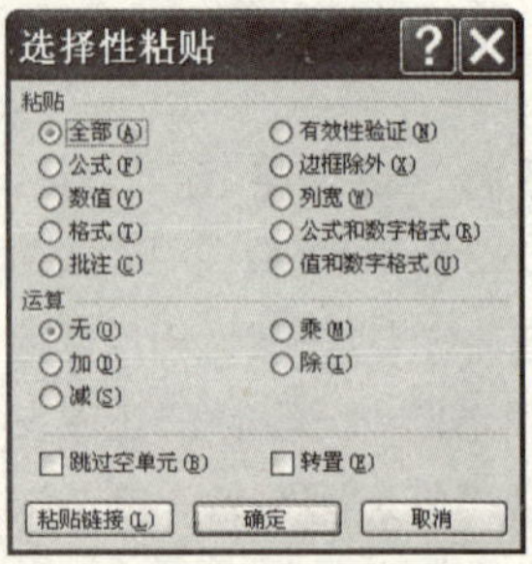

③ 设置选择性粘贴的选项，单击“确定”按钮。

区域是公式，则只复制公式的计算结果及其数字格式。

2. 运算功能

“运算”组包含的是一些粘贴功能选项，允许在粘贴时执行一次简单的数值运算，包括加减乘除中的任何一种。例如，图5-11展示了学生成绩信息，若将所有学生每门课程成绩上调5分，可按如下步骤操作。

	A	B	C	D	E
1	粘贴前				
2	计算机基础	高等数学	英语		复制数据
3	91	90	89		5
4	90	93	88		
5	87	64	85		
6	54	45	58		
7	73	72	99		
8	60	83	76		
9	83	85	90		
10	96	95	88		

图5-11　粘贴前数据

① 将A2:C10单元格区域的学生成绩信息复制到目标区域G2:I10中；在E3 单元格中输入上调分数5，结果如图5-12所示。

	A	B	C	D	E	F	G	H	I
1	粘贴前						粘贴后		
2	计算机基础	高等数学	英语		复制数据		计算机基础	高等数学	英语
3	91	90	89		5		91	90	89
4	90	93	88				90	93	88
5	87	64	85				87	64	85
6	54	45	58				54	45	58
7	73	72	99				73	72	99
8	60	83	76				60	83	76
9	83	85	90				83	85	90
10	96	95	88				96	95	88

图5-12　复制数据操作

② 选定E3单元格，按“Ctrl”+“C”组合键，选定G2:I10单元格区域，执行“编辑”>“选择性粘贴”命令，弹出“选择性粘贴”对话框。

③ 选定“运算”选项组中的“加”单选按钮，如图5-13所示。单击“确定”按钮。

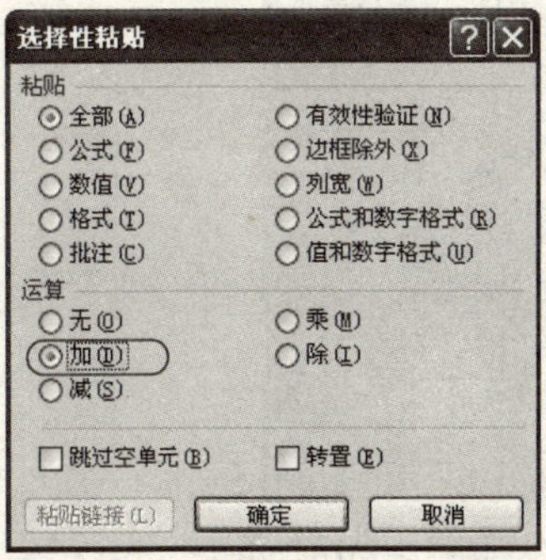

图5-13　“选择性粘贴”设置结果

注意

在进行“选择性粘贴”的“运算”操作时，参加运算的数据可以是一个，也可以是与粘贴目标区域形状相同的原始数据区域。如果是一个原始数据区域，则在运用运算方式粘贴时，目标区域中的每一个单元格数据都会与相应位置的原始单元格数据分别进行数字运算。

此时目标区域中所有单元格的数值均会与5进行相加运算，并将结果数值直接保存在目标区域中，如图5-14所示。

	A	B	C	D	E	F	G	H	I
1	粘贴前						粘贴后		
2	计算机基础	高等数学	英语		复制数据		计算机基础	高等数学	英语
3	91	90	89		5		96	95	94
4	90	93	88				95	98	93
5	87	64	85				92	69	90
6	54	45	58				59	50	63
7	73	72	99				78	77	104
8	60	83	76				65	88	81
9	83	85	90				88	90	95
10	96	95	88				101	100	93

图5-14　粘贴中的“加”运算

3. 跳过空单元格

粘贴时勾选“选择性粘贴”对话框中的“跳过空单元格”复选框，可以有效地防止用原始区域中的空单元格覆盖目标区域中的单元格内容。例如，将图5-15中A3:B14单元格区域的数据复制到D3:E14中。

	A	B	C	D	E
1	粘贴前			粘贴后	
2	月份	销售额		月份	销售额
3	1月	￥2,381			
4	2月	￥8,342			
5	3月	￥2,391			
6	4月				￥4,329
7	5月	￥2,199			
8	6月	￥3,321			
9	7月	￥8,391			
10	8月				￥1,594
11	9月	￥1,239			
12	10月	￥2,391			
13	11月	￥4,592			
14	12月	￥9,342			

图5-15　复制区域与目标区域

如果使用了“选择性粘贴”命令，并且勾选了“跳过空单元”复选框，那么E6和E10两个原有的数据会在粘贴后保留不变，如图5-16所示。

	A	B	C	D	E
1	粘贴前			粘贴后	
2	月份	销售额		月份	销售额
3	1月	￥2,381		1月	￥2,381
4	2月	￥8,342		2月	￥8,342
5	3月	￥2,391		3月	￥2,391
6	4月			4月	￥4,329
7	5月	￥2,199		5月	￥2,199
8	6月	￥3,321		6月	￥3,321
9	7月	￥8,391		7月	￥8,391
10	8月			8月	￥1,594
11	9月	￥1,239		9月	￥1,239
12	10月	￥2,391		10月	￥2,391
13	11月	￥4,592		11月	￥4,592
14	12月	￥9,342		12月	￥9,342

图5-16 选择“跳过空单元格”选项的“选择性粘贴”结果

4. 转置

粘贴时勾选“选择性粘贴”对话框中的“转置”复选框，可以使原始区域数据在复制后行列互换，而且自动调整所有的公式以便转置后仍然能够继续正常计算，如图5-17所示。从图中可以看出，原始区域A2:E7在经过转置后，原始区域中的标题行“月份”变为了目标区域中的标题列。

	A	B	C	D	E	F
1			转置前			
2		1月	2月	3月	合计	
3	家用电器	￥25,357	￥131,912	￥213,111	￥370,380	
4	服装鞋帽	￥8,342	￥2,301	￥12,311	￥22,954	
5	日用百货	￥2,391	￥21,100	￥2,321	￥25,812	
6	食品饮料	￥2,199	￥2,319	￥12,333	￥16,851	
7	总计	￥38,289	￥157,632	￥240,076	￥435,997	
8						
9			转置后			
10		家用电器	服装鞋帽	日用百货	食品饮料	总计
11	1月	￥25,357	￥8,342	￥2,391	￥2,199	￥38,289
12	2月	￥131,912	￥2,301	￥21,100	￥2,319	￥157,632
13	3月	￥213,111	￥12,311	￥2,321	￥12,333	￥240,076
14	合计	￥370,380	￥22,954	￥25,812	￥16,851	￥435,997

图5-17 使用转置进行行列互换

注意

使用转置方式，不可在数据区域上进行粘贴，也不可与原始数据区域有任何部分的重叠。

5. 粘贴链接

单击“选择性粘贴”对话框中的“粘贴链接”按钮，将建立一个由公式组成的连接原始区域的动态链接。

02 按位置合并计算

最简单也是最常用的合并计算是通过位置合并工作表。按位置合并工作表时，要求合并的各工作表必须有相同的位置。根据位置进行合并计算的操作步骤如下。

① 选定要存放合并数据的工作表（目标工作表），然后选定存放合并数据的单元格区域（目标区域）。

② 执行“数据”>“合并计算”命令★44，弹出“合并计算”对话框。

③ 在“函数”下拉列表框中选择一个函数，单击“引用位置”框中的“折叠”按钮，再选定要合并的源工作表及其中的单元格区域，然后单击“还原”按钮。单击“添加”按钮，这时选定的要合并的单元格区域添加到“所有引用位置”列表框中。

④ 重复第③步，依次将所有要合并的单元格区域都添加到“所有引用位置”列表框中。

⑤ 单击“确定”按钮，完成合并计算，此时合并计算的结果会显示在目标区域中。

知识

Excel的“合并计算”命令可以方便地将多个工作表的数据合并计算存放到另一个工作表中。在合并计算中，存放合并计算结果的工作表称为“目标工作表”，接收合并数据的区域称为“目标区域”，目标工作表应是当前工作表，目标区域也应是当前单元格区域。而被合并计算的各个工作表称为“源工作表”，其中被合并计算的数据区域称为“来源区域”，源工作表可以是打开的，也可以是关闭的。

03 按分类合并计算

如果要合并计算的各工作表位置不完全相同，则不能简单地使用按位置合并计算的方法汇总数据，而应该通过分类进行合并。按分类进行合并计算的操作步骤如下。

① 选定要存放合并数据的目标工作表，然后选定存放合并数据的目标区域。

② 执行“数据”>“合并计算”命令，弹出“合并计算”对话框。

③ 在“函数”下拉列表框中选择一个函数。添加各工作表需要合并的来源区域。与按位置合并操作不同的是，来源区域除包含待合并的数据区域外，还包括合并分类的依据所对应的单元格区域，而且各工作表中待合并的数据区域可能不完全相同，因此要逐个地选定。

④ 与按位置合并不同的是，还需要在“标志位置”组中指定分类合并的依据所在的单元格位置。如果分类标志在顶端行，勾选“首行”复选框；如果分类标志在最左列，则勾选“最左列”复选框。

⑤ 单击“确定”按钮，完成合并计算，并将合并计算的结果显示在目标区域中。

由于在合并计算时只能使用SUM、AVERAGE、COUNT、MAX等11种函数，因此Excel只合并计算源工作表中的数值，含有文字的单元格被看做空白单元格。

注意

选定要合并的目标区域时，应同时选定分类依据所在的单元格区域。

注意

按分类合并计算的关键步骤是要勾选“标签位置”组中的“首行”或“最左列”复选框，或是同时勾选“首行”和“最左列”复选框，这样Excel才能够正确地按指定的分类进行合并计算。

延伸知识点

04 自动更新合并计算的数据

创建合并计算后，可以利用链接功能来实现计算的自动更新，这样当来源区域数据改变时，Excel会自动更新合并计算工作表中的结果。要实现该功能，需要在创建合并计算时在“合并计算”对话框中勾选“创建连至源数据的链接”复选框，如图5-18所示。

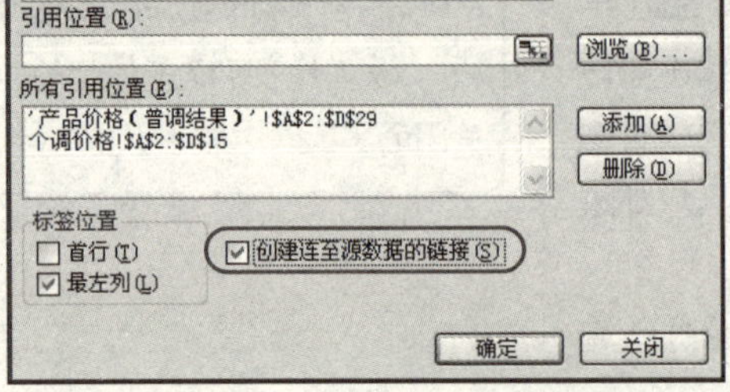

图5-18 为合并计算创建连至源数据的链接

注意

当来源区域和目标区域在同一工作表时，则无法建立这种链接。

知识

如果在合并计算时，未建立与来源区域的链接，则存放合并数据的工作表中仅保存单纯的合并数据，此时合并的工作表中将不出现分级显示按钮。这样当来源区域的数据变动时，还需要重新进行合并计算。

如果在合并计算时，勾选了“创建连至数据源的链接”复选框，那么存放合并数据的工作表中存放的不是单纯的合并数据，而是计算合并数据的公式，此时在合并工作表的左侧将出现分级显示按钮，用户可以根据需要显示或隐藏源数据。而且当来源区域数据变动时，合并数据会自动更新，保持一致，即合并数据与来源区域数据之间建立了链接关系。

独立实践任务

任务二　档案工资的调整

任务背景

成文公司劳资科工作人员按照公司管理者要求以及公司制定的工资计算方法完成了劳资表的计算，如下图所示。现在公司领导希望对公司员工的“档案工资”进行调整。

劳资管理.xls

成文公司劳资表

员工人数：24

工号	姓名	部门	岗位	档案工资	岗位工资	技能工资	奖金	应发工资	养老保险	医疗保险	失业保险	其他扣款	扣款合计	实发工资	销售额
0001	孙家龙	办公室	主任	2400	1000	500	1600	5500	168	48	24	0	240	5260	160000
0002	张卫华	办公室	职员	1800	500	300	800	3400	126	36	18	0	180	3220	
0003	王叶	办公室	职员	1600	500	300	800	3200	112	32	16	100	260	2940	
0004	梁勇	办公室	职员	1600	500	300	800	3200	112	32	16	0	160	3040	
0005	朱思华	办公室	职员	1800	500	100	800	3200	126	36	18	0	180	3020	
0006	陈关敏	财务部	主任	2500	1000	100	1600	5200	175	50	25	0	250	4950	
0007	陈德生	财务部	职员	1800	500	100	800	3200	126	36	18	0	180	3020	
0008	陈桂兰	财务部	职员	1600	500	100	800	3000	112	32	16	0	160	2840	
0009	彭庆华	工程部	主任	2200	1000	70	1600	4870	154	44	22	0	220	4650	
0010	王成祥	工程部	职员	1600	500	70	800	2970	112	32	16	0	160	2810	
0011	何家強	工程部	职员	1800	500	100	800	3200	126	36	18	0	180	3020	
0012	曾伦清	工程部	职员	1800	500	100	800	3200	126	36	18	0	180	3020	
0013	张新民	工程部	职员	1600	500	300	800	3200	112	32	16	0	160	3040	
0014	张跃华	技术部	主任	2700	1000	100	1600	5400	189	54	27	0	270	5130	
0015	邓都平	技术部	职员	1800	500	100	800	3200	126	36	18	0	180	3020	
0016	朱京丽	技术部	职员	1400	500	50	800	2750	98	28	14	0	140	2610	
0017	蒙继炎	市场部	主任	2300	1000	100	1600	5000	161	46	23	0	230	4770	
0018	王丽	市场部	职员	1700	500	100	800	3100	119	34	17	100	270	2830	
0019	梁鸿	市场部	职员	1600	500	70	800	2970	112	32	16	0	160	2810	
0020	刘尚武	销售部	主任	2900	1000	70	1600	5570	203	58	29	0	290	5280	
0021	朱强	销售部	职员	1700	500	100	800	3100	119	34	17	0	170	2930	
0022	丁小飞	销售部	职员	1900	500	50	800	3250	133	38	19	0	190	3060	
0023	孙宝彦	销售部	职员	1900	500	50	800	3250	133	38	19	0	190	3060	
0024	张港	销售部	职员	1900	500	50	800	3250	133	38	19	0	190	3060	

劳资表

任务要求

调整员工档案工资，要求如下。

统一调整：将所有员工的档案工资均上调80元。

普遍调整：调整所有员工的档案工资，调整标准为“主任”上调100元、“职员”上调50元。

个别调整：调整部分员工的档案工资，调整人员及档案工资金额如下图所示。

工号	姓名	部门	岗位	档案工资
0002	张卫华	办公室	职员	100
0006	陈关敏	财务部	主任	50
0012	曾伦清	工程部	职员	100
0017	蒙继炎	市场部	主任	50

【技术要领】判断要合并工作表的布局及内容；“标签位置”的选择。

【解决问题】理解按位置合并计算与按分类合并计算的不同含义、特点及应用。

【应用领域】单位的库存产品价格、销售单位的产品销售单价、学校的学生成绩等。

任务分析

打开“劳资管理.xls”工作簿，分析计算要求，确定计算方法。调整所有员工的档案工资，可以使用“选择性粘贴”功能。按照调整标准调整员工的档案工资，可以准备另一个工作表，存放普调的工资额，建议该工作表与劳资表布局一致，这样可以使用通过位置进行合并计算的方法。只调整部分员工的档案工资，可以先将调整工资的员工信息放至一个工作表中，然后将劳资表与所建表按分类进行合并计算。

任务效果参考图

成文公司劳资表

员工人数：24

工号	姓名	部门	岗位	档案工资	岗位工资	技能工资	奖金	应发工资	养老保险	医疗保险	失业保险	其他扣款	扣款合计	实发工资
0001	孙家龙	办公室	主任	2480	1000	500	1600	5580	173.6	49.6	24.8	0	248	5332
0002	张卫华	办公室	职员	1880	500	300	800	3480	131.6	37.6	18.8	0	188	3292
0003	王叶	办公室	职员	1680	500	300	800	3280	117.6	33.6	16.8	100	268	3012
0004	梁勇	办公室	职员	1680	500	300	800	3280	117.6	33.6	16.8	0	168	3112
0005	朱思华	办公室	职员	1880	500	100	800	3280	131.6	37.6	18.8	0	188	3092
0006	陈关敏	财务部	主任	2580	1000	100	1600	5280	180.6	51.6	25.8	0	258	5022
0007	陈德生	财务部	职员	1880	500	100	800	3280	131.6	37.6	18.8	0	188	3092
0008	陈桂兰	财务部	职员	1680	500	100	800	3080	117.6	33.6	16.8	0	168	2912
0009	彭庆华	工程部	主任	2280	1000	70	1600	4950	159.6	45.6	22.8	0	228	4722
0010	王成祥	工程部	职员	1680	500	70	800	3050	117.6	33.6	16.8	0	168	2882

统一调整结果

成文公司劳资表

员工人数：24

工号	姓名	部门	岗位	档案工资	岗位工资	技能工资	奖金	应发工资	养老保险	医疗保险	失业保险	其他扣款	扣款合计	实发工资
0001	孙家龙	办公室	主任	2500	1000	500	1600	5600	175	50	25	0	250	5350
0002	张卫华	办公室	职员	1850	500	300	800	3450	129.5	37	18.5	0	185	3265
0003	王叶	办公室	职员	1650	500	300	800	3250	115.5	33	16.5	100	265	2985
0004	梁勇	办公室	职员	1650	500	300	800	3250	115.5	33	16.5	0	165	3085
0005	朱思华	办公室	职员	1850	500	100	800	3250	129.5	37	18.5	0	185	3065
0006	陈关敏	财务部	主任	2600	1000	100	1600	5300	182	52	26	0	260	5040
0007	陈德生	财务部	职员	1850	500	100	800	3250	129.5	37	18.5	0	185	3065
0008	陈桂兰	财务部	职员	1650	500	100	800	3050	115.5	33	16.5	0	165	2885
0009	彭庆华	工程部	主任	2300	1000	70	1600	4970	161	46	23	0	230	4740
0010	王成祥	工程部	职员	1650	500	70	800	3020	115.5	33	16.5	0	165	2855

按不同幅度调整结果

成文公司劳资表

员工人数：24

工号	姓名	部门	岗位	档案工资	岗位工资	技能工资	奖金	应发工资	养老保险	医疗保险	失业保险	其他扣款	扣款合计	实发工资
0001	孙家龙	办公室	主任	2400	1000	500	1600	5500	168	48	24	0	240	5260
0002	张卫华	办公室	职员	1900	500	300	800	3500	133	38	19	0	190	3310
0003	王叶	办公室	职员	1600	500	300	800	3200	112	32	16	100	260	2940
0004	梁勇	办公室	职员	1600	500	300	800	3200	112	32	16	0	160	3040
0005	朱思华	办公室	职员	1800	500	100	800	3200	126	36	18	0	180	3020
0006	陈关敏	财务部	主任	2550	1000	100	1600	5250	178.5	51	25.5	0	255	4995
0007	陈德生	财务部	职员	1800	500	100	800	3200	126	36	18	0	180	3020
0008	陈桂兰	财务部	职员	1600	500	100	800	3000	112	32	16	0	160	2840
0009	彭庆华	工程部	主任	2200	1000	70	1600	4870	154	44	22	0	220	4650
0010	王成祥	工程部	职员	1600	500	70	800	2970	112	32	16	0	160	2810

部分调整结果

课后作业

1. 填空题

(1) 在Excel中，若只想复制单元格区域中的格式，应使用________命令来实现。

(2) 在Excel中，若希望将复制的原始区域数值与粘贴的目标区域中的数据进行除法运算，应使用________命令来实现。

(3) 在合并计算中，存放合并计算结果的区域称为________。

(4) 在Excel中，按位置合并工作表时，要求合并的各工作表必须具有________。

(5) 在Excel中，按分类合并工作表时，在选定要合并的目标区域同时，还应选定________所在的单元格区域。

2. 单选题

(1) 在Excel中，如果只复制单元格格式应使用的操作是________。

A. 进行选择性粘贴　　B. 直接复制

C. 复制后再撤消　　D. 无法实现

(2) 下列关于选择性粘贴的叙述中，错误的是________。

A. 选择性粘贴只能粘贴数值型数据　　B. 选择性粘贴可以只粘贴格式

C. 选择性粘贴可以只粘贴批注　　D. 选择性粘贴可以只粘贴公式

(3) 在Excel中，进行多个工作表的合并计算时，为了使合并结果与源数据自动保持一致，应在“合并计算”对话框中，________。

A. 设置“引用位置”为来源区域　　B. 设置“标签位置”为“最左列”

C. 勾选“创建连至源数据的链接”复选框　　D. 无法与源数据自动保持一致

(4) 在Excel中，当来源区域和目标区域在同一工作表时，________。

A. 无法建立与源数据的链接　　B. 设置“标签位置”后可以建立与源数据的链接

C. 可以建立与源数据的链接　　D. 设置“引用位置”后可以建立与源数据的链接

(5) 按分类合并计算的关键步骤是需要________。

A. 勾选“标签位置”中的“首行”复选框

B. 勾选“标签位置”中的“最左列”复选框

C. 勾选“标签位置”中的“首行”或“最左列”复选框

D. 勾选“创建连至源数据的链接”复选框

3. 简答题

(1) 在“选择性粘贴”对话框中，“粘贴”与“粘贴链接”有何不同？

(2) 在“选择性粘贴”对话框中，“跳过空单元”选项的含义及作用是什么？

(3) 按位置合并计算与按分类合并计算有何不同？

(4) 怎样自动更新合并计算的数据？

(5) 合并计算的来源区域和目标区域是否允许来自多个工作簿？

模块 06

制作工作任务分配图
——Excel图表的制作与应用

● **能力目标**

能够运用图表功能制作图表

● **专业知识目标**

1. 了解各种图表的形式
2. 理解图表中各组成部分的含义
3. 掌握各种图表的适应范围
4. 能根据显示要求选择图表

● **软件知识目标**

1. 掌握制作图表的基本要点和方法
2. 掌握编辑和修饰图表的方法

● **课时安排**

4课时（讲课2课时，实践2课时）

● **任务效果参考图**

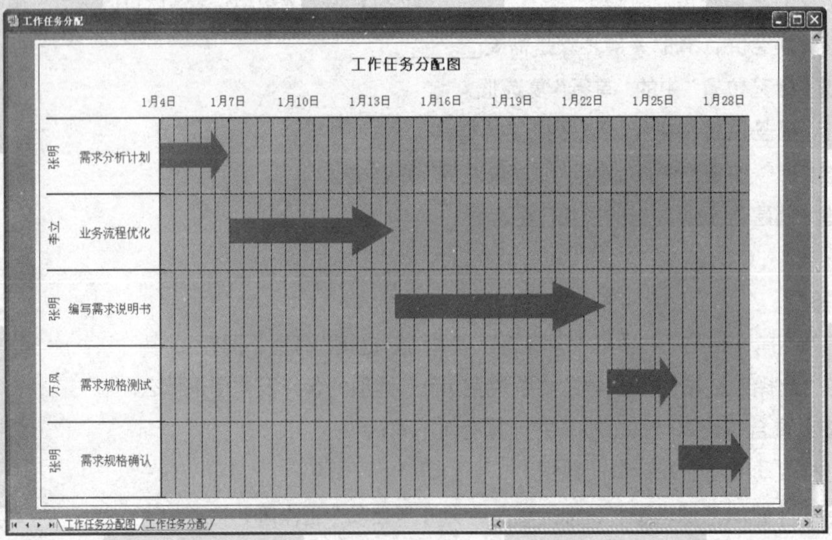

模拟制作任务

任务一　工作任务分配图的制作

任务背景

某软件公司承接了成文公司的管理信息系统开发项目，公司管理者希望直观地了解需求分析阶段的工作任务及进度安排，因此负责开发此项目的项目组需要根据工作任务分配表制作一个工作任务分配图。

任务要求

（1）建立工作任务分配表，如下图所示。

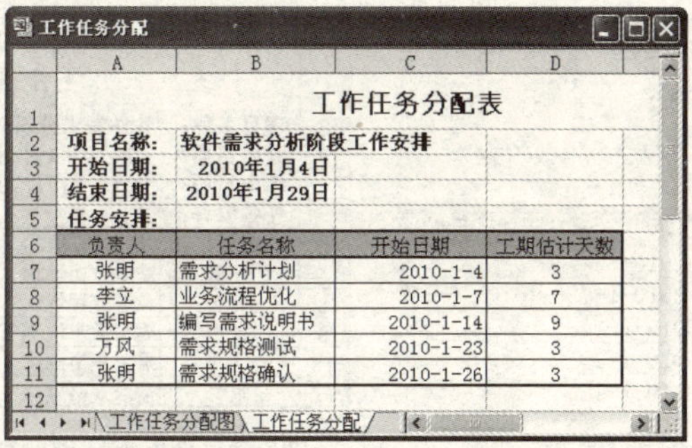
工作任务分配

	A	B	C	D
1	工作任务分配表			
2	项目名称：	软件需求分析阶段工作安排		
3	开始日期：	2010年1月4日		
4	结束日期：	2010年1月29日		
5	任务安排：			
6	负责人	任务名称	开始日期	工期估计天数
7	张明	需求分析计划	2010-1-4	3
8	李立	业务流程优化	2010-1-7	7
9	张明	编写需求说明书	2010-1-14	9
10	万凤	需求规格测试	2010-1-23	3
11	张明	需求规格确认	2010-1-26	3
12				

工作任务分配图　工作任务分配

（2）制作工作任务分配图，要求如下。

显示内容：每项任务的名称、负责人、工期估计天数以及每项任务的进度。

显示格式：图表中无多余部分，文字显示清晰、简练。图表坐标轴及刻度准确且符合实际。

任务分析

在实际工作中，有很多项目需要进行管理。项目管理中，工作任务的计划与工作进度的安排是非常重要的，通过上述两项工作，可以及时了解任务分配情况和项目进展情况，以便更好地进行管理和控制。

根据任务要求，需要设计并制作一个能够反映工作任务分配情况和任务进度安排的图表[01]。制作图表主要包括创建图表、编辑图表和修饰图表三项基本工作。在本任务中，可以先使用图表向导创建图表，然后按要求编辑和修饰图表。在修饰图表时，主要是对各种对象进行格式设置。设置时需要先打开相应的格式设置对话框，打开对话框最简单、快捷的方法是双击图表对象。

本案例的重点难点

数据系列的选择及添加；图表选项的设置。

【技术要领】图表向导；图表选项设置；双击图表对象打开格式设置对话框。

【解决问题】理解图表的类型及其功能[02]，理解源数据的含义，了解图表选项内容及含义。

【应用领域】企业生产计划、企业产品销售计划、IT项目开发计划、学校教学计划等。

操作步骤详解

建立“工作任务分配”工作表

❶ 启动Excel，双击“Sheet1”工作表标签，输入“工作任务分配”；在A1单元格中输入“工作任务分配表”，在A2、A3、A4、A5单元格中分别输入“项目名称：”、“开始日期：”、“结束日期：”和“任务安排：”；在B2、B3、B4单元格中分别输入“软件需求分析阶段工作安排”、“2010-1-4”和“2010-1-29”；在A6、B6、C6和D6单元格中分别输入“负责人”、“任务名称”、“开始日期”和“工期估计天数”；在A7:D11单元格区域输入数据。结果如图6-1所示。

❷ 选定A1:D1单元格区域，执行“格式”>“单元格”命令，弹出“单元格格式”对话框，设置“水平对齐”为“跨列居中”，“垂直对齐”为“居中”；设置“字体”为“幼圆”，“字形”为“加粗”，“字号”为14。设置B2:C5单元格区域的“字形”为“加粗”。其他单元格格式设置结果如图6-2所示。

	A	B	C	D
1	工作任务分配表			
2	项目名称：	软件需求分析阶段工作安排		
3	开始日期：	2010-1-4		
4	结束日期：	2010-1-29		
5	任务安排：			
6	负责人	任务名称	开始日期	工期估计天数
7	张明	需求分析计划	2010-1-4	3
8	李立	业务流程优化	2010-1-7	7
9	张明	编写需求说明书	2010-1-14	9
10	万风	需求规格测试	2010-1-23	3
11	张明	需求规格确认	2010-1-26	3

图6-1 “工作任务分配”工作表

	A	B	C	D
1		工作任务分配表		
2	项目名称：	软件需求分析阶段工作安排		
3	开始日期：	2010年1月4日		
4	结束日期：	2010年1月29日		
5	任务安排：			
6	负责人	任务名称	开始日期	工期估计天数
7	张明	需求分析计划	2010-1-4	3
8	李立	业务流程优化	2010-1-7	7
9	张明	编写需求说明书	2010-1-14	9
10	万风	需求规格测试	2010-1-23	3
11	张明	需求规格确认	2010-1-26	3

图6-2 “工作任务分配”工作表格式设置结果

创建工作任务分配图

❸ 选定B6:C11单元格区域，单击“常用”工具栏上的“图表向导” 03 按钮，弹出“图表向导—4步骤之1—图表类型”对话框，在“图表类型”列表中选择“条形图”，在“子图表类型”区域中选择“堆积条形图”。结果如图6-3所示。

图6-3 设置图表类型

❹ 单击“下一步”按钮，弹出“图表向导—4步骤之2—图表源数据”对话框，继续单击“下一步”按

钮，弹出“图表向导—4步骤之3—图表选项”对话框，单击“标题”选项卡，在“图表标题”文本框中输入“工作任务分配图”，结果如图6-4(a)所示。单击“网格线”选项卡，在“分类（X）轴”选项组中勾选“主要网格线”复选框，在“分类（Y）轴”选项组中勾选“主要网格线”和“次要网格线”复选框，如图6-4(b)所示。单击“图例”选项卡，取消勾选“显示图例”复选框，如图6-4(c)所示。

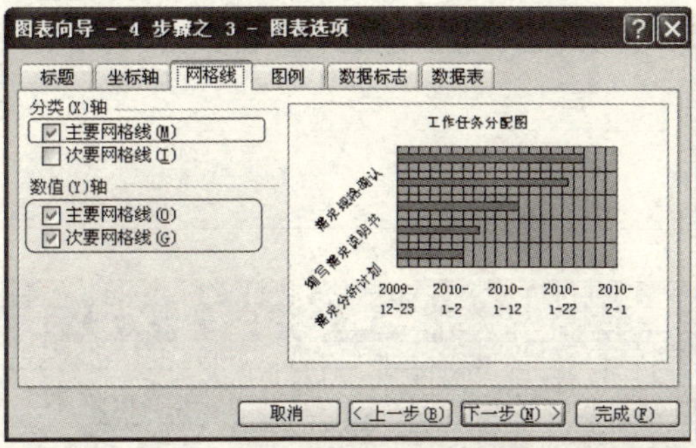

(a) 设置图表网格线

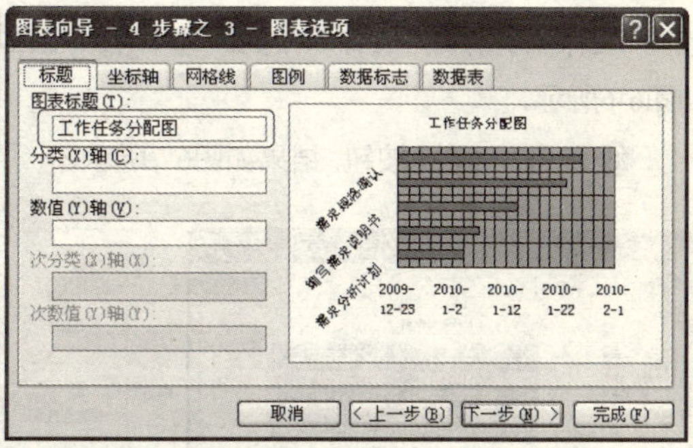

(b) 设置图表标题

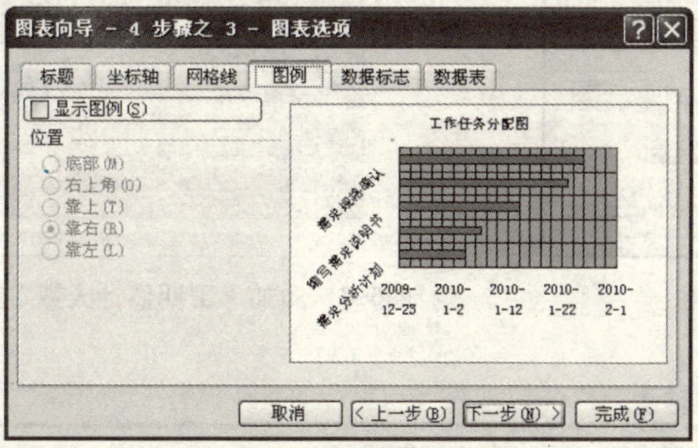

(c) 设置图表图例

图6-4 设置图表选项

❺ 单击“下一步”按钮，弹出“图表向导—4步骤之4—图表位置”对话框，单击“作为新工作表插入”单选按钮，并在其右侧框中输入“工作任务分配图”。单击“确定”按钮，结果如图6-5所示。

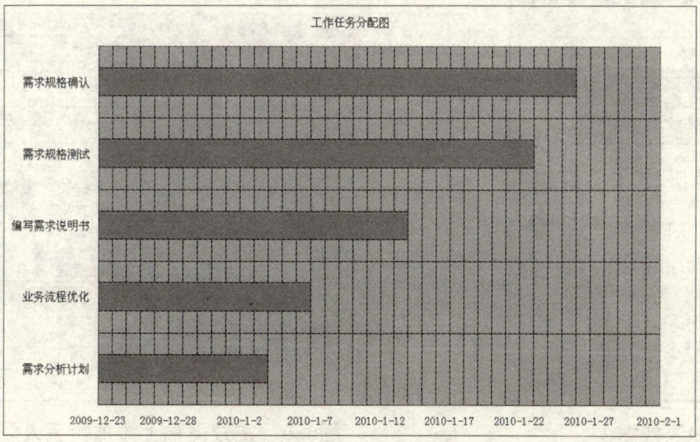

图6-5 工作任务分配图

添加“工期估计天数”数据

❻ 右键单击图表，在弹出的快捷菜单中执行“源数据”命令，弹出“源数据”对话框，单击“系列”选项卡。

❼ 单击“添加”按钮[04]，单击“名称”文本框右侧的折叠按钮，然后单击“工作任务分配”工作表中的D6单元格，再次单击折叠按钮返回至“源数据”对话框；单击“值”文本框右侧的折叠按钮，然后选定“工作任务分配”工作表中的D7:D11单元格区域，再次单击折叠按钮返回至“源数据”对话框。结果如图6-6所示。

❽ 单击“确定”按钮，结果如图6-7所示。

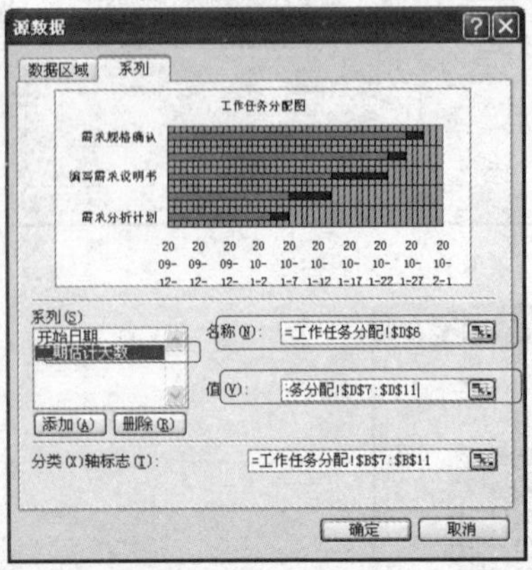

图6-6　添加源数据

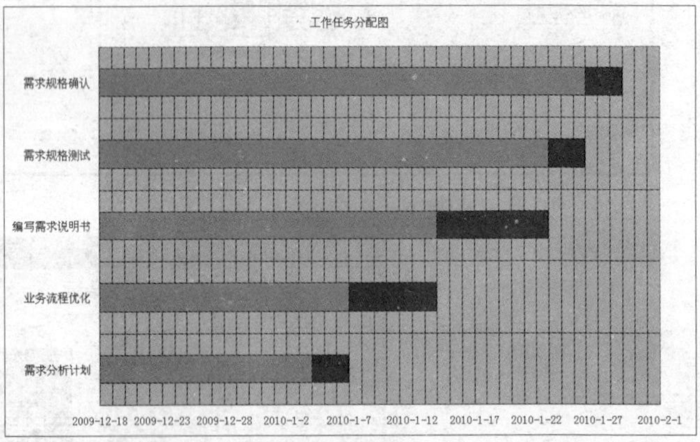

图6-7　添加“工期估计天数”数据后的工作任务分配图

将负责人数据添加到分类轴上

❾ 执行“图表”>“源数据”命令，弹出“源数据”对话框，单击“系列”选项卡。单击“分类（X）轴标志”文本框右侧的折叠按钮，然后选定“工作任务分配”工作表中的A7:B11单元格区域，再次单击折叠按钮返回至“源数据”对话框，如图6-8所示。

❿ 单击“确定”按钮，结果如图6-9所示。

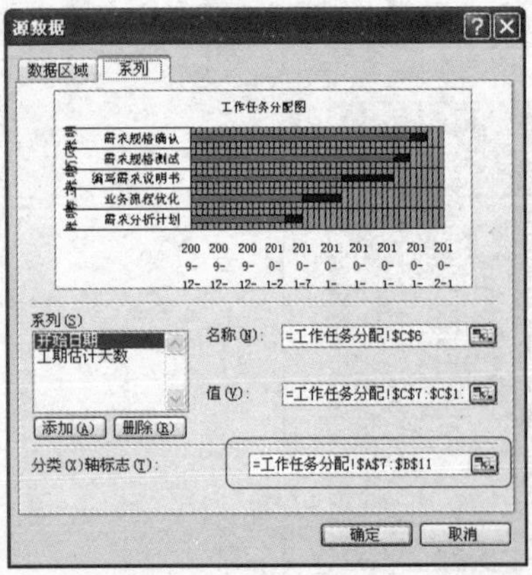

图6-8　添加源数据

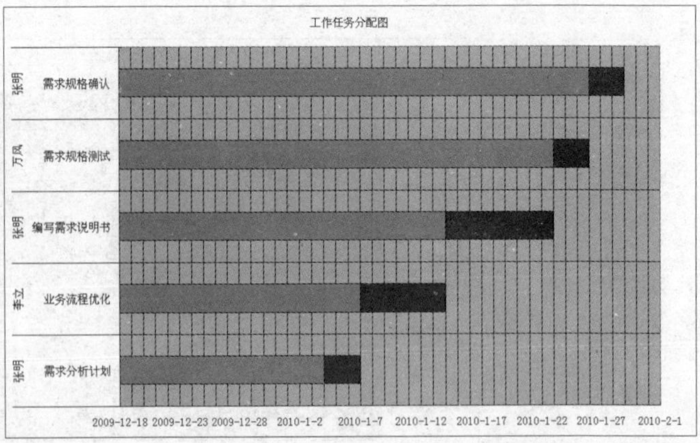

图6-9　在分类轴上添加负责人数据后的效果

隐藏不需要的开始日期数据系列[05]

⑪ 右键单击“开始日期”数据系列，从弹出的快捷菜单中执行“数据系列格式”命令[06]或者双击“开始日期”数据系列，弹出“数据系列格式”对话框。在“边框”选项组中选定“无”单选按钮，在“内部”选项组中选定“无”单选按钮，如图6-10所示。

⑫ 单击“确定”按钮，结果如图6-11所示。

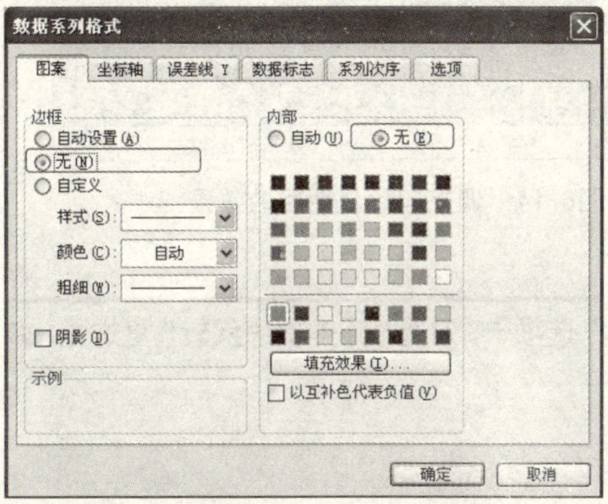

图6-10 设置数据系列图案格式

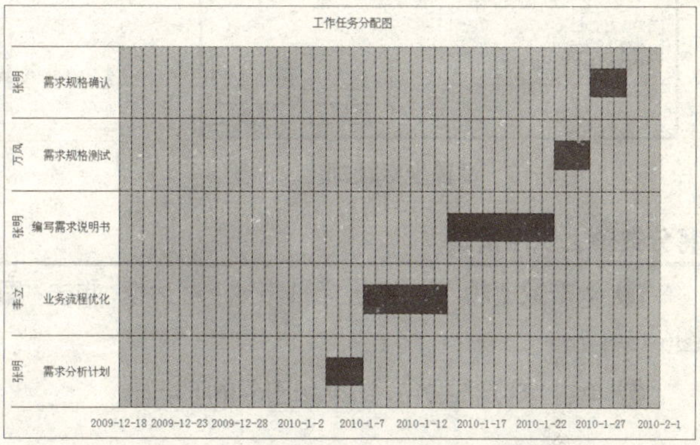

图6-11 隐藏开始日期数据系列后的工作任务分配图

更改数据系列图形

⑬ 使用绘图工具绘制一个“右箭头”图形，并将其背景色设为“红”，边框颜色为“无”。选定所绘图形，按“Ctrl”+“C”组合键。

⑭ 单击“工期评估天数”数据系列，然后按“Ctrl”+“V”组合键。结果如图6-12所示。

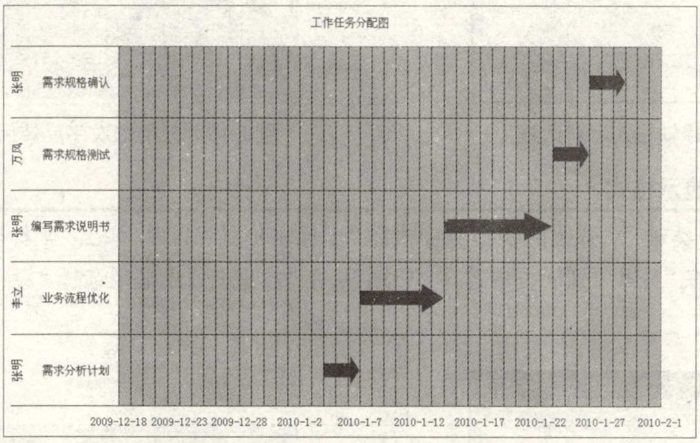

图6-12 改变数据系列图形后的效果

调整分类轴上的起始日期

⑮ 单击分类轴，执行“格式”>“坐标轴”命令，弹出“坐标轴格式”对话框[07]，单击“刻度”选项卡，在“最小值”右侧文本框中输入“40182”（2010-1-4对应的数值），在“最大值”右侧文本框中输入“40207”（2010-1-29对应的数值），在“主要刻度单位”右侧文本框中输入“3”。设置结果如图6-13所示。

⑯ 单击“确定”按钮，结果如图6-14所示。

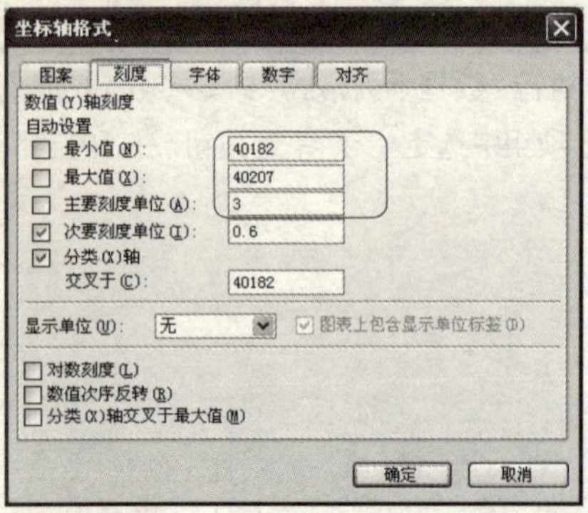

图6-13 设置坐标轴刻度

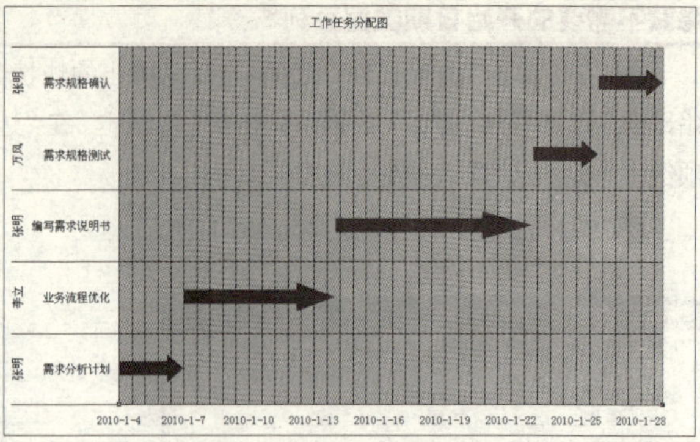

图6-14 调整起始日期后的效果

将分类轴上次序反转

⑰ 双击数值轴，弹出“坐标轴格式”对话框，单击“图案”选项卡，勾选“分类次序反转”复选框，如图6-15所示。

⑱ 单击“确定”按钮，结果如图6-16所示。

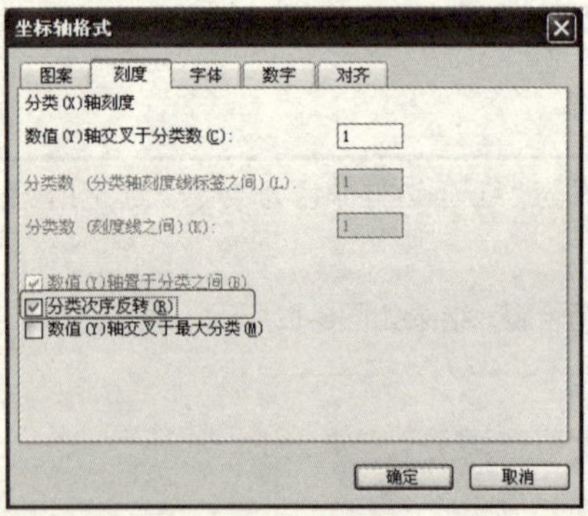

图6-15 “坐标轴格式”对话框

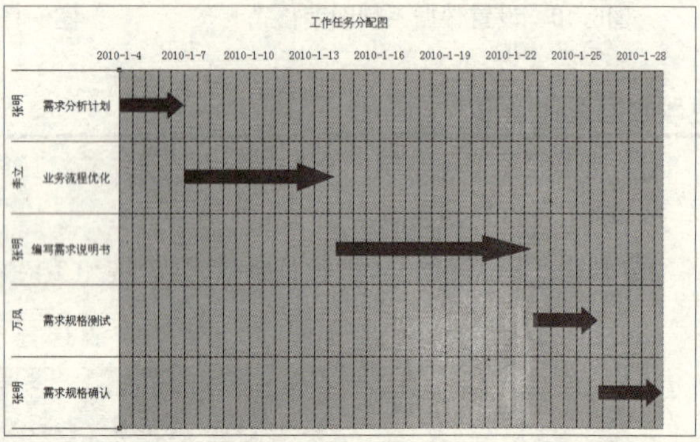

图6-16 分类轴次序反转后的效果

更改分类轴日期的显示格式

⑲ 右键单击分类轴，从弹出的快捷菜中执行“坐标轴格式”命令，弹出“坐标轴格式”对话框，单击“数字”选项卡，在“分类”列表框中选择“日期”，在“类型”列表框中选择“3月14日”。设置结果如图6-17所示。

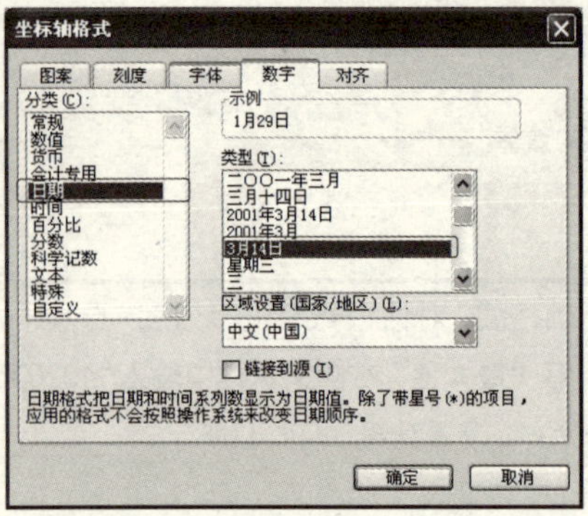

图6-17 设置坐标轴日期显示格式

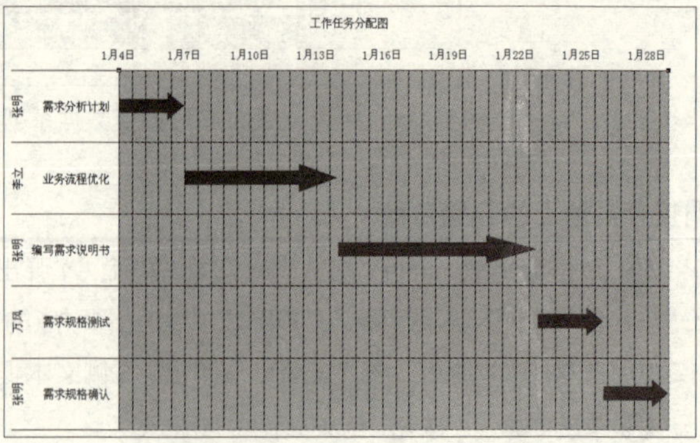

图6-18 调整坐标轴日期显示格式后的效果

⑳ 单击“确定”按钮，结果如图6-18所示。

调整分类轴格式

㉑ 双击日期分类轴，弹出“坐标轴格式”对话框，单击“图案”选项卡，单击“粗细”下拉列表的下拉箭头，从弹出的下拉列表中选择一种较粗的线条，如图6-19所示。

㉒ 单击“确定”按钮。使用相同方法设置另一个坐标轴的格式。结果如图6-20所示。

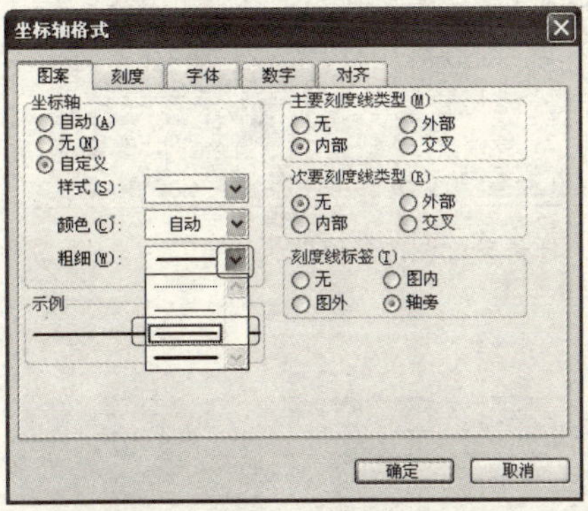

图6-19 设置坐标轴格式

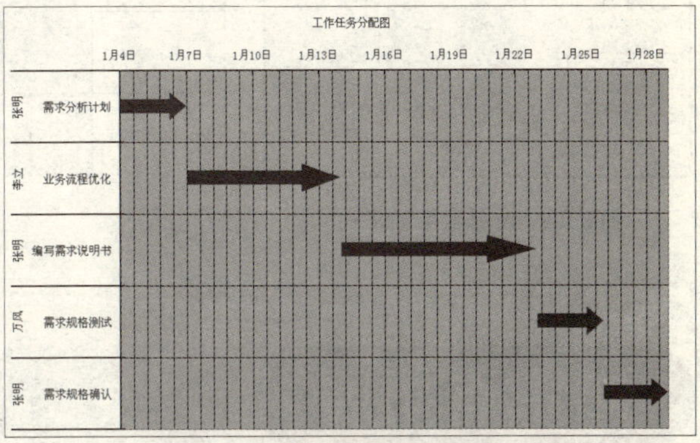

图6-20 设置坐标轴格式后的效果

设置图表标题格式

㉓ 双击图表标题，弹出“图表标题格式”对话框[08]，单击“字体”按钮，将“字体”设置为“幼圆”，“字形”设置为“加粗”，“字号”为“14”，单击“确定”按钮，效果如图6-21所示。

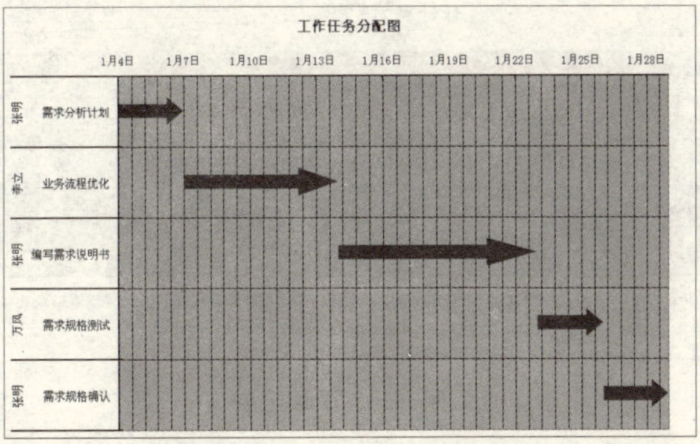

图6-21 设置标题格式后的效果

更改图表的背景颜色

㉔ 双击图表绘图区，弹出“绘图区格式”对话框[09]。单击“填充效果”按钮，弹出“填充效果”对话框，选定“颜色”选项组中的“双色”单选按钮，从“颜色1”下拉列表中选择“灰色-25%”，从“颜色2”下拉列表中选择“玫瑰红”，在“底纹样式”选项组中选定“斜下”单选按钮，在“变形”组中选择第2种，如图6-22所示。

㉕ 单击“确定”按钮，结果如图6-23所示。

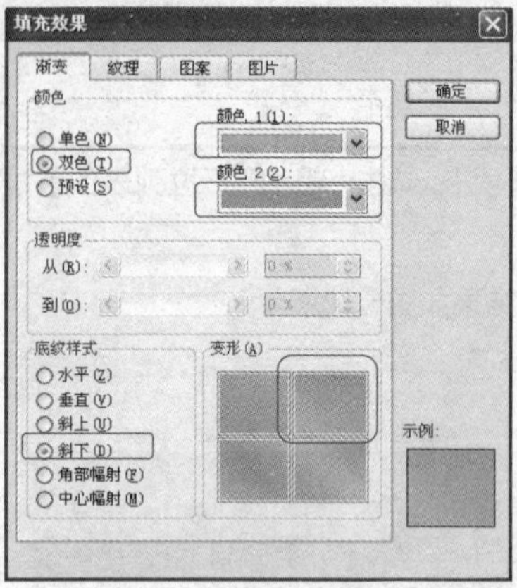

图6-22　设置坐标轴格式

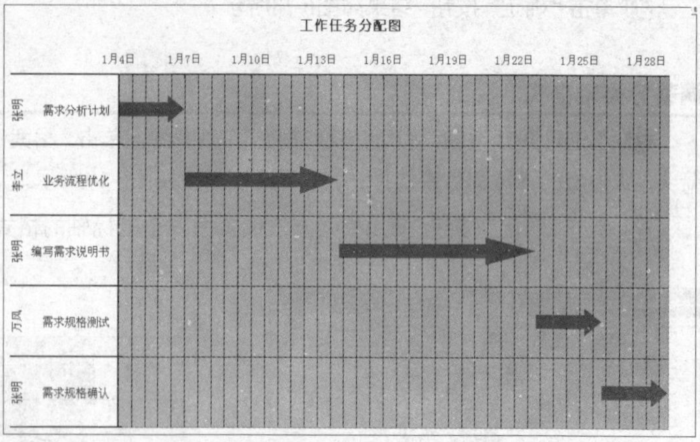

图6-23　任务分配图的最终效果

知识点拓展

01 图表组成

图表由图表区、绘图区、标题、数据系列、坐标轴、图例、网格线等部分构成，如图6-24所示。认识图表的各个组成部分，有助于正确地选择和设置图表的各种对象。

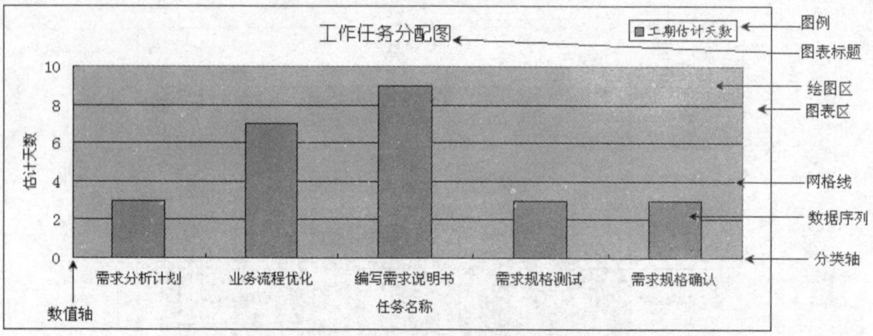

图6-24　图表组成

1. 图表区与绘图区

图表区是指图表的全部背景区域，包括所有的数据信息以及图表辅助的说明信息，如图表标题、图例、数据系列、坐标轴等。绘图区是指图表区内的图形包含的区域，即以坐标轴为边的矩形区域。

2. 坐标轴与标题

坐标轴按位置不同分为分类轴和数值轴两类。默认情况下，Excel将数值轴显示在图形的左侧，将分类轴显示在图形的下方。标题是指图表名称、分类轴名称和数值轴名

注意

通常使用折线图来描述趋势，但是当分类轴的时间跨度较大时，图表很可能带有一定的欺骗性。

称。图表名称一般显示在绘图区的上方，用来说明图表的主题；分类轴名称一般显示在分类轴下方；数值轴名称一般显示在数值轴的左侧。图表名称只有一个，而分类轴名称和数值轴名称最多允许2个。

3. 数据系列与图例

数据系列是由数据点构成，每个数据点对应工作表中的一个单元格内的数据。每个数据系列对应工作表中的一行或一列。图例是用来表示图表中各数据系列的名称的。默认情况下，Excel将图例放在图表区的右侧。

4. 网格线

网格线是坐标轴上刻度线的延伸，它穿过绘图区。添加网格线的目的是便于查看和计算数据。

02 图表种类

Excel提供了14种不同类型的图表。每种图表还有多种不同的具体形式可以选择。

1. 柱形图

柱形图也称直方图，是Excel默认的图表类型。柱形图在垂直方向进行比较，用矩形的高低长短来描述数据的大小，通常用于不同时期或不同类别数据之间的比较。例如，用柱形图比较各个时期产品销售数量的差异。一般在分类轴上标出分类项，在数值轴上标出数据的大小，这样可以强调数据是随分类项变化的。直方图包括7种子图表类型，如图6-25 (a)所示。

2. 条形图

条形图在水平方向进行比较，使用水平横条的长度来表示数据值的大小，通常用于比较不同类别数据项之间的差异。例如，用条形图比较某公司各销售区域的销售情况。一般在数值轴上标出分类项，在分类轴上标出数据的大小。这样可以突出数据的比较，而淡化时间的变化。条形图包括6种子图表类型，如图6-25(b)所示。

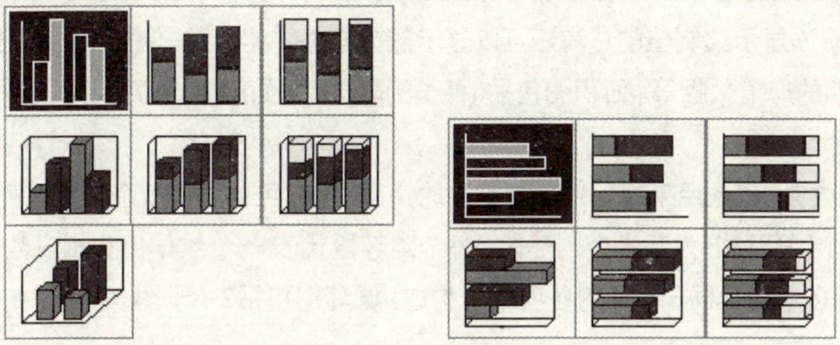

(a) (b)

图6-25 柱形图与条形图

3. 折线图

折线图以折线方式显示数据的变化趋势，是用直线段将各数据点连接起来而组成的图形，通常用来分析数据随时间变化的趋势，也可用来分析多组数据随时间变化的相互作用和相互影响。例如，使用折线图分析某类产品随时间增长的销售情况，从而进一步预测其销售的未来走势。一般分类轴代表时间的变化，并且间隔相同，而数值轴代表各时刻的数据的大小。折线图包括7种子图表类型，如图6-26(a)所示。

4. 饼图

饼图通常只用一组数据系列作为源数据。它将一个圆面划分为若干个扇形面，每个扇面代表一项数据值，其大小用来表示相应数据项占该数据系列总和的比例值。例如，某学校各类人员的结构等。饼图包括6种子图表类型，如图6-26(b)所示。其中，复合饼图和复合条饼图是在主饼图的一侧生成一个较小的饼图或堆积条形图，用来将其中一个较小的扇形中的比例数据放大表示。如果数据系列多于一个，Excel 先将同一簇的数据求和，然后再生成相应的饼图。

5. XY散点图

XY散点图除了可以显示数据的变化趋势以外，更多地用来描述数据之间的关系。它不仅可以用线段，而且可以用一系列的点来描述数据。在组织数据时，一般将X值置于一行或一列中，而将Y的值置于相邻的行或列中。XY散点图可以按不等间隔来表示数据。XY散点图包括5种子图表类型，如图6-26(c)所示。其中，平滑线散点图可以自动对折线做平滑处理，以便更好地描述变化趋势。

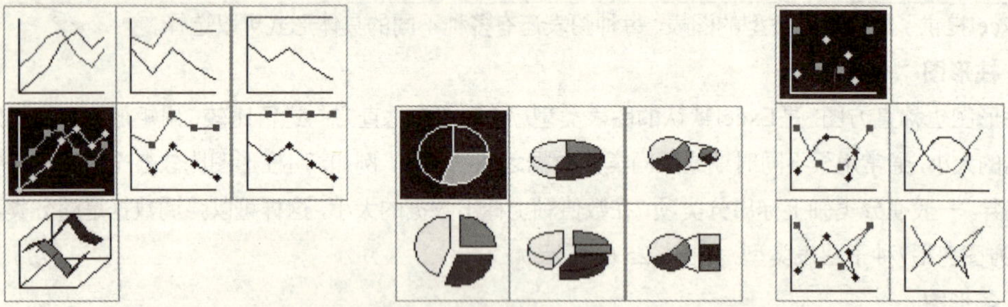

(a) (b) (c)

图6-26 折线图、饼图和XY散点图

6. 面积图

面积图使用折线和分类轴组成的面积以及两条折线之间的面积来显示数据系列的值。面积图强调幅度随时间的变化，通过显示绘制值的总和还可以显示部分与整体的关系。例如，可用来描述国民经济不同时期、不同产业部门的产值数据等。面积图包括6种子图表类型，如图6-27(a)所示。

7. 圆环图

圆环图与饼图类似，也是用来显示部分与整体的关系。但它可以显示多个数据系列，由多个同心的圆环来表示。它将一个圆环划分为若干个圆环段，每个圆环段代表一个数据值在相应数据系列中所占的比例。例如，可以描述多个企业同一产品的各项成本构成。圆环图包括2个子图表类型，如图6-27(b)所示。

8. 雷达图

雷达图是由一个中心向四周辐射出多条数值坐标轴，每个分类都拥有自己的数值坐标轴，将同一数据系列的值用折线连接起来而形成的。雷达图用来比较若干数据系列的总体水平值。例如，为了表示企业的经营情况，通常使用雷达图，将该企业的各项经营指标如资金增长率、销售收入增长率、总利润增长率、固定资产比率、固定资产周转率、流动资金周转率、销售利润率等指标与同行业的平均标准值进行比较，可以判断企业的经营状况。雷达图拥有3种子图表类型，如图6-27(c)所示。

9. 曲面图

曲面图是折线图和面积图的另一种形式，它在原始数据的基础上，通过跨两维的趋势线描述数据的变化趋势，而且可以通过拖放图形的坐标轴，方便地变换观察数据的角度。当需要寻找两组数据之间的最佳组合时，曲面图是很有用的。曲面图中的颜色和图案用来指示出在同一取值范围内的区域。例如，在地图上，用颜色和图来表示某个海拔高度的范围。曲面图包括4种子图表类型，如图6-27(d)所示。

10. 气泡图

气泡图是一种特殊类型的XY散点图，可用来描述多组数据。它相当于在XY 散点图的基础上增加了第3个变量：气泡的尺寸。气泡所处的坐标分别标出了在分类轴和数值轴的数据值，同时气泡的大小可以表示数据系列中第3个数据的值，气泡越大，数据值就越大。在组织数据时，一般将一行或一列作为分类轴，相邻的行或列作为数据值，而另一行或一列作为气泡的大小值。例如，在投资项目分析中，需要分析风险、成本和收益三个方面，这时可将风险和成本的数据作为气泡图的X轴、Y轴的源数据，而将收益的数据作为气泡大小的源数据，绘制出来的气泡图就能够反映不同项目的风险、成本及收益之间的关系。气泡图包括2种子图表类型，如图6-27(e)所示。

11. 股价图

股价图是一类专用图形，通常需要特定的几组数据。主要用来表示股票或期货市场的行情，描述一段时间内股票或期货的价格变化情况。它包括4种子图表类型，如图6-27(f)所示。

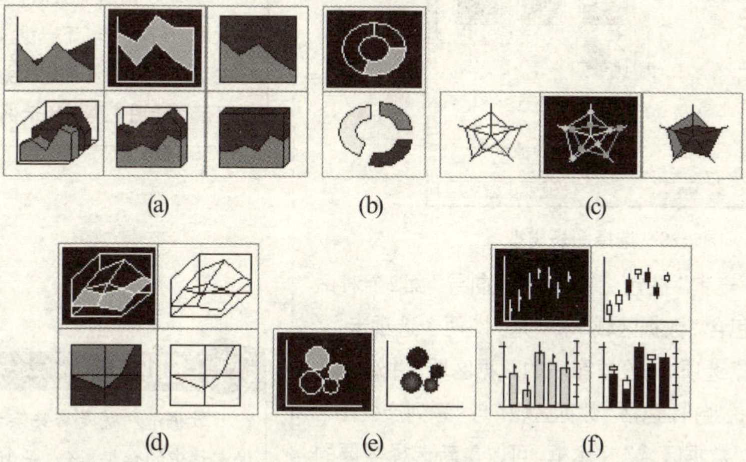

(a) (b) (c) (d) (e) (f)

图6-27　面积图、圆环图、雷达图、曲面图、气泡图和股价图

12. 圆柱图、圆锥图和棱锥图

圆柱图、圆锥图和棱锥图是柱形图和条形图的变化形式，分别用圆柱体、圆锥体和棱锥体代替了柱形图和条形图中的直方体的结果。其子图表类型也与柱形图和条形图相同，如图6-28(a) 、(b)、(c)所示。3种图的数据标记可以是三维柱形图和条形图。

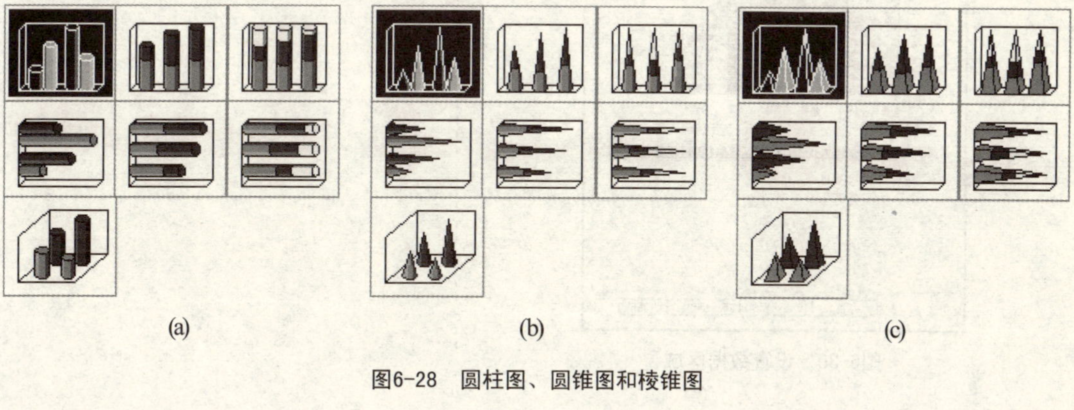

(a) (b) (c)

图6-28　圆柱图、圆锥图和棱锥图

03 创建图表

1. 使用向导

具体操作步骤如下。

① 选定创建图表所需数据的单元格区域。

② 执行“插入”>“图表”命令★45，或单击“常用”工具栏上的“图表向导”按钮，弹出“图表向导”第1个对话框。

③ 在“图表类型”列表框中选择一种图表，在“子图表类型”框中选择一种子图表类型，如图6-29所示。

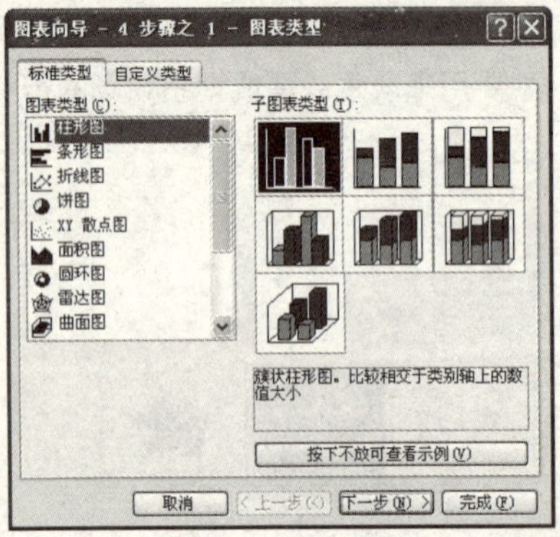

图6-29 选择图表类型

④ 单击“下一步”按钮，弹出“图表向导”第2个对话框。该对话框中包含“数据区域”和“系列”两个选项卡。

“数据区域”选项卡：设置图表的数据区域，并选择数据系列是横排还是竖排，包括“数据区域”与“系列产生在”两个选项。通过“数据区域”文本框，可以重新选择需要的区域；默认的数据区域是在进入图表向导之前选择的区域。通过“系列产生在”单选按钮，可以选择“行”或“列”，分别表示是按行还是按列产生数据系列，如图6-30所示。

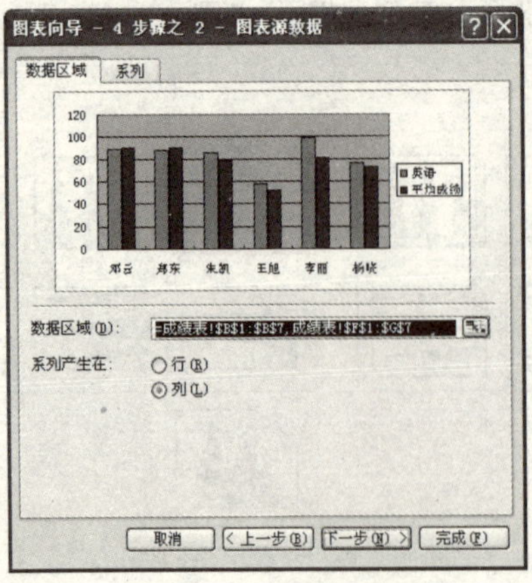

图6-30 设置数据区域

提示

选定数据时，应同时选定数据标志（行标题或列标题）。如果选定用于图表的数据单元格不在一个连续的区域内，应先选定第一组包含所需数据的单元格，再按住“Ctrl”键选定其他单元格区域。

注意

选择子图表类型后，如果想预览其显示效果，可在单击“下一步”按钮之前，按住“按下不放可查看示例”按钮，这时屏幕上将显示该子图表类型的示例。

知识

数据系列就是需要绘制图表中所用数据表格中的数据集合，是由一系列点、线或平面图形构成的图表对象。

"系列"选项卡：设置更细致的数据引用。对话框中包括"系列"与"分类（X）轴标志"两个区域。"系列"列表框里显示了所选区域的不同数据系列标识，单击"系列"列表框下方的"添加"和"删除"按钮便可更改数据系列。每个数据系列的"名称"、"数值"以及"分类（X）轴标志"可以通过改变右侧框里的单元格区域重新设置，如图6-31所示。

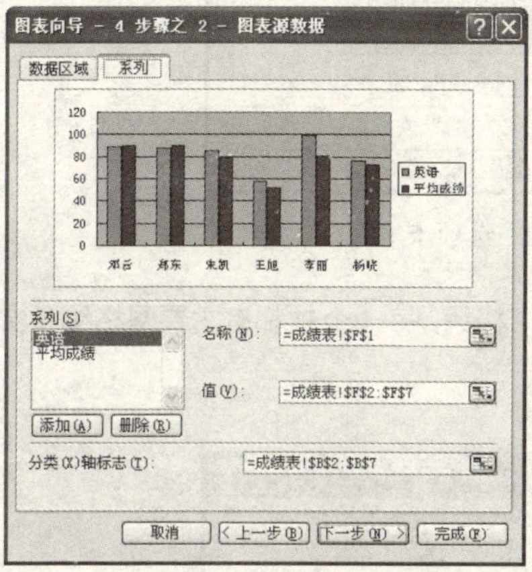

图6-31 设置系列

⑤ 单击"下一步"按钮，弹出"图表向导"第3个对话框。单击该对话框中的各选项卡，进行图表选项设置。不同图表类型，图表选项个数不同，以柱形图类型为例，该对话框包括标题、坐标轴、网格线、图例、数据标志和数据表6个选项卡。

标题：包括图表标题、分类（X）轴标题、数值（Y）轴标题。如果图表设置了次坐标，还可以设置次分类（X）轴标题、次数值（Y）轴标题，如图6-32所示。

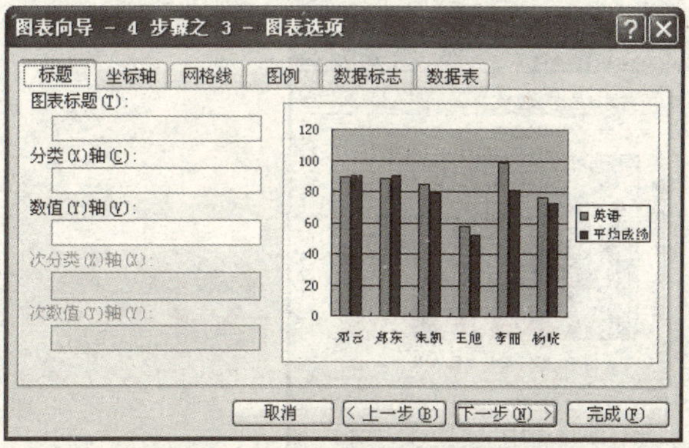

图6-32 "标题"选项卡

坐标轴：设置是否显示分类（X）轴、数值（Y）轴。如果是分类轴，可以选择自动、分类、时间刻度等分类轴格

知识

分类轴标志就是表示数据的标题。

式。如果图表设置了次坐标，还可以设置是否显示次分类（X）轴、次数值（Y）轴，如图6-33所示。

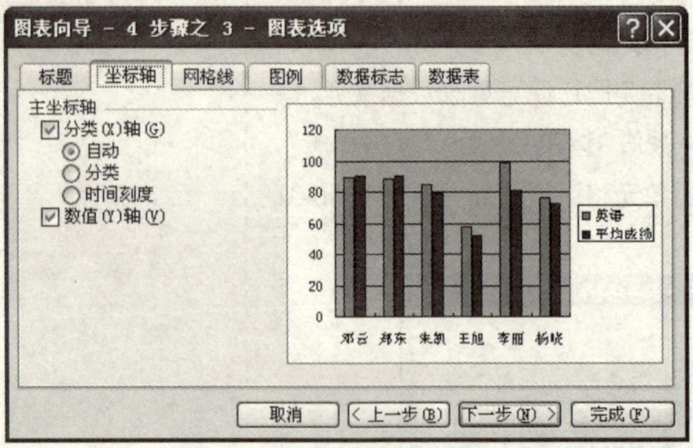

图6-33 “坐标轴”选项卡

网格线：设置是否显示分类（X）轴、数值（Y）轴的网格线，每一个轴都有主要网格线和次要网格线选项，如图6-34所示。

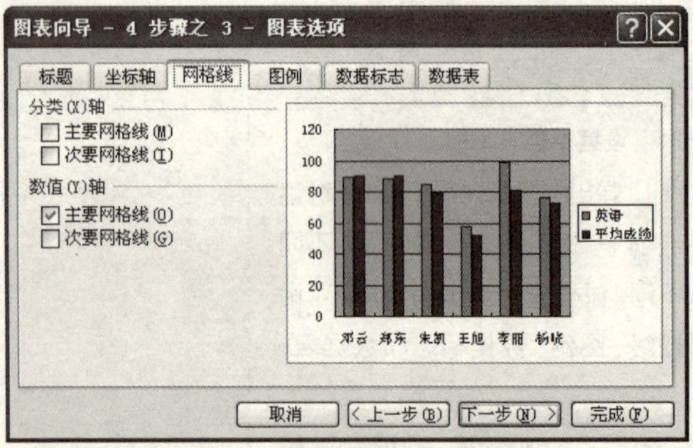

图6-34 “网格线”选项卡

图例：设置是否显示图例以及图例显示位置，如图6-35所示。

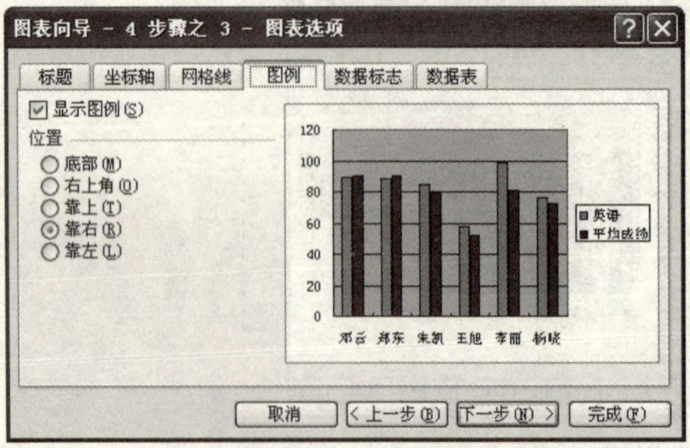

图6-35“图例”选项卡

数据标志：设置是否显示数据标志，如图6-36所示。数据标志包括数据标签、分隔符、图例项标示等。

数据标签一般可以显示系列名称、类别名称、值等，中间用分隔符分开。如果图表类型为饼图，数据标签可以显示百分比数值。如果图表类型为气泡图，数据标签可以显示气泡尺寸。分隔符包括空格、逗号、分号、句号和新行5种。

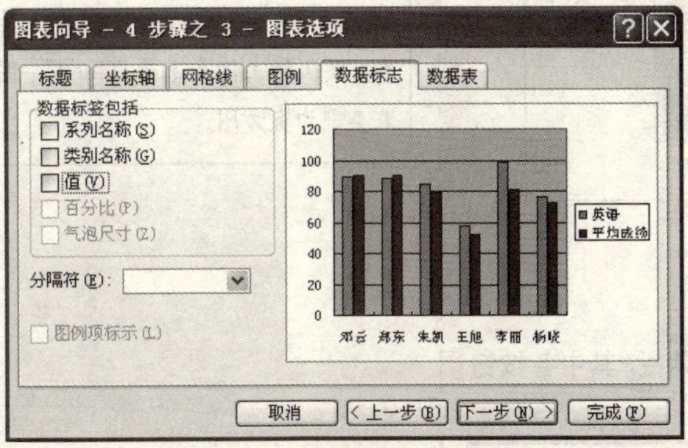

图6-36　“数据标志”选项卡

数据表：设置是否显示数据表和图例项标示，如图6-37所示。

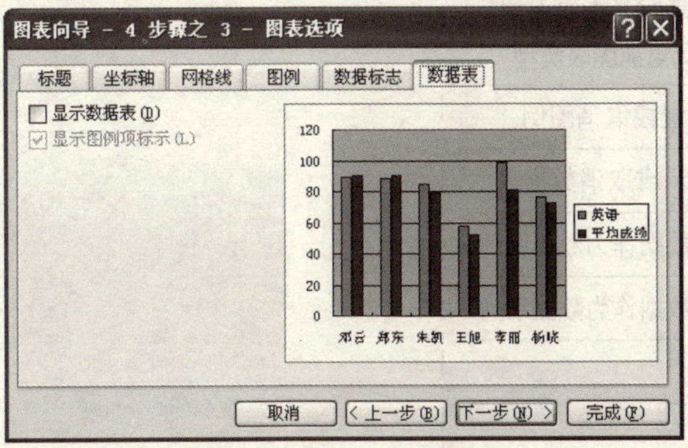

图6-37　“数据表”选项卡

⑥ 单击“下一步”按钮，弹出“图表向导”最后一个对话框，如图6-38所示。选定“作为新工作表插入”单选按钮，将创建嵌入式工作表；选定“作为其中的对象插入”单选按钮，将创建图表工作表。单击“完成”按钮，即可生成图表，如图6-39所示。

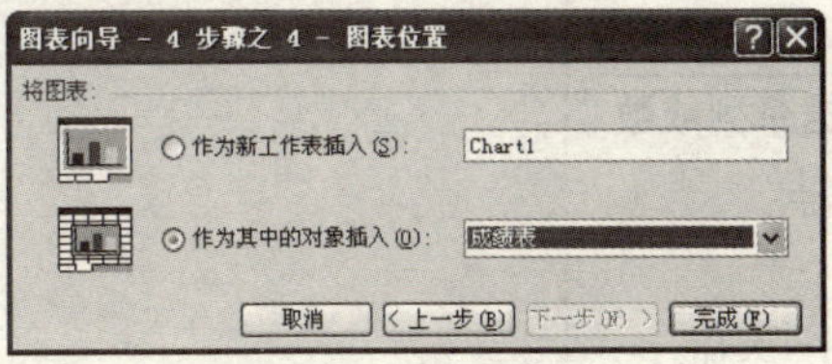

图6-38　设置图表位置

知识

Excel中的图表是由数据表格中的数据生成的。这些图表分为两类：嵌入式图表和图表工作表。嵌入式图表是将图表直接绘制在原始数据所在的工作表中，可实现数据表格与数据混排。而图表工作表则是将图表绘制成一个独立的工作表，图表的大小由Excel自动设置。

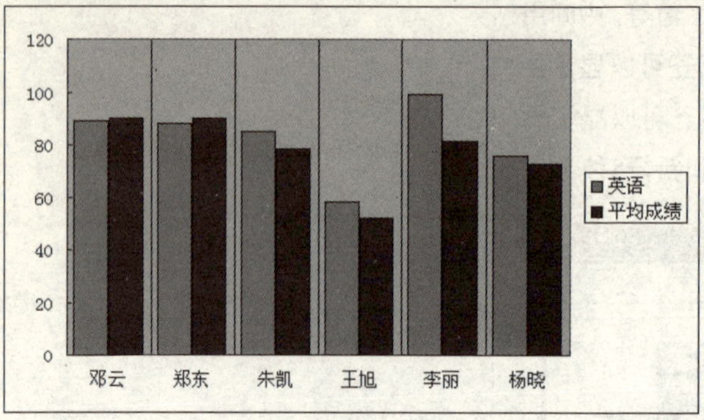

图6-39　创建图表结果

2. 使用“图表”工具栏创建图表

Excel为创建和编辑图表提供了“图表”工具栏，其中各按钮的功能如下表所示。

按钮	按钮名称	功能
	所选对象格式	打开设置所选对象格式的对话框
	图表类型	选择需要制作图表的类型，单击右侧下拉箭头，下拉列表中将列出各图表类型，选定某图表类型，该图表类型就显示在按钮上，为当前图表类型
	图例	开关选项，在创建的图表中设置或取消图例
	数据表	开关选项，在创建的图表中显示或取消数据表
	按行	开关选项，将工作表上的一行数据作为数据系列
	按列	开关选项，将工作表上的一列数据作为数据系列
	顺时针斜排	图表文字向右下方斜着排列
	逆时针斜排	图表文字向右上方斜着排列

使用“图表”工具栏创建图表的操作步骤如下。

① 选定创建图表所需数据的单元格区域。

② 单击“图表”工具栏上的“图表类型”按钮的下拉箭头，从弹出的下拉列表中选择所要创建的图表类型，Excel将在当前工作表中创建所选图表类型的图表。

04 添加数据系列

建立图表后，仍可以通过向图表中加入更多的数据系列或数据点来更新图表，也可以删除不需要的数据系列或数据点。

1. 添加数据系列

添加数据系列的方法有两种，一是使用“数据区域”添加；二是使用“系列”添加。

提示

还可以使用功能键创建图表，具体方法是：先选定创建图表所需数据的单元格区域，然后按“F11”键，Excel将立即创建一个图表工作表。默认的工作表名为“Chart1”，图表类型为直方图。

（1）使用“数据区域”添加的操作步骤如下。

① 选定图表。

② 执行“图表”>“源数据”命令★46，弹出“源数据”对话框，单击“数据区域”选项卡。

③ 在“数据区域”文本框中输入新的数据系列；或者单击右侧“折叠”按钮，重新选择数据系列。在“系列产生在”区域中选定“行”或“列”单选按钮。

④ 单击“确定”按钮。

（2）使用“系列”添加数据系列的操作步骤如下。

① 选定图表。

② 右键单击图表区，从弹出的快捷菜单中选择“源数据”命令，弹出“源数据”对话框，单击“系列”选项卡。

③ 单击“添加”按钮，单击“名称”文本框右侧“折叠”按钮，选定要添加的数据系列名称，单击“折叠”按钮；单击“值”文本框右侧“折叠”按钮，选定要添加的数据系列，单击“折叠”按钮。如果要添加或修改分类轴标志，可以单击“分类（X）轴标志”文本框右侧“折叠”按钮，选定要添加的数据系列，单击“折叠”按钮。

④ 单击“确定”按钮。

2. 删除数据系列

如果某一数据系列需要从图表中删除，操作步骤如下。

① 单击图表，选定要清除的数据系列。

② 直接按“Delete”键，或者执行“编辑”>“清除”>“系列”命令，或者右键单击要清除的数据系列，从弹出的快捷菜单中执行“清除”命令。

05 编辑图表对象

图表中包含了图表区、绘图区、图表标题、图例、坐标轴、数据系列等多个部分，每个部分都是图表中的一个对象。如果需要，可以调整这些对象的位置和大小，也可以在图表中添加说明信息。

1. 调整图表对象位置

调整图表对象位置的操作步骤如下。

① 选定图表中需要调整位置的对象，如图例、图表标题等。

② 按住鼠标左键，将其拖至合适的位置放开。

2. 调整图表对象大小

调整图表对象大小的操作步骤如下。

技巧

使用直接拖放方法快速添加数据系列。操作步骤如下。

① 选定需要添加的单元格区域。

② 将鼠标指针放到所选区域的任一边框上，待鼠标指针变为十字箭头形状时，按住鼠标左键拖到图表中再放开。

知识

在对图表工作表进行编辑操作时，首先要选定图表工作表标签，然后单击该工作表中的某个对象，即可对其进行编辑操作。若要选定嵌入式图表，只需单击图表区域，该图表的周围出现一个黑色的细线矩形框，并在4个角上和每条边的中间出现黑色小方块的控制柄，此时可以对图表进行移动、放大、缩小、复制和删除等操作。单击图表的某个对象可以对其进行编辑。在选定某个图表区域或对象后，工作簿窗口的菜单会自动改变，以适应图表编辑的相关操作。

① 选定图表中需要调整大小的对象，如图例、绘图区等，此时在其周围会出现8个控制柄。

② 将鼠标指针放到某一控制柄上，待指针变为双向箭头时，按住左键不放，并拖放到合适的大小放开。

3. 在图表中添加浮动文字

浮动文字是指可放置在图表任意位置上的文字，主要用来解释图表。例如，在图6-39所示图表中添加浮动文字，操作步骤如下。

① 选定图表。

② 在“编辑栏”中输入说明信息，然后按“Enter”键。这时浮动文字出现在图表中。

③ 用鼠标将其拖到合适位置放开，如图6-40所示。

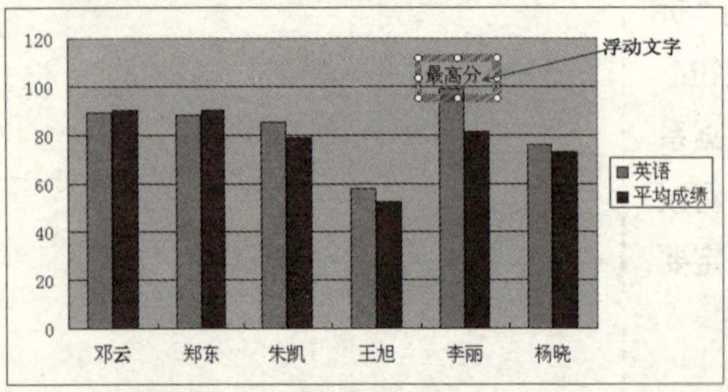

图6-40　在图表中添加浮动文字

06 设置数据系列格式

不同图表类型，数据系列可以设置的格式选项有所不同。以条形图为例，主要包括图案、坐标轴、误差线y、数据标志、系列次序、选项等。其中，图案用来设置数据系列图形边框的样式和内部区域的填充颜色及效果；坐标轴用来选择数据系列绘制在主坐标轴或次坐标轴；误差线y用来设置显示方式和误差量；数据标志用来设置数据标签显示的内容及分隔符等；系列次序用来设置不同数据系列的排列次序；选项用来设置数据点图形的数据点重叠比例、分类间距等。

1. 设置数据系列格式

例如，设置图6-40所示图表中的数据系列格式，操作步骤如下。

① 选定某一数据系列。

② 执行“格式”>“数据系列”命令；或者右键单击数据系列，在弹出的快捷菜单中执行“数据系列格式”命令；或者双击数据系列，弹出“数据系列格式”对话框。

提示

删除浮动文字的方法：单击浮动文字，然后按“Delete”键或者执行“编辑”>“清除”>“全部”命令。

技巧

默认情况下，Excel数据标志都是显示在比较固定的位置，如柱形图一般显示在柱形的上方。

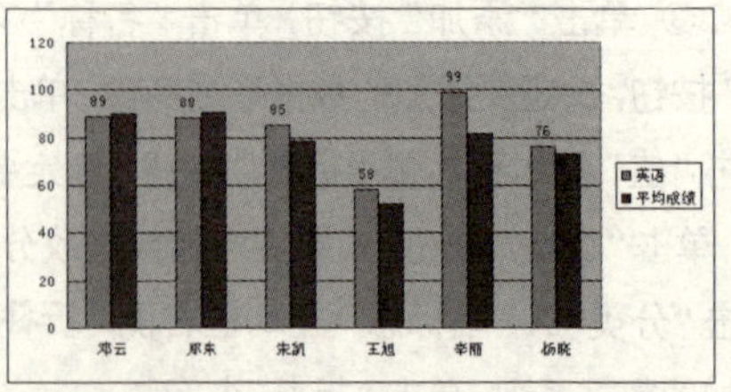

可以根据需要来设置数据标志的位置。例如，将数据标志显示在数据系列图形中间，具体操作步骤如下。

① 双击数据标志，弹出“数据标志格式”对话框。

② 单击“对齐”选项卡，在“标签位置”下拉列表中选择“数据标记内”选项。

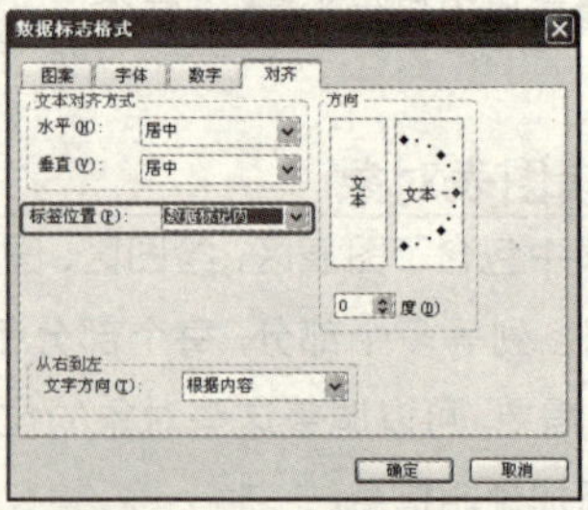

③ 单击“确定”按钮。

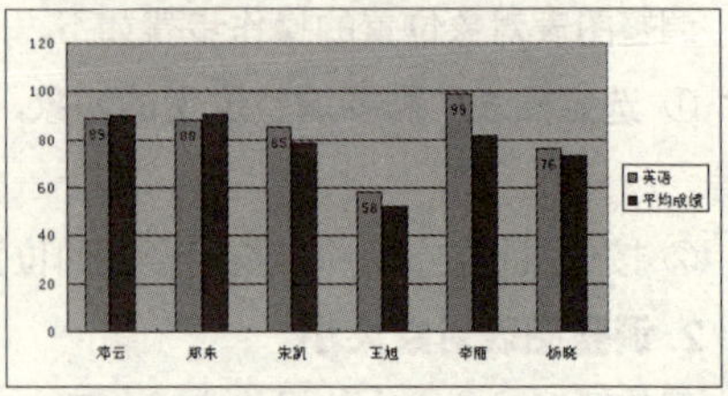

③ 在该对话框中单击某一选项卡，按需求设置其中的选项。如为数据系列添加说明信息，可以单击“数据标志”选项卡，然后勾选“值”复选框，Excel将用数值标注数据系列。又如将数据系列图形加宽，可以单击“选项”选项卡，将“分类间距”值改为“40”，如图6-41所示。

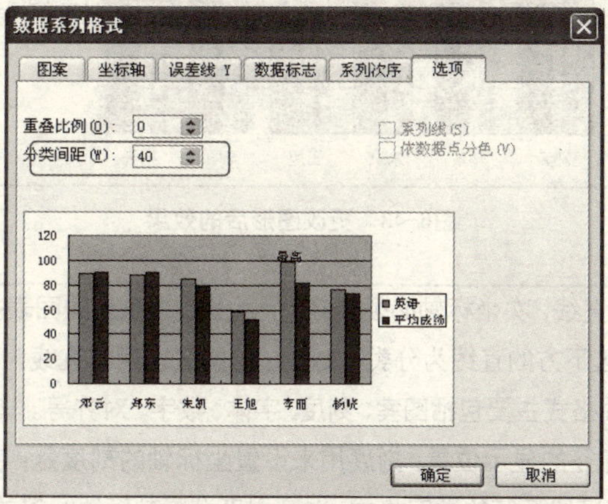

图6-41　设置分类间距

Excel自动将图形之间距离变小，图形变宽，结果如图6-42所示。

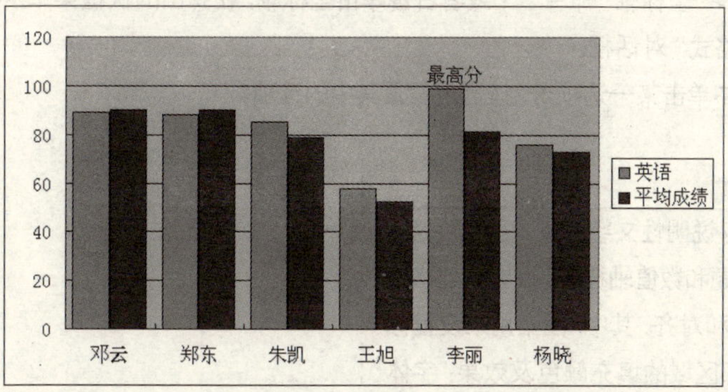

图6-42　改变数据系列宽度后的效果

2. 更改数据系列图形

可以使用图片或自选图形来替换图表中默认的图形。

(1) 使用已有图片替换。操作步骤如下。

① 选定需要替换的数据系列。

② 执行“插入”>“图片”>“来自文件”命令，弹出“插入图片”对话框。

③ 找到并选定该文件，单击“确定”按钮。

(2) 使用自选图形替换。例如，改变图6-42所示图表中“英语”数据系列的图形，操作步骤如下。

① 准备要使用的图形，选定并按“Ctrl”+“C”组合键。

② 选定“英语”数据系列。

③ 按“Ctrl”+“V”组合键。图6-43展示的就是更改图形后的效果。

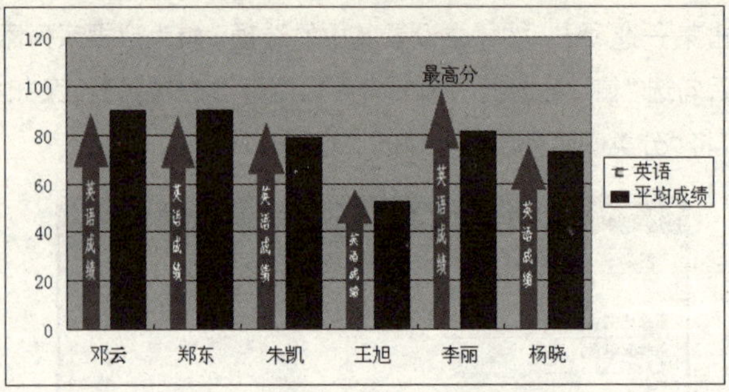

图6-43　更改图形后的效果

07 设置坐标轴格式

坐标轴是绘图区4边的直线，次坐标轴必须要在2个以上数据系列的图表并设置了使用次坐标轴后才会显示。默认情况下，绘图区下方的直线为分类（X）轴；绘图区左侧的直线为数值（Y）轴，右侧的直线为次数值（Y）轴。设置坐标轴格式主要包括图案、刻度、字体、数字、对齐等。其中，图案用来设置坐标轴线的样式和刻度线、刻度线标签的显示位置；刻度用来设置坐标轴的刻度量；字体用来设置刻度线标签的字体格式；数字用来设置刻度线标签的数字格式；对齐用来设置刻度线标签的文字方向。

设置坐标轴格式的操作步骤如下。

① 选定坐标轴。

② 执行“格式”>“坐标轴”命令★47；或者右键单击坐标轴，在弹出的快捷菜单中执行“坐标轴格式”命令，弹出“坐标轴格式”对话框。

③ 在该对话框中单击某一选项卡，按需求设置其中的选项。

08 设置标题格式

标题是用于保存说明性文字的文本，标题包括图表标题、分类轴标题和数值轴标题。设置标题格式主要包括图案、字体和对齐。其中，图案用来设置标题边框的样式和内部区域的填充颜色及效果；字体用来设置标题字体的大小和颜色；对齐用来设置文本的对齐方式和方向。操作步骤如下。

① 双击需要设置格式的标题，弹出相应标题格式设置对话框。

② 在该对话框中设置标题的图案、字体和对齐。

09 设置绘图区格式

绘图区是图表区中由坐标轴围成的部分。设置绘图区格式主要设置绘图区边框的样式、内部区域的填充颜色及效果等。与图表区中的图案设置相似，操作步骤如下。

① 选定绘图区。

② 执行“格式”>“绘图区”命令；或者右键单

技巧

在修饰图表过程中，经过多次设置，可能使图表不同区域（绘图区、标题、坐标轴标志、图例等）的字体颜色和大小变得比较混乱。如果希望将其统一，分别设置会比较麻烦，可以按以下步骤进行操作。

① 选定图表区。

② 双击图表区，弹出“图表区格式”对话框。

③ 在该对话框中设置字体的字形、字号、颜色等。

④ 单击“确定”按钮。此时，图表中所有字体将按照设置的选项统一改变。

击绘图区，在弹出的快捷菜单中执行“绘图区格式”命令；或者双击绘图区，弹出“绘图区格式”对话框。

③ 在该对话框中设置绘图区的背景图案、效果、是否加边框以及边框的样式、颜色等。

延伸知识点

10 设置图表区格式

图表区是指图表的全部背景区域。设置图表区格式主要包括设置图表区的图案、字体及属性等。其中，图案主要用来设置图表的边框样式和内部区域的填充颜色及效果；字体主要用来设置图表中字体的大小和颜色；属性主要用来设置图表的大小和位置是否随单元格变化，选择是否打印或锁定图表等。操作步骤如下。

① 选定图表区。

② 单击“图表”工具栏中的“图表区格式”按钮；或者右键单击图表区，在弹出的快捷菜单中执行“图表区格式”命令；或者双击图表区。以上方法操作完毕后均会弹出“图表区格式”对话框，在该对话框中设置图表区的图案、字体和属性。

11 设置图例格式

图例实际上是一个文本框，用于标识图表中的数据系列或分类指定的图案或颜色。设置图例格式包括图案、字体和位置。其中，图案用来设置图例边框的样式和内部填充颜色；字体用来设置图例文字的格式；位置用来设置图例在图表区中的位置。操作步骤如下。

① 双击选定图例，弹出“图例格式”对话框。

② 按需要设置图案、字体或位置，然后单击“确定”按钮。

12 设置网格线格式

坐标轴主要刻度线对应的是主要网格线，坐标轴次要刻度线对应的是次要网格线。设置网格线格式包括图案和刻度。其中，图案主要用来设置网格线的样式、颜色和粗细；刻度主要用来设置刻度各类值和显示单位等。例如，对图6-43所示图表，只希望分隔数据系列，不需要了解每个图形数值轴上的具体数字，可以按如下操作步骤进行设置。

① 右键单击图表区，在弹出的快捷菜单中执行“图表选项”命令，弹出“图表选项”对话框。

② 单击“网格线”选项卡，勾选“分类（X）轴”中的“主要网格线”复选框；取消勾选“数值（Y）轴”中的“主要网格线”复选框，如图6-44所示。

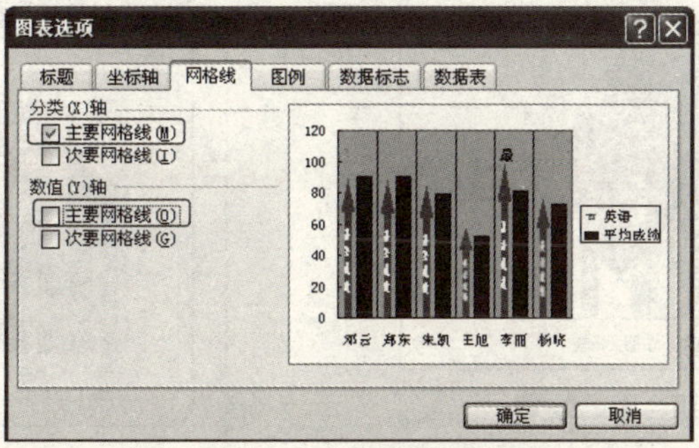

图6-44　设置网格线

③ 单击“确定”按钮，结果如图6-45所示。

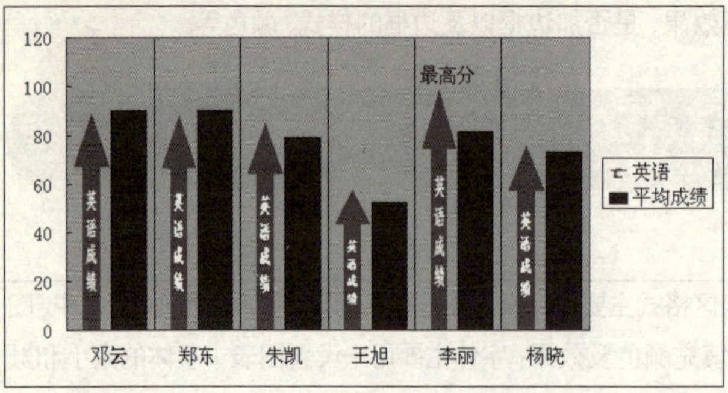

图6-45　设置结果

13 组合图

组合图是将两种或两种以上的图表类型绘制在同一绘图区中的图表。组合图的绘制可以通过更改某数据系列的图表类型来实现。例如，将图6-45所示图表的“平均成绩”数据系列图表类型改为饼图。具体操作步骤如下。

① 右键单击需要修改的数据系列，这里选定“平均成绩”数据系列。在弹出的快捷菜单中执行“图表类型”命令，弹出“图表类型”对话框。

② 选择“饼图”图表类型，如图6-46所示。

③ 单击“确定”按钮，效果如图6-47所示。

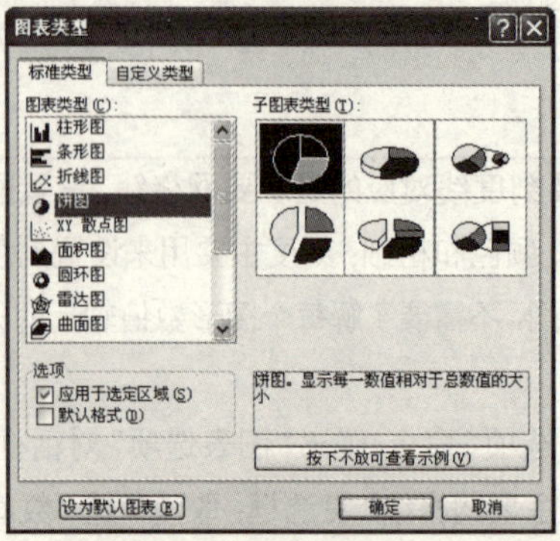

图6-46　“图表类型”对话框

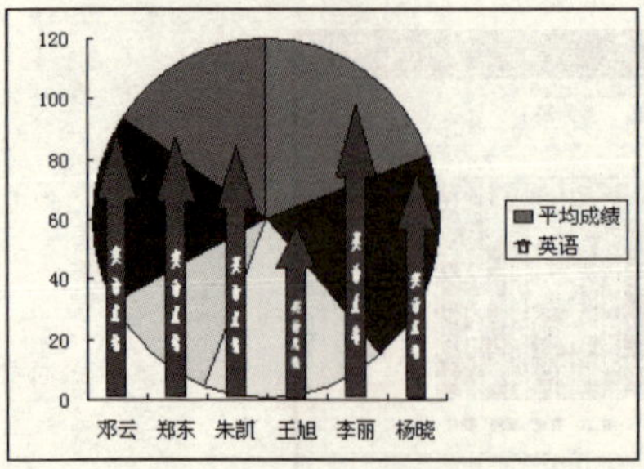

图6-47　组合图的效果

技巧

巧用组合图，可以标记数据系列最大值。例如，在已建图中标记出英语成绩最高分。

① 计算英语成绩最高分，并将最高分存入指定列对应单元格中。将错误值“#N/A”存入其他单元格中。计算公式为：

=IF(F2=MAX($F$2:$F$7),F2,NA())

	A	B	C	D	E	F	G	H
1		姓名	性别	计算机基础	高等数学	英语	平均成绩	最高分
2		邓云	女	91	90	89	90.00	#N/A
3		郑东	男	90	93	88	90.33	#N/A
4		朱凯	女	87	64	85	78.67	#N/A
5		王旭	男	54	45	58	52.33	#N/A
6		李丽	女	73	72	99	81.33	99.00
7		杨晓	男	60	83	76	73.00	#N/A

② 将“最高分”数据系列添加到已有的图表中。

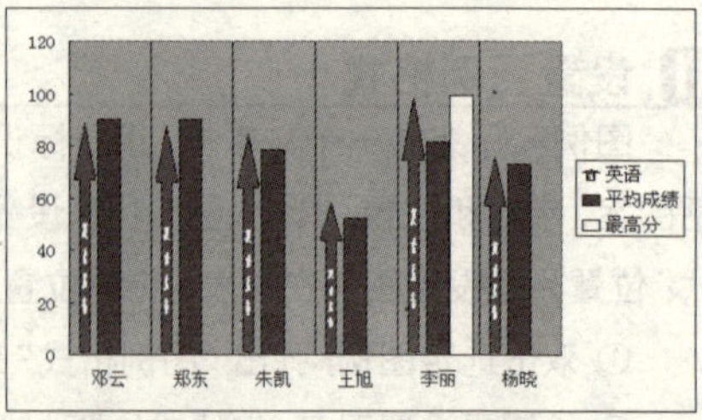

③ 将最高分数据系列图表类型更改为“折线图”。

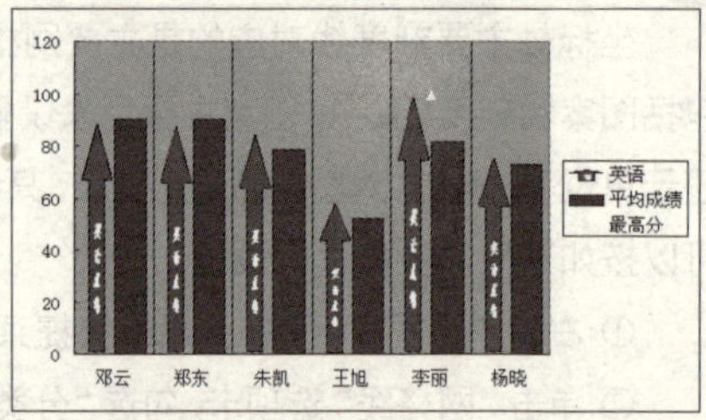

④ 双击折线图数据点，在弹出的“数据系列格式”对话框中设置显示数据值。

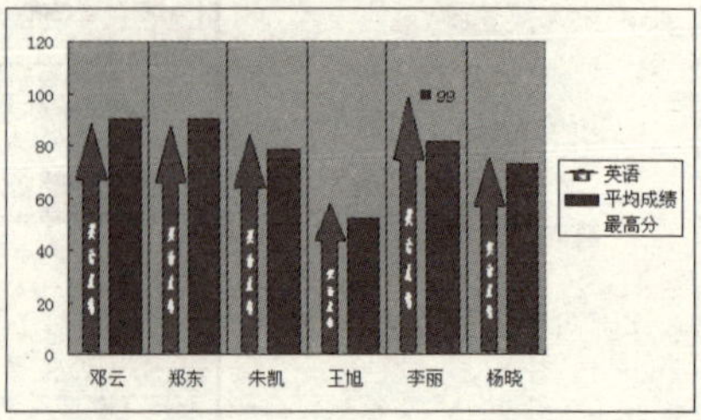

14 设置三维图表

与平面图表相比，Excel提供的三维图表能使图表更具有立体感。但默认情况下创建的三维图表往往不够美观，如图6-48所示，可以通过调整参数来美化图表。

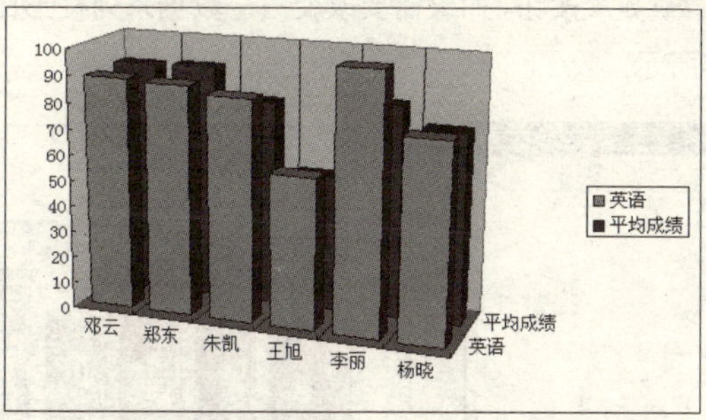

图6-48　默认情况下的三维图表

1. 设置三维图表的高度和角度

具体操作步骤如下。

① 选定三维图表，执行“图表”>“设置三维视图格式”命令★48，弹出“设置三维视图格式”对话框。

② 在该对话框中，勾选“直角坐标轴”复选框，在“上下仰角”文本框中输入仰角值“10”，在“左右转角”文本框中输入转角值“10”，如图6-49所示。单击“确定”按钮，结果如图6-50所示。

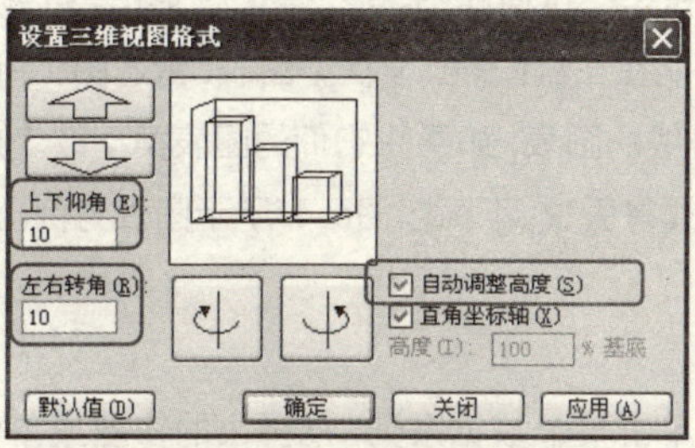

图6-49　设置三维图表参数

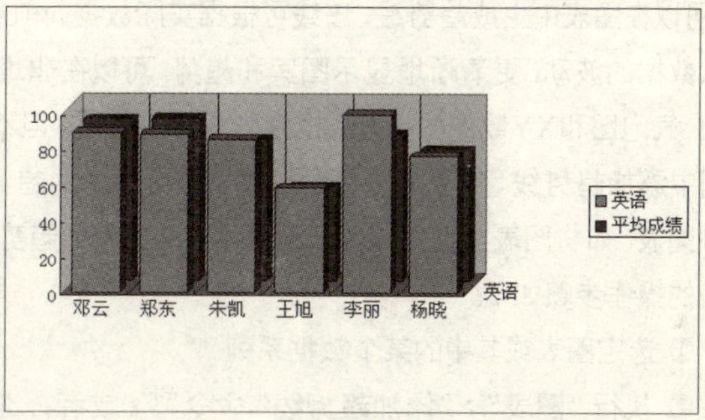

图6-50　高度及角度设置结果

2. 设置三维图表的深度和宽度

三维图表的深度和宽度是通过“数据系列格式”对话框中的选项来设置。方法是：打开“数据系列格式”对话框，单击“选项”选项卡，然后修改“系列间距”、“分类间距”、“透视深度”的值，如图6-51所示。设置结果如图6-52所示。

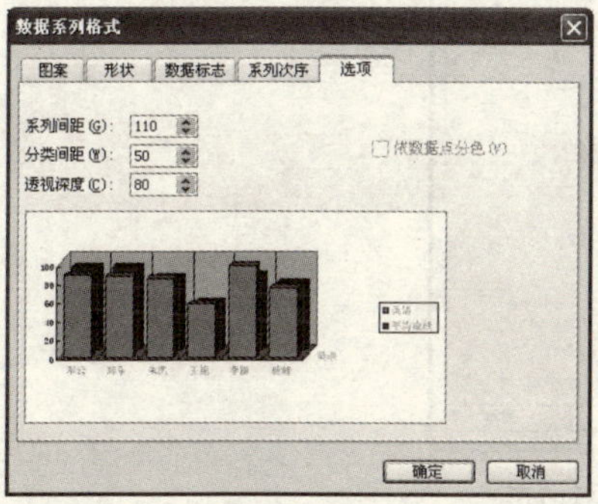

图6-51　设置三维图表的深度和宽度

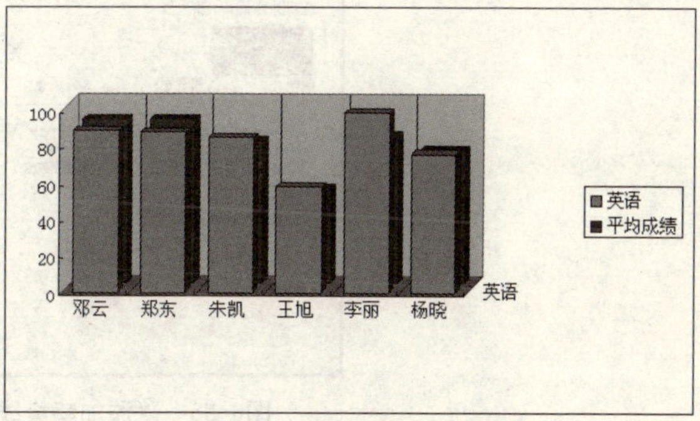

图6-52　深度和宽度设置结果

3. 设置三维图表的图形形状

除可以进行上述设置外，还可以改变数据系列图形形状。具体操作方法是：双击某一数据系列，弹出“数据系列格式”对话框。在该对话框中，单击“形状”选项卡，在“柱体形状”中选择某一图形，如选择“5”，如图6-53所示，单击“确定”按钮。如果需要改变另一数据系列柱形图图形形状，可以使用上述方法再次选择。结果如图6-54所示。

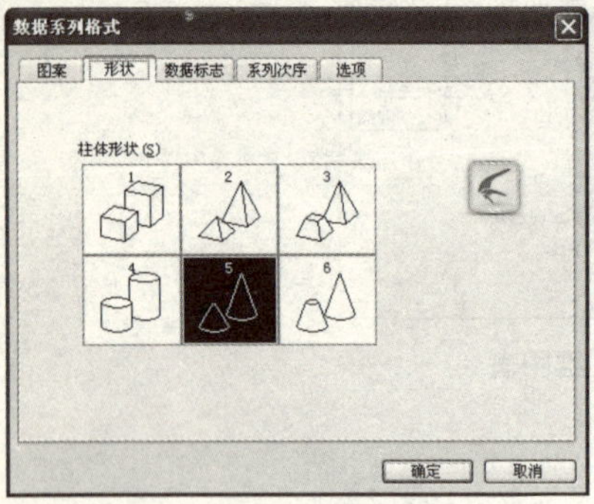

图6-53 选择图形形状

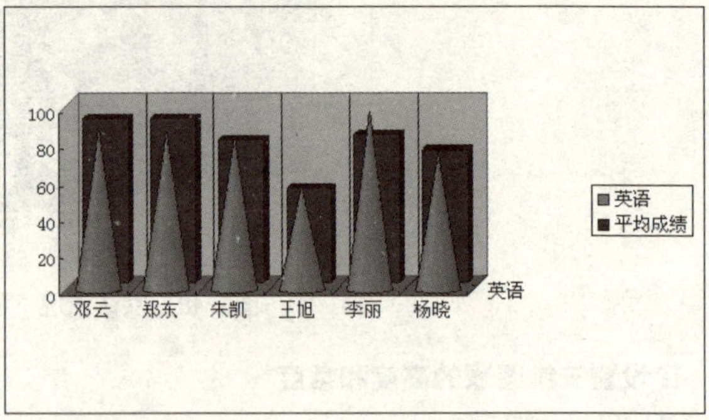

图6-54 设置图形形状结果

15 添加趋势线

趋势线是以图表的方式显示数据的预测趋势并可用于预测分析，也称回归分析。利用回归分析的方法，可以在图表中生成趋势线，该线可根据实际数据向前或向后模拟数据的走势。还可以生成移动平均，消除数据的波动，更清晰地显示图案和趋势。可以在非堆积型二维面积图、条形图、柱形图、折线图、股价图、气泡图和XY散点图中为数据系列添加趋势线；但不能在三维图表、堆积型图表、雷达图、饼图或圆环图中添加趋势线。对于那些包含与数据系列相关的趋势线的图表，如果将它们的图表类型改变成上述几种图表，如将图表类型修改为三维图表，则原有的趋势线将丢失。下面以图6-45所示图表为例，添加趋势线的操作步骤如下。

① 选定图表或其中的某个数据系列。

② 执行“图表”>“添加趋势线”命令★49；或者右键单击某个数据系列，从弹出的快捷菜单中选择“添加趋势线”命令，弹出“趋势线格式”对话框。

③ 单击“类型”选项卡，在“趋势预测/回归分析类型”框中选择类型，包括线性、对数、多项式、乘幂、指数和移动平均等，在“选择数据系列”列表框中选择想做分析预测的数据系列，如图6-55所示。

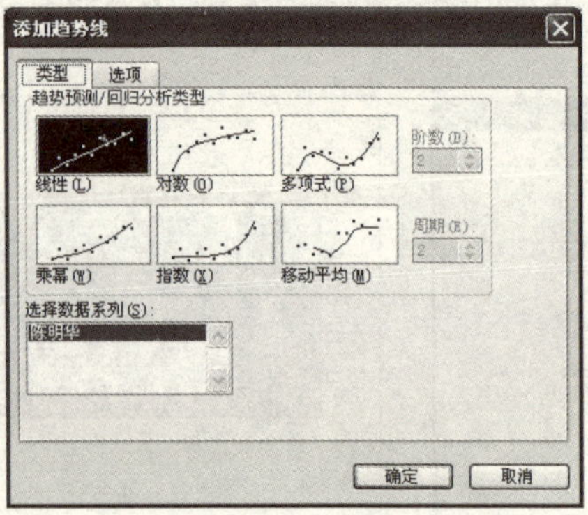

图6-55 “添加趋势线”对话框

④ 单击“选项”选项卡，可以设置“显示公式”来显示趋势线的方程，设置“显示R平方值”来查看R平方的计算值，如图6-56所示。

⑤ 单击“确定”按钮，结果如图6-57所示。

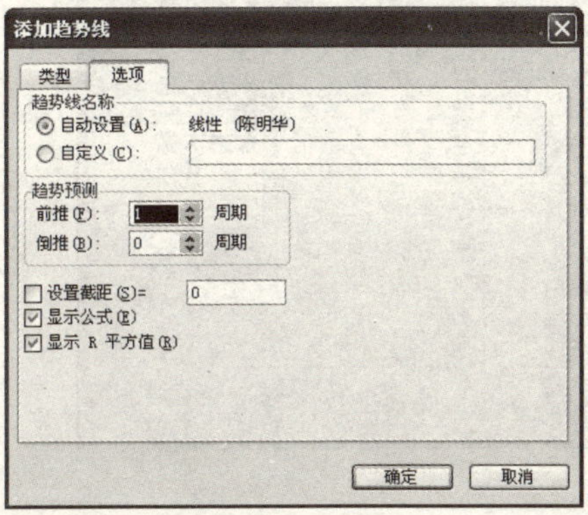

图6-56　设置选项

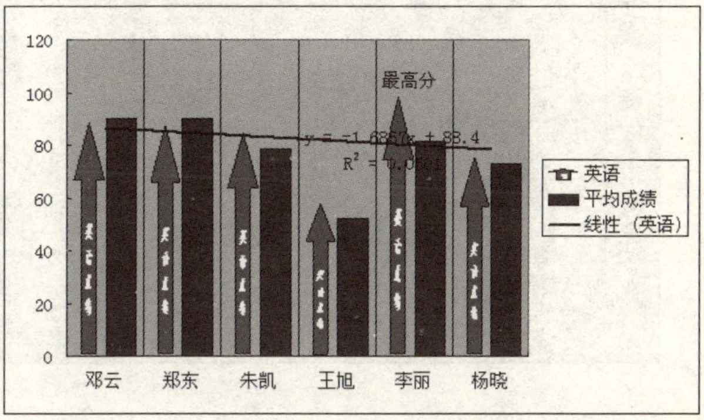

图6-57　在图表中添加趋势线

独立实践任务

任务二　绩效奖金比较图的制作

任务背景

成文公司每个季度都会以表格形式对发放的绩效奖金进行统计。管理者希望以更直观的方式了解并比较绩效奖金的发放情况，这就需要制作绩效奖金比较图。

任务要求

根据04模块已经建立的绩效奖金表制作绩效奖金比较图，要求如下。

显示内容：每个评定等级的人数及比率，标记人数最多的评定等级。

图表类型：人数使用直方图，比率使用折线图。

显示格式：图表区有图表标题、背景，强调显示最多人数的值。

【技术要领】图表种类的选择；图表选项的设置；图表类型的组合。

【解决问题】理解图表的类型及其功能；理解图表选项的含义及设置方法。

【应用领域】企事业单位的工资比较、销售单位的销售业绩比较、学校的学生成绩比较等。

任务分析

组合图时注意选定需要更改图表种类的数据系列。在图中标记最多人数时，可以先计算出人数最多的等级，由于人数最多的等级只可能有一个，因此将其以折线图的形式添加到图表中后只会出现一个数据点，通过标记此数据点的值即可标记出人数最多的评定等级。

任务效果参考图

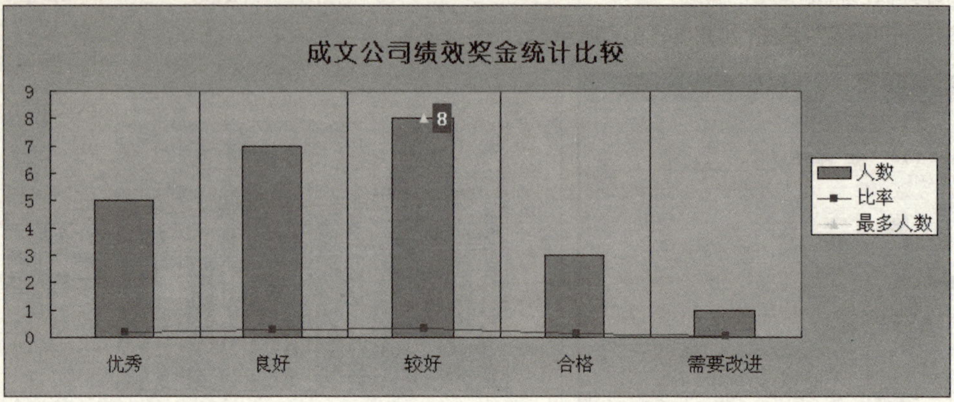

课后作业

1. 填空题

(1) 在Excel中，既可以创建图表工作表，也可以创建________图表。

(2) 在Excel中，当选定了某一个图表后，原来的________菜单项会变为“图表”菜单项。

(3) 在Excel中，数据系列是由一系列点、线或平面图形构成的________。

(4) 在Excel中，图例主要用于标识图表中的________或分类指定的图案或颜色。

(5) 在Excel中，趋势线是以图表的方式显示数据的预测________。

2. 单选题

(1) 在Excel中，图表建立后，可以修改________。

A. 图表标题　B. 图例　C. 坐标轴　D. 以上都可以

(2) 下列关于图例的叙述中，正确的是________。

A. 可以改变大小但是不可以改变位置　B. 可以改变位置但是不可以改变大小

C. 既可以改变位置也可以改变大小　D. 既不可以改变位置也不可以改变大小

(3) 下列关于图表位置的叙述中，错误的是________。

A. 可以在嵌入的工作表中任意移动　B. 可以由嵌入式图表改为图表工作表

C. 可以由图表工作表改为嵌入式图表　D. 建立后不能改变位置

(4) 下列关于嵌入式图表的叙述中，错误的是________。

A. 对图表进行编辑时要先选定图表　B. 修改源数据后，图表中的数据会随之变化

C. 创建图表后，不能改变图表类型　D. 创建图表后，可以向图表中添加新的数据

(5) 在Excel中，若要删除柱形图表中的某数据系列柱形图，则________。

A. 工作表中相应的数据将会消失

B. 工作表中相应的数据不会改变

C. 若事先选定了与被删柱形图对应的数据区域，则该区域数据消失

D. 若事先选定了与被删柱形图相应的数据区域，则该区域数据不变

3. 简答题

(1) 嵌入式图表与图表工作表有何区别？

(2) 图表有几种？各自的特点是什么？

(3) 总结图表及各组成部分格式的设置要点。

(4) 假设有一个学生成绩表，其中包含每名学生的各科成绩以及总成绩，若希望了解学生成绩的波动情况，应选择何种图表？为什么？

(5) 某公司已建立了“满意度调查”表，如下图所示。

	A	B	C
1	满意度调查表		
2	部门	满意	不满意
3	办公室	2	-1
4	财务部	2	-1
5	工程部	2	-2
6	技术部	3	-1
7	销售部	4	-2

要求制作比较图，效果如下图所示。

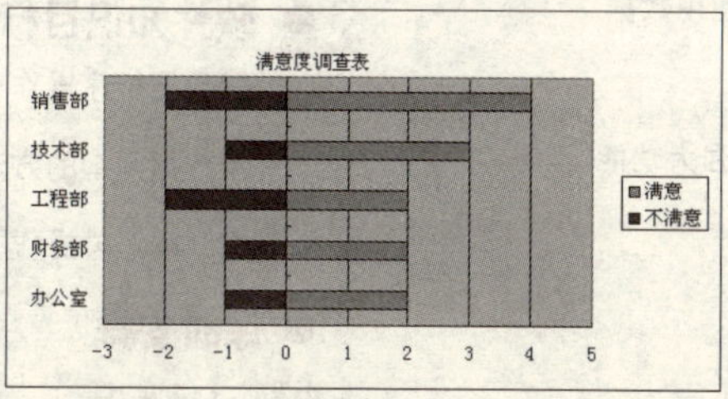

模块 07

管理人事档案表
——Excel数据的管理与应用

● **能力目标**

能够运用数据管理功能管理和使用数据

● **专业知识目标**

1. 了解Excel在数据管理方面的强大功能
2. 理解数据清单[01]的概念
3. 理解分类汇总的含义
4. 了解自动筛选与高级筛选的不同
5. 能够根据实际需要灵活操控工作表中的数据

● **软件知识目标**

1. 掌握数据排序操作
2. 掌握数据筛选的方法
3. 掌握分类汇总操作要点及操作方法

● **课时安排**

4课时（讲课2课时，实践2课时）

模拟制作任务

任务一 人事档案表的管理和使用

任务背景

某企业已经建立了人事档案表。为了满足企业管理者对员工档案信息的各种使用需求和处理需求，需要对员工档案信息进行整理和使用。

任务要求

对人事档案表数据进行整理和使用，要求如下。

排序：对人事档案表进行排序，内容包括：

⑴ 按姓氏笔划排序。

⑵ 按部门和婚姻状况（未婚在前）排序。

⑶ 按职称（由高到低）排序。

查询：查询人事档案相关信息，内容包括：

⑴ 查询已婚的男员工。

⑵ 查询中级职称的员工。

⑶ 查询基本工资2200～2300元的员工。

⑷ 查询年龄最小的5位员工。

⑸ 查询高级职称基本工资低于2000元和初级职称基本工资高于1000元的员工，并将查询结果复制到其他位置。

分类汇总：对人事档案表中的数据进行分类汇总，内容包括：

⑴ 计算不同学历的平均工资。

⑵ 计算每个部门的员工人数，并将汇总结果存入一个新工作表中。

任务分析

人事档案管理是典型的数据管理工作，数据相对稳定，计算简单，但不同需求的排序、查询以及分类汇总等处理却十分频繁。使用Excel提供的数据管理功能，可以方便地实现人事档案管理操作。

在本任务中，需要完成以下三项操作。

第一，对人事档案进行排序。如果只按照一个字段排序，可以直接利用“常用”工具栏的“升序排序”和“降序排序”工具按钮实现；但如果有更复杂的排序要求，则需要通过“排序”命令实现。

第二，对人事档案进行查询，一般的查询大多可通过自动筛选实现，如查询已婚的男员工。但比较特殊或复杂的查询需要使用高级筛选，如查询高级职称基本工资低于2000元和初级职称基本工资高于1000元的员工。

第三，对人事档案进行分类汇总。例如，计算不同学历的平均工资和计算每个部门的员工人数等，可以通过“分类汇总”命令实现。但需要注意的是，在进行分类汇总操作之前应先对分类项进行排序。

本案例的重点难点

排序中的自定义序列应用；分类汇总操作要点。

【技术要领】“选项”命令；排序操作。

【解决问题】理解自定义序列的作用，理解分类汇总操作的基本要点。

【应用领域】企事业单位的人事档案、生产部门的产品资料、销售单位的顾客信息、学校的学生学籍档案、医院的病人病案等。

操作步骤详解

打开“人事档案”工作表

❶ 启动Excel，执行“文件”>“打开”命令，弹出“打开”对话框。在“查找范围”下拉列表中找到文件所在的位置，在文件列表中找到“人事档案管理.xls”文件，双击该文件名。“人事档案”工作表如图7-1所示。

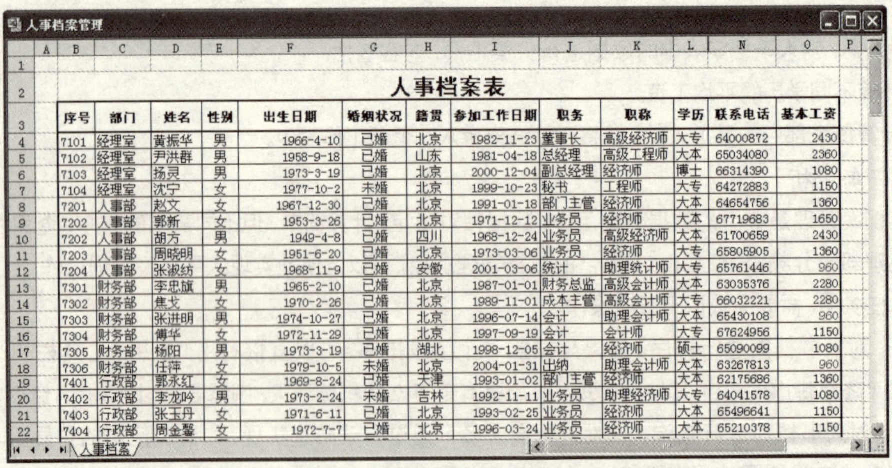

人事档案表

序号	部门	姓名	性别	出生日期	婚姻状况	籍贯	参加工作日期	职务	职称	学历	联系电话	基本工资
7101	经理室	黄振华	男	1966-4-10	已婚	北京	1982-11-23	董事长	高级经济师	大专	64000872	2430
7102	经理室	尹洪群	男	1958-9-18	已婚	山东	1981-04-18	总经理	高级工程师	大本	65034080	2360
7103	经理室	扬灵	男	1973-3-19	已婚	北京	2000-12-04	副总经理	经济师	博士	66314390	1080
7104	经理室	沈宁	女	1977-10-2	未婚	北京	1999-10-23	秘书	工程师	大专	64272883	1150
7201	人事部	赵文	女	1967-12-30	已婚	北京	1991-01-18	部门主管	经济师	大本	64654756	1360
7202	人事部	郭新	女	1953-3-26	已婚	北京	1971-12-12	业务员	经济师	大本	67719683	1650
7202	人事部	胡方	男	1949-4-8	已婚	四川	1968-12-24	业务员	高级经济师	大本	61700659	2430
7203	人事部	周晓明	女	1951-6-20	已婚	北京	1973-03-06	业务员	经济师	大专	65805905	1360
7204	人事部	张淑纺	女	1968-11-9	已婚	安徽	2001-03-06	统计	助理统计师	大专	65761446	960
7301	财务部	李忠旗	男	1965-2-10	已婚	北京	1987-01-01	财务总监	高级会计师	大本	63035376	2280
7302	财务部	焦戈	女	1970-2-26	已婚	北京	1989-11-01	成本主管	高级会计师	大专	66032221	2280
7303	财务部	张进明	男	1974-10-27	已婚	北京	1996-07-14	会计	助理会计师	大本	65430108	960
7304	财务部	傅华	女	1972-11-29	已婚	北京	1997-09-19	会计	会计师	大专	67624956	1150
7305	财务部	杨阳	男	1973-3-19	已婚	湖北	1998-12-05	会计	经济师	硕士	65090099	1080
7306	财务部	任萍	女	1979-10-5	未婚	北京	2004-01-31	出纳	助理会计师	大本	63267813	960
7401	行政部	郭永红	女	1969-8-24	已婚	天津	1993-01-02	部门主管	经济师	大本	62175686	1360
7402	行政部	李龙吟	男	1973-2-24	未婚	吉林	1992-11-11	业务员	助理经济师	大专	64041578	1080
7403	行政部	张玉丹	女	1971-6-11	已婚	北京	1993-02-25	业务员	经济师	大本	65496641	1150
7404	行政部	周金馨	女	1972-7-7	已婚	北京	1996-03-24	业务员	经济师	大本	65210378	1150

图7-1　“人事档案”工作表

按姓氏笔划排序

❷ 如果对姓名排序顺序没有特殊要求，那么先选定“姓名”列中的任意单元格，然后单击“常用”工具栏的“升序排序”![A→Z]❷。排序结果如图7-2所示。

人事档案表

	序号	部门	姓名	性别	出生日期	婚姻状况	籍贯	参加工作日期	职务	职称	学历	联系电话	基本工资
4	7501	公关部	安晋文	男	1971-3-31	已婚	陕西	1995-02-28	部门主管	高级经济师	大专	65910605	2430
5	7617	项目一部	曹明菲	女	1981-4-21	未婚	北京	2004-09-26	业务员	助理工程师	大专	67225427	960
6	7614	项目一部	陈江川	男	1971-6-11	已婚	山东	1997-02-25	业务员	经济师	大本	66862927	1150
7	7711	项目二部	程光凡	男	1973-2-24	已婚	北京	1992-11-11	业务员	工程师	大专	68235012	1150
8	7709	项目二部	戴家宏	男	1968-3-1	已婚	山东	1988-05-25	业务员	助理工程师	高中	68874344	1200
9	7304	财务部	傅华	女	1972-11-29	已婚	北京	1997-09-19	会计	会计师	大专	67624956	1150
10	7504	公关部	高俊	男	1952-3-26	已婚	山东	1974-12-12	外勤	经济师	大本	66111151	1360
11	7202	人事部	郭新	女	1953-3-26	已婚	北京	1971-12-12	业务员	经济师	大本	67719683	1650
12	7401	行政部	郭永红	女	1969-8-24	已婚	天津	1993-01-02	部门主管	经济师	大本	62175686	1360
13	7718	项目二部	郝放	男	1979-1-26	未婚	四川	2005-12-29	业务员	工程师	硕士	65922950	1080
14	7607	项目一部	郝海为	男	1960-9-11	已婚	北京	1985-05-29	业务员	工程师	大本	66213429	1360
15	7503	公关部	胡大冈	男	1975-5-19	已婚	北京	1995-05-10	外勤	经济师	高中	65966501	1150
16	7202	人事部	胡方	男	1949-4-8	已婚	四川	1968-12-24	业务员	高级经济师	大本	61700659	2430
17	7710	项目二部	黄和中	男	1968-6-19	已婚	北京	1990-03-06	项目监察	高级工程师	大专	69534428	2360
18	7101	经理室	黄振华	男	1966-4-10	已婚	北京	1982-11-23	董事长	高级经济师	大专	64000872	2430
19	7302	财务部	焦戈	女	1970-2-26	已婚	北京	1989-11-01	成本主管	高级会计师	大专	66032221	2280
20	7604	项目一部	靳晋复	女	1953-2-17	已婚	山东	1970-11-05	项目监察	高级经济师	大本	61501719	2430
21	7706	项目二部	李大德	男	1960-9-11	已婚	重庆	1983-05-30	业务员	工程师	大本	68456944	1360
22	7717	项目二部	李丹	男	1973-3-19	未婚	北京	2000-12-04	业务员	工程师	博士	61440649	1080

图7-2 按姓名排序结果

本任务需要对“人事档案”工作表按员工的姓氏笔划排序，因此应执行“数据”>“排序”命令，弹出“排序”对话框，在“主要关键字”下拉列表框中选定“姓名”，再单击“选项”按钮，弹出“排序选项”对话框。选定“笔划排序”单选按钮[03]，如图7-3所示。然后单击“确定”按钮。按姓氏笔划排序结果如图7-4所示。

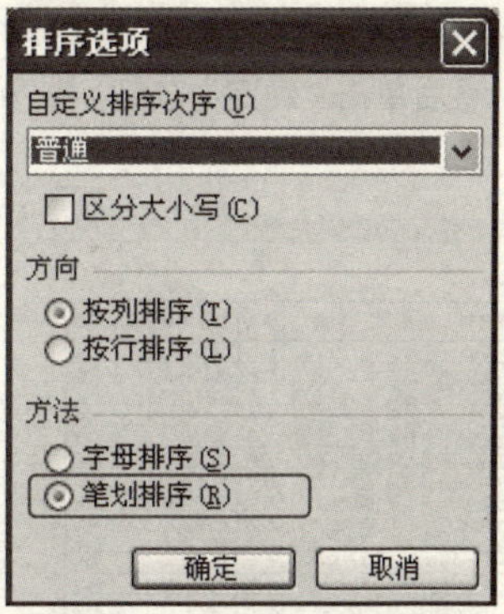

图7-3 “排序选项”对话框

人事档案表

	序号	部门	姓名	性别	出生日期	婚姻状况	籍贯	参加工作日期	职务	职称	学历	联系电话	基本工资
4	7102	经理室	尹洪群	男	1958-9-18	已婚	山东	1981-04-18	总经理	高级工程师	大本	65034080	2360
5	7603	项目一部	王利华	女	1953-7-20	已婚	四川	1970-04-06	项目监察	高级工程师	大专	69252039	2360
6	7705	项目二部	王进	男	1952-3-26	已婚	北京	1973-12-11	业务员	工程师	大专	69989096	1650
7	7507	公关部	王霞	女	1983-3-20	未婚	安徽	2006-12-05	业务员	经济师	硕士	66394348	1080
8	7306	财务部	任萍	女	1979-10-5	未婚	北京	2004-01-31	出纳	助理会计师	大本	63267813	960
9	7715	项目二部	刘利	女	1971-6-11	已婚	山西	1999-02-26	业务员	工程师	博士	61942001	1150
10	7502	公关部	刘润杰	男	1973-8-31	未婚	河南	1998-01-16	外勤	经济师	大本	67017027	1150
11	7714	项目二部	孙燕	女	1976-2-16	已婚	湖北	1999-01-16	项目监察	高级工程师	大本	63812307	2360
12	7501	公关部	安晋文	男	1971-3-31	已婚	陕西	1995-02-28	部门主管	高级经济师	大专	65910605	2430
13	7103	经理室	扬灵	男	1973-3-19	已婚	北京	2000-12-04	副总经理	经济师	博士	66314390	1080
14	7609	项目一部	宋维昆	男	1967-9-7	已婚	湖北	1987-05-27	业务员	工程师	中专	63021549	1360
15	7612	项目一部	张山	男	1973-3-19	已婚	安徽	1992-12-04	业务员	助理工程师	大专	64434694	960
16	7505	公关部	张乐	女	1952-8-11	已婚	四川	1975-04-29	外勤	工程师	大本	66495881	1650
17	7403	行政部	张玉丹	女	1971-6-11	已婚	北京	1993-02-25	业务员	经济师	大本	65496641	1150
18	7303	财务部	张进明	男	1974-10-27	已婚	北京	1996-07-14	会计	助理会计师	大本	65430108	960
19	7406	行政部	张玫	女	1984-8-4	未婚	北京	2008-08-10	业务员	助理经济师	硕士	64366059	960
20	7601	项目一部	张涛	男	1970-12-21	未婚	北京	1994-01-05	部门主管	工程师	大本	66018871	1150
21	7204	人事部	张淑纺	女	1968-11-9	已婚	安徽	2001-03-06	统计	助理统计师	大专	65761446	960
22	7702	项目二部	张爽	男	1948-4-8	已婚	北京	1967-12-25	项目监察	高级工程师	大本	61776897	2360

图7-4 按姓氏笔划排序结果

按部门和婚姻状况排序

❸ 选定数据区域内的任意单元格。执行“数据”>“排序”命令，弹出“排序”对话框。在“主要关键字”下拉列表框中选定“部门”；在“次要关键字”下拉列表框中选定“婚姻状况”，因为要求未婚在前，所以选定“升序”单选按钮，如图7-5所示。单击“确定”按钮。排序结果如图7-6所示。

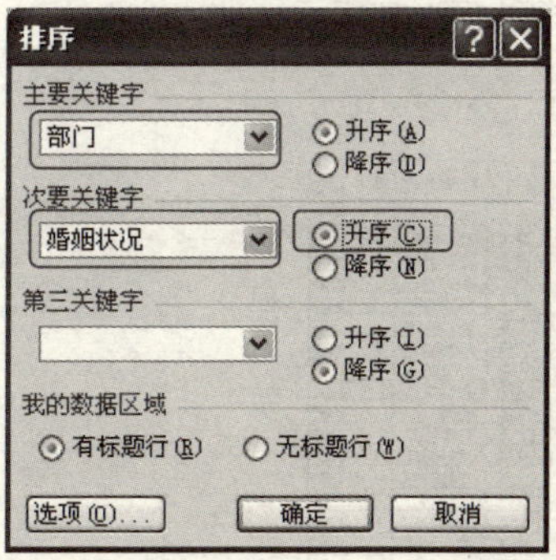

图7-5 设置完成的“排序”对话框

人事档案表

	序号	部门	姓名	性别	出生日期	婚姻状况	籍贯	参加工作日期	职务	职称	学历	联系电话	基本工资
4	7306	财务部	任萍	女	1979-10-5	未婚	北京	2004-01-31	出纳	助理会计师	大本	63267813	960
5	7303	财务部	张进明	男	1974-10-27	已婚	北京	1996-07-14	会计	助理会计师	大本	65430108	960
6	7301	财务部	李忠旗	男	1965-2-10	已婚	北京	1987-01-01	财务总监	高级会计师	大本	63035376	2280
7	7305	财务部	杨阳	男	1973-3-19	已婚	湖北	1998-12-05	会计	经济师	硕士	65090099	1080
8	7304	财务部	傅华	女	1972-11-29	已婚	北京	1997-09-19	会计	会计师	大专	67624956	1150
9	7302	财务部	焦戈	女	1970-2-26	已婚	北京	1989-11-01	成本主管	高级会计师	大专	66032221	2280
10	7507	公关部	王霞	女	1983-3-20	未婚	安徽	2006-12-05	业务员	经济师	硕士	66394348	1080
11	7502	公关部	刘润杰	男	1973-8-31	未婚	河南	1998-01-16	外勤	经济师	大本	67017027	1150
12	7501	公关部	安晋文	男	1971-3-31	已婚	陕西	1995-02-28	部门主管	高级经济师	大专	65910605	2430
13	7505	公关部	张乐	女	1952-8-11	已婚	四川	1975-04-29	外勤	工程师	大本	66495881	1650
14	7506	公关部	李小东	女	1974-10-28	已婚	湖北	1996-07-15	业务员	助理经济师	大本	64934471	960
15	7503	公关部	胡大冈	男	1975-5-19	已婚	北京	1995-05-10	外勤	经济师	高中	65966501	1150
16	7504	公关部	高俊	男	1952-3-26	已婚	山东	1974-12-12	外勤	经济师	大本	66111151	1360
17	7104	经理室	沈宁	女	1977-10-2	未婚	北京	1999-10-23	秘书	工程师	大专	64272883	1150
18	7102	经理室	尹洪群	男	1958-9-18	已婚	山东	1981-04-18	总经理	高级工程师	大本	65034080	2360
19	7103	经理室	扬灵	男	1973-3-19	已婚	北京	2000-12-04	副总经理	经济师	博士	66314390	1080
20	7101	经理室	黄振华	男	1966-4-10	已婚	北京	1982-11-23	董事长	高级经济师	大专	64000872	2430
21	7204	人事部	张淑纺	女	1968-11-9	已婚	安徽	2001-03-06	统计	助理统计师	大专	65761446	960
22	7203	人事部	周晓明	女	1951-6-20	已婚	北京	1973-03-06	业务员	经济师	大专	65805905	1360

图7-6 按部门和婚姻状况排序结果

按职称排序

❹ 当需要按职称从高到低排序时，系统本身是不知道职称高低的，因此需要先定义有关的自定义序列，然后指定按照该序列排序。执行“工具”>“选项”命令，弹出“选项”对话框，单击“自定义序列”选项卡。在“自定义序列”列表框[04]中选择“新序列”或单击“添加”按钮，在“输入序列”框中输入序列内容，每输入完一项，按“Enter”键，如图7-7所示，单击“确定”按钮。

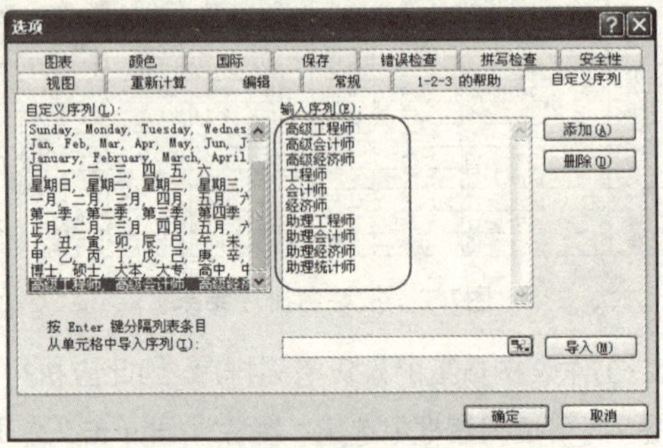

图7-7 自定义序列设置结果

❺ 执行“数据”>“排序”命令，弹出“排序”对话框。在“主要关键字”下拉列表框中选定“职称”。

❻ 单击“排序”对话框中的“选项”按钮，弹出“排序选项”对话框。单击“自定义排序次序”下拉列表框的下拉箭头，从中选定预先输入的有关职称自定义序列，如图7-8所示。然后单击“确定”按钮。排序结果如图7-9所示。

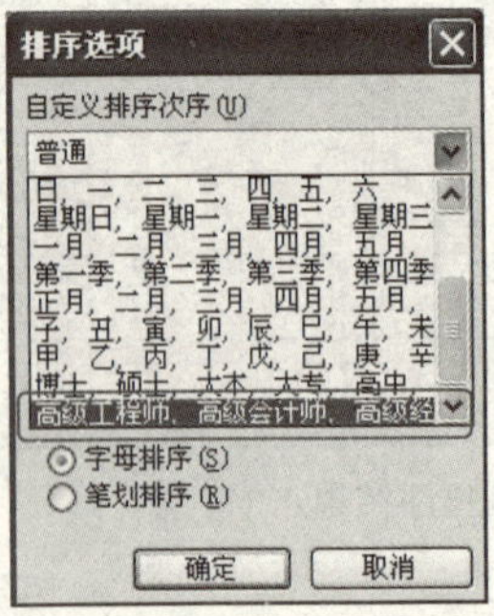

图7-8 “自定义排序次序”下拉列表框

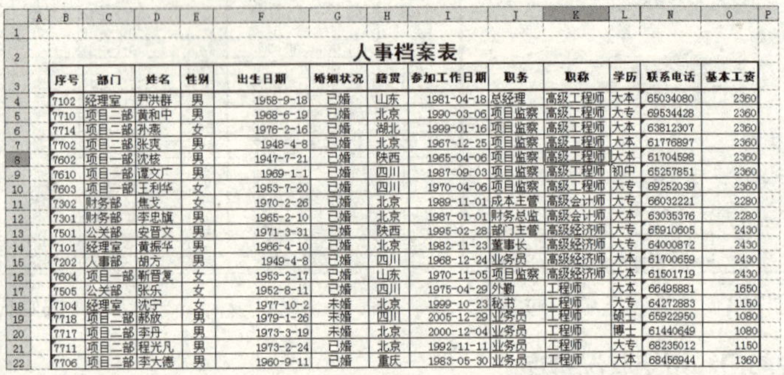

人事档案表

序号	部门	姓名	性别	出生日期	婚姻状况	籍贯	参加工作日期	职务	职称	学历	联系电话	基本工资
7102	经理室	尹洪群	男	1958-9-18	已婚	山东	1981-04-18	总经理	高级工程师	大本	65034080	2360
7710	项目二部	黄和中	男	1968-6-19	已婚	北京	1990-03-06	项目监察	高级工程师	大专	69534428	2360
7714	项目二部	孙燕	女	1976-2-16	已婚	湖北	1999-01-16	项目监察	高级工程师	大本	63812307	2360
7702	项目二部	张爽	男	1948-4-8	已婚	北京	1967-12-25	项目监察	高级工程师	大本	61776897	2360
7602	项目一部	沈核	男	1947-7-21	已婚	陕西	1965-04-06	项目监察	高级工程师	大本	61704598	2360
7610	项目一部	谭文广	男	1969-1-1	已婚	四川	1987-09-03	项目监察	高级工程师	初中	65257851	2360
7603	项目一部	王利华	女	1953-7-20	已婚	四川	1970-04-06	项目监察	高级工程师	大专	69252039	2360
7302	财务部	焦戈	女	1970-2-26	已婚	北京	1989-11-01	成本主管	高级会计师	大专	66032221	2280
7301	财务部	李忠旗	男	1965-2-10	已婚	北京	1987-01-01	财务总监	高级会计师	大本	63035376	2280
7501	公关部	安晋文	男	1971-3-31	已婚	陕西	1995-02-28	部门主管	高级经济师	大专	65910605	2430
7101	经理室	黄振华	男	1966-4-10	已婚	北京	1982-11-23	董事长	高级经济师	大专	64000872	2430
7202	人事部	胡方	男	1949-4-8	已婚	四川	1968-12-24	业务员	高级经济师	大本	61700659	2430
7604	项目一部	靳晋复	女	1953-2-17	已婚	山东	1970-11-05	项目监察	高级经济师	大本	61501719	2430
7505	公关部	张乐	女	1952-8-11	已婚	四川	1975-04-29	外勤	工程师	大本	66495881	1650
7104	经理室	沈宁	女	1977-10-2	未婚	北京	1999-10-23	秘书	工程师	大专	64272883	1150
7718	项目二部	郝放	男	1979-1-26	未婚	四川	2005-12-29	业务员	工程师	硕士	65922950	1080
7717	项目二部	李丹	男	1973-3-19	未婚	北京	2000-12-04	业务员	工程师	博士	61440649	1080
7711	项目二部	程光凡	男	1973-2-24	已婚	北京	1992-11-11	业务员	工程师	大专	68235012	1150
7706	项目二部	李大德	男	1960-9-11	已婚	重庆	1983-05-30	业务员	工程师	大本	68456944	1360

图7-9 按职称高低排序结果

查询已婚的男员工

❼ 执行“数据”>“筛选”>“自动筛选”命令[05]。这时工作表的每个字段名上都会出现一个下拉箭头。单击“性别”字段的下拉箭头，从下拉列表中选择“男”。初步筛选结果如图7-10所示。

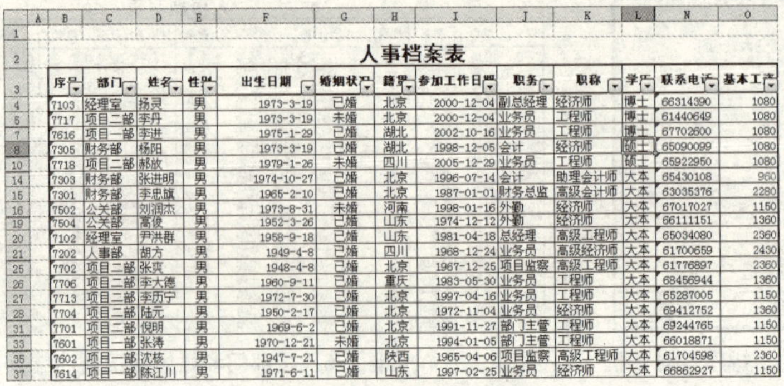

人事档案表

序号	部门	姓名	性别	出生日期	婚姻状况	籍贯	参加工作日期	职务	职称	学历	联系电话	基本工资
7103	经理室	扬灵	男	1973-3-19	已婚	北京	2000-12-04	副总经理	经济师	博士	66314390	1080
7717	项目二部	李丹	男	1973-3-19	未婚	北京	2000-12-04	业务员	工程师	博士	61440649	1080
7616	项目一部	李进	男	1975-1-29	已婚	湖北	2002-10-16	业务员	工程师	博士	67702600	1080
7305	财务部	杨阳	男	1973-3-19	已婚	湖北	1998-12-05	会计	经济师	硕士	65090099	1080
7718	项目二部	郝放	男	1979-1-26	未婚	四川	2005-12-29	业务员	工程师	硕士	65922950	1080
7303	财务部	张进明	男	1974-10-27	已婚	北京	1996-07-14	会计	助理会计师	大本	65430108	960
7301	财务部	李忠旗	男	1965-2-10	已婚	北京	1987-01-01	财务总监	高级会计师	大本	63035376	2280
7502	公关部	刘润杰	男	1973-8-31	未婚	河南	1998-01-16	外勤	经济师	大本	67017027	1150
7504	公关部	高俊	男	1952-3-26	已婚	山东	1974-12-12	外勤	经济师	大本	66111151	1360
7102	经理室	尹洪群	男	1958-9-18	已婚	山东	1981-04-18	总经理	高级工程师	大本	65034080	2360
7202	人事部	胡方	男	1949-4-8	已婚	四川	1968-12-24	业务员	高级经济师	大本	61700659	2430
7702	项目二部	张爽	男	1948-4-8	已婚	北京	1967-12-25	项目监察	高级工程师	大本	61776897	2360
7706	项目二部	李大德	男	1960-9-11	已婚	重庆	1983-05-30	业务员	工程师	大本	68456944	1360
7713	项目二部	李历宁	男	1972-7-30	已婚	北京	1997-04-16	业务员	工程师	大本	65287005	1150
7704	项目二部	陆元	男	1950-2-17	已婚	北京	1972-11-04	业务员	经济师	大本	69412752	1360
7701	项目二部	倪明	男	1969-6-2	已婚	北京	1991-11-27	部门主管	工程师	大本	69244765	1150
7601	项目一部	张涛	男	1970-12-21	未婚	北京	1994-01-05	部门主管	工程师	大本	66018871	1150
7602	项目一部	沈核	男	1947-7-21	已婚	陕西	1965-04-06	项目监察	高级工程师	大本	61704598	2360
7614	项目一部	陈江川	男	1971-6-11	已婚	山东	1997-02-25	业务员	经济师	大本	66862927	1150

图7-10 初步筛选结果

❽ 单击“婚姻状况”字段的下拉箭头，从下拉列表中选择“已婚”。最终筛选结果如图7-11所示。

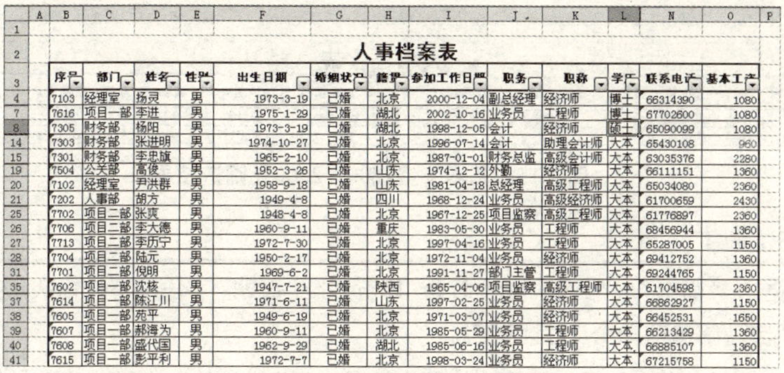

人事档案表

行	序号	部门	姓名	性别	出生日期	婚姻状况	籍贯	参加工作日期	职务	职称	学历	联系电话	基本工资
4	7103	经理室	扬灵	男	1973-3-19	已婚	北京	2000-12-04	副总经理	经济师	博士	66314390	1080
7	7616	项目一部	李进	男	1975-1-29	已婚	湖北	2002-10-16	业务员	工程师	博士	67702600	1080
8	7305	财务部	杨阳	男	1973-3-19	已婚	湖北	1998-12-05	会计	经济师	硕士	65090099	1080
14	7303	财务部	张进明	男	1974-10-27	已婚	北京	1996-07-14	会计	助理会计师	大本	65430108	960
15	7301	财务部	李忠旗	男	1965-2-10	已婚	北京	1987-01-01	财务总监	高级会计师	大本	63035376	2280
19	7504	公关部	高俊	男	1952-3-26	已婚	山东	1974-12-12	外勤	经济师	大本	66111151	1360
20	7102	经理室	尹洪群	男	1958-9-18	已婚	山东	1981-04-18	总经理	高级工程师	大本	65034080	2360
21	7202	人事部	胡方	男	1949-4-8	已婚	四川	1968-12-24	业务员	高级经济师	大本	61700659	2430
25	7702	项目二部	张爽	男	1948-4-8	已婚	北京	1967-12-25	项目监察	高级工程师	大本	61776897	2360
26	7706	项目二部	李大德	男	1960-9-11	已婚	重庆	1983-05-30	业务员	工程师	大本	68456944	1360
27	7713	项目二部	李历宁	男	1972-7-30	已婚	北京	1997-04-16	业务员	工程师	大本	65287005	1150
28	7704	项目二部	陆元	男	1950-2-17	已婚	北京	1972-11-04	业务员	经济师	大本	69412752	1360
31	7701	项目二部	倪明	男	1969-6-2	已婚	北京	1991-11-27	部门主管	工程师	大本	69244765	1150
35	7602	项目一部	沈核	男	1947-7-21	已婚	陕西	1965-04-06	项目监察	高级工程师	大本	61704598	2360
37	7614	项目一部	陈江川	男	1971-6-11	已婚	山东	1997-02-25	业务员	经济师	大本	66862927	1150
38	7605	项目一部	苑平	男	1949-6-19	已婚	北京	1971-03-07	业务员	经济师	大本	66452531	1650
39	7607	项目一部	郝海为	男	1960-9-11	已婚	北京	1985-05-29	业务员	工程师	大本	66213429	1360
40	7608	项目一部	盛代国	男	1962-9-29	已婚	湖北	1985-06-16	业务员	工程师	大本	66885107	1360
41	7615	项目一部	彭平利	男	1972-7-7	已婚	北京	1998-03-24	业务员	经济师	大本	67215758	1150

图7-11 最终筛选结果

查询中级职称的员工

❾ 假设人事档案工作表中包含“工程师”、“会计师”和“经济师”三种中级职称的员工。执行“数据”>“筛选”>“自动筛选”命令，单击“职称”字段的下拉箭头，从下拉列表中选定“自定义”，弹出“自定义自动筛选方式”对话框。

❿ 分析筛选条件可以看出，要筛选的职称由三个字组成，其中第三个字为“师”，因此需要筛选的值可以设置“??师”[06]。在左侧列表框中选择“等于”，在右侧下拉文本框中输入“??师”。设置结果如图7-12所示。

⓫ 单击“确定”按钮。中级职称筛选结果如图7-13所示。

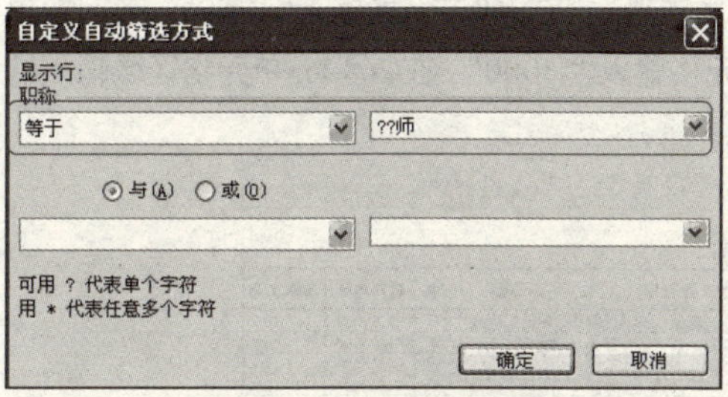

图7-12 设置筛选条件

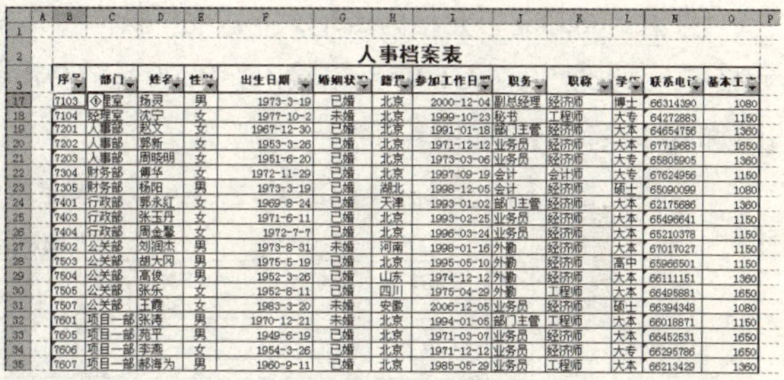

人事档案表

行	序号	部门	姓名	性别	出生日期	婚姻状况	籍贯	参加工作日期	职务	职称	学历	联系电话	基本工资
17	7103	经理室	扬灵	男	1973-3-19	已婚	北京	2000-12-04	副总经理	经济师	博士	66314390	1080
18	7104	经理室	沈宁	女	1977-10-2	未婚	北京	1999-10-23	秘书	工程师	大专	64272883	1150
19	7201	人事部	赵文	女	1967-12-30	已婚	北京	1991-01-18	部门主管	经济师	大本	64654756	1360
20	7202	人事部	郭新	女	1953-3-26	已婚	北京	1971-12-12	业务员	经济师	大本	67719683	1650
21	7203	人事部	周晓明	女	1951-6-20	已婚	北京	1973-03-06	业务员	经济师	大专	65805905	1360
22	7304	财务部	傅华	女	1972-11-29	已婚	北京	1997-09-19	会计	会计师	大专	67624956	1150
23	7305	财务部	杨阳	男	1973-3-19	已婚	湖北	1998-12-05	会计	经济师	硕士	65090099	1080
24	7401	行政部	郭永红	女	1969-8-24	已婚	天津	1993-01-02	部门主管	经济师	大本	62175686	1360
25	7403	行政部	张玉丹	女	1971-6-11	已婚	北京	1993-02-25	业务员	经济师	大本	65496641	1150
26	7404	行政部	周金馨	女	1972-7-7	已婚	北京	1996-03-24	业务员	经济师	大本	65210378	1150
27	7502	公关部	刘润杰	男	1973-8-31	未婚	河南	1998-01-16	外勤	经济师	大本	67017027	1150
28	7503	公关部	胡大冈	男	1975-5-19	已婚	北京	1995-05-10	外勤	经济师	高中	65966501	1150
29	7504	公关部	高俊	男	1952-3-26	已婚	山东	1974-12-12	外勤	经济师	大本	66111151	1360
30	7505	公关部	张乐	女	1952-8-11	已婚	四川	1975-04-29	外勤	工程师	大本	66495881	1650
31	7507	公关部	王霞	女	1983-3-20	未婚	安徽	2006-12-05	业务员	经济师	硕士	66394348	1080
32	7601	项目一部	张涛	男	1970-12-21	未婚	北京	1994-01-05	部门主管	工程师	大本	66018871	1150
33	7605	项目一部	苑平	男	1949-6-19	已婚	北京	1971-03-07	业务员	经济师	大本	66452531	1650
34	7606	项目一部	李燕	女	1954-3-26	已婚	北京	1971-12-12	业务员	经济师	大专	66295786	1650
35	7607	项目一部	郝海为	男	1960-9-11	已婚	北京	1985-05-29	业务员	工程师	大本	66213429	1360

图7-13 中级职称筛选结果

查询基本工资2200～2300元的员工

⓬ 执行“数据”>“筛选”>“自动筛选”命令，单击“基本工资”字段的下拉箭头，从下拉列表中选择“自定义”，弹出“自定义自动筛选方式”对话框。

⓭ 在第一行左侧列表框中选择“大于或等于”，在右侧下拉文本框中输入“2200”；在第二行左侧列表框中选择“小于”，在右侧下拉文本框中输入“2300”，如图7-14所示。

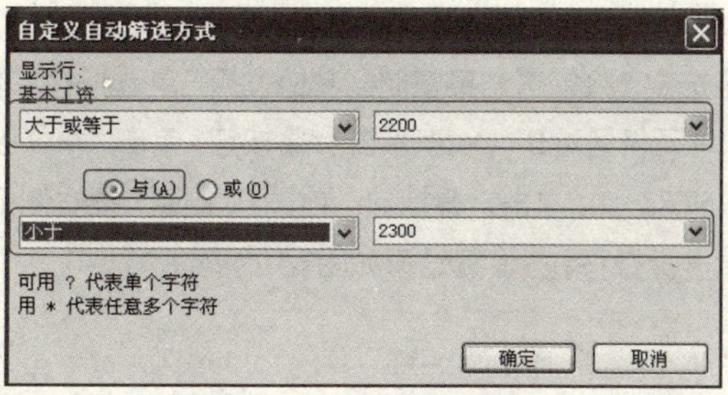

图7-14 设置筛选条件

⓮ 单击“确定”按钮。基本工资2200～2300元筛选结果如图7-15所示。

人事档案表

行	序号	部门	姓名	性别	出生日期	婚姻状况	籍贯	参加工作日期	职务	职称	学历	联系电话	基本工资
15	7301	财务部	李忠旗	男	1965-2-10	已婚	北京	1987-01-01	财务总监	高级会计师	大本	63035376	2280
48	7302	财务部	焦戈	女	1970-2-26	已婚	北京	1989-11-01	成本主管	高级会计师	大专	66032221	2280

图7-15　基本工资2200～2300元筛选结果

查询年龄最小的5位职工

⓯ 执行“数据”>“筛选”>“自动筛选”命令。单击“出生日期”字段的下拉箭头，从下拉列表中选定“前10个”，弹出“自动筛选前10个”对话框⓻。

⓰ 分析筛选条件可以看出，因为要筛选的是年龄最小的，对应的出生日期应该是最大的，所以在左侧下拉列表中选择“最大”；因为要筛选出5个，所以在中间输入“5”，如图7-16所示。

⓱ 单击“确定”按钮。年龄最小的5位职工筛选结果如图7-17所示。

图7-16　设置筛选条件

人事档案表

行	序号	部门	姓名	性别	出生日期	婚姻状况	籍贯	参加工作日期	职务	职称	学历	联系电话	基本工资
9	7507	公关部	王霞	女	1983-3-20	未婚	安徽	2006-12-05	业务员	经济师	硕士	66394348	1080
10	7718	项目二部	郝放	男	1979-1-26	未婚	四川	2005-12-29	业务员	工程师	硕士	65922950	1080
12	7406	行政部	张玫	女	1984-8-4	未婚	北京	2008-08-10	业务员	助理经济师	硕士	64366059	960
13	7306	财务部	任萍	女	1979-10-5	未婚	北京	2004-01-31	出纳	助理会计师	大本	63267813	960
58	7617	项目一部	曹明菲	女	1981-4-21	未婚	北京	2004-09-26	业务员	助理工程师	大专	67225427	960

图7-17　年龄最小的5位职工筛选结果

查询高级职称基本工资低于2000元和初级职称基本工资高于1000元的员工

⓲ 在N68:O68单元格区域输入字段名“职称”和“基本工资”，在N69单元格输入“高级*”，在N70单元格输入“助理*”，在O69单元格输入“<2000”，在O70单元格输入“>1000”。在C68:J68单元格区域输入输出项的字段名。结果如图7-18所示。

人事档案表

行	序号	部门	姓名	性别	出生日期	婚姻状况	籍贯	参加工作日期	职务	职称	学历	联系电话	基本工资
55	7603	项目一部	王利华	女	1953-7-20	已婚	四川	1970-04-06	项目监察	高级工程师	大专	69252039	2360
56	7606	项目一部	李燕	女	1954-3-26	已婚	北京	1971-12-12	业务员	经济师	大专	66295786	1650
57	7617	项目一部	曹明菲	女	1981-4-21	未婚	北京	2004-09-26	业务员	助理工程师	大专	67225427	960
58	7612	项目一部	张山	男	1973-3-19	已婚	安徽	1992-12-04	业务员	助理工程师	大专	64434694	960
59	7609	项目一部	宋维昆	男	1967-9-7	已婚	湖北	1987-05-27	业务员	工程师	中专	63021549	1360
60	7610	项目一部	谭文广	男	1969-1-1	已婚	四川	1987-09-03	项目监察	高级工程师	初中	65257851	2360
61	7406	行政部	张玫	女	1984-8-4	未婚	北京	2008-08-10	业务员	助理经济师	硕士	64366059	960
62	7401	行政部	郭永红	女	1969-8-24	已婚	天津	1993-01-02	部门主管	经济师	大本	62175686	1360
63	7403	行政部	张玉丹	女	1971-6-11	已婚	北京	1993-02-25	业务员	经济师	大本	65496641	1150
64	7404	行政部	周金馨	女	1972-7-7	已婚	北京	1996-03-24	业务员	经济师	大本	65210378	1150
65	7405	行政部	周新联	男	1975-1-29	已婚	北京	1996-10-15	业务员	助理经济师	大本	64789401	960
66	7402	行政部	李龙吟	男	1973-2-24	未婚	吉林	1992-11-11	业务员	助理经济师	大专	64041578	1080

行	部门	姓名	性别	参加工作日期	职务	学历	职称	基本工资
68	部门	姓名	性别	参加工作日期	职务	学历	职称	基本工资

行	职称	基本工资
68	职称	基本工资
69	高级*	<2000
70	助理*	>1000

图7-18　输入条件及输出项

⓳ 单击人事档案表中的任意单元格，执行“数据”>“筛选”>“高级筛选”命令❽，弹出“高级筛选”对话框。

⓴ 在“方式”选项组中选定“将筛选结果复制到其他位置”单选按钮。单击“列表区域”框右侧折叠按钮，选定筛选数据所在的单元格区域B3:O66，单击折叠按钮；单击“条件区域”框右侧折叠按钮，选定条件区域所在的单元格区域N68:O70，单击折叠按钮；单击“复制到”框右侧折叠按钮，选定复制到其他位置的单元格地址C68:J69，单击折叠按钮。设置结果如图7-19所示。

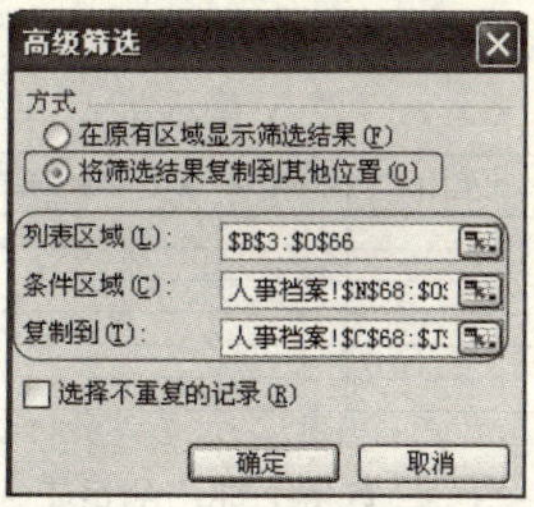

图7-19 设置筛选参数

㉑ 单击“确定”按钮，弹出Excel提示对话框，单击“是”按钮。结果如图7-20所示。

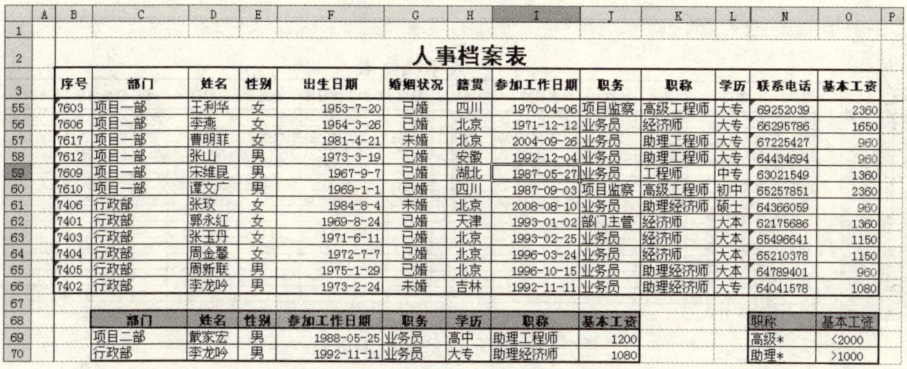

人事档案表

序号	部门	姓名	性别	出生日期	婚姻状况	籍贯	参加工作日期	职务	职称	学历	联系电话	基本工资
7603	项目一部	王利华	女	1953-7-20	已婚	四川	1970-04-06	项目监察	高级工程师	大专	69252039	2360
7606	项目一部	李燕	女	1954-3-26	已婚	北京	1971-12-12	业务员	经济师	大专	66295786	1650
7617	项目一部	曹明菲	女	1981-4-21	未婚	北京	2004-09-26	业务员	助理工程师	大专	67225427	960
7612	项目一部	张山	男	1973-3-19	已婚	安徽	1992-12-04	业务员	助理工程师	大专	64434694	960
7609	项目一部	宋维昆	男	1967-9-7	已婚	湖北	1987-05-27	业务员	工程师	中专	63021549	1360
7610	项目一部	谭文广	男	1969-1-1	已婚	四川	1987-09-03	项目监察	高级工程师	初中	65257851	2360
7406	行政部	张玟	女	1984-8-4	未婚	北京	2008-08-10	业务员	助理经济师	硕士	64366059	960
7401	行政部	郭永红	女	1969-8-24	已婚	天津	1993-01-02	部门主管	经济师	大本	62175686	1360
7403	行政部	张玉丹	女	1971-6-11	已婚	北京	1993-02-25	业务员	经济师	大本	65496641	1150
7404	行政部	周金馨	女	1972-7-7	已婚	北京	1996-03-24	业务员	经济师	大本	65210378	1150
7405	行政部	周新联	男	1975-1-29	已婚	北京	1996-10-15	业务员	助理经济师	大本	64789401	960
7402	行政部	李龙吟	男	1973-2-24	未婚	吉林	1992-11-11	业务员	助理经济师	大专	64041578	1080

部门	姓名	性别	参加工作日期	职务	学历	职称	基本工资
项目二部	戴家宏	男	1988-05-25	业务员	高中	助理工程师	1200
行政部	李龙吟	男	1992-11-11	业务员	大专	助理经济师	1080

职称	基本工资
高级*	<2000
助理*	>1000

图7-20 筛选结果

计算不同学历的平均工资

㉒ 选定“学历”字段名列任意单元格，单击常用工具栏的“升序排序”按钮。

㉓ 执行“数据”>“分类汇总”命令⓽，弹出“分类汇总”对话框。在“分类字段”下拉列表框中选择“学历”，在“汇总方式”下拉列表框中选择“平均值”，勾选“基本工资”字段，勾选“替换当前分类汇总”和“汇总结果显示在数据下方”复选框，如图7-21所示。

㉔ 单击“确定”按钮。计算结果如图7-22所示。

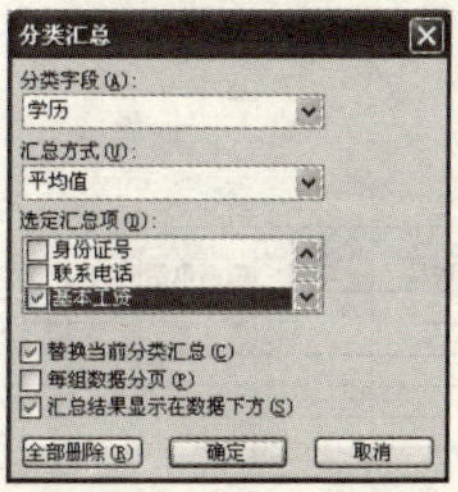

图7-21 设置分类汇总参数

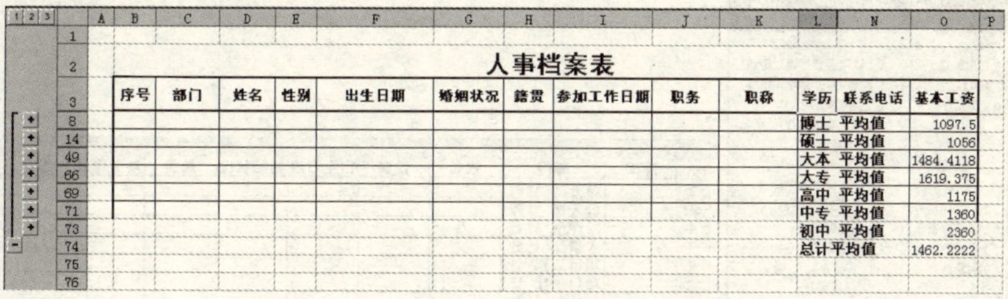

人事档案表

学历	联系电话	基本工资
博士 平均值		1097.5
硕士 平均值		1056
大本 平均值		1484.4118
大专 平均值		1619.375
高中 平均值		1175
中专 平均值		1360
初中 平均值		2360
总计平均值		1462.2222

图7-22 计算不同学历的平均工资

计算每个部门的员工人数

㉕ 选定“部门”字段名列任意单元格，单击常用工具栏的“升序排序”按钮。

㉖ 执行“数据”>“分类汇总”命令，弹出“分类汇总”对话框。在“分类字段”下拉列表框中选择“部门”，在“汇总方式”下拉列表框中选择“计数”，勾选“姓名”字段，勾选“替换当前分类汇总”和“汇总结果显示在数据下方”复选框。单击“确定”按钮。结果如图7-23所示。

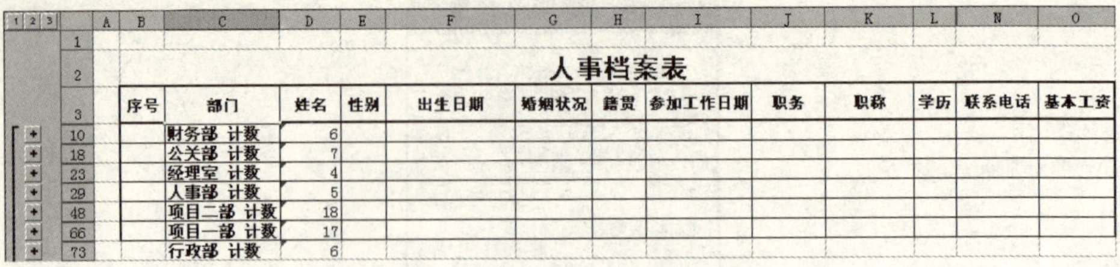

人事档案表

行号	序号	部门	姓名	性别	出生日期	婚姻状况	籍贯	参加工作日期	职务	职称	学历	联系电话	基本工资
10		财务部 计数	6										
18		公关部 计数	7										
23		经理室 计数	4										
29		人事部 计数	5										
48		项目二部 计数	18										
66		项目一部 计数	17										
73		行政部 计数	6										

图7-23 计算每个部门的员工人数

㉗ 单击财务部所在行对应的加号⑩，可以显示其明细数据，如图7-24所示。

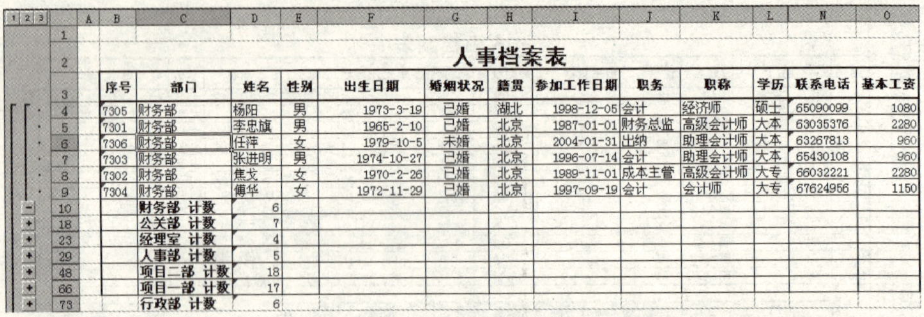

人事档案表

行号	序号	部门	姓名	性别	出生日期	婚姻状况	籍贯	参加工作日期	职务	职称	学历	联系电话	基本工资
4	7305	财务部	杨阳	男	1973-3-19	已婚	湖北	1998-12-05	会计	经济师	硕士	65090099	1080
5	7301	财务部	李忠旗	男	1965-2-10	已婚	北京	1987-01-01	财务总监	高级会计师	大本	63035376	2280
6	7306	财务部	任萍	女	1979-10-5	未婚	北京	2004-01-31	出纳	助理会计师	大本	63267813	960
7	7303	财务部	张进明	男	1974-10-27	已婚	北京	1996-07-14	会计	助理会计师	大本	65430108	960
8	7302	财务部	焦戈	女	1970-2-26	已婚	北京	1989-11-01	成本主管	高级会计师	大专	66032221	2280
9	7304	财务部	傅华	女	1972-11-29	已婚	北京	1997-09-19	会计	会计师	大专	67624956	1150
10		财务部 计数	6										
18		公关部 计数	7										
23		经理室 计数	4										
29		人事部 计数	5										
48		项目二部 计数	18										
66		项目一部 计数	17										
73		行政部 计数	6										

图7-24 显示财务部员工信息

将每个部门员工人数的计算结果存入一个新工作表中

㉘ 选定B3:Q74单元格区域。执行“编辑”>“定位”命令，弹出“定位”对话框。单击“定位条件”按钮，弹出“定位条件”对话框。

㉙ 选择“可见单元格”单选按钮⑪，如图7-25所示，单击“确定”按钮。

㉚ 按“Ctrl”+“C”组合键，然后选定另一个工作表的A1单元格，按“Ctrl”+“V”组合键粘贴。复制结果如图7-26所示。

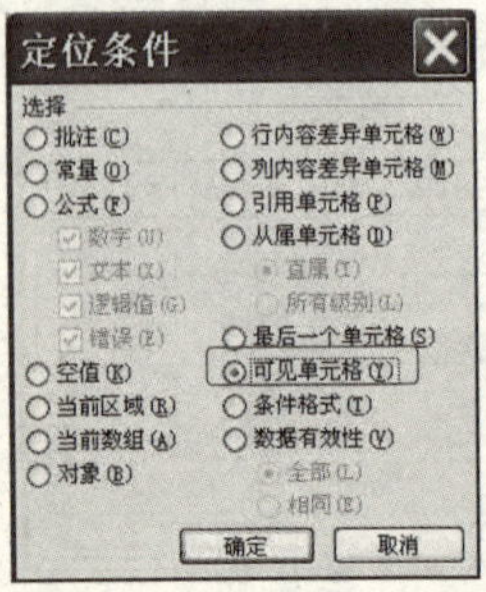

图7-25 “定位条件”对话框

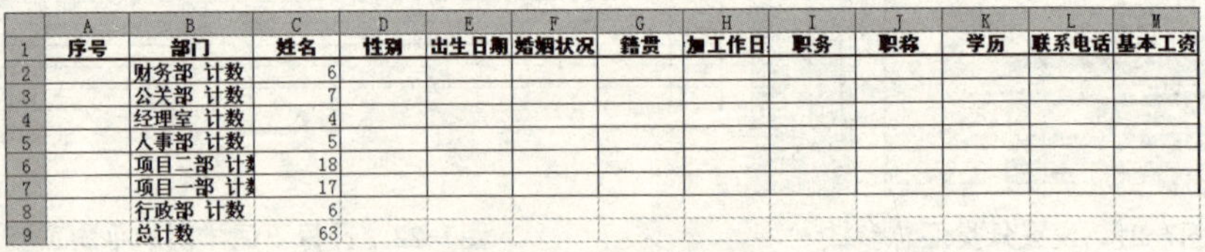

行号	序号	部门	姓名	性别	出生日期	婚姻状况	籍贯	加工作日	职务	职称	学历	联系电话	基本工资
2		财务部 计数	6										
3		公关部 计数	7										
4		经理室 计数	4										
5		人事部 计数	5										
6		项目二部 计数	18										
7		项目一部 计数	17										
8		行政部 计数	6										
9		总计数	63										

图7-26 复制计算结果

知识点拓展

01 数据清单

应用数据管理功能时，有关的工作表要求有一定的规范性。最早称为数据库工作表，后来称为数据清单或列表。通常约定每一列作为一个字段，存放相同类型的数据；每一行作为一条记录，存放相关的一组数据；数据的最上方一行作为字段名，存放各字段的名称信息；特别是数据中间应避免出现空行或空列，否则会影响数据管理的操作。例如，图7-27所示的人事档案工作表中B3:O66单元格区域就是一个数据清单。

知识

数据清单是由一行文字字段及数据行组成的有组织的数据集合。

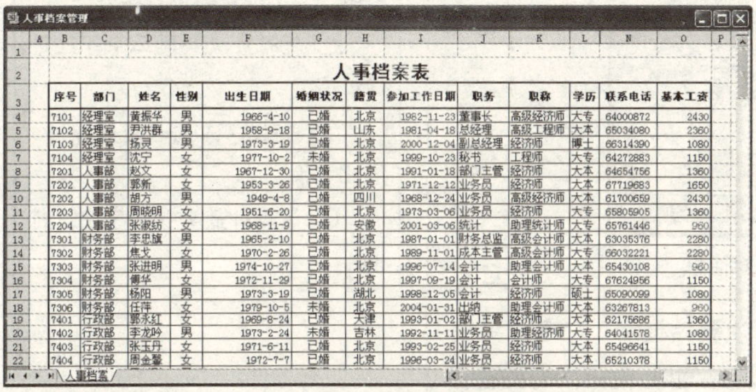

人事档案管理

人事档案表

序号	部门	姓名	性别	出生日期	婚姻状况	籍贯	参加工作日期	职务	职称	学历	联系电话	基本工资
7101	经理室	黄振华	男	1966-4-10	已婚	北京	1982-11-23	董事长	高级经济师	大专	64000872	2430
7102	经理室	尹洪群	男	1958-9-18	已婚	山东	1981-04-18	总经理	高级工程师	大本	65034080	2360
7103	经理室	扬灵	男	1973-3-19	已婚	北京	2000-12-04	副总经理	经济师	博士	66314390	1080
7104	经理室	沈宁	女	1977-10-2	未婚	北京	1999-10-23	秘书	工程师	大专	64272883	1150
7201	人事部	赵文	女	1967-12-30	已婚	北京	1991-01-18	部门主管	经济师	大本	64654756	1360
7202	人事部	郭新	女	1953-3-26	已婚	北京	1971-12-12	业务员	经济师	大本	67719683	1650
7202	人事部	胡方	男	1949-4-8	已婚	四川	1968-12-24	业务员	高级经济师	大本	61700659	2430
7203	人事部	周晓明	女	1951-6-20	已婚	北京	1973-03-06	业务员	经济师	大专	65805905	1360
7204	人事部	张淑纺	女	1968-11-9	已婚	安徽	2001-03-06	统计	助理统计师	大专	65761446	960
7301	财务部	李忠旗	男	1965-2-10	已婚	北京	1987-01-01	财务总监	高级会计师	大本	63035376	2280
7302	财务部	焦戈	女	1970-2-26	已婚	北京	1989-11-01	成本主管	高级会计师	大专	66032221	2280
7303	财务部	张进明	男	1974-10-27	已婚	北京	1996-07-14	会计	助理会计师	大本	65430108	960
7304	财务部	傅华	女	1972-11-29	已婚	北京	1997-09-19	会计	会计师	大专	67624956	1150
7305	财务部	杨阳	男	1973-3-19	已婚	湖北	1998-12-05	会计	经济师	硕士	65090099	1080
7306	财务部	任萍	女	1979-10-5	未婚	北京	2004-01-31	出纳	助理会计师	大本	63267813	960
7401	行政部	郭永红	女	1969-8-24	已婚	天津	1993-01-02	部门主管	经济师	大本	62175686	1360
7402	行政部	李龙吟	男	1973-2-24	未婚	吉林	1992-11-11	业务员	助理经济师	大专	64041578	1080
7403	行政部	张玉丹	女	1971-6-11	已婚	北京	1993-02-25	业务员	经济师	大本	65496641	1150
7404	行政部	周金馨	女	1972-7-7	已婚	北京	1996-03-24	业务员	经济师	大本	65210378	1150

人事档案

图7-27 数据清单实例

02 简单排序

通过排序可以更方便地浏览和检索数据。例如，要在图7-27所示的人事档案工作表中按姓名查找某个员工的信息，只能逐行查找。如果要查找参加工作最早的员工就更困难了。通过对该工作表按照指定字段排序，上述需求就能方便实现。Excel的排序操作大致分为简单排序、多重排序和自定义排序。

知识

简单排序即将工作表的数据按照指定字段重新排列。例如，人事档案工作表原始信息是按照序号排列的，可以通过简单排序操作令其按姓名或是参加工作日期重新排列。

简单排序操作一般可以通过“常用”工具栏的排序工具按钮实现。“常用”工具栏上有两个排序工具按钮“升序排序”A↓Z和“降序排序”Z↓A，分别可以实现按递增方式和递减方式对数据进行排序。简单排序的操作步骤如下。

① 单击排序依据的字段名。

② 单击“升序排序”（或“降序排序”）命令★50按钮。

技巧

排序后表格的原有次序将会被打乱，如果希望排序后恢复表格原有次序，可以在表格中增加一列，并填充一组连续的数字，对该列升序排序即可。

03 多重排序

使用“常用”工具栏的工具按钮排序方便、快捷，但是每次只能按一个字段排序。如果需要按多个字段排序，如对于人事档案工作表，需要按部门排序，同一部门的按婚姻状况排序，这时如果使用简单排序的方法就需要做两次才能完成，还要注意操作的次序。对于需要按多个字段进行多重排序的需求，可以通过Excel的排序命令实现。应用排序命令对数据进行多重排序的操作步骤如下。

① 选定数据区域内的任意单元格。

② 执行“数据”>“排序”命令★[51]，弹出“排序”对话框，如图7-28所示。

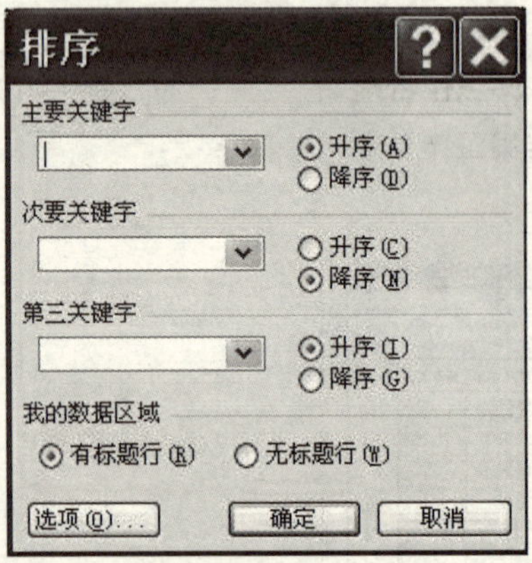

图7-28 “排序”对话框

③ 根据需要在“主要关键字”、“次要关键字”、“第三关键字”下拉列表框中分别选定相应的字段名。同时，对不同的关键字还可以分别指定升序或降序选项。单击“确定”按钮，即可完成多重排序操作。

除了可以按关键字升序和降序排序以外，“排序”对话框还可以实现具有中国特色的按汉字笔划排序，这在按姓名等字段排序时经常用到。其具体操作方法是在打开的“排序”对话框中单击“选项”按钮，这时系统弹出“排序选项”对话框，如图7-29所示。选定“笔划排序”单选按钮即可实现按关键字的笔划排序。

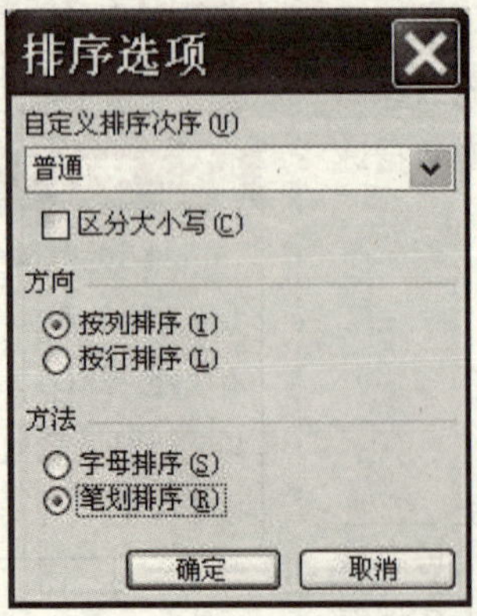

图7-29 “排序选项”对话框

技巧

从图7—28所示的“排序”对话框中不难看出，“排序”命令最多可同时按三个字段的递增或递减顺序对数据排序。若要按三个以上字段排序，可按以下步骤进行操作。

① 先对最次要的三个字段进行排序。

② 再对次要的字段进行排序，依此类推。

③ 最后对最重要的字段进行排序。

注意

“排序选项”中的设置对所有关键字都有效。换言之，在Excel中不可能指定某个关键字按字母排序，另一个关键字按笔划排序。

04 自定义排序

对于某些字段无论是按字母排序还是按笔划排序可能都不符合要求。如学历、职务、职称等字段，对此Excel还可以按用户自定义排序次序排序。具体操作步骤如下。

① 执行“工具”>“选项”命令，弹出“选项”对话框，单击“自定义序列”选项卡。

② 在“自定义序列”列表框中选定“新序列”或单击“添加”按钮，在“输入序列”框中输入序列内容，每输入完一项，按“Enter”键。如图7-30所示，单击“确定”按钮。

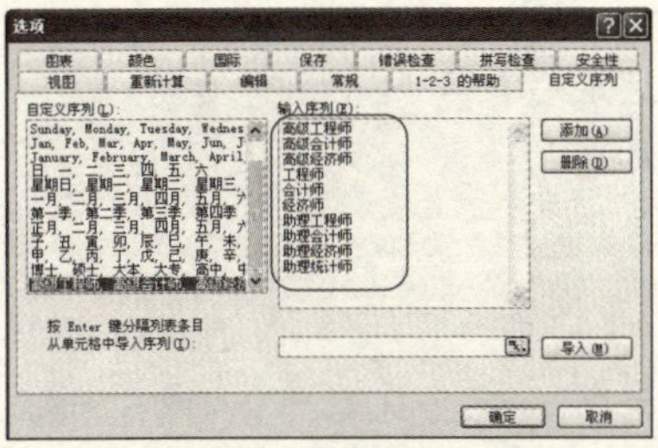

图7-30　设置自定义序列

③ 执行“数据”>“排序”命令，弹出“排序”对话框。在“主要关键字”下拉列表框中选定相应的字段名。单击“排序”对话框中的“选项”按钮，弹出“排序选项”对话框。

④ 单击“自定义排序次序”下拉列表框，从中选择所需的自定义序列，单击“确定”按钮。所选定的关键字将按照指定的序列升序或降序排列。

注意

当选定了“自定义排序次序”选项后，只要不重新选定，这以后的排序操作都将按指定的自定义排序次序排序，包括使用“常用”工具栏的排序工具按钮“升序排序”和“降序排序”，也包括使用“排序”对话框。即在“排序”对话框中，3个关键字都会应用此自定义序列，而无法为每个关键字设置单独的自定义次序。如果表格中每列都需要使用不同的自定义排列次序，则需要通过多次使用“排序”对话框，每次选择一种自定义排列次序。

05 自动筛选

执行自动筛选时，首先执行“数据”>“筛选”>“自动筛选”命令★52。这时工作表的每个字段名上都会出现一个下拉箭头。单击任意一个下拉箭头，将会出现用于设置筛选条件的列表框。图7-31所示的是自动筛选状态下，单击“婚姻状况”字段的下拉箭头时弹出的下拉列表框。

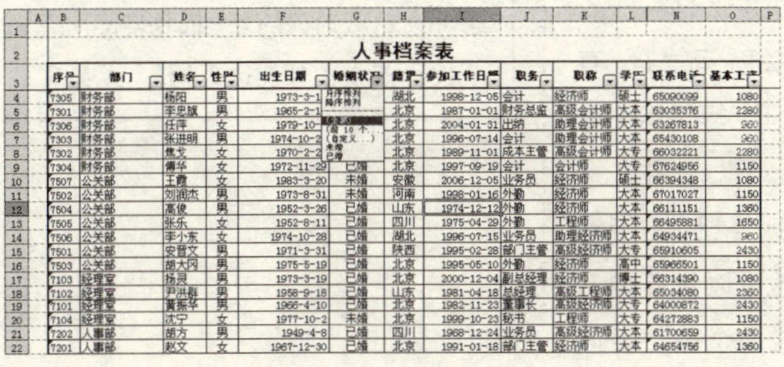

图7-31　自动筛选界面

知识

筛选是将不符合指定条件的行隐藏起来。Excel提供了自动筛选和高级筛选两种筛选方法。前者可以满足日常需要的绝大多数筛选需求，后者可以根据用户指定的较为特殊或复杂的筛选条件筛选出自动筛选无法筛选的数据。

可以看出，列表框中列出“全部”、“前10个”、“自定义”等筛选条件和该字段的各记录值供用户选择。单击某个条件，Excel将筛选出满足该条件的所有记录并显示出来。

如果需要，可以对数据清单中的任意多个字段同时设置筛选条件，这时只有同时满足各筛选条件的记录才会显示出来。例如，筛选出部门为“财务部”，学历为“大本”的员工记录。操作步骤如下。

① 执行“数据”>“筛选”>“自动筛选”命令，进入“自动筛选”状态。

② 单击“部门”字段的筛选箭头，从下拉列表中选定“财务部”；单击“学历”字段的下拉箭头，从下拉列表中选定“大本”。结果如图7-32所示。

人事档案表

序号	部门	姓名	性别	出生日期	婚姻状况	籍贯	参加工作日期	职务	职称	学历	联系电话	基本工资
7301	财务部	李忠旗	男	1965-2-10	已婚	北京	1987-01-01	财务总监	高级会计师	大本	63035376	2280
7306	财务部	任萍	女	1979-10-5	未婚	北京	2004-01-31	出纳	助理会计师	大本	63267813	960
7303	财务部	张进明	男	1974-10-27	已婚	北京	1996-07-14	会计	助理会计师	大本	65430108	960

图7-32　多个字段的筛选结果

从图中可以看到，设置了筛选条件的部门、学历字段上的下拉箭头是蓝色的，满足条件并显示出来的第5~7行数据的行号也是蓝色的。

06 自定义自动筛选

如果需要进行更复杂的筛选，如要筛选出所有高级职称（包括高级工程师、高级经济师、高级会计师等）的人员，这时无法直接从列表框中选择，而需要在列表框中选择“自定义”。具体操作步骤如下。

① 执行“数据”>“筛选”>“自动筛选”命令，进入“自动筛选”状态。

② 单击“职称”字段的筛选箭头，从下拉列表中选定“自定义”，弹出“自定义自动筛选方式”对话框。

该对话框允许用户选择由关系运算符组成的条件表达式作为筛选条件，其中左侧的下拉框为关系运算符，有“等于”、“不等于”、“大于”、“大于或等于”等常用关系运算符，以及“始于”、“并非起始于”、“止于”、“并非结束于”、“包含”和“不包含”等特殊关系运算符；右侧的下拉文本框可以从下拉列表中选择数据，也可以直接输入数据。每个自定义筛选条件可以设置一个或两个条件表达式。如果设置了两个条件表达式，还需要指定两个条件表

注意

使用自定义筛选条件，且设置了两个条件表达式时，要注意根据实际问题正确地选择两个条件表达式的与、或关系。

达式的关系是“与”还是“或”。

③ 从分析筛选条件可以看出，要筛选的职称都是以“高级”二字开头的，所以可以利用特殊关系运算符“始于”设置自定义筛选条件。在第一行左侧下拉列表框中选择“始于”，在第一行右侧下拉列表框中输入“高级”。结果如图7-33所示。

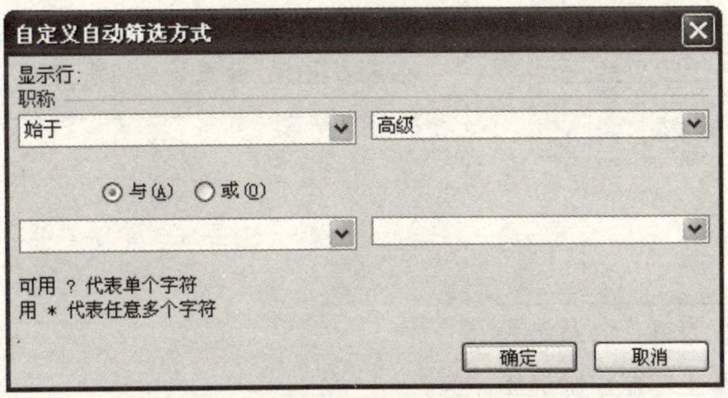

图7-33 “自定义自动筛选方式”对话框

④ 单击“确定”按钮。结果如图7-34所示。

人事档案表

	序号	部门	姓名	性别	出生日期	婚姻状况	籍贯	参加工作日期	职务	职称	学历	联系电话	基本工资
5	7301	财务部	李忠旗	男	1965-2-10	已婚	北京	1987-01-01	财务总监	高级会计师	大本	63035376	2280
8	7302	财务部	焦戈	女	1970-2-26	已婚	北京	1989-11-01	成本主管	高级会计师	大专	66032221	2280
15	7501	公关部	安晋文	男	1971-3-31	已婚	陕西	1995-02-28	部门主管	高级经济师	大专	65910605	2430
18	7102	经理室	尹洪群	男	1958-9-18	已婚	山东	1981-04-18	总经理	高级工程师	大本	65034080	2360
19	7101	经理室	黄振华	男	1966-4-10	已婚	北京	1982-11-23	董事长	高级经济师	大专	64000872	2430
21	7202	人事部	胡方	男	1949-4-8	已婚	四川	1968-12-24	业务员	高级经济师	大本	61700659	2430
30	7714	项目二部	孙燕	女	1976-2-16	已婚	湖北	1999-01-16	项目监察	高级工程师	大本	63812307	2360
31	7702	项目二部	张爽	男	1948-4-8	已婚	北京	1967-12-25	项目监察	高级工程师	大本	61776897	2360
39	7710	项目二部	黄和中	男	1968-6-19	已婚	北京	1990-03-06	项目监察	高级工程师	大专	69534428	2360
45	7602	项目一部	沈核	男	1947-7-21	已婚	陕西	1965-04-06	项目监察	高级工程师	大本	61704598	2360
46	7604	项目一部	靳晋复	女	1953-2-17	已婚	山东	1970-11-05	项目监察	高级经济师	大本	61501719	2430
55	7603	项目一部	王利华	女	1953-7-20	已婚	四川	1970-04-06	项目监察	高级工程师	大专	69252039	2360
60	7610	项目一部	谭文广	男	1969-1-1	已婚	四川	1987-09-03	项目监察	高级工程师	初中	65257851	2360

图7-34 使用自定义筛选结果

07 自动筛选前10个

在数据清单中的数字字段上使用“自动筛选”命令中的“前10个”功能，可以显示前*N*个最大值或最小值。例如，筛选参加工作最早的前5位员工。操作步骤如下。

① 执行“数据”>“筛选”>“自动筛选”命令，进入“自动筛选”状态。

② 单击“参加工作日期”字段的筛选箭头，从下拉列表中选定“前10个”，弹出“自动筛选前10个”对话框。

③ 分析筛选条件可以看出，因为要筛选的是参加工作最早的，对应的参加工作日期应该是最小的，所以在左侧下拉列表中选择“最小”；因为要筛选出5个，所以在中间输入“5”（也可以通过数字调节箭头调整为5），右侧选项不变，如图7-35所示。

知识

“自定义自动筛选方式”对话框允许使用两种字符“?”和“*”。其中，“?”代表任意一个字符，而“*”代表任意字符序列。例如，筛选高级职称的条件也可以用通配符“*”实现。即在左侧框中设置关系运算符为“等于”，在右侧框中输入值为“高级*”。再例如，筛选中级职称，假设中级职称均由三个字组成，分别为“工程师”、“会计师”和“经济师”，其中最后一个字均为“师”。设置条件时可以使用通配符“?”。即在左侧框中设置关系运算符为“等于”，在右侧框中输入值为“??师”。

注意

在“自动筛选前10个”对话框中的中间框中只能输入1~500之间的任意数值，否则会出现错误提示。

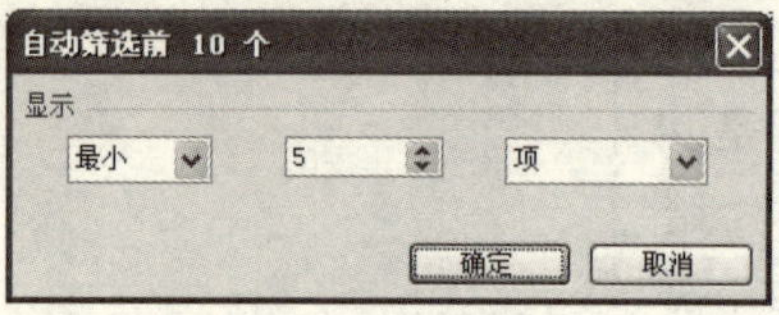

图7-35 “自动筛选前10个”对话框

④ 单击“确定”按钮。结果如图7-36所示。

人事档案表

	序号	部门	姓名	性别	出生日期	婚姻状况	籍贯	参加工作日期	职务	职称	学历	联系电话	基本工资
21	7202	人事部	胡方	男	1949-4-8	已婚	四川	1968-12-24	业务员	高级经济师	大本	61700659	2430
31	7702	项目二部	张爽	男	1948-4-8	已婚	北京	1967-12-25	项目监察	高级工程师	大本	61776897	2360
40	7703	项目二部	李小平	男	1949-2-17	已婚	山东	1968-11-04	业务员	工程师	大专	66672544	1980
45	7602	项目一部	沈核	男	1947-7-21	已婚	陕西	1965-04-06	项目监察	高级工程师	大本	61704598	2360
55	7603	项目一部	王利华	女	1953-7-20	已婚	四川	1970-04-06	项目监察	高级工程师	大专	69252039	2360

图7-36 筛选结果

08 高级筛选

有些更复杂的筛选，使用“自定义自动筛选方式”也无法实现，这时需要使用高级筛选。例如，要从人事档案工作表中筛选出到指定日期应该退休的人员，其条件是性别为“男”且年龄满60岁，或是性别为“女”且年龄满55岁。显然该条件无法使用自动筛选完成。

使用高级筛选命令时，要求先在某个单元格区域（称作条件区域）设置筛选条件。其格式是第一行为字段名，以下各行为相应的条件值。同一行条件的关系为“与”，不同行条件的关系为“或”。定义完筛选条件后，即可进行高级筛选操作。具体操作步骤如下。

① 执行“数据”>“筛选”>“高级筛选”命令★53，弹出“高级筛选”对话框。

② 在“列表区域”框中输入筛选数据所在的单元格区域（如果当前单元格在筛选数据所在的单元格区域内，系统通常会自动填上该项）；然后在“条件区域”框中输入条件区域所在的单元格区域。最后根据需要在“方式”选项中选定“在原有区域显示筛选结果”或“将筛选结果复制到其他位置”单选按钮。如果选定了“将筛选结果复制到其他位置”单选按钮，则还需要在“复制到”框中指定复制到其他位置的单元格地址。有关条件区域和相应的筛选结果如图7-37所示。

人事档案表

	序号	部门	姓名	性别	出生日期	婚姻状况	籍贯	参加工作日期	职务	职称	学历	联系电话	基本工资
53	7614	项目一部	陈江川	男	1971-6-11	已婚	山东	1997-02-25	业务员	经济师	大本	66862927	1150
54	7615	项目一部	彭平利	男	1972-7-7	已婚	北京	1998-03-24	业务员	经济师	大本	67215758	1150
55	7603	项目一部	王利华	女	1953-7-20	已婚	四川	1970-04-06	项目监察	高级工程师	大专	69252039	2360
56	7606	项目一部	李燕	女	1954-3-26	已婚	北京	1971-12-12	业务员	经济师	大专	66295786	1650
57	7617	项目一部	曹明菲	女	1981-4-21	未婚	北京	2004-09-26	业务员	助理工程师	大专	67225427	960
58	7612	项目一部	张山	男	1973-3-19	已婚	安徽	1992-12-04	业务员	助理工程师	大专	64434694	960
59	7609	项目一部	宋维昆	男	1967-9-7	已婚	湖北	1987-05-27	业务员	工程师	中专	63021549	1360
60	7610	项目一部	谭文广	男	1969-1-1	已婚	四川	1987-09-03	项目监察	高级工程师	初中	65257851	2360
61	7406	行政部	张玫	女	1984-8-4	未婚	北京	2008-08-10	业务员	助理经济师	硕士	64366059	960
62	7401	行政部	郭永红	女	1969-8-24	已婚	天津	1993-01-02	部门主管	经济师	大本	62175686	1360
63	7403	行政部	张玉丹	女	1971-6-11	已婚	北京	1993-02-25	业务员	经济师	大本	65496641	1150
64	7404	行政部	周金馨	女	1972-7-7	已婚	北京	1996-03-24	业务员	经济师	大本	65210378	1150
65	7405	行政部	周新联	男	1975-1-29	已婚	北京	1996-10-15	业务员	助理经济师	大本	64789401	960
66	7402	行政部	李龙吟	男	1973-2-24	未婚	吉林	1992-11-11	业务员	助理经济师	大专	64041578	1080

	性别	出生日期
69	男	<=1950/12/31
70	女	<=1955/12/31

图7-37 条件区域和筛选结果

提示

如果要取消某个字段的筛选条件，单击相应字段的筛选箭头，然后在弹出的列表框中选择“全部”作为筛选条件。如果要取消所有字段的筛选条件，再次执行“数据”>“筛选”>“自动筛选”命令★48，将退出自动筛选状态，筛选箭头消失。

技巧

删除重复数据是数据管理工作中经常要做也是比较费时费力的一项工作。对于有重复记录的数据，利用高级筛选功能可以方便地剔除重复的记录。这只需要在“高级筛选”对话框中选定勾选“选择不重复的记录”复选框即可。这时的筛选结果除了只显示满足筛选条件的记录外，将满足条件但是重复的记录也剔除了。

提示

当筛选结果使用完毕，需要显示全部数据时，可以执行“数据”>“筛选”>“全部显示”命令★54。

09 创建分类汇总

创建分类汇总之前，首先应该按照分类汇总依据的字段排序，一般可以通过简单排序实现。假设要对人事档案工作表的数据按部门汇总基本工资，则执行分类汇总的具体操作步骤如下。

① 执行“数据”>“分类汇总”命令★55。弹出“分类汇总”对话框。

② 在“分类字段”下拉列表框中选定分类汇总依据的字段名“部门”，在“汇总方式”下拉列表框中选择合适的计算方式“求和”。在“选定汇总项”列表框中根据需要勾选“基本工资”。

③ 勾选“替换当前分类汇总”和“汇总结果显示在数据下方”复选框，设置结果如图7-38所示。

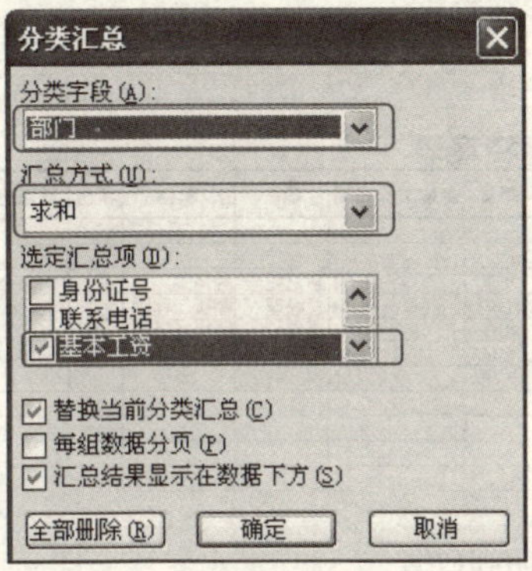

图7-38 “分类汇总”对话框

④ 单击“确定”按钮。分类汇总的结果如图7-39所示。

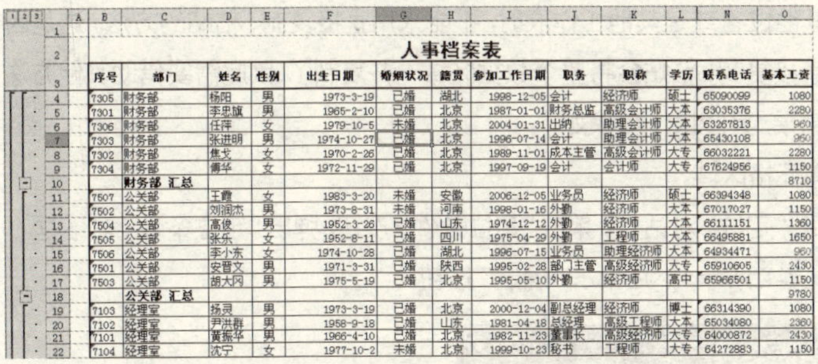

人事档案表

序号	部门	姓名	性别	出生日期	婚姻状况	籍贯	参加工作日期	职务	职称	学历	联系电话	基本工资
7305	财务部	杨阳	男	1973-3-19	已婚	湖北	1998-12-05	会计	经济师	硕士	65090099	1080
7301	财务部	李忠旗	男	1965-2-10	已婚	北京	1987-01-01	财务总监	高级会计师	大本	63035376	2280
7306	财务部	任萍	女	1979-10-5	未婚	北京	2004-01-31	出纳	助理会计师	大本	63267813	960
7303	财务部	张进明	男	1974-10-27	已婚	北京	1996-07-14	会计	助理会计师	大本	65430108	960
7302	财务部	焦戈	女	1970-2-26	已婚	北京	1989-11-01	成本主管	高级会计师	大专	66032221	2280
7304	财务部	傅华	女	1972-11-29	已婚	北京	1997-09-19	会计	会计师	大专	67624956	1150
	财务部 汇总											8710
7507	公关部	王霞	女	1983-3-20	未婚	安徽	2006-12-05	业务员	经济师	硕士	66394348	1080
7502	公关部	刘润杰	男	1973-8-31	未婚	河南	1998-01-16	外勤	经济师	大本	67017027	1150
7504	公关部	高俊	男	1952-3-26	已婚	山东	1974-12-12	外勤	经济师	大本	66111151	1360
7505	公关部	张乐	女	1952-8-11	已婚	四川	1975-04-29	外勤	工程师	大本	66495881	1650
7506	公关部	李小东	女	1974-10-28	已婚	湖北	1996-07-15	业务员	助理经济师	大本	64934471	960
7501	公关部	安晋文	男	1971-3-31	已婚	陕西	1995-02-28	部门主管	高级经济师	大专	65910605	2430
7503	公关部	胡大冈	男	1975-5-19	已婚	北京	1995-05-10	外勤	经济师	高中	65966501	1150
	公关部 汇总											9780
7103	经理室	扬灵	男	1973-3-19	已婚	北京	2000-12-04	副总经理	经济师	博士	66314390	1080
7102	经理室	尹洪群	男	1958-9-18	已婚	山东	1981-04-18	总经理	高级工程师	大本	65034080	2360
7101	经理室	黄振华	男	1966-4-10	已婚	北京	1982-11-23	董事长	高级经济师	大专	64000872	2430
7104	经理室	沈宁	女	1977-10-2	未婚	北京	1999-10-23	秘书	工程师	大专	64272883	1150

图7-39 分类汇总结果

10 分级显示数据

分类汇总完成后，可以根据需要选择分类汇总表的显示层次。从图7-39可以看出，在显示分类汇总结果的同时，分类汇总表的左侧出现了分级显示符号 1 2 3 和分级标识线。可以根据需要分级显示数据。单击某个显示符号，可将其他数据隐藏起来，只显示某层的汇总结果。

例如，单击1级分级显示符号 1 只显示总的汇总结果，即总计

知识

分类汇总是Excel最常用的功能之一，它能够快速地以某一个字段为分类项，对数据清单中的数值字段进行各种统计计算。

注意

如果在执行“分类汇总”命令之前，没有按相应字段排序，则分类汇总结果可能出现相同类别的数据没有全部汇总到一起的情况。

技巧

如果希望按多个字段进行分类汇总，可以在按第一个字段分类汇总后，再次执行“分类汇总”命令，在弹出的“分类汇总”对话框的“分类字段”下拉列表中选定另一个分类字段，在“汇总方式”下拉列表中选择一种汇总方式，在“选定汇总项”列表中勾选需要计算的字段复选框。取消“替换当前分类汇总”复选框勾选，最后单击“确定”按钮。

数据；单击2级分级显示符号 2 则显示部门的汇总结果和总计结果；单击3级分级显示符号 3 则显示全部数据。图7-40所示的是单击2级分级显示符号 2 的显示结果。

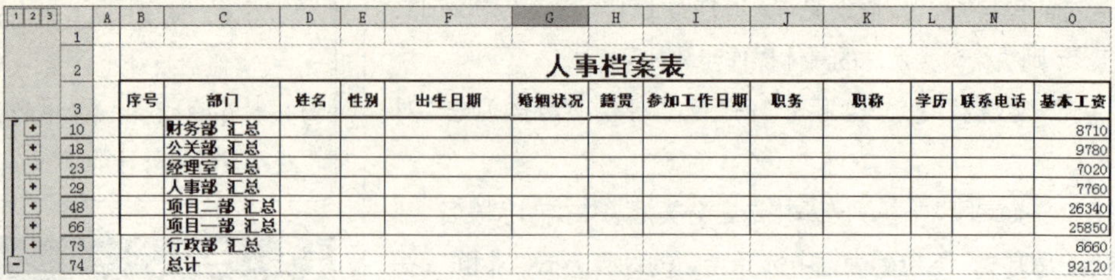

	A	B	C	D	E	F	G	H	I	J	K	L	N	O
1														
2		人事档案表												
3		序号	部门	姓名	性别	出生日期	婚姻状况	籍贯	参加工作日期	职务	职称	学历	联系电话	基本工资
10			财务部 汇总											8710
18			公关部 汇总											9780
23			经理室 汇总											7020
29			人事部 汇总											7760
48			项目二部 汇总											26340
66			项目一部 汇总											25850
73			行政部 汇总											6660
74			总计											92120

图7-40 分级显示结果

如果需要查看或是隐藏某一类的详细数据，可以单击分级标识线上的“+”号 + 或“−”号 − ，以展开或是折叠其详细数据。图7-41展开了“经理部”详细数据，可以看到“经理部”左侧分级标识线上的“+”号变成了“−”号，再次单击它，可以重新折叠其详细数据。

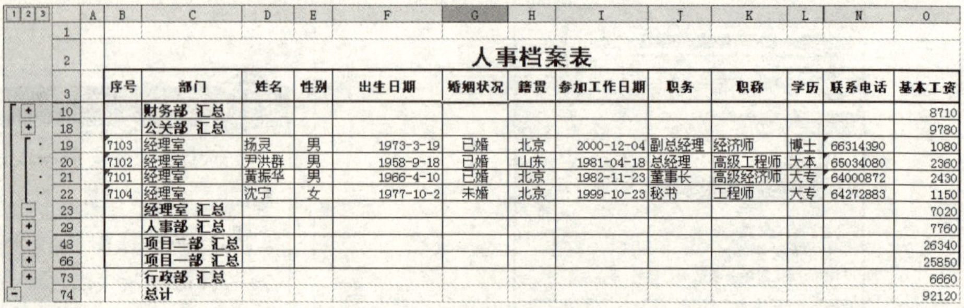

	A	B	C	D	E	F	G	H	I	J	K	L	N	O
1														
2		人事档案表												
3		序号	部门	姓名	性别	出生日期	婚姻状况	籍贯	参加工作日期	职务	职称	学历	联系电话	基本工资
10			财务部 汇总											8710
18			公关部 汇总											9780
19		7103	经理室	扬灵	男	1973-3-19	已婚	北京	2000-12-04	副总经理	经济师	博士	66314390	1080
20		7102	经理室	尹洪群	男	1958-9-18	已婚	山东	1981-04-18	总经理	高级工程师	大本	65034080	2360
21		7101	经理室	黄振华	男	1966-4-10	已婚	北京	1982-11-23	董事长	高级经济师	大专	64000872	2430
22		7104	经理室	沈宁	女	1977-10-2	未婚	北京	1999-10-23	秘书	工程师	大专	64272883	1150
23			经理室 汇总											7020
29			人事部 汇总											7760
48			项目二部 汇总											26340
66			项目一部 汇总											25850
73			行政部 汇总											6660
74			总计											92120

图7-41 展开明细数据

11 复制分类汇总

如果需要将分类汇总的结果复制到其他位置或是其他工作表时，不能采用直接复制、粘贴的方法。这是因为分类汇总时有关明细数据只是隐藏了，直接复制、粘贴会将整个数据区域一并复制了。因此需要借助其他方法实现。假设要复制图7-40所示的分类汇总结果，具体操作步骤如下。

① 选取要复制的单元格区域B3:O74单元格区域。

② 执行“编辑”>“定位”命令★56，弹出“定位”对话框。单击“定位条件”按钮，弹出“定位条件”对话框。

③ 选择“可见单元格”单选按钮，如图7-42所示，然后单击“确定”按钮。

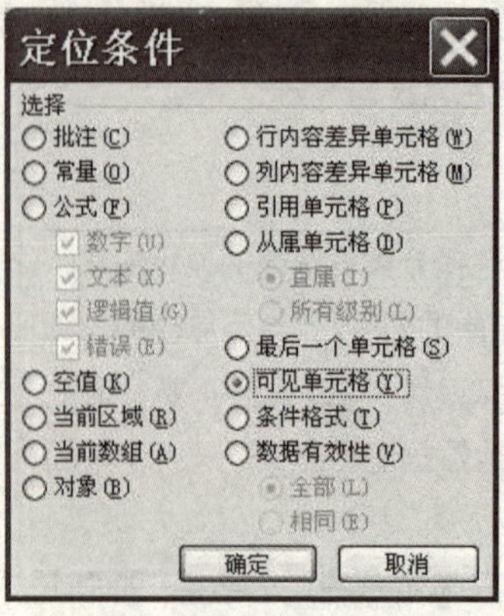

图7-42 “定位条件”对话框

④ 按“Ctrl”+“C”组合键，将选定单元格区域的内容复制到剪贴板，这时不会复制那些隐藏的明细数据。然后选定另一个工作表的A1单元格，按“Ctrl”+“V”组合键粘贴。复制结果如图7-43所示。

	A	B	C	D	E	F	G	H	I	J	K	L	M
1	序号	部门	姓名	性别	出生日期	婚姻状况	籍贯	加工作日	职务	职称	学历	联系电话	基本工资
2		财务部 汇总											8710
3		公关部 汇总											9780
4		经理室 汇总											7020
5		人事部 汇总											7760
6		项目二部 汇总											26340
7		项目一部 汇总											25850
8		行政部 汇总											6660
9		总计											92120

图7-43 复制分类汇总结果

延伸知识点

12 清除分类汇总

当需要将分类汇总数据删除，将工作表还原成原始状态时，操作步骤如下。

① 执行“数据”>“分类汇总”命令，弹出“分类汇总”对话框。

② 单击“分类汇总”对话框中“全部删除”按钮，然后单击“确定”按钮，即可清除工作表中的分类汇总数据。

独立实践任务

任务二 绩效奖金表的管理与使用

任务背景

成文公司每个季度都会对发放的绩效奖金进行统计。现在公司管理者希望能够随时查询绩效奖金的发放情况。因此，需要对绩效奖金表中的数据进行管理和更深入的使用。

任务要求

根据模块04已经建立的绩效奖金表，按以下要求完成相应的操作。

(1) 按照评定等级从好到坏（优秀、良好、较好、合格、需要改进）排序。

(2) 按照部门、评定等级、绩效奖金顺序排序。

(3) 筛选出所有评定等级为优秀和良好的员工。

(4) 筛选出销售部所有评定等级为优秀或良好的员工，并将筛选结果存入工作表其他位置中。

(5) 计算出不同评定等级的平均绩效奖金。

(6) 计算出不同部门的绩效奖金合计，并将合计数据复制粘贴到另一个新工作表中。

【技术要领】排序操作；自定义筛选；高级筛选。

【解决问题】理解分类汇总操作的基本要点；理解筛选条件的设置要点。

【应用领域】企事业单位的人事档案、生产部门的产品资料、销售单位的顾客信息、学校的学生学籍档案、医院的病人病案等。

任务分析

按评定等级从好到坏排序时，系统本身是不知道评定等级好坏的，因此应先定义有关的自定义序列，然后指定按照该序列排序。筛选出所有评定等级为优秀和良好的员工，可以通过自动筛选实现。筛选出销售部所有评定等级为优秀或良好的员工，可通过高级筛选实现。计算出不同评定等级的平均绩效奖金或计算出不同部门的平均绩效奖金，可以使用“分类汇总”命令进行处理，但在分类汇总之前应先对分类项进行排序。另外，如果需要将分类汇总结果复制粘贴到另一个工作表中，正确的操作是先进行条件定位操作，将可见单元格标识出来，然后再进行复制和粘贴操作。

任务效果参考图

成文公司绩效奖金表

	工号	姓名	部门	评分	评定等级	评定系数	绩效奖金
3	0003	王叶	办公室	90	优秀	1.3	3120
4	0008	陈桂兰	财务部	90	优秀	1.3	2860
5	0014	张跃华	技术部	90	优秀	1.3	4940
6	0020	刘尚武	销售部	90	优秀	1.3	5161
7	0023	孙宝彦	销售部	90	优秀	1.3	3185
8	0002	张卫华	办公室	88	良好	1	2600
9	0006	陈关敏	财务部	88	良好	1	3600
10	0010	王成祥	工程部	89	良好	1	2170

（a）按照评定等级从好到坏排序

成文公司绩效奖金表

	工号	姓名	部门	评分	评定等级	评定系数	绩效奖金
3	0005	朱思华	办公室	60	合格	0.5	1200
4	0004	梁勇	办公室	76	较好	0.7	1680
5	0001	孙家龙	办公室	78	较好	0.7	2730
6	0002	张卫华	办公室	88	良好	1	2600
7	0003	王叶	办公室	90	优秀	1.3	3120
8	0007	陈德生	财务部	76	较好	0.7	1680
9	0006	陈关敏	财务部	88	良好	1	3600
10	0008	陈桂兰	财务部	90	优秀	1.3	2860

（b）按照部门、评定等级、绩效奖金顺序排序

成文公司绩效奖金表

	工号	姓名	部门	评分	评定等	评定系	绩效奖
4	0002	张卫华	办公室	88	良好	1	2600
5	0003	王叶	办公室	90	优秀	1.3	3120
8	0006	陈关敏	财务部	88	良好	1	3600
10	0008	陈桂兰	财务部	90	优秀	1.3	2860
12	0010	王成祥	工程部	89	良好	1	2170
15	0013	张新民	工程部	88	良好	1	2400
16	0014	张跃华	技术部	90	优秀	1.3	4940
18	0016	朱京丽	技术部	89	良好	1	1950
19	0017	蒙继炎	市场部	88	良好	1	3400
22	0020	刘尚武	销售部	90	优秀	1.3	5161
24	0022	丁小飞	销售部	89	良好	1	2450
25	0023	孙宝彦	销售部	90	优秀	1.3	3185

（c）所有评定等级为优秀和良好的员工

28	筛选结果						
29	工号	姓名	部门	评分	评定等级	评定系数	绩效奖金
30	0020	刘尚武	销售部	90	优秀	1.3	5161
31	0022	丁小飞	销售部	89	良好	1	2450
32	0023	孙宝彦	销售部	90	优秀	1.3	3185

（d）销售部所有评定等级为优秀或良好的员工

成文公司绩效奖金表

	工号	姓名	部门	评分	评定等级	评定系数	绩效奖金
3	0003	王叶	办公室	90	优秀	1.3	3120
4	0008	陈桂兰	财务部	90	优秀	1.3	2860
5	0014	张跃华	技术部	90	优秀	1.3	4940
6	0020	刘尚武	销售部	90	优秀	1.3	5161
7	0023	孙宝彦	销售部	90	优秀	1.3	3185
8					**优秀 平均值**		3853.2
9	0011	何家強	工程部	45	需要改进	0	100
10					**需要改进 平均值**		100

（e）不同评定等级的平均绩效奖金

成文公司绩效奖金表

	工号	姓名	部门	评分	评定等级	评定系数	绩效奖金
3			**办公室 汇总**				11330
4			**财务部 汇总**				8140
5			**工程部 汇总**				8159
6			**技术部 汇总**				8090
7			**市场部 汇总**				6529
8			**销售部 汇总**				14121
9			**总计**				56369

（f）不同部门的绩效奖金合计

课后作业

1. 填空题

(1) 在Excel中，使用“排序”命令进行排序时，一次最多可以按________个字段排序。

(2) 在Excel中，“高级筛选”功能可以实现“自动筛选”功能无法实现的不同字段________关系的筛选。

(3) 在Excel中，执行分类汇总操作前应先按分类字段进行________。

(4) 在Excel中，如果需要将分类汇总结果复制粘贴到另一个工作表中，正确的操作是先进行条件定位，将________单元格标识出来，然后再进行复制和粘贴操作。

(5) 当筛选结果使用完毕，需要显示全部数据时，可以执行“数据”>“筛选”>“________”命令。

2. 单选题

(1) 下列关于排序操作的叙述中，正确的是________。

A. 只能对数值型的字段进行排序　　B. 可以按所选字段值“升序”或“降序”排序

C. 只能按一个关键字段进行排序　　D. 一旦排序后就不能恢复原来的记录排列顺序

(2) 下列关于筛选操作的叙述中，错误的是________。

A. Excel的筛选包括了自动筛选和高级筛选　　B. Excel的自动筛选允许自定义筛选条件

C. Excel的自动筛选只能设置一个筛选条件　　D. 在自定义筛选条件时，不允许使用“!”

(3) 在Excel中，高级筛选的条件区域________。

A. 可以放置在数据清单内的任意位置

B. 可以放置在数据清单以外且不与其相连的任意位置

C. 必须放置在数据清单的左侧

D. 必须放置在数据清单的右侧

(4) 在Excel中，高级筛选的筛选条件最多可以设置________。

A. 2行　　B. 3行　　C. 4行　　D. 4行以上

(5) 下列关于分类汇总的叙述中，错误的是________。

A. 分类汇总前必须按分类字段进行排序

B. 分类汇总的汇总方式只允许使用求和

C. 允许将分类汇总结果显示在数据上方

D. 允许将分类汇总结果删除

3. 简答题

(1) 数据清单基本约定是什么？

(2) 多重排序一次最多可设置几个关键字段？

(3) 自定义排序次序的基本步骤是什么？

(4) 自动筛选的自定义可以设置几行筛选条件？

(5) 分类汇总操作对工作表有何要求？

模块 08

分析销售情况表
——Excel数据的透视与分析

● 能力目标

能够运用数据透视功能分析工作表

● 专业知识目标

1. 了解Excel有关数据透视表的强大功能
2. 理解数据透视表的特性
3. 理解数据透视表的概念
4. 了解建立数据透视表的基本步骤
5. 能够运用数据透视表和数据透视图进行各种数据的透视分析

● 软件知识目标

1. 掌握创建数据透视表的操作方法
2. 掌握应用数据透视表进行数据分析的方法和技巧
3. 掌握应用数据透视图进行数据分析的方法和技巧

● 课时安排

4课时（讲课2课时，实践2课时）

模拟制作任务

任务一 销售情况表的分析

任务背景

某文化用品公司的主要业务之一是销售各种复印纸，公司管理者特别希望了解每名业务员的销售情况以及每种纸张的销售情况，以便进行销售分析。

任务要求

根据销售情况表的数据，分析如下内容。

(1) 不同时期各种产品品牌的销售数量。

(2) 不同时期各种产品品牌的销售金额。

(3) 每名业务员在不同季度各种产品品牌的销售情况。

(4) 每名业务员每种产品的销售额占其总销售额的百分比。

(5) 不同时期各种产品品牌的销售趋势。

任务分析

企业在进行数据处理的过程中，常常会出现对大量数据进行不同层面分析的需求，这些需求的内容各不相同，分析结果与展示结果也是千差万别。Excel提供的数据透视功能，综合了数据排序、筛选和分类汇总等数据处理工具的优点，并具有上述工具无法比拟的灵活性。它可以快速实现数据的立体化分析，完成绝大多数日常的数据计算和分析工作，洞察企业关键信息。因此，使用数据透视表[01]来完成本任务提出的各种统计和分析要求非常合适。

本案例的重点难点

数据透视表的规划；数据透视表的应用。

【技术要领】数据透视表的规划；数据透视表向导。

【解决问题】理解数据透视表的含义和概念，了解数据透视表的结构，掌握数据透视表工具的使用方法。

【应用领域】企事业单位的工资、企事业单位的人事档案、销售单位的销售业绩、学校的学生成绩等。

操作步骤详解

打开工作簿文档

❶ 启动Excel，执行“文件”>“打开”命令，弹出“打开”对话框。在“查找范围”下拉列表中找到文件所在的位置，在文件列表中找到包含“销售情况”工作表的工作簿文件“销售业绩管理.xls”，双击该文件名，如图8-1所示。

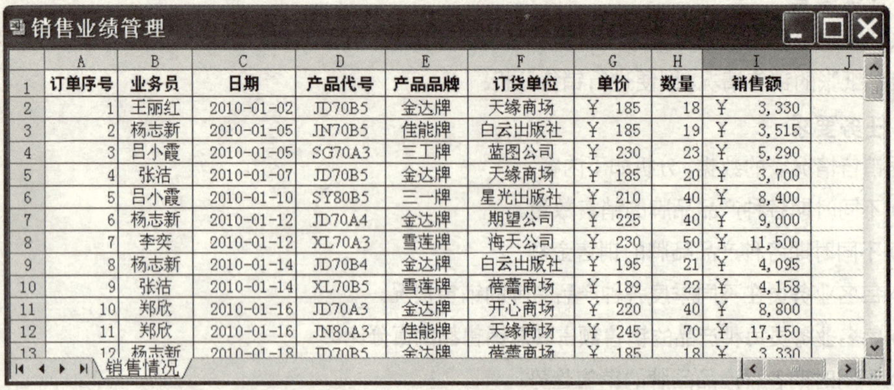

	A	B	C	D	E	F	G	H	I
1	订单序号	业务员	日期	产品代号	产品品牌	订货单位	单价	数量	销售额
2	1	王丽红	2010-01-02	JD70B5	金达牌	天缘商场	¥ 185	18	¥ 3,330
3	2	杨志新	2010-01-05	JN70B5	佳能牌	白云出版社	¥ 185	19	¥ 3,515
4	3	吕小霞	2010-01-05	SG70A3	三工牌	蓝图公司	¥ 230	23	¥ 5,290
5	4	张洁	2010-01-07	JD70B5	金达牌	天缘商场	¥ 185	20	¥ 3,700
6	5	吕小霞	2010-01-10	SY80B5	三一牌	星光出版社	¥ 210	40	¥ 8,400
7	6	杨志新	2010-01-12	JD70A4	金达牌	期望公司	¥ 225	40	¥ 9,000
8	7	李奕	2010-01-12	XL70A3	雪莲牌	海天公司	¥ 230	50	¥ 11,500
9	8	杨志新	2010-01-14	JD70B4	金达牌	白云出版社	¥ 195	21	¥ 4,095
10	9	张洁	2010-01-14	XL70B5	雪莲牌	蓓蕾商场	¥ 189	22	¥ 4,158
11	10	郑欣	2010-01-16	JD70A3	金达牌	开心商场	¥ 220	40	¥ 8,800
12	11	郑欣	2010-01-16	JN80A3	佳能牌	天缘商场	¥ 245	70	¥ 17,150
13	12	杨志新	2010-01-18	JD70B5	金达牌	蓓蕾商场	¥ 185	18	¥ 3,330

图8-1 “销售情况”工作表

计算不同时期各种产品品牌的销售数量

❷ 执行“数据”>“数据透视表和数据透视图”命令[02]，弹出“数据透视表和数据透视图向导—3步骤之1”对话框。选择“Microsoft Office Excel数据列表或数据库”作为数据源，选择“数据透视表”作为要创建的报表类型，如图8-2所示。

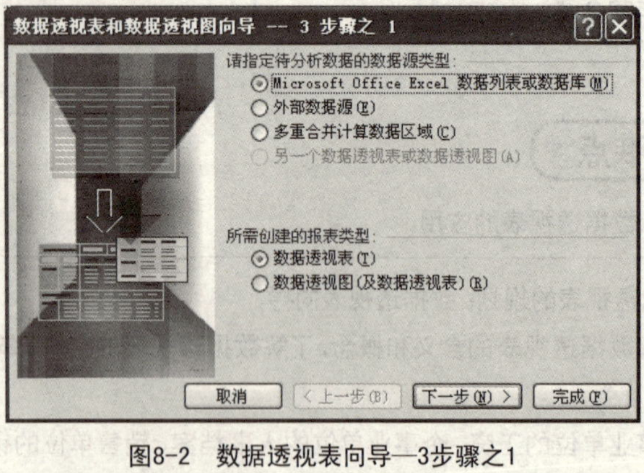

图8-2 数据透视表向导—3步骤之1

❸ 单击“下一步”按钮，弹出“数据透视表和数据透视图向导—3步骤之2”对话框。使用系统默认选定的区域“$A$1:$I$146”作为数据源区域。结果如图8-3所示。

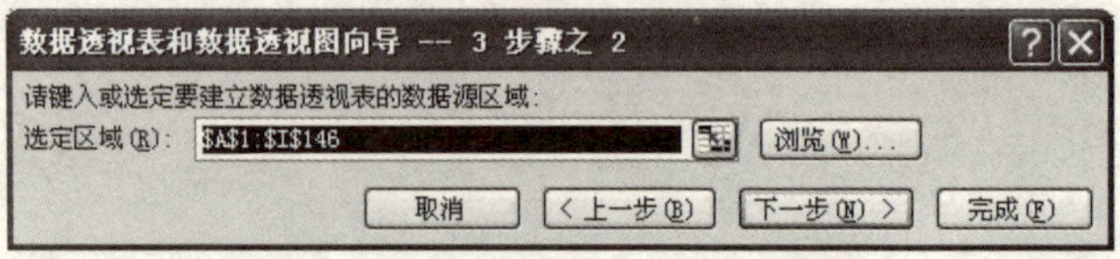

图8-3 数据透视表向导—3步骤之2

❹ 单击“下一步”按钮，弹出“数据透视表和数据透视图向导—3步骤之3”对话框，选择“新建工作表”单选按钮，如图8-4所示。

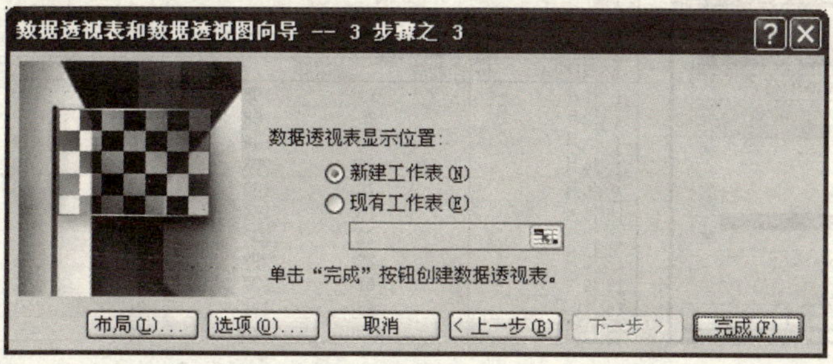

图8-4 数据透视表向导—3步骤之3

❺ 单击“完成”按钮。这时将创建一个空的数据透视表，如图8-5所示。

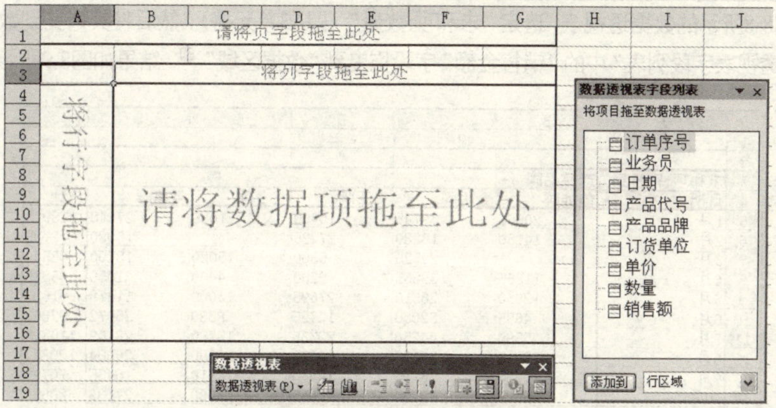

图8-5 创建空的数据透视表

❻ 因为需要分析不同时期各种产品品牌的销售数量，所以行字段和列字段应分别为“日期”和“产品品牌”；数据字段应为“数量”。在“数据透视表字段列表”对话框中选定日期字段，在下方的下拉列表框中选择“行区域”，单击“添加到”按钮。然后直接将“产品品牌”字段拖曳至“列区域”，将“数量”字段拖曳至“数据区域”。初步建立的数据透视表如图8-6所示。

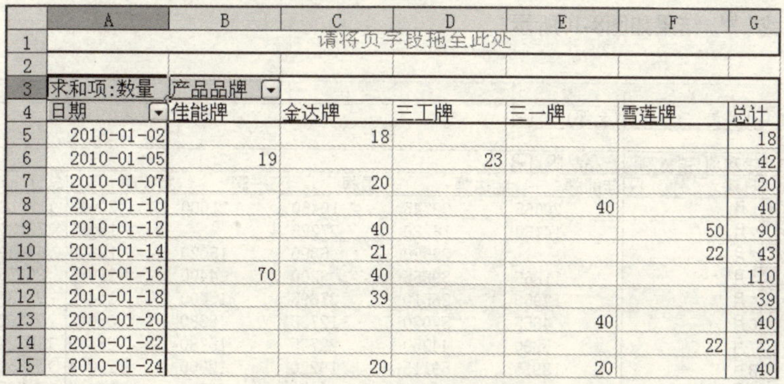

请将页字段拖至此处

求和项:数量	产品品牌					
日期	佳能牌	金达牌	三工牌	三一牌	雪莲牌	总计
2010-01-02		18				18
2010-01-05	19		23			42
2010-01-07		20				20
2010-01-10				40		40
2010-01-12		40			50	90
2010-01-14		21			22	43
2010-01-16	70	40				110
2010-01-18		39				39
2010-01-20				40		40
2010-01-22					22	22
2010-01-24		20		20		40

图8-6 初步建立的数据透视表

❼ 右键单击“日期”列中任意的数据单元格，在弹出的快捷菜单中执行“组及显示明细数据”>“组合”命令，弹出“分组”对话框[03]。在“步长”列表框中选择“月”，如图8-7所示，单击“确定”。建立好的数

据透视表如图8-8所示。

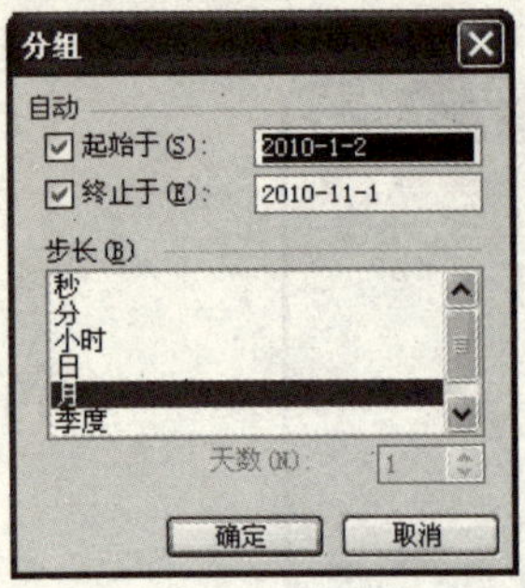

图8-7 “分组”对话框

	A	B	C	D	E	F	G
1							
2							
3	求和项:数量	产品品牌					
4	日期	佳能牌	金达牌	三工牌	三一牌	雪莲牌	总计
5	1月	89	198	45	100	134	566
6	2月	70	88	114		76	348
7	3月		144	20	74	100	338
8	4月	57	203	40	20	103	423
9	5月	70	142	107	60	62	441
10	6月	19	164	55	42	172	452
11	7月	22	230	95	78	135	560
12	8月	87	297	77	61	98	620
13	9月	61	127	70	41	55	354
14	10月	23	191	21	21	136	392
15	总计	498	1784	644	497	1071	4494

图8-8 计算不同时期各种产品品牌销售数量的数据透视表

计算不同时期各种产品品牌的销售金额

❽ 复制图8-8所示的数据透视表，选定“求和项:数量”（即A3单元格），然后将其拖曳到数据透视表区域之外。将“数据透视表字段列表”中的“销售金额”字段拖曳到“数据区域”[04]。结果如图8-9所示。

	A	B	C	D	E	F	G
1	请将页字段拖至此处						
2							
3	求和项:销售额	产品品牌					
4	日期	佳能牌	金达牌	三工牌	三一牌	雪莲牌	总计
5	1月	20665	39745	10460	21000	27048	118918
6	2月	14150	16280	27225		15080	72735
7	3月		29520	5300	15020	18700	68540
8	4月	11865	39855	9200	4400	21055	86375
9	5月	12950	26510	27695	13000	11478	91633
10	6月	4655	32030	12725	8380	35072	92862
11	7月	5390	44250	22735	15780	28169	116324
12	8月	18915	59115	19220	12600	20004	129854
13	9月	11285	23745	16450	8810	10435	70725
14	10月	5635	37730	5565	3990	27139	80059
15	总计	105510	348780	156575	102980	214180	928025

图8-9 计算不同时期各种产品品牌销售金额的数据透视表

统计每名业务员在不同季度各种产品品牌的销售情况

❾ 以“业务员”作为页字段；“日期”作为行字段，并设置步长为“季度”；“产品品牌”为列字段；“销售金额”为数据字段。复制图8-9所示的数据透视表，将“数据透视表字段列表”中的“业务员”字段拖曳到“页面区域”[05]。结果如图8-10所示。

	A	B	C	D	E	F	G
1	业务员	(全部)					
2							
3	求和项:销售额	产品品牌					
4	日期	佳能牌	金达牌	三工牌	三一牌	雪莲牌	总计
5	1月	20665	39745	10460	21000	27048	118918
6	2月	14150	16280	27225		15080	72735
7	3月		29520	5300	15020	18700	68540
8	4月	11865	39855	9200	4400	21055	86375
9	5月	12950	26510	27695	13000	11478	91633
10	6月	4655	32030	12725	8380	35072	92862
11	7月	5390	44250	22735	15780	28169	116324
12	8月	18915	59115	19220	12600	20004	129854
13	9月	11285	23745	16450	8810	10435	70725
14	10月	5635	37730	5565	3990	27139	80059
15	总计	105510	348780	156575	102980	214180	928025

图8-10 添加页字段后的数据透视表

⑩ 右键单击“日期”列中任意的数据单元格，在弹出的快捷菜单中执行“组及显示明细数据”>“组合”命令，弹出“分组”对话框。在“步长”列表框中选定“季度”，在“步长”列表框中单击“月”，单击“确定”按钮。更改后的数据透视表如图8-11所示。

	A	B	C	D	E	F	G
1	业务员	(全部)					
2							
3	求和项:销售额	产品品牌					
4	日期	佳能牌	金达牌	三工牌	三一牌	雪莲牌	总计
5	第一季	34815	85545	42985	36020	60828	260193
6	第二季	29470	98395	49620	25780	67605	270870
7	第三季	35590	127110	58405	37190	58608	316903
8	第四季	5635	37730	5565	3990	27139	80059
9	总计	105510	348780	156575	102980	214180	928025

图8-11　统计每名业务员不同季度各种产品品牌销售情况的数据透视表

分页显示每名业务员在不同季度各种产品品牌的销售情况

⑪ 在图8-11所示数据透视表中，“业务员”字段按钮的右侧有一个下拉列表框，现在显示的内容为“全部”，即该页数据透视表显示的是全部业务员销售的汇总数据。单击下拉列表框的下拉箭头，可以显示出业务员姓名的列表，从中选择一个业务员，则数据透视表将显示该业务员的销售数据。图8-12显示的是姓名为“李奕”的业务员的销售数据。

	A	B	C	D	E	F
1	业务员	李奕				
2						
3	求和项:销售额	产品品牌				
4	日期	金达牌	三工牌	三一牌	雪莲牌	总计
5	第一季	4025		4840	19100	27965
6	第二季	15800	9200	4400		29400
7	第三季	3700	3450	4400		11550
8	第四季				7320	7320
9	总计	23525	12650	13640	26420	76235

图8-12　单个业务员销售情况的数据透视表

⑫ 选定数据透视表中的任意单元格，然后单击“数据透视表”工具栏的“数据透视表”按钮，在弹出的快捷菜单上执行“分页显示”命令，弹出“分页显示”对话框[06]，单击“确定”按钮，即可为每个业务员创建一个新的数据透视表。工作表的名称为各个业务员的姓名，如图8-13所示。

销售业绩管理

	A	B	C	D	E	F	G	H
1	业务员	李奕						
2								
3	求和项:销售额	产品品牌						
4	日期	金达牌	三工牌	三一牌	雪莲牌	总计		
5	第一季	4025		4840	19100	27965		
6	第二季	15800	9200	4400		29400		
7	第三季	3700	3450	4400		11550		
8	第四季				7320	7320		
9	总计	23525	12650	13640	26420	76235		
10								

杜涛 / 方楠 / 李奕 / 刘小红 / 吕小霞 / 王丽红 / 杨志新 / 张洁 / 赵飞 / 郑欣 / 销售情况

图8-13　分页后的数据透视表

计算并显示每名业务员每种产品的销售额占其总销售额的百分比

⑬ 复制图8-9所示的数据透视表，用鼠标选定“日期”字段（即A4单元格），然后将其拖曳到数据透视表区域之外。将“数据透视表字段列表”中的“业务员”字段拖曳到行区域，如图8-14所示。

	A	B	C	D	E	F	G
1	请将页字段拖至此处						
2							
3	求和项:销售额	产品品牌					
4	业务员	佳能牌	金达牌	三工牌	三一牌	雪莲牌	总计
5	杜涛		12885		12800	27446	53131
6	方楠	14640	28750	9275	21800	13380	87845
7	李奕		23525	12650	13640	26420	76235
8	刘小红	3885	3420	29550	8040	17613	62508
9	吕小霞		18795	5290	8400	32046	64531
10	王丽红	16955	28555		3150	8127	56787
11	杨志新	3515	73890	9200		18515	105120
12	张洁		22860	60080	15600	15548	114088
13	张蔷	17990	45180	5830		4070	73070
14	赵飞	12950	16210	3525	7410	7665	47760
15	郑欣	35575	74710	21175	12140	43350	186950
16	总计	105510	348780	156575	102980	214180	928025

图8-14　更改行字段后的数据透视表

⑭ 右键单击任意数据区域任意单元格，在弹出的快捷菜单中执行“字段设置”命令⑰，弹出“数据透视表字段”对话框。单击“选项”按钮，展开“数据透视表字段”对话框。在“数据显示方式”下拉列表框中，选择“占同列数据总和的百分比”选项，如图8-15所示。

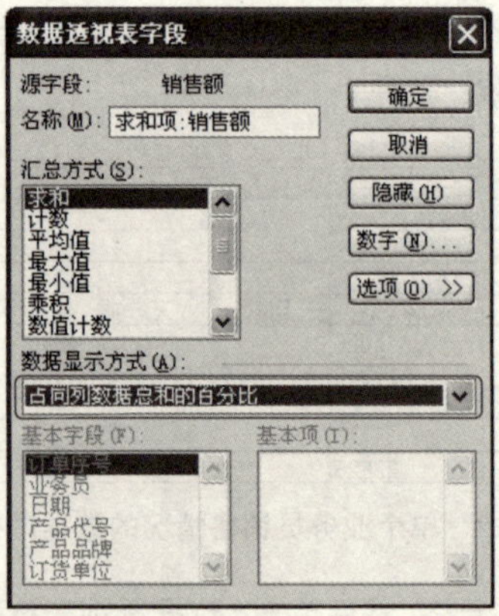

图8-15　“数据透视表字段”对话框

⑮ 单击“确定”按钮。结果如图8-16所示。

	A	B	C	D	E	F	G
1							
2							
3	求和项:销售额	产品品牌					
4	业务员	佳能牌	金达牌	三工牌	三一牌	雪莲牌	总计
5	杜涛	0.00%	3.69%	0.00%	12.43%	12.81%	5.73%
6	方楠	13.88%	8.24%	5.92%	21.17%	6.25%	9.47%
7	李奕	0.00%	6.74%	8.08%	13.25%	12.34%	8.21%
8	刘小红	3.68%	0.98%	18.87%	7.81%	8.22%	6.74%
9	吕小霞	0.00%	5.39%	3.38%	8.16%	14.96%	6.95%
10	王丽红	16.07%	8.19%	0.00%	3.06%	3.79%	6.12%
11	杨志新	3.33%	21.19%	5.88%	0.00%	8.64%	11.33%
12	张洁	0.00%	6.55%	38.37%	15.15%	7.26%	12.29%
13	张蔷	17.05%	12.95%	3.72%	0.00%	1.90%	7.87%
14	赵飞	12.27%	4.65%	2.25%	7.20%	3.58%	5.15%
15	郑欣	33.72%	21.42%	13.52%	11.79%	20.24%	20.14%
16	总计	100.00%	100.00%	100.00%	100.00%	100.00%	100.00%

图8-16　按“占同列数据总和的百分比”显示数据

分析不同时期各种产品品牌的销售趋势

⑯ 在图8-9所示的数据透视表中，右键单击数据透视表中任意单元格。在弹出的快捷菜单中执行

"数据透视图"命令[08]，效果如图8-17所示。

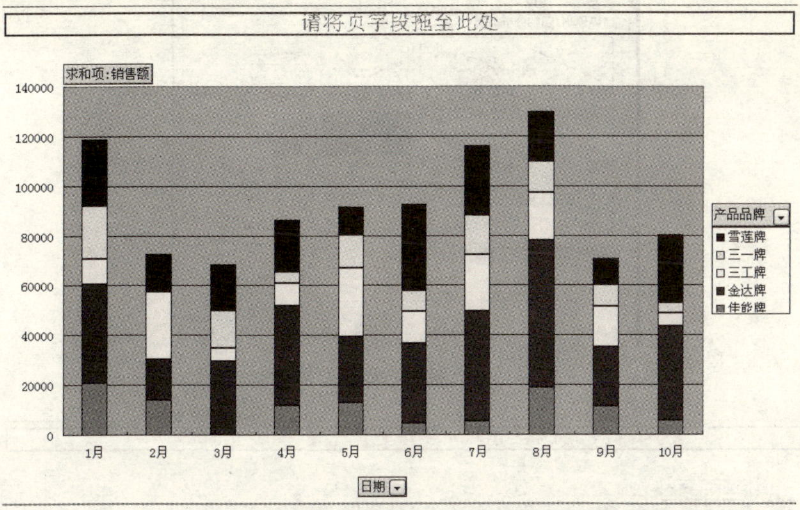

图8-17 数据透视图

⑰ 单击"图表"工具栏"图表类型"按钮的下拉箭头，在弹出的图表类型列表中选择"折线图"。也可以单击"常用"工具栏"图表向导"按钮，或是执行"图表">"图表类型"命令[09]，然后在弹出的对话框中选择"折线图"。更改后的数据透视图如图8-18所示。

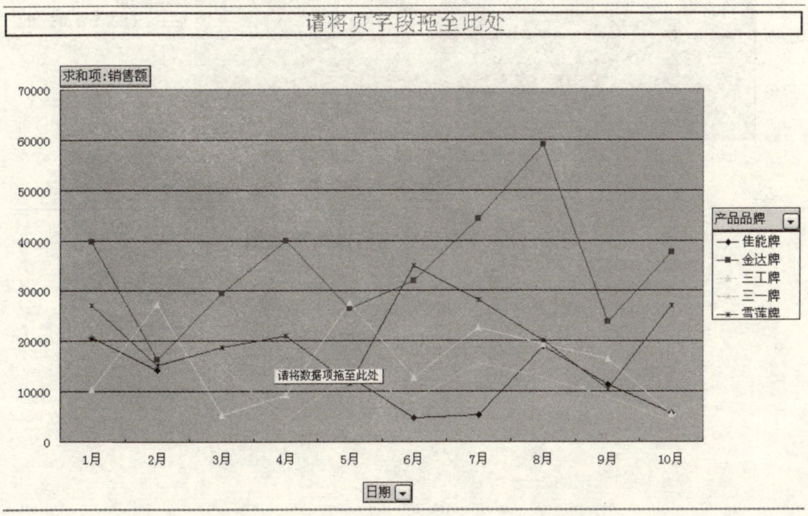

图8-18 更改图表类型后的数据透视图

⑱ 右键单击数据透视图中"三一牌"数据系列折线，在弹出的快捷菜单中执行"添加趋势线"命令，弹出"添加趋势线"对话框。在"趋势预测/回归分析类型"框中选择"移动平均"，在"周期"文本框中输入"2"，如图8-19所示，单击"确定"按钮。添加了趋势线的数据透视图如图8-20所示。

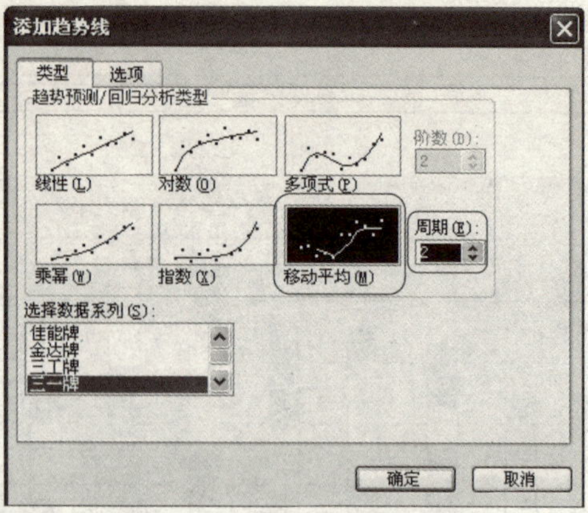

图8-19 “添加趋势线”对话框

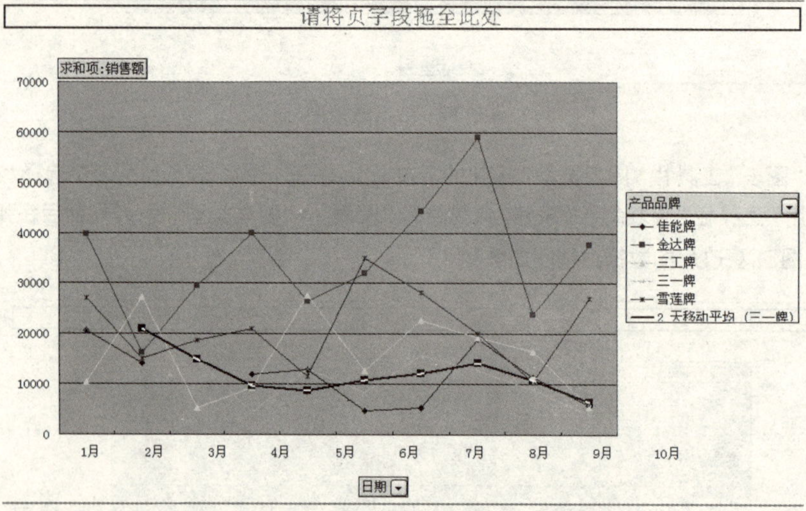

图8-20 添加趋势线的数据透视图

知识点拓展

01 数据透视表及其工具栏

数据透视表是一种对大量数据进行汇总和建立交叉表的交互式动态表格，能帮助用户分析、组织数据。从外观看，数据透视表除了某些单元格的格式较为特殊外，与一般的工作表没有明显区别，也是二维电子表格，也可以定义单元格的格式，也可以对表格中的数据进行排序、筛选等操作，以及根据数据制作图表等。但是实际上它们有着重要的差异。

1. “透视”特性

数据透视表是具有第三维查询应用的表格。它通常是根据多个工作表或是一个较长的数据清单经过重新组织得到的。其中的基本数据可能都是根据某个工作表的一行或一列数据计算得出的。因此可以认为它是一个三维表格。同时，数据透视表可以方便地调整计算的方法和范围，因而可以从不同的角度，更清楚地给出数据的各项特征，所以称其为数据透视表。

2. “只读”属性

数据透视表中的数据都具有只读属性。即不可以直接在数据透视表中直接输入数据，或是修改数据透视表中的数据。只有当存放原始数据的工作表中相应的数据变更，且执行了数据透视表操作中的有关更新数据的命令后，数据透视表中的数据才会更新。

数据透视表的应用十分灵活，当创建了数据透视表后，可以方便地组织和显示存在于多个工作表或工作簿中的数据；可以通过改变数据透视表的页面布局对数据进行不同角度的综合分析；可以根据需要显示或是隐藏所需的任何细节数据；而所有这些都可以在创建的透视表上实现，而不需要重新构建数据透视表。

数据透视表是Excel中最为常用的数据分析工具，特别适合于对数据的计算和分类操作，像数据的分类汇总、交叉分析、百分比计算以及准备各种报告等日常常用的数据分析，均可利用数据透视表的操作完成。

数据透视表的所有功能都可以通过数据透视表的工具栏来实现。执行“视图”>“工具栏”>“数据透视表”命令，

知识

数据透视表是用来从Excel数据清单中总结信息的分析工具。它是一种交互式报表，可以快速分类汇总和比较大量的数据，并可以随时选择其中页、行和列中的不同元素，以快速查看源数据的不同统计结果，同时还可以随意显示和打印出所需要的明细数据。

可在屏幕上显示出“数据透视表”工具栏，如图8-21所示。

图8-21　“数据透视表”工具栏

“数据透视表”工具栏各按钮的功能如下表所示。

按钮	名称	功能
	设置报告格式	弹出“自动套用格式”对话框，应用Excel设定好的表格样式
	图表向导	创建数据透视图
	隐藏明细数据	隐藏内部行或列字段
	显示明细数据	显示内部行或列字段
	刷新数据	刷新数据透视表
	始终显示数据	始终显示数据
	字段设置	弹出“字段设置”对话框
	字段列表	显示或隐藏“数据透视表字段列表”

02 创建数据透视表

建立和应用数据透视表的关键问题是设计数据透视表的布局，即根据现有的数据由哪些字段组成行，哪些字段组成列，按哪几个字段的值分类，对哪些字段进行计算。这些问题如果不设计好，则建立的数据透视表可能会是杂乱无章、毫无意义的。

使用数据透视表和数据透视图向导可以创建数据透视表。具体操作步骤如下。

① 执行“数据”>“数据透视表和数据透视图”命令★57，弹出“数据透视表和数据透视图向导—3步骤之1”对话框，如图8-22所示。按需要确定数据源类型和报表类型，选择所需单选按钮。

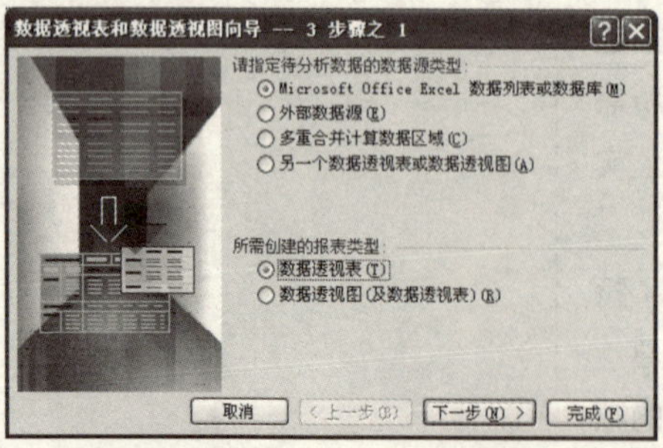

图8-22　创建数据透视表步骤1

② 单击“下一步”按钮，弹出“数据透视表和数据透视图向导—3步骤之2”对话框，要求指定数据源的位置。

提示

显示“数据透视表”工具栏有三种方法。

方法一：执行“视图”>“工具栏”>“数据透视表”命令。

方法二：右键单击数据透视表，从弹出的快捷菜单中执行“显示数据透视表工具栏”命令。

方法三：右键单击某工具栏的空白位置，从弹出的列表中选择“数据透视表”。

知识

应用数据透视表分析数据，先要在原有数据的基础上创建数据透视表。Excel可以根据需要，利用Excel数据列表、多重合并计算区域以及外部数据源建立数据透视表。

提示

布局数据透视表的其他方法如下。

① 在图8-24所示向导中单击“布局”按钮，弹出“数据透视表和数据透视图向导—布局”对话框。

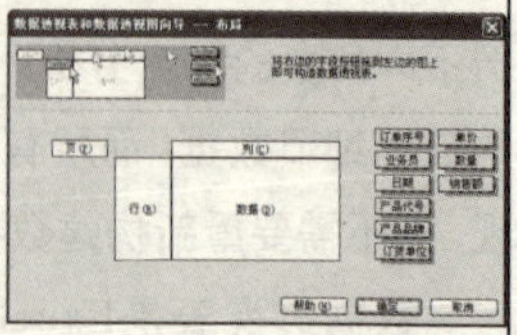

② 依次将所需字段拖曳到相应位置，然后单击“确定”按钮。

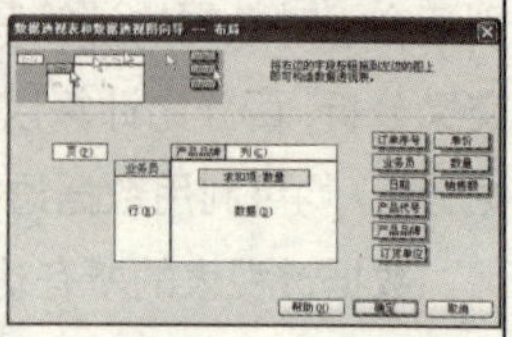

一般系统会自动识别并选定数据源区域，如图8-23所示。如果所需要的数据源区域与此有出入，可以在“选定区域”框内输入或编辑。

③ 单击“下一步”按钮，弹出“数据透视表和数据透视图向导—3步骤之3”对话框，如图8-24所示。如果要将数据透视表显示到新的工作表中，可以选择“新建工作表”。否则可以选择“现有工作表”单选按钮。

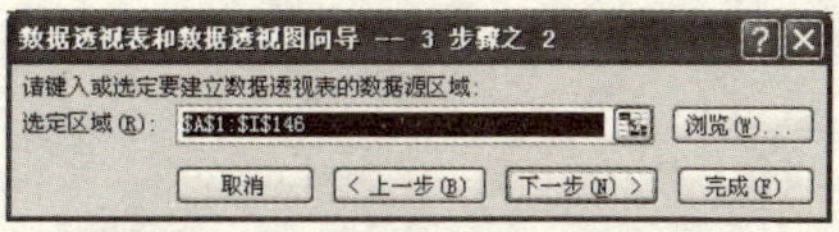

图8-23 创建数据透视表步骤2

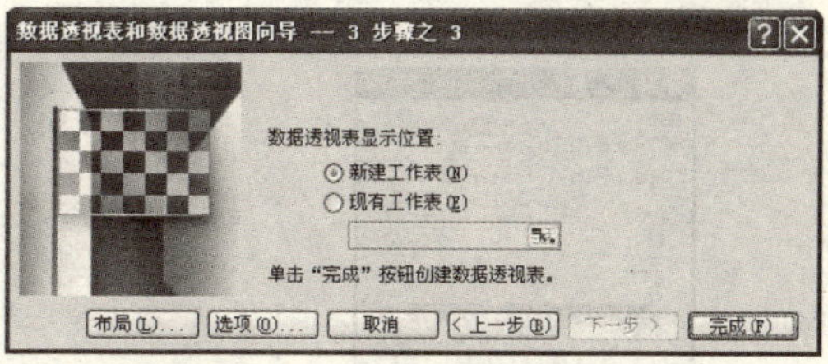

图8-24 创建数据透视表步骤3

④ 单击“完成”按钮，这时将创建一个空的数据透视表，同时显示“数据透视表字段列表”，如图8-25所示。

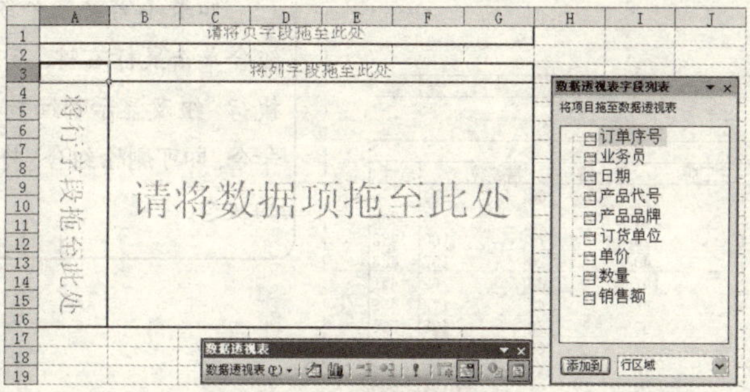

图8-25 创建空的数据透视表

接下来布局数据透视表。用鼠标将所需字段从“数据透视表字段列表”对话框直接拖曳到数据透视表框架的相应字段区域；或在“数据透视表字段列表”中先选定所需字段，然后在下方的下拉列表框中选择对应的区域，再单击“添加到”按钮。依次将所需字段添加到对应的区域中。

03 组合数据透视表内的数据项

有些数据在分析过程中需要进行组合。如日期数据，可能需要按照周、月、季度或年等不同周期进行汇总；又如省市数据，可能需要按照一定范围合并成地区数据等。这些可以通过Excel的组合数据项功能实现。例如，将图8-26所示数据透视表中的“日期”字段组合成月份的具体操作步骤如下。

	A	B	C	D	E	F	G
1	请将页字段拖至此处						
2							
3	求和项:数量	产品品牌					
4	日期	佳能牌	金达牌	三工牌	三一牌	雪莲牌	总计
5	2010-01-02		18				18
6	2010-01-05	19		23			42
7	2010-01-07		20				20
8	2010-01-10				40		40
9	2010-01-12		40			50	90
10	2010-01-14		21			22	43
11	2010-01-16	70	40				110
12	2010-01-18		39				39
13	2010-01-20				40		40
14	2010-01-22					22	22
15	2010-01-24		20		20		40

图8-26 含有“日期”字段的数据透视表

① 右键单击“日期”列任意单元格，在弹出的快捷菜单中执行“组及显示明细数据”>“组合”命令★58，弹出“分组”对话框。

② 在“步长”列表框中选定“月”选项，如图8-27所示。

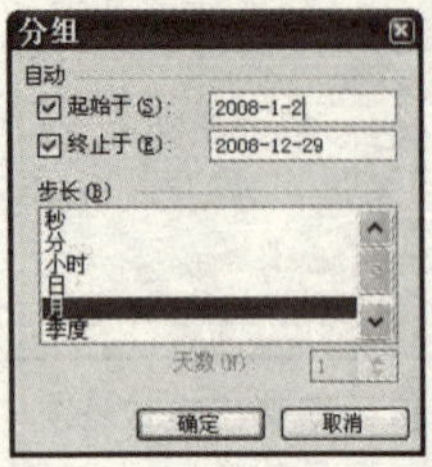

图8-27 “分组”对话框

③ 单击“确定”按钮。组合数据项后的数据透视表如图8-28所示。

	A	B	C	D	E	F	G
1							
2							
3	求和项:数量	产品品牌					
4	日期	佳能牌	金达牌	三工牌	三一牌	雪莲牌	总计
5	1月	89	198	45	100	134	566
6	2月	70	88	114		76	348
7	3月		144	20	74	100	338
8	4月	57	203	40	20	103	423
9	5月	70	142	107	60	62	441
10	6月	19	164	55	42	172	452
11	7月	22	230	95	78	135	560
12	8月	87	297	77	61	98	620
13	9月	61	127	70	41	55	354
14	10月	23	191	21	21	136	392
15	总计	498	1784	644	497	1071	4494

图8-28 组合数据项后的数据透视表

04 在数据透视表中添加、删除字段

数据透视表的编辑同一般工作表的编辑不同，不允许在数据透视表中间插入、删除或修改数据，而是可以根据需要插入或删除行字段、列字段或数据字段。例如，需要分析不同业务员销售的不同产品品牌的情况，可以在图8-28所示的数据透视表中，将行字段中的“日期”删除，然后添加“业务员”字段。具体操作步骤如下。

① 右键单击数据透视表的“日期”字段（A4单元格），在弹出的快捷菜单中执行“隐藏”命令★59。也可以用鼠标将“日期”字段直接拖曳到数据透视表以外的区域。

② 在“数据透视表字段列表”对话框中选择“业务员”字段，然后在下方的下拉列表框中选择“行区域”，再单击“添加到”按钮。也可以用鼠标将“业务员”字段直接拖曳到数据透视表的行字段区域。调整后的数据透视表如图8-29所示。

注意

进行分组的字段中，不能包含空单元格，否则系统将提示“无法进行分组”，取消用户的分组操作。

提示

如果不需要某个组合，可以选中这个组合单击鼠标右键，在弹出的快捷菜单中执行“组及显示明细数据”>“取消组合”命令，即可删除组合，将字段恢复到组合前的状态。

提示

数据透视表建立以后，通常按默认方式显示各字段的总计，若数据透视表包含了多个行字段或列字段，则还会显示各行字段或列字段的分类汇总。如果不希望显示某行或列的分类汇总，可以双击相应的字段标题，然后在出现的“数据透视表字段”对话框中的“分类汇总”选项组中选择“无”。如果只是要隐藏该字段，则可以直接单击“隐藏”按钮。

	A	B	C	D	E	F	G
1							
2							
3	求和项:数量	产品品牌					
4	业务员	佳能牌	金达牌	三工牌	三一牌	雪莲牌	总计
5	杜涛		61		62	132	255
6	方楠	72	148	35	100	62	417
7	李奕		123	55	62	130	370
8	刘小红	21	18	114	40	85	278
9	吕小霞		101	23	40	171	335
10	王丽红	79	153		15	43	290
11	杨志新	19	373	40		98	530
12	张洁		123	255	80	84	542
13	张蕾	82	238	22		22	364
14	赵飞	70	78	15	39	36	238
15	郑欣	155	368	85	59	208	875
16	总计	498	1784	644	497	1071	4494

图8-29 调整后数据透视表

05 改变数据透视表的显示布局

图8-29所示的数据透视表中，“业务员”是行字段，数据按行方向显示；而“产品品牌”是列字段，数据按列方向显示；“数量”是数据项，进行分类汇总计算。此外，还可以设置某个字段为页字段，令其数据分页显示。在实际应用过程中，可以随时根据分析的需要，方便地调整显示方式。例如，若需要分别考察每个业务员不同季度的销售数量，就可以设置数据透视表每页显示一个业务员的销售数据，即将“业务员”字段从行方向显示改为按页方向显示。同时需要在行字段上添加“日期”字段，并按季度显示。具体操作方法是：将数据透视表区域中的“业务员”字段按钮从列字段区域拖曳到页字段区域，将“日期”字段从“数据透视表字段列表”拖曳到行字段区域，然后再按组合数据透视表内的数据项介绍的方法将“日期”字段“步长”改为“季度”。结果如图8-30所示。

	A	B	C	D	E	F	G
1	业务员	(全部)					
2							
3	求和项:数量	产品品牌					
4	日期	佳能牌	金达牌	三工牌	三一牌	雪莲牌	总计
5	第一季	159	430	179	174	310	1252
6	第二季	146	509	202	122	337	1316
7	第三季	170	654	242	180	288	1534
8	第四季	23	191	21	21	136	392
9	总计	498	1784	644	497	1071	4494

图8-30 按页方式显示业务员的销售情况

06 在不同工作表中分页显示数据

对于按页方式显示的数据透视表，还可以根据需要为每一页创建独立的工作表。例如，要详细分析每名业务员的工作情况，需要将所有业务员的销售数据打印出来。这时就可以利用Excel 提供的“分页显示”命令，将数据透视表中不同页字段的内容显示在不同的工作表中，然后使用工作表标签去打印全部页或在页之间移动切换打印即可。

知识

当需要改变显示布局时，可以通过插入/删除字段的方法重新设置。在插入或删除字段时，最简单的方法是直接用鼠标拖曳相应字段到指定位置。当用鼠标拖曳某个字段到数据透视表的不同位置时，鼠标指针的形状会发生变化，分别表示该字段将按照行字段、列字段、页字段或数据项显示。这时如果放开鼠标左键，该字段则会改为相应的显示方式。鼠标指针形状以及对应的意义如下所示。

具体操作步骤如下。

① 选定数据透视表的任意一个单元格，然后单击“数据透视表”工具栏的“数据透视表”按钮，弹出快捷菜单，如图8-31所示。

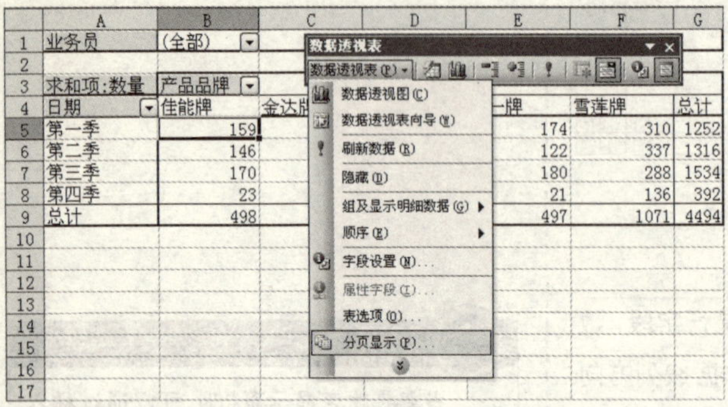

图8-31 “数据透视表”快捷菜单

② 执行“分页显示”命令，弹出“分页显示”对话框。从“选定页字段”列表框中选择所需的页字段，然后单击“确定”按钮。

这样，Excel 将在当前工作簿中为页字段的每项创建一个新工作表，并按各项的名称命名工作表，每个工作表包含相应页字段里数据透视表的内容。

知识

实现分页显示的前提条件是数据透视表中至少有一个页字段。

07 更改数据透视表中数据的显示方式

默认情况下，数据透视表都是按“普通”方式显示汇总数据，为了更清晰地分析数据间的相关关系，可以指定数据透视表以特殊的数据方式显示，如“差异”、“百分比”、“差异百分比”等方式显示数据。当需要以特定方式显示数据时，具体操作步骤如下。

① 单击“数据透视表”工具栏的“数据透视表”按钮，或者直接右键单击数据区域任意单元格，然后在弹出的快捷菜单中执行“字段设置”命令★60，弹出“数据透视表字段”对话框。

② 单击“数据透视表字段”对话框的“选项”按钮，“数据透视表字段”对话框将显示“数据显示方式”选项。单击“数据显示方式”下拉箭头，系统将展开相应的下拉列表，包括“差异”、“百分比”、“差异百分比”、“计算求和至”、“总行数的百分比”、“总列数的百分比”、“总和的百分比”和“指数”等，如图8-32所示。

③ 从“数据显示方式”列表中选择所需的数据显示方式。假设选择“差异”，系统会显示有关“差异”显示方式所需指定的“基本字段”和“基本项”列表，如图8-33所示。

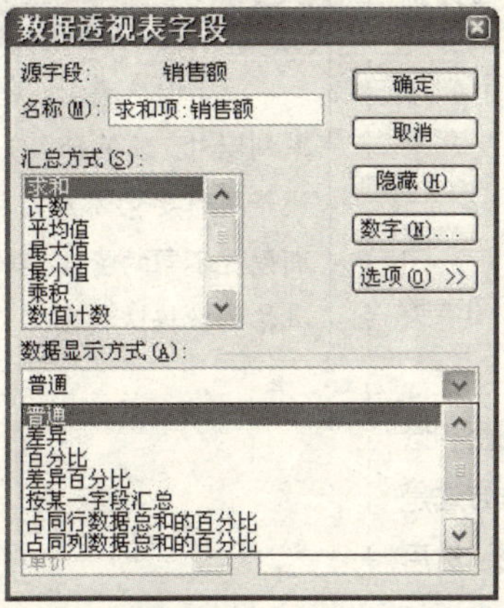

图8-32 “数据显示方式”下拉列表框

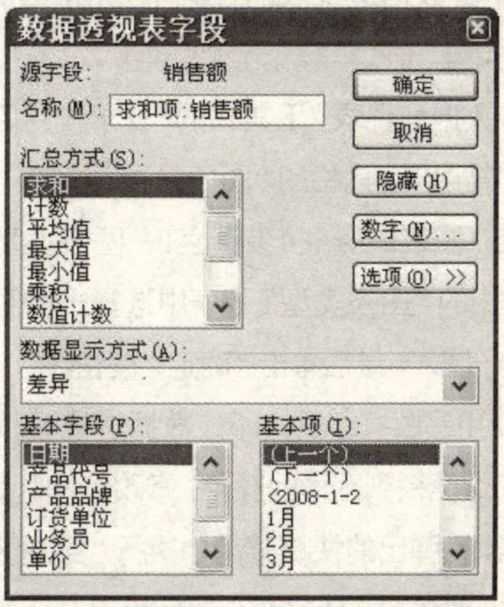

图8-33 “基本字段”、“基本项”列表框

④ 因为指定的是“差异”显示方式，所以需要具体指定差异的比较对象。例如，选择“基本字段”为“日期”，“基本项”为“（上一个）”，单击“确定”按钮。

08 创建数据透视图

当需要根据当前的数据透视表建立数据透视图时，可以选择以下几种方法。

(1) 右键单击数据透视表的任意单元格，然后在弹出的快捷菜单中执行“数据透视图”命令★61。

(2) 单击“数据透视表”工具栏的“图表向导”按钮。

(3) 单击“常用”工具栏的“图表向导”按钮。

这时系统会自动新建一个图表工作表，以堆积柱形图的形式显示数据透视表的相应数据。例如，根据图8-31所示的数据透视表建立的数据透视图如图8-34所示。

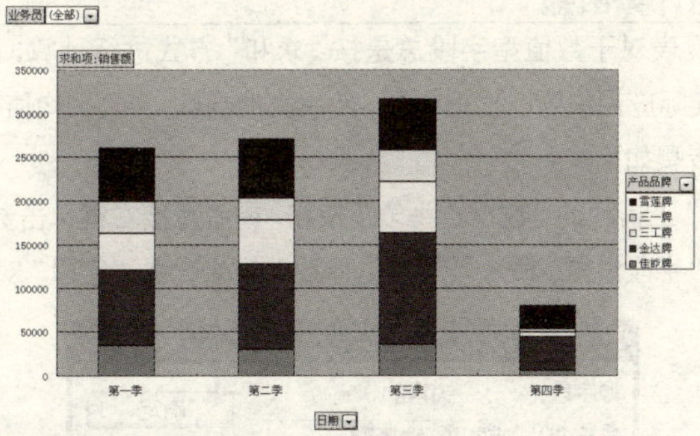

图8-34 数据透视图

09 调整数据透视图类型

图8-37所示的数据透视图分类轴为行字段，右侧图例为列字段，可以根据分析的需要进行设置和调整。

如果需要交换行、列字段，可以直接将下方的分类字段拖曳到右侧，然后将右侧的有关字段拖曳到下方。

如果需要，还可以改变数据透视图的图表类型，如选用折线图显示数据。具体操作有以下几种方法。

(1) 右键单击数据透视表的任意单元格，然后在弹出的快捷菜单中执行“图表类型”命令★62。

(2) 单击“数据透视表”工具栏的“图表向导”按钮。

(3) 单击“常用”工具栏的“图表向导”按钮。

系统会弹出“图表向导—4步骤之1—图表类型”对话框，在“图表类型”对话框中的“图表类型”列表中选择一种图表，在“子图表类型”列表中选择子图表，最后单击“确定”按钮。

如果需要使用黑白打印机打印该数据透视图，可以适当调整和修改绘图区颜色和数据系列图形的颜色。修改绘图区颜色的操作方法是右键单击绘图区，在弹出的快捷菜单中执行“绘图区格式”命令；然后在“绘图区格式”对话框的“区域”调色板中选择一种相对较浅的颜色。修改数据系列图形的颜色的操作方法是右键单击某个数据系列的图形，在弹出的快捷菜单中执行“数据系列格式”命令；然后在“数据系列格式”对话框中单击 “图案”选项卡，并在“内部”调色板中选择一种相对较深的颜色。

数据透视图建立编辑好后，可以同原来的数据透视表自动保持一致。即当数据透视表中的数据改变时，数据透视图中的数据也会自动改变。

注意

除了图表类型、绘图区、数据系列以外，数值轴、分类轴、网格线等图形要素都可以根据需要分别设置不同的属性，以制作出各种风格的数据透视图。

延伸知识点

10 选择数据透视表的计算函数

默认情况下，数据透视表对于数值型字段总是按“求和”方式进行计算，而对非数值型字段则是按“计数”方式进行计算。实际应用中可以根据需要，使用其他函数，如“平均值”、“最大值”、“最小值”等。改变计算函数的操作步骤如下。

① 单击“数据透视表”工具栏的“数据透视表”按钮，或者直接右键单击数据区域任意单元格，然后在弹出的快捷菜单中执行“字段设置”命令★60。系统弹出“数据透视表字段”对话框，如图8-35所示。

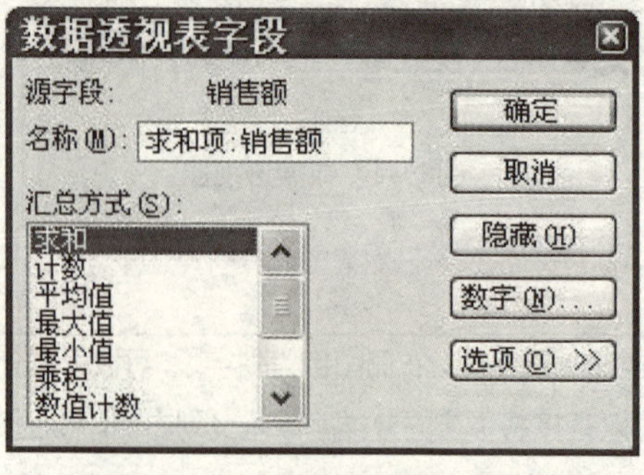

图8-35 “数据透视表字段”对话框

② 根据需要在“数据透视表字段”对话框的“汇总方式”列表框中选择所需的计算函数。数据透视表的汇总方式包括下述计算函数：“求和”、“计数”、“平均值”、“最大值”、“最小值”、“乘积”、“数值计数”、“标准偏差”、“总体标准偏差”、“方差”和“总体方差”，然后单击“确定”按钮。数据透视表将自动按照指定的函数重新进行计算。

11 显示数据透视表中的明细数据

默认情况下，数据透视表显示的是经过分类汇总后的汇总数据。如果需要了解其中某个汇总信息的距离来源，可以令数据透视表显示该数据对应的明细数据。显示明细数据可以采用以下几种方法。

(1) 单击“数据透视表”工具栏上的“显示明细数据”按钮。

(2) 执行“数据”>“组及分级显示”>“显示明细数据”命令。

(3) 右键单击有关数据，在弹出的快捷菜单中执行“组及分级显示”→“显示明细数据”命令。

(4) 直接双击相应的有关数据。

无论使用上述四种方法的哪一种，系统都会自动创建一个新的工作表，显示该汇总数据的细节。一般情况下，第4种方法最为方便和直观。

12 刷新数据透视表内的数据

由于数据透视表是一种“只读”的工作表，因此，如果数据透视表中的数据有误时，不能直接在其上进行修改，而是需要修改数据来源，然后通过刷新数据命令，使数据透视表更新为正确的信息。如果数据透视表中的数据源发生改变，为实现与数据透视表相匹配，也需要通过刷新数据命令，更新数据透视表中的信息。

例如，若将“销售情况”工作表中H4单元格的销售数量“23”改为“32”，这时数据透视表的数据也应做相应的修改。具体操作步骤如下。

① 将“销售情况”工作表的H4单元格的数据改为“32”。

② 切换到数据透视表，单击“数据透视表”工具栏“数据透视表”下拉菜单，单击“刷新数据”命令。如果数据透视表上没有“数据透视表”工具栏，也可以右键单击数据透视表中的任意单元格，在弹出的快捷菜单中执行“刷新数据”命令。

这样原来数据透视表的数据将根据修改后的源数据重新计算。

13 在数据透视表中排序

数据透视表的排序主要是针对行字段、列字段。可以根据需要在数据透视表中进行手动排序，也可以进行自动排序。手动排序的操作步骤如下。

技巧

如果数据透视表的源数据发生变化，通常需要手动刷新数据透视表。如果源数据变化频繁，可以通过设置数据透视表来使其在一定程度上进行自动更新。例如，设置在打开工作簿时刷新数据透视表，操作步骤如下。

① 右键单击数据透视表的任意单元格，在弹出的快捷菜单中执行“表格选项”命令，弹出“数据透视表选项”对话框。

② 在“数据透视表选项”对话框中，勾选“打开时刷新”复选框。

③ 单击“确定”按钮。

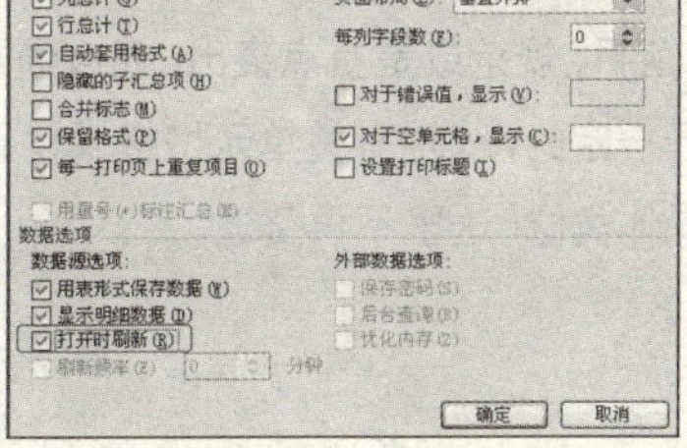

① 单击需要排序字段的字段按钮，然后执行“数据”>“排序”命令，弹出“排序”对话框。

② 选定“排序依据”右侧的某一种排序次序单选按钮，如图8-36所示。单击“确定”按钮。

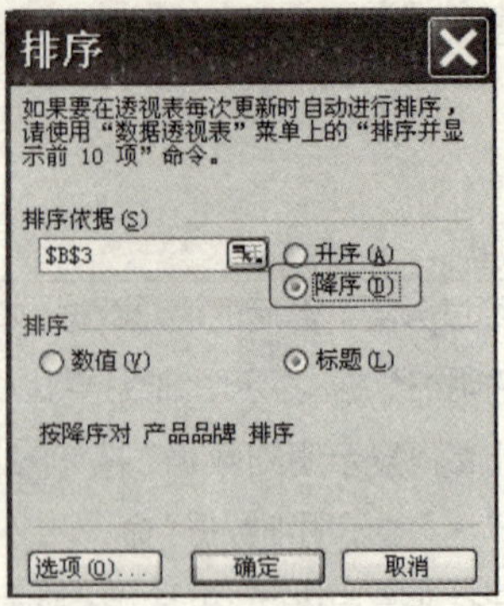

图8-36 “排序”对话框

自动排序特性与标准的排序功能一样，都会对该字段项所有的数据进行排序，只是增加了附加选项，可以按照数据的值对字段进行排序。操作步骤如下。

① 双击要排序字段的字段按钮，弹出“数据透视表字段”对话框。

② 单击“高级”按钮，弹出“数据透视表字段高级选项”对话框。

③ 在“自动排序选项”区域中选定“升序”或“降序”单选按钮，在“使用字段”下拉列表中选择排序字段的字段名，如图8-37所示。单击“确定”按钮。

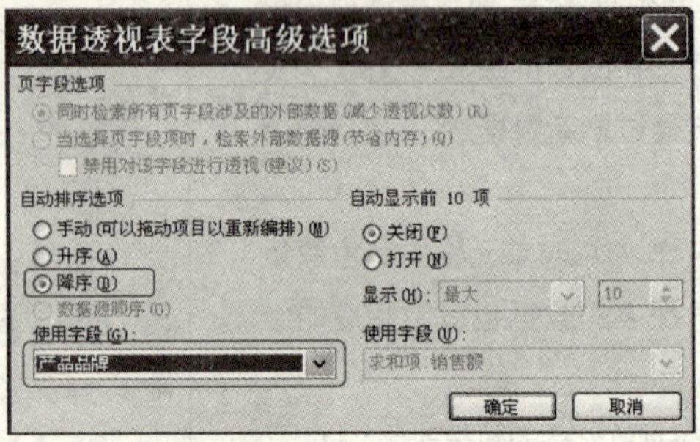

图8-37 “排序”对话框

14 设置数据透视表的格式

如果需要提交或打印数据透视表，为了使表格更加美观、醒目、规范或是重点突出，还应通过单元格格式的设置进行一定的修饰。有关单元格格式设置的操作与一般工作表操作类似，这里不再赘述。

知识

在“自动套用格式”命令中，系统所给出的数据透视表的自动套用格式与一般工作表的自动套用格式不同，包括10种报表、10种列表和传统数据透视表等自动套用格式。

独立实践任务

任务二 绩效奖金表的分析

任务背景

成文公司每个季度都会对发放的绩效奖金进行统计。现在公司管理者希望财务人员更加全面地分析绩效奖金的发放情况。因此，需要通过建立数据透视表对绩效奖金进行统计和分析。

任务要求

根据模块04已经建立的绩效奖金表的数据，进行如下操作。

(1) 通过数据透视表分析不同部门各种评定等级的人数。

(2) 通过数据透视表分析不同部门各种评定等级的平均绩效奖金，并以“部门”为基本字段，“办公室”为基本项的“差异”显示方式显示数据。

(3) 通过数据透视表分析不同评定等级不同部门各种评定系数的人数。要求修改已建立的数据透视表。

(4) 通过数据透视图显示不同部门各种评定等级的绩效奖金总和。

(5) 通过数据透视图显示不同部门各种评定等级的绩效奖金总和，其中“优秀”等级数据系列使用饼图显示。

【技术要领】数据透视表；数据透视图。

【解决问题】理解数据透视表的特性及作用；理解数据透视表操作的基本要点。

【应用领域】企事业单位的人事档案、生产部门的产品资料、销售单位的顾客信息、学校的学生学籍档案、医院的病人病案等。

任务分析

使用数据透视表分析数据时，要注意合理地设置行字段、列字段和数据字段。创建数据透视表时，更简单、更直观的方法是用鼠标将所需字段从“数据透视表字段列表”对话框直接拖曳到数据透视表框架的相应字段区域。另外，使用组合图来显示不同部门各种评定等级的绩效奖金总和。

任务效果参考图

	A	B	C	D	E	F	G
1							
2							
3	计数项:工号	评定等级					
4	部门	合格	较好	良好	需要改进	优秀	总计
5	办公室	1	2	1		1	5
6	财务部		1	1		1	3
7	工程部	1	1	2	1		5
8	技术部	1		1		1	3
9	市场部		2	1			3
10	销售部		2	1		2	5
11	总计	3	8	7	1	5	24

（a）不同部门各种评定等级的人数

	A	B	C	D	E	F	G
1							
2							
3	平均值项:绩效奖金	评定等级					
4	部门	合格	较好	良好	需要改进	优秀	总计
5	办公室	1200	2205	2600		3120	2266
6	财务部		1680	3600		2860	2713.333333
7	工程部	1200	2289	2285	100		1631.8
8	技术部	1200		1950		4940	2696.666667
9	市场部		1564.5	3400			2176.333333
10	销售部		1662.5	2450		4173	2824.2
11	总计	1200	1854.125	2652.857143	100	3853.2	2348.708333

（b）不同部门各种评定等级的平均绩效奖金

	A	B	C	D	E	F	G
1	评定等级	(全部)					
2							
3	计数项:工号	评定系数					
4	部门	0	0.5	0.7	1	1.3	总计
5	办公室		1	2	1	1	5
6	财务部			1	1	1	3
7	工程部	1	1	1	2		5
8	技术部		1		1	1	3
9	市场部			2	1		3
10	销售部			2	1	2	5
11	总计	1	3	8	7	5	24

（c）不同评定等级不同部门各种评定系数的人数

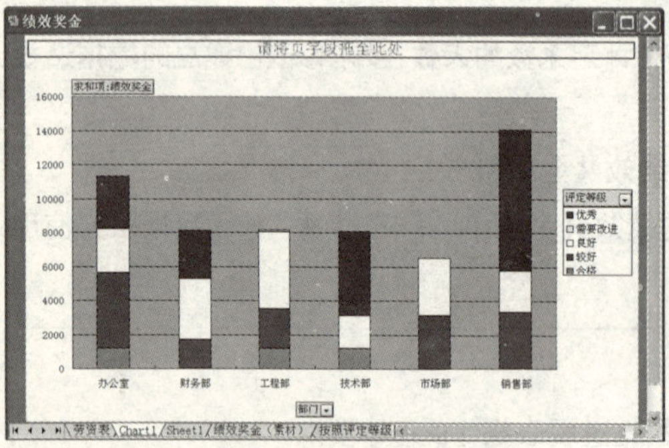

（d）不同部门各种评定等级的绩效奖金总和

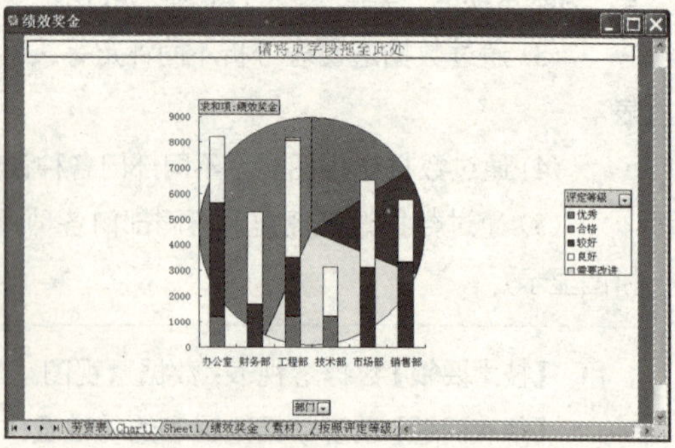

（e）使用饼图显示“优秀”等级数据系列

课后作业

1. 填空题

（1）在Excel中，由于数据透视表具有只读特性，因此不能直接________。

（2）在数据透视表中，要改变分析的步长，应使用________命令。

（3）在数据透视表中，显示某个汇总数据的明细数据，最简单操作方法是________。

（4）在数据透视表中，更新数据的操作步骤是________。

（5）在数据透视表中，隐藏总计数据，应使用________命令。

2. 单选题

（1）下列关于Excel数据透视表特性的叙述中，错误的是________。

A. Excel的数据透视表具有三维特性

B. Excel的数据透视表具有只读特性

C. Excel的数据透视表中的数据不能更新

D. Excel的数据透视表可设置不同的格式

(2) 在数据透视表中，可以指定________。

A. 行字段　　B. 列字段　　C. 页字段　　D. 以上均可以

(3) 在数据透视表中，双击数据区域中的某个数据________。

A. 将会进入编辑模式

B. 将会建立新工作表

C. 将会进入插入模式

D. 将会显示明细数据

(4) 在数据透视表中，进行分组的字段________。

A. 不能包含空单元格

B. 只能包含空单元格

C. 可以包含空单元格

D. 以上说法均不正确

(5) 若希望在打开工作簿时刷新数据透视表中的数据，应右键单击数据透视表的任意单元格，在弹出的快捷键菜单中执行________。

A. “刷新数据”命令

B. “字段设置”命令

C. “表格选项”命令

D. “自动更新”命令

3. 简答题

(1) 数据透视表具有何种特性？

(2) 建立数据透视表的关键步骤是什么？

(3) 设置数据透视表中的行字段、列字段和页字段最快捷的方法是什么？

(4) 数据透视表中可以对哪种数据字段设置组合？

(5) 如何将数据透视表数据改用数据透视图显示？

模块 09

制作餐位管理平面图
——Excel数据的超链接与共享

● **能力目标**

能够运用超链接及绘图工具创建工作表之间的联系

● **专业知识目标**

1. 理解超链接的概念

2. 理解链接、嵌入的概念及区别

● **软件知识目标**

1. 掌握创建超链接的操作方法

2. 掌握与其他应用程序共享信息的方法

3. 掌握图片、图形及艺术字的绘制及格式设置方法

● **课时安排**

4课时（讲课2课时，实践2课时）

● **任务效果参考图**

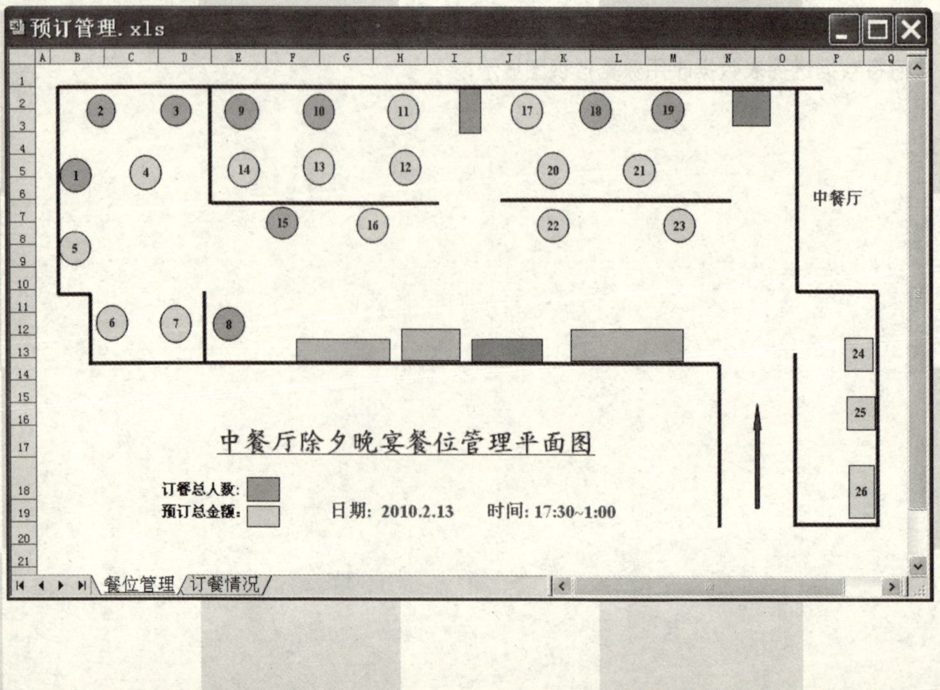

模拟制作任务

任务一 餐位管理平面图的制作与超链接

任务背景

澳新酒店中餐厅提供了年夜饭餐位预定服务。现在酒店管理者希望通过餐位布局平面图，直观、形象和快速地了解餐位预订情况，包括每位订餐顾客的预订信息。因此，需要建立一个餐位管理平面图来显示餐位布局，并能够通过每个餐位来了解该餐位的预订信息。

任务要求

根据订餐情况工作表的数据，绘制餐位管理平面图。要求如下。

(1) 能够反映酒店中餐厅餐位实际布局。

(2) 能够通过每个餐位查看预订该餐位顾客的预订信息。

(3) 能够从订餐情况表返回至餐位管理平面图。

任务分析

很多酒店、餐馆都提供了餐位预订服务，当顾客需要订餐时，服务人员会将订餐信息和要求记录下来。尤其是在国庆、春节、圣诞节等节假日，预订餐位的顾客会非常多。此时，快速了解订餐情况比较有效的方法是先使用Excel记录所有的订餐信息，再建立一个反映餐位实际情况的餐位布局平面图，当单击餐位平面图中某具体餐位时，可以跳转至记录该餐位信息的工作表，详细查看其具体情况。使用Excel提供的超链接可以实现跳转功能。

本案例的重点难点

建立工作表间联系。

【技术要领】超链接。

【解决问题】理解超链接含义和概念，掌握设置超链接方法。

【应用领域】旅游或餐饮业的餐位预订、酒店或宾馆的住房预订等。

操作步骤详解

打开工作簿文档

❶ 启动Excel，执行“文件”>“打开”命令，弹出“打开”对话框。在“查找范围”下拉列表中找到文件所在的位置，在文件列表中找到包含“订餐情况”工作表的工作簿文件“预订管理.xls”，双击该文件名。“订餐情况”工作表如图9-1所示。

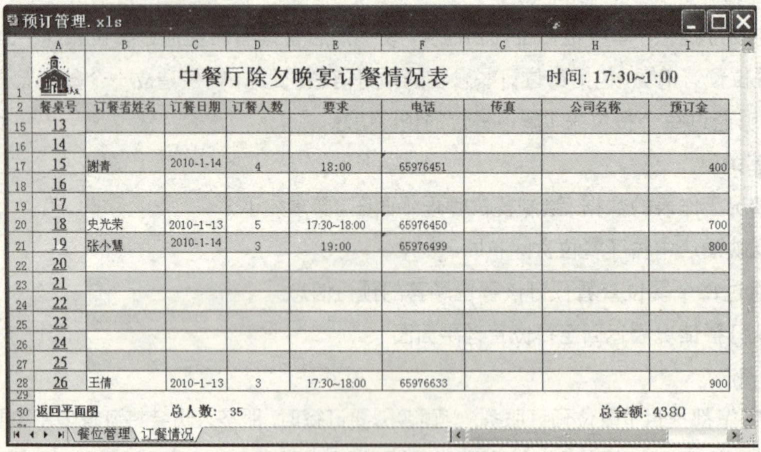
预订管理.xls

中餐厅除夕晚宴订餐情况表 时间: 17:30~1:00

餐桌号	订餐者姓名	订餐日期	订餐人数	要求	电话	传真	公司名称	预订金
13								
14								
15	谢青	2010-1-14	4	18:00	65976451			400
16								
17								
18	史光荣	2010-1-13	5	17:30~18:00	65976450			700
19	张小慧	2010-1-14	3	19:00	65976499			800
20								
21								
22								
23								
24								
25								
26	王倩	2010-1-13	3	17:30~18:00	65976633			900

返回平面图 总人数: 35 总金额: 4380

餐位管理 订餐情况

图9-1 “订餐情况”工作表

绘制餐位管理平面图

❷ 单击“常用”工具栏中的“绘图”按钮，显示出“绘图”工具栏[01]。

❸ 执行“插入”>“工作表”命令，插入一个新的工作表，工作表名为“Sheet1”。双击“Sheet1”工作表标签，输入“餐位管理”，并确认。

❹ 单击“绘图”工具栏上相应的图形按钮，然后将鼠标指针移至窗口，这时鼠标指针会变为十字形状。选好图形的起点，拖曳鼠标至所需大小或所需长短，松开鼠标左键[02]。如果绘制圆形或直线，可以按下“Shift”键的同时拖曳鼠标。重复此步骤的操作，画出所有需要的图形。初始效果如图9-2所示。

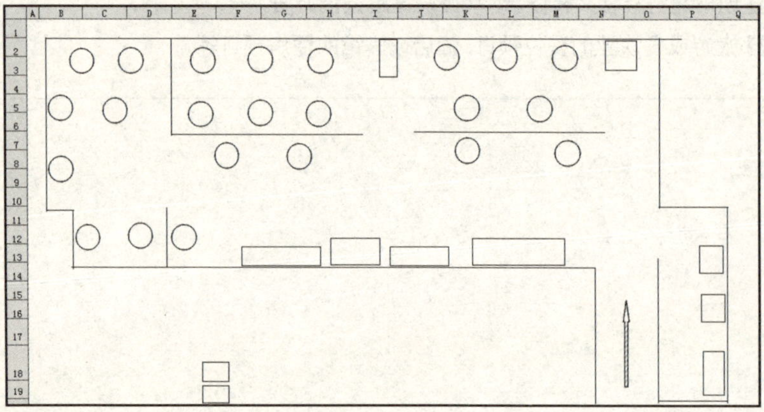

图9-2 初始的餐位管理平面图

在图形中添加餐位号

❺ 右键单击需要添加餐位号的图形，在弹出的快捷菜单中，执行“编辑文字”命令，然后输入餐位号。设置餐位号字号为“12”。

❻ 重复第5步的操作，输入所有餐位号，如图9-3所示。

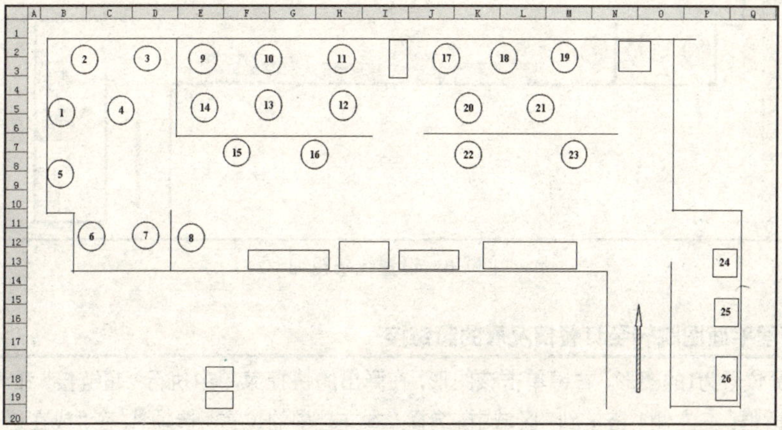

图9-3　输入餐位号

填充图形颜色

❼ 选定未订餐桌图形，单击“绘图”工具栏中的“填充颜色”按钮右侧下拉箭头，弹出“颜色”列表框，选择“黄色”，如图9-4所示。将已预订餐位的图形填充为“绿色”。重复本步骤的操作，填充所有图形。填充结果如图9-5所示。

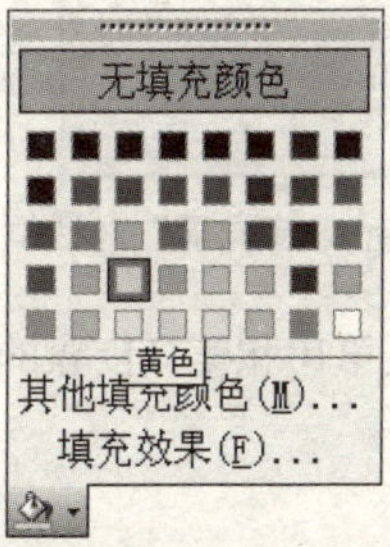

图9-4　填充颜色

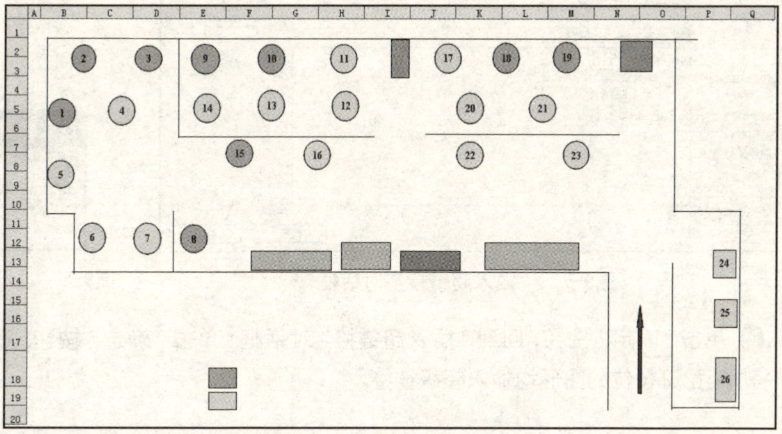

图9-5　为餐位图形填充颜色

改变线条的粗细

❽ 选择一个需要改变粗细的线条，然后按下“Ctrl”键，同时单击需要改变粗细的其他所有线条。单击“绘图”工具栏中的“线型”按钮，弹出线型列表框，选择“3磅”。结果如图9-6所示。

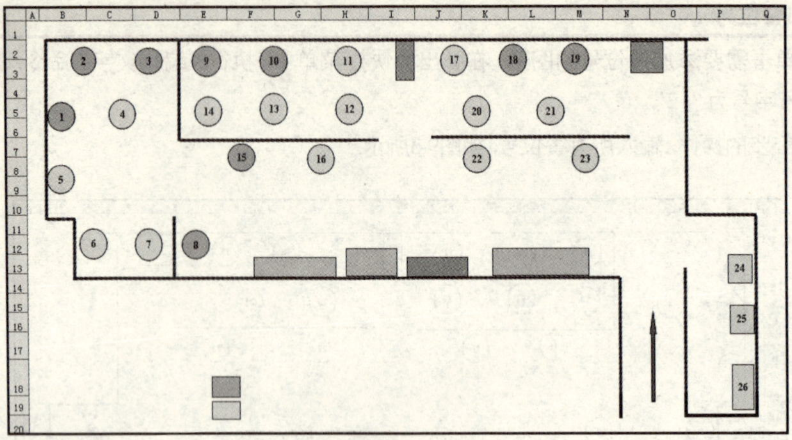

图9-6　设置线条粗细

创建从餐位管理平面图跳转至订餐情况表的超链接

❾ 选定餐位号为1的图形，右键单击该图形，在弹出的快捷菜单中执行“超链接”命令，弹出“插入超级链接”对话框。在左侧“链接到”区域中，选择“本文档中的位置”选项[03]。在“或在这篇文档中选择位置”框中，选择“单元格引用”下的“订餐情况”。在“请键入单元格引用”文本框中输入“B3”，“B3”为“订餐情况”对应餐位号顾客的姓名所在单元格。设置结果如图9-7所示。

❿ 若希望在鼠标指针指向该图形时显示提示信息，可以单击“屏幕提示”按钮，弹出“设置超链接屏幕提示”对话框，在“屏幕提示文字”文本框中，输入“第1个餐位”，如图9-8所示。

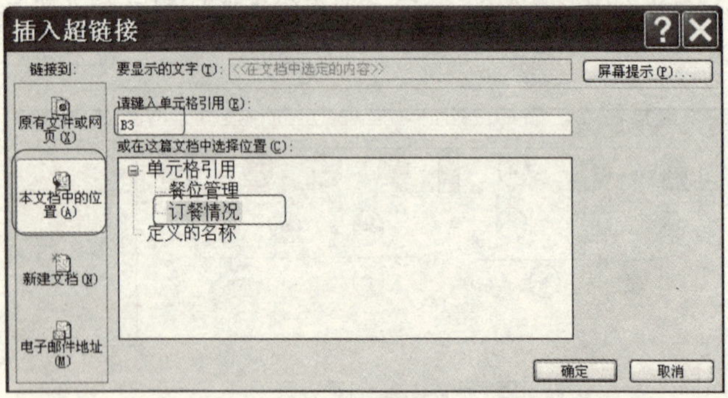

图9-7　“插入超链接”对话框

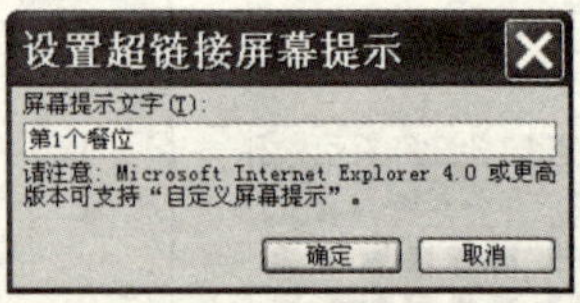

图9-8　“设置超链接屏幕”对话框

⓫ 单击“确定”按钮，回到“插入超链接”对话框。单击“确定”按钮。重复第10和第11步骤的操作，将所有已订餐位的图形均插入超级链接。

测试超链接效果

⓬ 将鼠标指针指向餐位号为1的图形，此时鼠标指针变成一个小手，且在指针下方显示链接提示“第1个餐位”，如图9-9所示。

⓭ 单击该图形，系统跳转到“订餐情况”表，同时鼠标指针定位在B3单元格上，该行显示的是第1个餐位的预订信息，如图9-10所示。

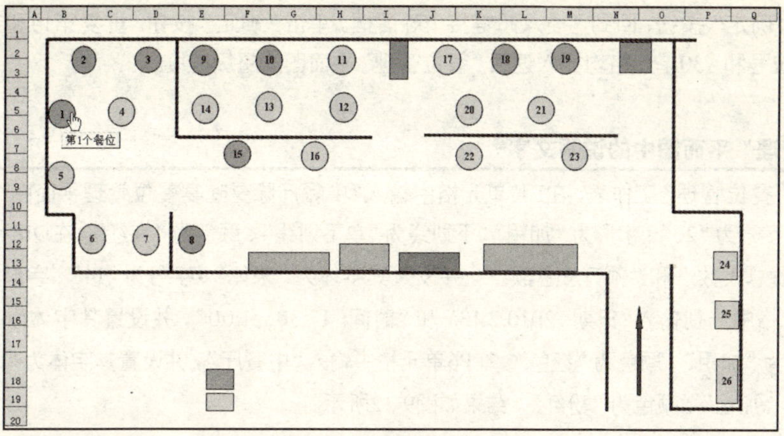

图9-9 测试超链接

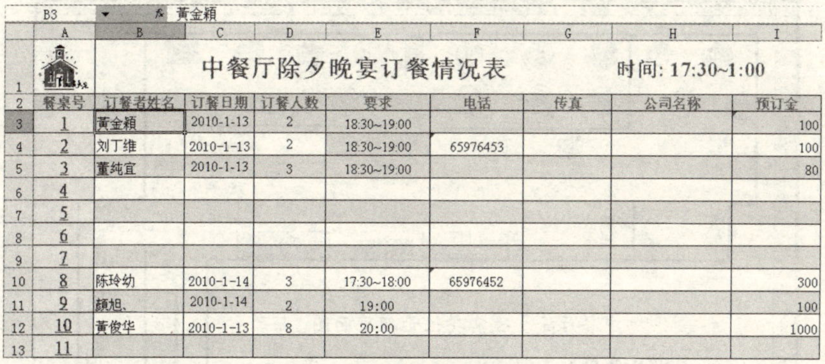

B3 黄金頏

中餐厅除夕晚宴订餐情况表 时间: 17:30~1:00

餐桌号	订餐者姓名	订餐日期	订餐人数	要求	电话	传真	公司名称	预订金
1	黄金頏	2010-1-13	2	18:30~19:00				100
2	刘丁维	2010-1-13	2	18:30~19:00	65976453			100
3	董纯宜	2010-1-13	3	18:30~19:00				80
4								
5								
6								
7								
8	陈玲幼	2010-1-14	3	17:30~18:00	65976452			300
9	颜旭,	2010-1-14	2	19:00				100
10	黄俊华	2010-1-13	8	20:00				1000
11								

图9-10 超链接跳转结果

创建从订餐情况表跳转至餐位管理平面图的超链接

⑭ 单击“订餐情况”表工作表标签。右键单击A3单元格，在弹出的快捷菜单中执行“超链接”命令，弹出“插入超链接”对话框。在左侧“链接到”区域中，选择“本文档中的位置”选项。在“或在这篇文档中选择位置”框中，选择“单元格引用”下的“餐位管理”。在“请键入单元格引用”文本框中输入“A1”。单击“屏幕提示”按钮，弹出“设置超链接屏幕提示”对话框，在“屏幕提示文字”文本框中输入“返回‘餐位管理’平面图”，设置结果如图9-11所示。

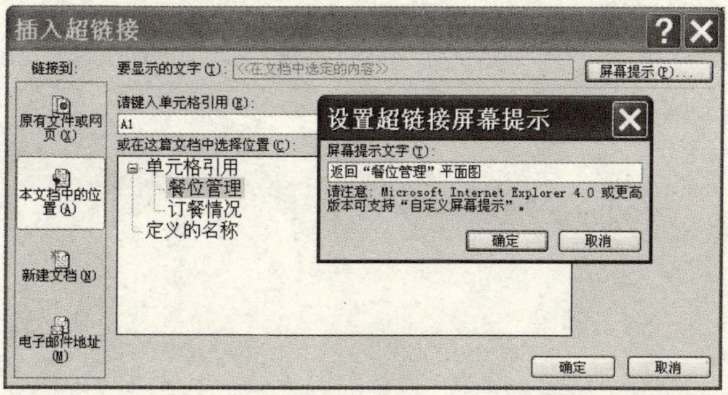

图9-11 创建“订餐情况”表的超链接

⑮ 单击“确定”按钮，回到“插入超链接”对话框。单击“确定”按钮。重复第14和第15步骤的操作，将所有餐位号和A30单元格均插入返回“餐位管理”平面图的超级链接。

输入“餐位管理”平面图中的说明文字04

⑯ 选定“餐位管理”工作表，在E17单元格中输入“中餐厅除夕晚宴餐位管理平面图”，并设置其字体为“楷体”、字号为“26”、字形为“加粗”、下划线为“单下划线”、颜色为“梅红”。在D18和D19单元格中分别输入“订餐总人数:”和“预订总金额：”，并设置其字体为“宋体”、字号为“14”、字形为“加粗”。在G19和J19单元格中分别输入“日期: 2010.2.13”和“时间: 17:30～1:00”，并设置其字体为“宋体”、字号为“18”、字形为“加粗”、颜色为“红色”。在P6单元格中输入“中餐厅”，并设置其字体为“宋体”、字号为“16”、字形为“加粗”、颜色为“粉红”。结果如图9-12所示。

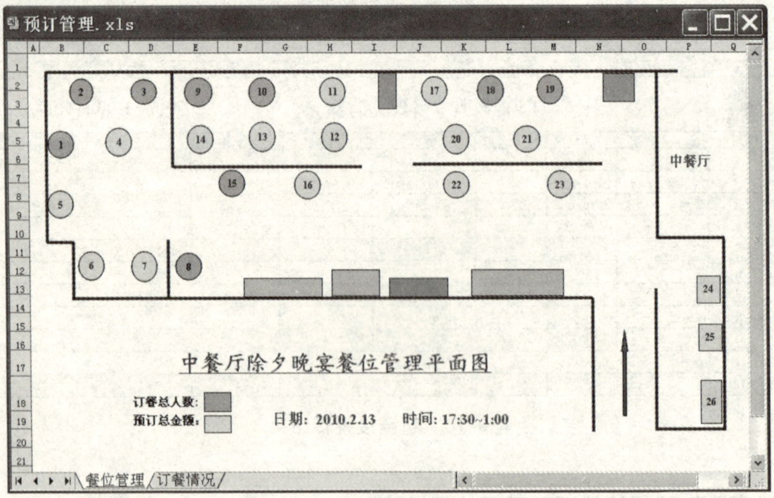

图9-12 “餐位管理”平面图

知识点拓展

01 “绘图”工具栏

利用“绘图”工具栏可以方便快捷地绘制出各种简单图形及自选图形，并可对图形进行旋转、翻转、添加颜色、阴影、立体效果等。执行“视图”>“工具栏”>“绘图”命令，可在屏幕上显示出“绘图”工具栏，如9-13所示。

图9-13 “绘图”工具栏

02 绘制图形

在Excel中，能够绘制的图形分为基本图形和自选图形两种。

1. 绘制基本图形

基本图形主要是指直线、箭头、矩形、椭圆等图形。绘制基本图形的操作步骤如下。

① 单击“绘图”工具栏上的“直线”、“箭头”、“矩形”或“椭圆”按钮★64，然后将鼠标指针移至窗口，这时鼠标指针会变为十字形状。

② 选好图形的起点，拖曳鼠标至所需大小或所需长短，松开鼠标左键。

2. 绘制自选图形

绘制自选图形的操作步骤如下。

① 单击“绘图”工具栏中“自选图形”下拉箭头。在自选图形的多级下拉列表中，单击需要的图形，如图9-14所示。

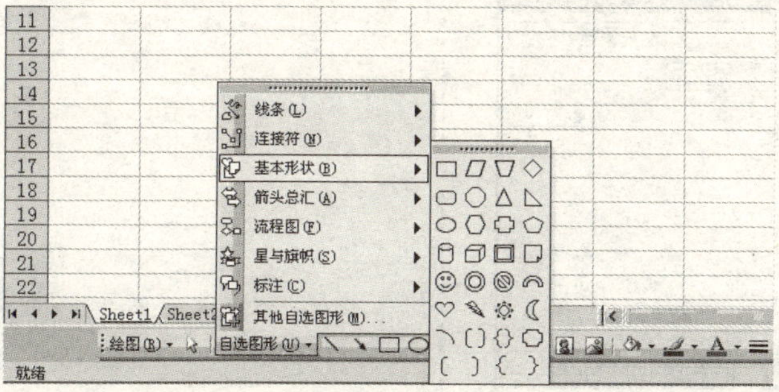

图9-14 自选图形中基本图形的列表

② 将鼠标指针移至窗口，这时鼠标指针会变为十字形状。选好图形的起点，拖曳鼠标至所需大小或所需长短，松开鼠标左键。

技巧

如果要绘制圆形、正方形等图形，可以在拖曳鼠标的同时按住“Shift”键。

提示

绘制自选图形的其他方法有如下几种。

① 执行“插入”>“图片”>“自选图形”命令，弹出“自选图形”工具栏。

② 单击所需图形按钮，在弹出的下拉列表中选择需要的图形。

③ 将鼠标指针移至窗口，这时鼠标指针会变为十字形状。选好图形的起点，拖曳鼠标至所需大小或所需长短，松开鼠标左键。

3. 设置图形格式

如果需要，可以对已绘制的图形进行格式设置。具体操作步骤如下。

① 选定需要设置格式的图形，右键单击选定的图形，弹出“设置自选图形格式”对话框★[65]。

② 对所选图形的背景色、线条颜色、样式、粗细等进行设置。

03 创建超链接

超链接可以利用图片或图形创建，也可以在单元格中创建。超链接要链接到的目的地，称为超链接目标，一般包括原有的文件或网页、本文档中的位置、新建文档以及电子邮件地址四种。

知识

在浏览网页时，如果单击某些图片或文字，即会打开另一个网页，这就是超链接。在Excel中，可以通过这种超链接轻松地从一个工作表跳转到另一个工作表，或是另一个工作簿文件。

1. 创建链接到原有的文件的超链接

原有的文件是指本地计算机中已经存在的文件。如果超链接的目标是本地计算机中某一个已经存在的文件或文件夹，则使用“原有的文件或网页”选项来创建超链接。具体操作步骤如下。

① 选定需要创建超链接的图形或单元格。

② 执行“插入”>“超链接”命令★[69]，或右键单击选定的单元格或图形，在弹出的快捷菜单中执行“超链接”命令，弹出“插入超链接”对话框。

③ 单击“链接到”框中的“原有文件或网页”按钮，单击“查找范围”下方的“当前文件夹”按钮。从“查找范围”下拉列表中找到文件所在文件夹，单击其下方显示的文件名，此时Excel会自动在“地址”下拉列表中显示出文件所在文件夹的完整路径，如图9-15所示，单击“确定”按钮。

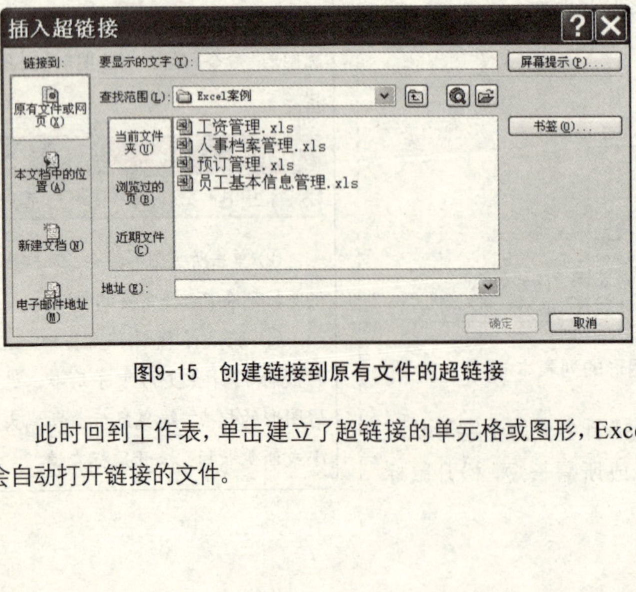

图9-15 创建链接到原有文件的超链接

此时回到工作表，单击建立了超链接的单元格或图形，Excel会自动打开链接的文件。

2. 创建链接到网页的超链接

如果超链接的目标是网页，则使用“原有的文件或网页”选项来创建超链接。例如，创建链接到某学校主页的超链接，具体操作步骤如下。

① 右键单击需要创建超链接的图形或单元格，从弹出的快捷菜单中执行“超链接”命令，弹出“插入超链接”对话框。

② 单击“链接到”区域中的“原有文件或网页”按钮。

③ 在“要显示的文字”文本框中输入“转到学校主页”；单击“屏幕提示”按钮，在弹出的“设置超链接屏幕提示”对话框的“屏幕提示”文本框中输入“单击单元格可以打开学校主页”，单击“确定”按钮。

④ 在“地址”下拉列表框中输入网页地址“http://www.cueb.edu.cn”，如图9-16所示，单击“确定”按钮。

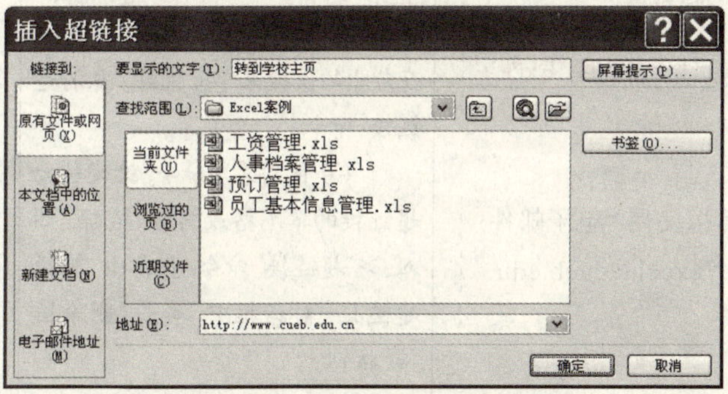

图9-16 创建链接到网页的超链接

这时包含超链接的单元格内将显示“转到学校主页”文字，当鼠标指针指向该文字时，鼠标下方将显示提示信息“单击单元格可以打开学校主页”，如图9-17所示。当单击该单元格时，Excel将自动打开学校主页。

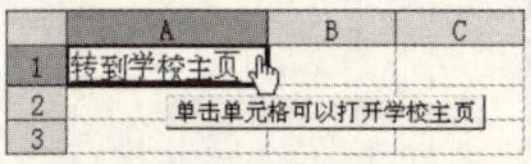

图9-17 超链接提示

3. 创建链接到本文档其他位置的超链接

如果超链接的目标是本工作簿的单元格，例如，在“预订管理”工作簿中创建超链接，链接目标为“订餐情况”工作表的A1单元格，则可以使用“本文档中的位置”选项来创建超链接。具体操作步骤如下。

① 执行“插入”>“超链接”命令，或右键单击选定的单元格或图形，在弹出的快捷菜单中执行“超链接”命令，弹出“插入超链接”对话框。

注意

如果使用空白单元格创建超链接，可以在“插入超链接”对话框的“要显示的文字”文本框中输入相关文字来说明超链接，以明确超链接的内容。这种说明对任何链接目标均适用。

提示

如果需要修改已经建立的超链接，可以按以下步骤操作。

① 右键单击包含超链接的单元格或图形，在弹出的快捷菜单中执行“编辑超链接”命令。

② 在“链接到”框中选择“原有文件或网页”按钮，或“本文档中的位置”按钮，或“新建文档”按钮，或“电子邮件地址”按钮，再输入所需的内容。

③ 单击“确定”按钮。

② 单击“链接到”区域中的“本文档中的位置”按钮，在“或在这篇文档中选择位置”列表框中显示了当前工作簿的所有工作表名，选择要链接的工作表“订餐情况”，在“请键入单元格引用”文本框中输入要引用的单元格地址A1，如图9-18所示，单击“确定”按钮。

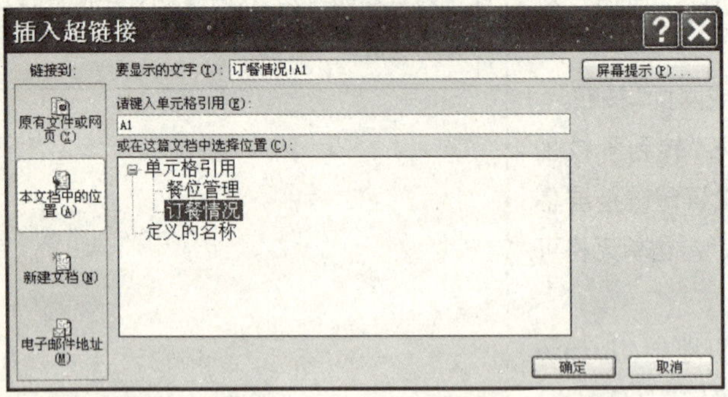

图9-18　创建链接到本文档其他位置的超链接

此时返回到工作表，单击包含超链接的单元格或图形，Excel将自动跳转到“订餐情况”工作表的A1单元格。

4. 创建链接到电子邮件地址的超链接

如果超链接的目标是电子邮件地址，则可以使用“电子邮件地址”选项来创建超链接。例如，创建链接到“excel@cueb.edu.cn”电子邮件地址的超链接，具体操作步骤如下。

① 打开“插入超链接”对话框。

② 单击“链接到”框中的“电子邮件地址”按钮，在“电子邮件地址”文本框中输入“excel @cueb.edu.cn”，这时Excel将自动在邮件地址前添加“mailto:”；在“主题”文本框中输入要发送的主题，如图9-19所示，单击“确定”按钮。

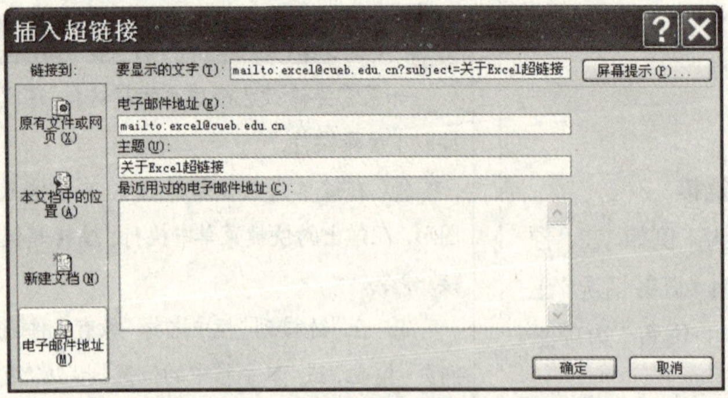

图9-19　创建链接到电子邮件地址的超链接

此时单击包含超链接的单元格或图形，Excel将自动使用当前系统默认的邮件客户端程序（如Outlook Express）创建一封邮件，

提示

如果需要删除单元格或图形的超链接，可以使用以下方法。

(1) 使用键盘。选定包含超链接的单元格或图形，按“Delete”键。

(2) 使用快捷菜单命令。右键单击包含超链接的单元格或图形，在弹出的快捷菜单中执行“取消超链接”命令。

(3) 使用菜单命令。选定包含超链接的单元格或图形，执行“插入”>“超链接”命令，在弹出“编辑超链接”对话框中，单击“删除链接”按钮。

第一种方法将超链接和单元格中的文本全部删除。后两种方法只删除超链接，不删除单元格中的文本。

如图9-20所示。编写邮件后，单击“发送”按钮即可发送邮件。

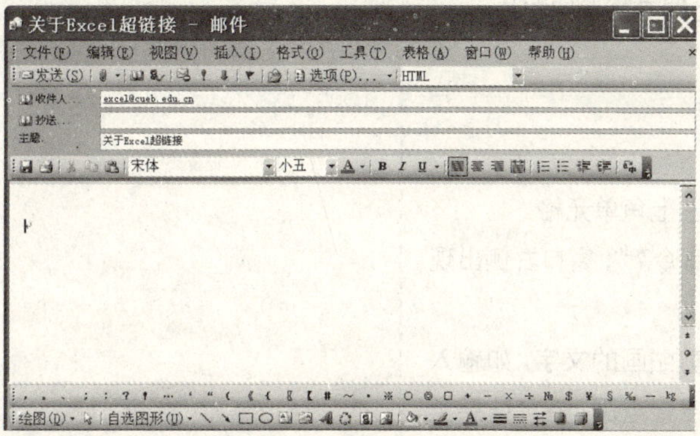

图9-20 创建的新邮件

延伸知识点

04 使用艺术字

艺术字是特殊效果的文字。Excel内部提供了大量的艺术字式样库，用户可以利用艺术字式样库在工作表中插入艺术字。具体操作步骤如下。

① 执行“插入”>“图片”>“艺术字”命令★68，打开“艺术字库”对话框，如图9-21所示。

图9-21 “艺术字库”对话框

② 在“艺术字库”对话框中选择一种艺术字样式，单击“确定”按钮，弹出“编辑艺术字文字”对话框，输入要插入的文字，同时设置字体、字号、是否加粗、倾斜等选项，单击“确定”按钮。

注意

可以对插入的艺术字进行编辑或设置格式等操作。通过单击“艺术字”工具栏上的各个按钮或双击艺术字对象打开“设置艺术字格式”对话框。可以修改文字内容，可以改变艺术字的式样、颜色、形状。由于艺术字本身就是绘图对象，因此也可以用“绘图”工具栏上的工具改变其效果。

05 插入图片

在工作表中插入图片对象，可以丰富工作表的内容和提高工作表的可读性。图片对象可以是“我的电脑”中的任意图片文件，也可以是Office自带的剪贴画，还可以直接从网上搜寻需要的图片。

1. 插入剪贴画

插入剪贴画主要可以采用以下两种方法。

(1) 使用搜索操作

① 选定要插入剪贴画的单元格区域的左上角单元格。

② 执行“插入”>“图片”>“剪贴画”命令★66，窗口右侧出现“剪贴画”任务窗格。

③ 在“搜索文字”文本框中输入说明剪贴画的文字，如输入动物；在“搜索范围”下拉列表框中选择搜索范围；在“结果类型”下拉列表框中选择搜索的剪贴画类型，然后单击“搜索”按钮。结果如图9-22所示。

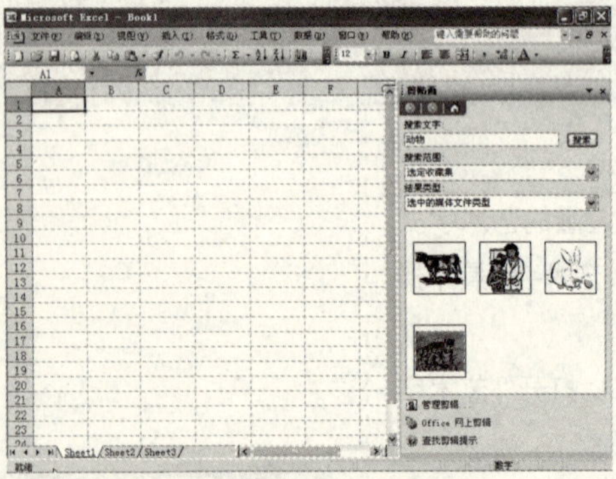

图9-22　搜索剪贴画

注意

可以对插入的图片、剪贴画进行修改、编辑。通过单击“图片”工具栏上的各个按钮或通过双击图片打开“设置图片格式”对话框，实现对图片的编辑和格式化处理。

④ 单击所需要的剪贴图片即可插入，也可用鼠标将任务窗格中的剪贴画直接拖曳到工作表中所需位置。

(2) 使用剪辑管理器

① 单击“剪贴画”任务窗格下部“管理剪辑”超链接，打开“剪辑管理器”对话框，如图9-23所示。

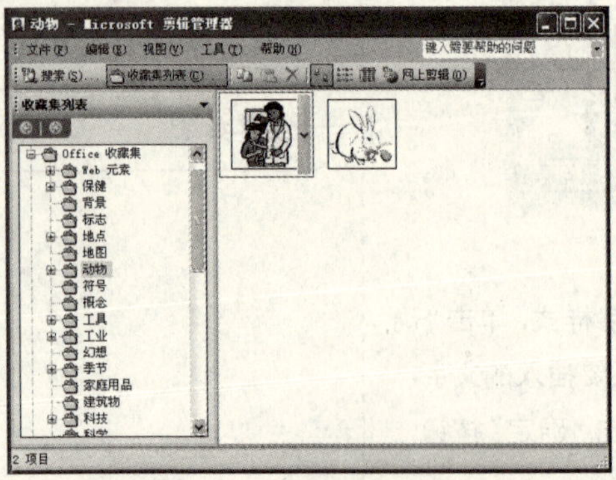

图9-23　“剪辑管理器”对话框

② 在“剪辑管理器”窗口左侧的“收藏集列表”框中选择文

件夹，在窗口右侧打开的剪贴画列表中选择所需要的剪贴画。

③ 将鼠标指针移到剪贴画上，单击右侧的下拉箭头，从下拉列表中单击“复制”命令，然后在Excel工作表中选中要插入剪贴画的单元格区域的左上角单元格，执行“编辑”>“粘贴”命令。也可以直接通过拖曳剪贴画到Excel工作表中相应位置完成剪贴画的插入操作。

2. 插入图片文件

在工作表中可以插入来自文件的图片，操作步骤如下。

① 选中要插入图片的单元格区域的左上角单元格。

② 执行“插入”>“图片”>“来自文件”命令★67，弹出“插入图片”对话框。

③ 在“插入图片”对话框中选择需要插入的图片文件，单击“插入”按钮。

06 将Excel数据链接到Word文档中

链接就是将一个文件中的数据插入到另一个文件中，同时两个文件保持着联系。创建数据的文件称为源文件，接受数据的文件称为目标文件。当源文件的数据发生改变，则目标文件中相应的数据将会自动更新。事实上，数据依然保存在原始文件中，在目标文件中显示的只是原始文件中数据的一个映像，目标文件中保存的是原始数据的位置信息。链接使目标文件的数据能够反映出原始数据的各种更改，由于数据依然保存在源文件中，因此目标文件可以节省空间。

对于经常需要更新的数据，可以使用链接的方法，在Office组件之间创建一个动态链接。在Word文档中链接Excel数据，具体的操作步骤如下。

① 打开工作簿，选定要复制数据的单元格或单元格区域，按“Ctrl”+“C”组合键。

② 打开Word文档，执行“编辑”>“选择性粘贴”命令，弹出“选择性粘贴”对话框。

③ 单击“粘贴链接”单选按钮，并且根据需要在“形式”列表框中选择一种粘贴格式，单击“确定”按钮。

这样便将Excel工作表中的数据插入到Word文档中。可以根据需要在Word文档中对其进行修改编辑。不仅如此，当Excel的源工作表修改时，粘贴链接的内容也会随之改变，自动保持一致。而且每次打开该文档时，都会根据源文件中的数据自动更新。

知识

Microsoft Office软件包有Word、Excel、PowerPoint、Access等多个组件。这些组件之间要实现信息共享，不仅可以使用最常用的复制和粘贴方法，还可以使用链接与嵌入的方法。

注意

使用“编辑”菜单中的“选择性粘贴”命令时，如果链接的是工作表中的数据，并且选择“粘贴链接”单选按钮，在“形式”列表框中选择“Microsoft Excel工作表对象”或其他格式，则在Word文档中不能直接修改链接的内容，而需要在源文件中修改数据，然后再反映到Word文档中。

同样，如果需要将数据以粘贴链接的方式从Word文档链接到Excel工作表中，则操作步骤类似，只是此时的原始文件是Word文档，目标文件是Excel工作表。

07 将Excel数据嵌入到Word文档中

嵌入是指在原始文件中创建的数据插入到目标文件中并成为目标文件的一部分。在数据被嵌入到目标文件后，嵌入数据与源文件中的原始数据没有链接关系，改变原始数据时并不自动改变目标文件中的相应数据。

由于数据被嵌入到目标文件，目标文件里存放的是数据本身，所以目标文件占用的存储空间比数据链接时占用的存储空间大。但嵌入的优点是：可以在目标文件中直接编辑嵌入的数据。将Excel数据嵌入到Word文档中的具体操作步骤如下。

① 打开工作簿，选定要复制数据的单元格或单元格区域，按“Ctrl”+“C”组合键。

② 打开Word文档，执行“编辑”>“选择性粘贴”命令，弹出“选择性粘贴”对话框。

③ 单击“粘贴”单选按钮，并且根据需要在“形式”列表框中选择一种粘贴格式，单击“确定”按钮。

这样，在Word文档中就嵌入了这些数据，可以对这些数据直接进行修改。

链接和嵌入的主要差别在于保存数据的内容以及将其置入目标文件后更新的方式。

知识

嵌入的内容可以是数据，也可以是Excel图表等对象。如果嵌入的是图表，并且选择了“粘贴”单选按钮，在“形式”列表框中选择了“Microsoft Excel图表对象”，则双击嵌入的图表，即可打开Excel和该图表对象，进行修改；但是如果在“形式”列表框中没有选定“Microsoft Excel图表对象”，则双击嵌入的图表将不能通过启动Excel应用程序编辑修改图表，而只能打开其他相应的源应用程序，将其作为图片或图像进行编辑修改。

独立实践任务

任务二 客房入住情况管理平面图的制作与超链接

任务背景

澳新酒店是一个三星级酒店，主要提供餐饮、住宿和娱乐等服务。酒店管理者希望及时了解酒店客人入住情况，因此需要建立客房入住情况管理平面图和客人基本信息表。

任务要求

根据客人入住情况及客人基本信息，进行如下操作。

(1) 建立澳新酒店客房入住情况管理平面图。要求如下。

主要内容：每个客房的房间号码，用黄色背景表示住人房（参见结果图）。

主要功能：单击住人房房间号码，可以查看入住该房间客人的基本信息。

工作表名：客房入住情况。

(2) 建立澳新酒店客房入住客人基本信息情况表。要求如下。

主要内容：客房号、客人姓名、入住日期、人数、预计入住天数、电话、传真、单位名称、押金（参见结果图）。

主要功能：单击客房号，可以跳转到客房入住情况管理平面图相应位置。单击表中图片，可以查看客房入住情况管理平面图。

【技术要领】超链接。

【解决问题】理解超链接含义和概念，掌握创建超链接方法。

【应用领域】旅游或餐饮业的餐位预订、酒店或宾馆的住房预订或入住情况等。

任务分析

使用Excel提供的超链接功能来实现两个工作表之间的跳转。

任务效果参考图

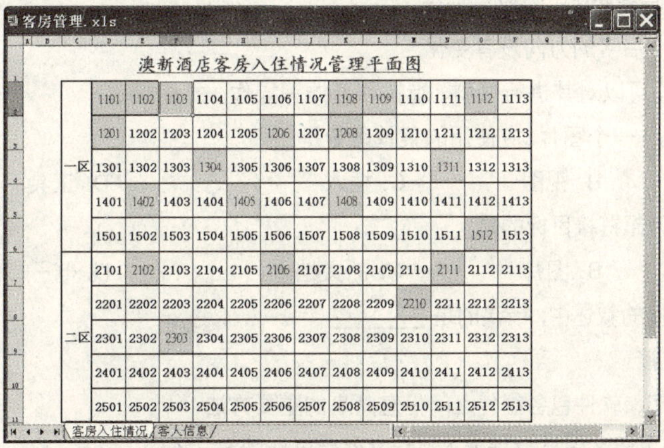

客房管理.xls

澳新酒店客房入住情况管理平面图

一区	1101	1102	1103	1104	1105	1106	1107	1108	1109	1110	1111	1112	1113
	1201	1202	1203	1204	1205	1206	1207	1208	1209	1210	1211	1212	1213
	1301	1302	1303	1304	1305	1306	1307	1308	1309	1310	1311	1312	1313
	1401	1402	1403	1404	1405	1406	1407	1408	1409	1410	1411	1412	1413
	1501	1502	1503	1504	1505	1506	1507	1508	1509	1510	1511	1512	1513
二区	2101	2102	2103	2104	2105	2106	2107	2108	2109	2110	2111	2112	2113
	2201	2202	2203	2204	2205	2206	2207	2208	2209	2210	2211	2212	2213
	2301	2302	2303	2304	2305	2306	2307	2308	2309	2310	2311	2312	2313
	2401	2402	2403	2404	2405	2406	2407	2408	2409	2410	2411	2412	2413
	2501	2502	2503	2504	2505	2506	2507	2508	2509	2510	2511	2512	2513

客房入住情况 / 客人信息

澳新酒店客房入住情况管理平面图

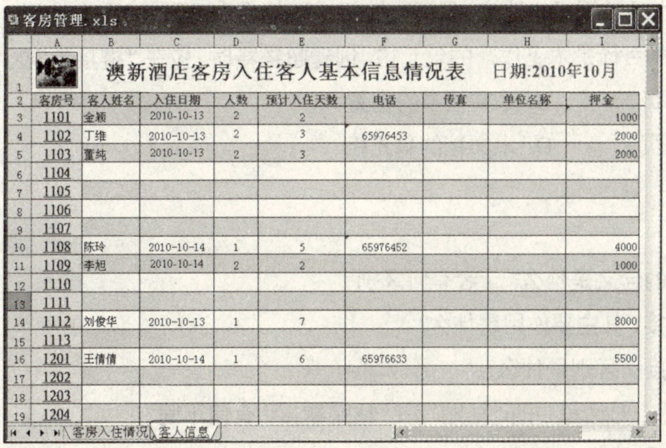

客房管理.xls

澳新酒店客房入住客人基本信息情况表　日期:2010年10月

客房号	客人姓名	入住日期	人数	预计入住天数	电话	传真	单位名称	押金
1101	金颖	2010-10-13	2	2				1000
1102	丁维	2010-10-13	2	3	65976453			2000
1103	董纯	2010-10-13	2	3				2000
1104								
1105								
1106								
1107								
1108	陈玲	2010-10-14	1	5	65976452			4000
1109	李旭	2010-10-14	2	2				1000
1110								
1111								
1112	刘俊华	2010-10-13	1	7				8000
1113								
1201	王倩倩	2010-10-14	1	6	65976633			5500
1202								
1203								
1204								

客房入住情况 / 客人信息

澳新酒店客房入住客人基本信息情况表

课后作业

1. 填空题

(1) 在自选图形中添加文字的方法是：先右键单击自选图形，然后在弹出的快捷菜单中执行________命令。

(2) 在Excel中，同时选定多个图形，应先按住________键，然后分别单击每个图形。

(3) 嵌入是指在原始文件中创建的数据插入到________中并成为________的一部分。

(4) 链接就是将一个文件中的数据________到另一个文件中，同时两个文件保持着联系。

(5) 超链接要链接到的目的地，称为超链接目标，一般包括________、本文档中的位置、新建文档以及电子邮件地址四种。

2. 单选题

(1) 下列关于艺术字的叙述中，正确的是________。

A. 不能更改艺术字的形状

B. 艺术字的竖排与旋转90° 的效果一样

C. 艺术字旋转90° 后字的方向没有变化

D. 插入艺术字后，可以对其进行倾斜、旋转和延伸等操作

(2) 在Excel中插入一个图片，应使用的菜单命令是________。

A. 编辑　　B. 视图　　C. 插入　　D. 工具

(3) 下列不能作为超链接目标的是________。

A. 网页　　B. 图片　　C. 新文档　　D. 电子邮件地址

(4) 下列关于链接的叙述中，错误的是________。

A. 链接就是超链接

B. 链接是实现Office软件包各组件之间信息共享的主要方法

C. 链接和嵌入的主要区别是数据置入目标文件后更新的方式不同

D. 建立链接后，当源数据发生改变，目标文件相应数据会自动更新

(5) 如果超链接的目标是本工作簿的单元格，创建超链接时，应在“链接到”区域选择________。

A. 原有文件或网页　　B. 本文档中的位置

C. 新建文档或网页　　D. 本文档的单元格

3. 简答题

(1) 链接与嵌入的含义是什么？二者有何区别？

(2) 什么是超链接？其主要作用是什么？

(3) 超链接与链接的区别是什么？

(4) “选择性粘贴”对话框中的“粘贴”和“粘贴链接”有何不同？

(5) 如何在Excel和其他Office组件之间共享信息？

模块 10

创建人事档案管理用户界面
——Excel宏与控件的使用

● **能力目标**

能够运用宏及窗体控件创建用户操作界面

● **专业知识目标**

1. 理解宏的基本概念

2. 理解窗体控件的含义

3. 了解自定义工具栏及自定义菜单的含义

● **软件知识目标**

1. 录制宏和执行宏的操作方法

2. 初步掌握窗体控件的使用方法

3. 能够根据需要自定义工具栏和菜单

● **课时安排**

4课时（讲课2课时，实践2课时）

● **任务效果参考图**

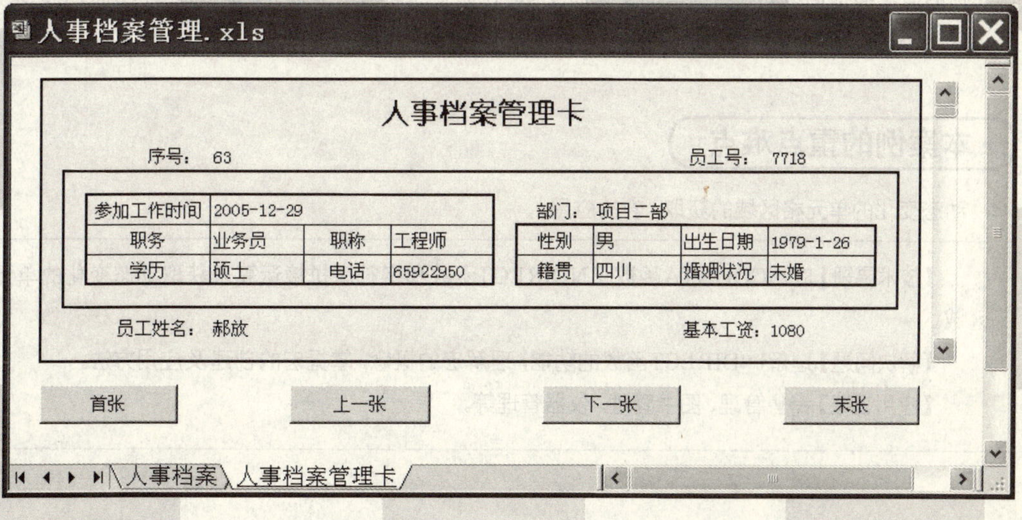

模拟制作任务

任务一　人事档案管理用户界面的创建

任务背景

某企业已经建立了人事档案表。为了能够更直观、方便地浏览员工档案信息，需要创建人事档案管理用户操作界面。

任务要求

根据人事档案工作表的数据，创建人事档案管理用户界面。要求如下。

(1) 用户界面美观、清晰。

(2) 能够通过滚动条或命令按钮浏览员工档案信息。

(3) 能够根据输入的序号显示相应的员工档案信息。

任务分析

在很多传统的管理工作中，经常采用卡片的管理方式，如销售管理、图书管理、仪器管理等。人事档案管理也可以采用此方式，将员工档案信息以卡片形式显示。在卡片中输入员工的档案信息，或者通过输入员工序号查询相应员工的档案信息等。

本任务要求能够根据输入的序号，显示相应员工的档案信息。可以使用VLOOKUP函数进行查找并显示。因为"人事档案"工作表的数据是动态增加的，当增加一条新记录时，单元格区域就会增加一行，所以VLOOKUP函数的查找和引用范围也应该是动态变化的，因此可以将动态变化的单元格区域以字符串的形式存放在某个单元格中，再利用INDIRECT函数间接引用。这其中需要用到COUNTA函数、INDIRECT函数和字符串拼接运算。

另外，添加了滚动条控件后，应注意与输入序号所在的单元格建立关联，以保证在拖曳滚动条时，该单元格的值能够根据滚动条当前值的变化而变化。还需要注意对一些边界问题的处理，如当前记录为第1条记录时，单击"上一条"按钮后，不能再进行记录号减1的处理。

本案例的重点难点

动态变化的单元格区域的获取，宏的应用。

【技术要领】应用COUNTA函数、INDIRECT函数和字符串拼接运算来获取动态变化的单元格区域。

【解决问题】理解INDIRECT函数的功能，理解宏的概念，掌握宏的创建及应用方法。

【应用领域】销售管理、图书管理、仪器管理等。

操作步骤详解

打开工作簿文档

❶ 启动Excel，执行“文件”>“打开”命令，弹出“打开”对话框。在“查找范围”下拉列表中找到文件所在的位置，在文件列表中找到工作簿文件“人事档案管理.xls”，双击该文件名。“人事档案”工作表如图10-1所示。

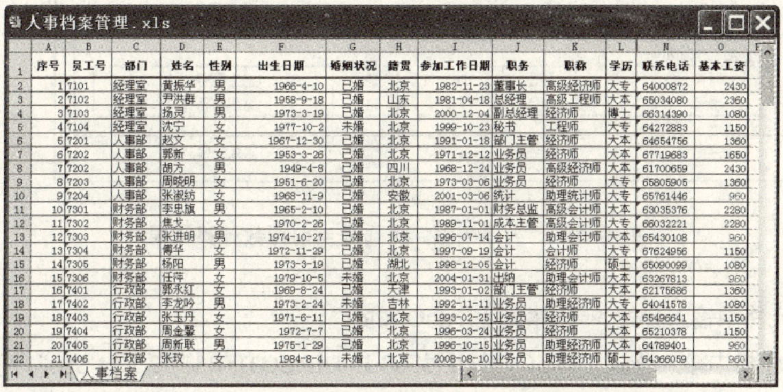

人事档案管理.xls

序号	员工号	部门	姓名	性别	出生日期	婚姻状况	籍贯	参加工作日期	职务	职称	学历	联系电话	基本工资
1	7101	经理室	黄振华	男	1966-4-10	已婚	北京	1982-11-23	董事长	高级经济师	大专	64000872	2430
2	7102	经理室	尹洪群	男	1958-9-18	已婚	山东	1981-04-18	总经理	高级工程师	大本	65034080	2360
3	7103	经理室	扬灵	男	1973-3-19	已婚	北京	2000-12-04	副总经理	经济师	博士	66314390	1080
4	7104	经理室	沈宁	女	1977-10-2	未婚	北京	1999-10-23	秘书	工程师	大专	64272883	1150
5	7201	人事部	赵文	女	1967-12-30	已婚	北京	1991-01-18	部门主管	经济师	大本	64654756	1360
6	7202	人事部	郭新	女	1953-3-26	已婚	北京	1971-12-12	业务员	经济师	大本	67719683	1650
7	7202	人事部	胡方	男	1949-4-8	已婚	四川	1968-12-24	业务员	高级经济师	大本	61700659	2430
8	7203	人事部	周晓明	女	1951-6-20	已婚	北京	1973-03-06	业务员	经济师	大专	65805905	1360
9	7204	人事部	张淑纺	女	1968-11-9	已婚	安徽	2001-03-06	统计	助理统计师	大专	65761446	960
10	7301	财务部	李忠旗	男	1965-2-10	已婚	北京	1987-01-01	财务总监	高级会计师	大本	63035376	2280
11	7302	财务部	焦戈	女	1970-2-26	已婚	北京	1989-11-01	成本主管	高级会计师	大专	66032221	2280
12	7303	财务部	张进明	男	1974-10-27	已婚	北京	1996-07-14	会计	助理会计师	大本	65430108	960
13	7304	财务部	傅华	女	1972-11-29	已婚	北京	1997-09-19	会计	会计师	大专	67624956	1150
14	7305	财务部	杨阳	男	1973-3-19	已婚	湖北	1998-12-05	会计	经济师	硕士	65090099	1080
15	7306	财务部	任萍	女	1979-10-5	未婚	北京	2004-01-31	出纳	助理会计师	大本	63267813	960
16	7401	行政部	郭永红	女	1969-8-24	已婚	天津	1993-01-02	部门主管	经济师	大本	62175686	1360
17	7402	行政部	李龙吟	男	1973-2-24	未婚	吉林	1992-11-11	业务员	助理经济师	大专	64041578	1080
18	7403	行政部	张玉丹	女	1971-6-11	已婚	北京	1993-02-25	业务员	经济师	大本	65496641	1150
19	7404	行政部	周金馨	女	1972-7-7	已婚	北京	1996-03-24	业务员	经济师	大本	65210378	1150
20	7405	行政部	周新联	男	1975-1-29	已婚	北京	1996-10-15	业务员	助理经济师	大本	64789401	960
21	7406	行政部	张玟	女	1984-8-4	未婚	北京	2008-08-10	业务员	助理经济师	硕士	64366059	960

人事档案

图10-1　“人事档案”工作表

建立管理卡工作表

❷ 选择“人事档案”工作表标签，执行“插入”>“工作表”命令。双击新插入的工作表标签，输入“人事档案管理卡”。

❸ “人事档案管理卡”显示字段及布局如图10-2所示。按照此图输入相关内容，并进行格式设置。

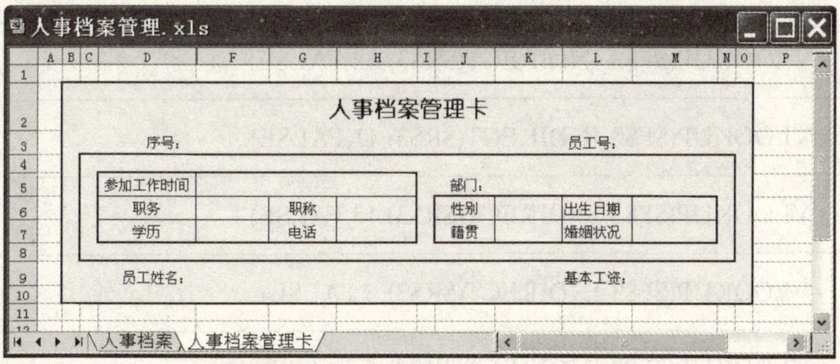

图10-2　“人事档案管理卡”工作表

查找并显示相关数据

❹ “人事档案管理卡”工作表将显示“人事档案”工作表中某一行的数据。当在F3单元格中输入序号后，通过公式在“人事档案”工作表中查找匹配记录，并显示相关信息。查找和显示信息的操作可以使用VLOOKUP函数来实现，但是由于“人事档案”工作表中的数据是动态增加的，因此VLOOKUP函数的查找和引用范围应该是动态变化的。具体方法是将动态变化的单元格区域以字符串的形式存放在某个单元格中（如存放在R2单元格中），再利用INDIRECT函数间接引用。这需要用到COUNTA函数、INDIRECT

函数[01]和字符串连接运算。

计算“人事档案”工作表的当前行数公式：=COUNTA(人事档案!A:A)

建立数据清单的地址字符串公式：="人事档案!A2:O"&R2

❺ 在R2单元格中输入公式“=COUNTA(人事档案!A:A)”。计算结果为64，如图10-3所示。

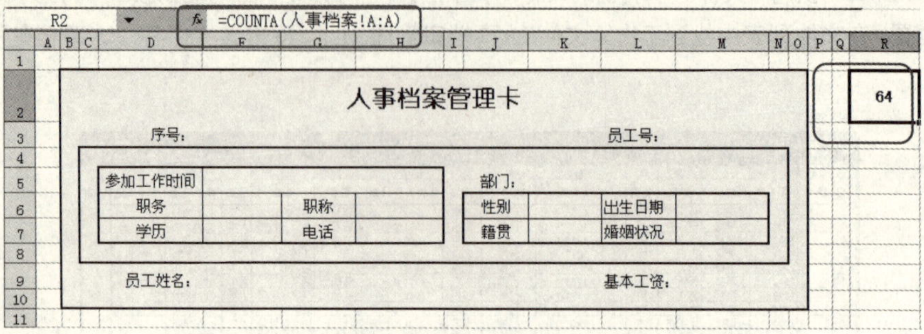

图10-3 “人事档案”工作表当前行数计算结果

❻ 在R3单元格中输入公式“="人事档案!A2:O"&R2”。

❼ 在M3单元格中输入公式“=VLOOKUP($F$3,INDIRECT($R$3),2,FALSE)”，可以查找并显示出所输入的序号对应的员工号。在F9单元格中输入公式“=VLOOKUP($F$3,INDIRECT($R$3),4,FALSE)”。其他单元格的查找公式如下表所示。最终输入结果如图10-4所示。

单元格	公 式
F5	=VLOOKUP($F$3,INDIRECT($R$3),9,FALSE)
F6	=VLOOKUP($F$3,INDIRECT($R$3),10,FALSE)
F7	=VLOOKUP($F$3,INDIRECT($R$3),12,FALSE)
H6	=VLOOKUP($F$3,INDIRECT($R$3),11,FALSE)
H7	=VLOOKUP($F$3,INDIRECT($R$3),13,FALSE)
K5	=VLOOKUP($F$3,INDIRECT($R$3),3,FALSE)
K6	=VLOOKUP($F$3,INDIRECT($R$3),5,FALSE)
K7	=VLOOKUP($F$3,INDIRECT($R$3),7,FALSE)
M6	=VLOOKUP($F$3,INDIRECT($R$3),6,FALSE)
M7	=VLOOKUP($F$3,INDIRECT($R$3),8,FALSE)
M9	=VLOOKUP($F$3,INDIRECT($R$3),14,FALSE)

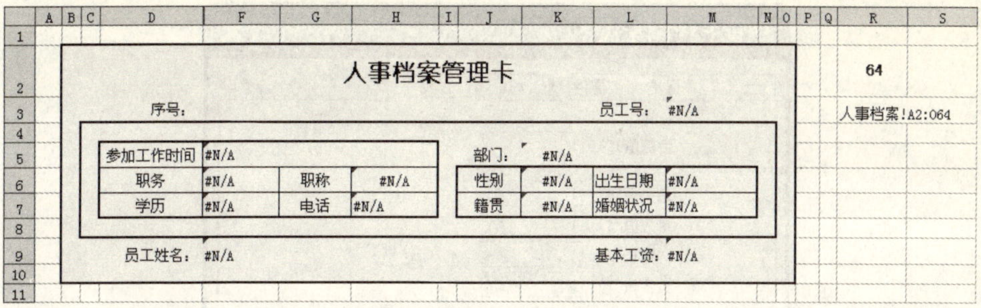

图10-4　查找及显示结果

❽ 在F3单元格中输入“3”，“人事档案管理卡”工作表将显示“人事档案”工作表中第3条记录。如图10-5所示。

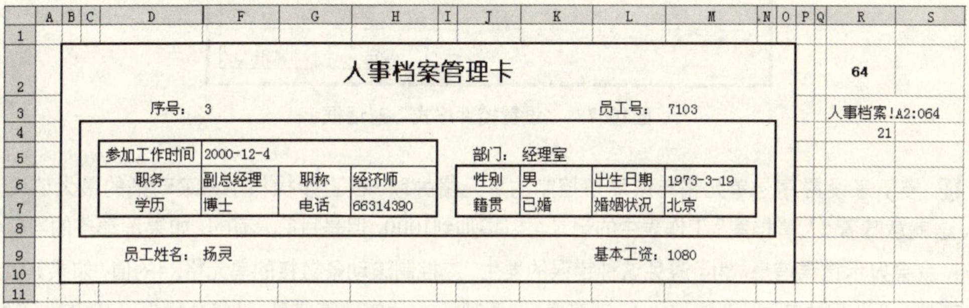

图10-5　显示“人事档案”工作表第3条记录

添加滚动条控件

❾ 在图10-5所示的工作表中，如果输入了错误的序号（如输入0），整个卡片将会出现混乱。为了避免发生由输入错误而导致的混乱，也为了更方便地浏览卡片，可以在“人事档案管理卡”工作表上添加窗体控件，如滚动条、按钮[02]等。添加滚动条控件的方法是：单击“窗体”工具栏上的“滚动条”控件[03]，鼠标指针变为十字形状，在“人事档案管理卡”右侧拖放出一个长宽适中的矩形，如图10-6所示。

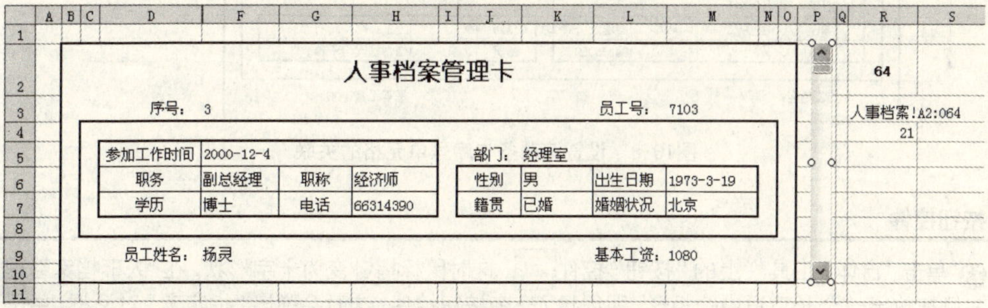

图10-6　创建滚动条后的管理卡

❿ 用鼠标右键单击滚动条，在弹出的快捷菜单中执行“设置控件格式”命令，弹出“设置控件格式”对话框。将“最小值”和“最大值”分别设置为“1”和“1000”。将“步长”和“页步长”分别设置为“1”和“10”。将“单元格链接”设置为$R$4。设置完成的“设置控件格式”对话框如图10-7所示，单击“确定”按钮。

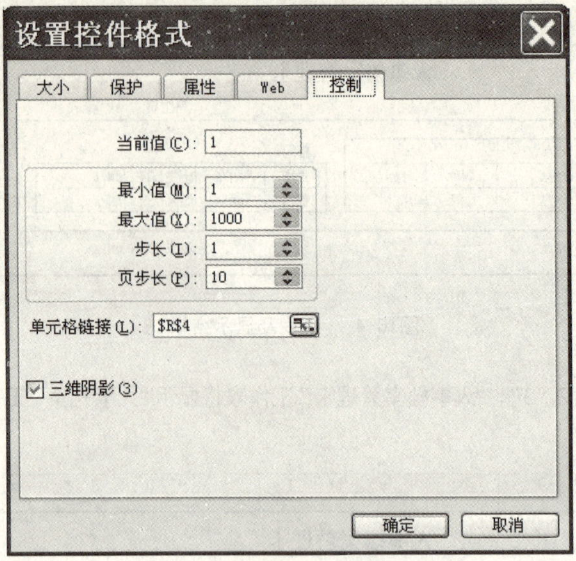

图10-7 “设置控件格式”对话框

⓫ 接下来设置序号单元格与滚动条控制的单元格关联。在上步操作中将滚动条的最大值设置为1000，这就意味着“人事档案”工作表中的记录可以增加到1000，但是目前只有64，如果滚动条的当前值超过了64，就会显示错误信息。为了避免这种错误的发生，应控制滚动条链接的单元格R4的值，如果其值超出了“人事档案”数据的范围，则按“R2-1”计算序号，否则按R4的值计算序号。计算公式为：=IF(R4>=R2,R2-1,R4)。在F3单元格中输入公式“=IF(R4>=R2,R2-1,R4)”。

⓬ 分别单击滚动条的两端箭头，单击滚动条滑块上下的空白处，或是拖动滚动条，查看R4单元格及管理卡上其他单元格的数据变化情况，如图10-8所示。

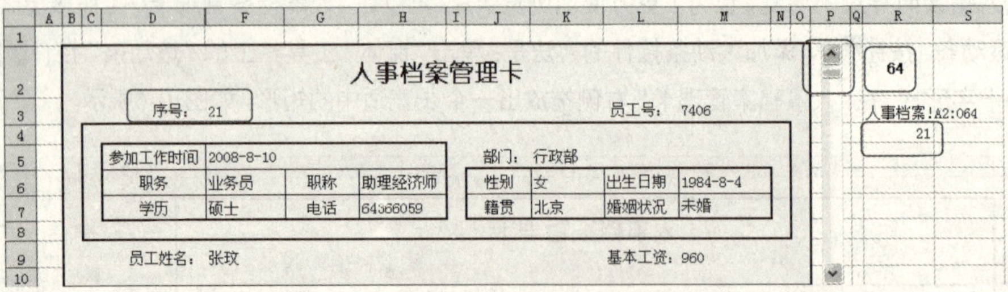

图10-8 设置滚动条与序号单元格的关联

添加按钮控件

⓭ 单击“窗体”工具栏上的“按钮”控件，这时鼠标指针变为十字形状，在“人事档案管理卡”下方左侧拖放出一个长宽适中的矩形，即创建了一个按钮控件。这时会弹出“指定宏”对话框，由于现在还未创建宏，因此先单击“取消”按钮。

⓮ 右键单击新建的按钮，在弹出的快捷菜单中执行“复制”命令；再右键单击工作表中适当的位置，在弹出的快捷菜单中执行“粘贴”命令；再重复两次，即建立了4个外观相同的按钮。

⓯ 双击第一个“按钮”控件，输入“首张”，使用相同方法将另外3个控件上的文字分别改为“上一张”、“下一张”和“末张”，并将这4个按钮均匀排列在“人事档案管理卡”的下方，如图10-9所示。

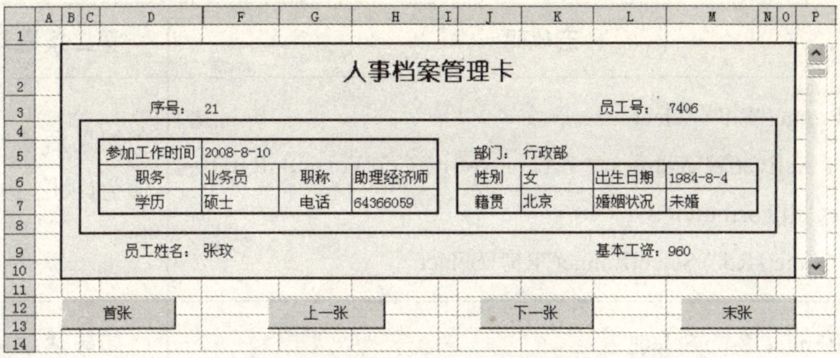

图10-9　创建按钮后的管理卡

创建浏览卡片的宏

⓰ 执行“工具”>“宏”>“录制新宏”命令[04]，弹出“录制新宏”对话框。在“宏名”文本框中输入”首张”。因为主要通过命令按钮运行宏，所以不指定快捷键，单击“确定”按钮。这时状态栏出现“录制”字样，工作表上出现“停止录制”工具栏。

⓱ 单击R4单元格，输入“1”，然后按“Enter”键，这时工作表中将显示序号为1的卡片。单击“停止录制”工具栏上的“停止录制”按钮。至此，有关显示首张卡片的宏录制完成。如果要查看或编辑刚刚录制的宏[05]，可以执行“工具”>“宏”>“Visual Basic编辑器”命令，打开“Microsoft Visual Basic”窗口，刚刚录制的宏如图10-10所示。

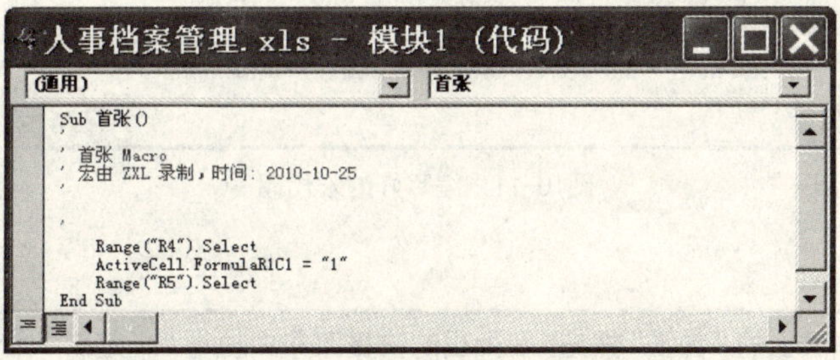

图10-10　录制显示“首张”记录的宏代码

从图10-10中可以看出，Excel录制了以下3步操作。

Range("R4").Select：将R4单元格设置为活动单元格。

ActiveCell.FormulaR1C1 = "1"：将活动单元格（即R4单元格）的值设置为1。

Range("R5").Select：将R5单元格设置为活动单元格。

⓲ 参照“首张”宏的代码，可以直接编写出“末张”、“上一张”和“下一张”的宏。宏名及代码如下表所示。最后编写好的4个宏如图10-11所示。

宏名	宏代码	第二条语句说明
末张	Range("R4").Select ActiveCell.FormulaR1C1 = Range("R2") Range("R5").Select	将活动单元格的值设置为“人事档案”表数据范围的最大值

续表

宏名	宏代码	第二条语句说明
上一张	Range("R4").Select If ActiveCell.Value <> 1 Then ActiveCell.FormulaR1C1 = ActiveCell.FormulaR1C1 - 1 Range("R5").SelectRange("R5").Select	如果活动单元格的值为1,则不进行减1操作
下一张	Range("R4").Select If ActiveCell.Value <> Range("R3") Then ActiveCell.FormulaR1C1 = ActiveCell.FormulaR1C1 + 1 Range("R5").Select	如果活动单元格的值为"人事档案"表数据范围的最大值，则不进行加1操作

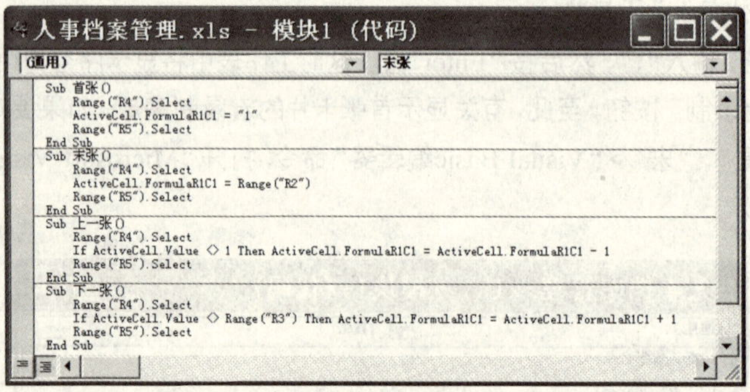

图10-11　编写好的宏代码

为按钮指定宏

⑲ 右键单击工作表上的"首张"按钮，在弹出的快捷菜单中执行"指定宏"命令，弹出"指定宏"对话框[05]。在"宏名"列表框中选择"首张"，如图10-12所示，单击"确定"按钮。

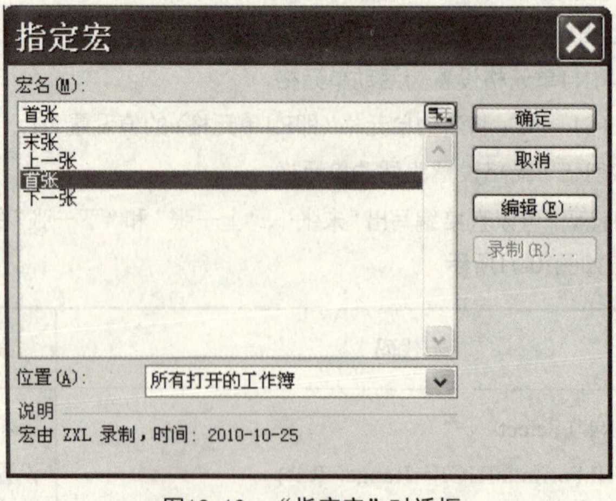

图10-12　"指定宏"对话框

⑳ 重复上述操作步骤，为"上一张"、"下一张"和"末张"按钮指定相应的宏。

隐藏无关数据

㉑ 在“人事档案管理卡”工作表中，有些数据是为了公式引用方便而设置的，如R2、R3和R4，不应显示在工作表中。选定R列，用鼠标右键单击R列标，在弹出的快捷菜单中执行“隐藏”命令。

隐藏网格线、行号和列标

㉒ 执行“工具”>“选项”命令，弹出“选项”对话框。单击“视图”选项卡，取消勾选“网格线”和“行号列标”复选框，如图10-13所示。单击“确定”按钮，最终完成的“人事档案管理卡”工作表如图10-14所示。

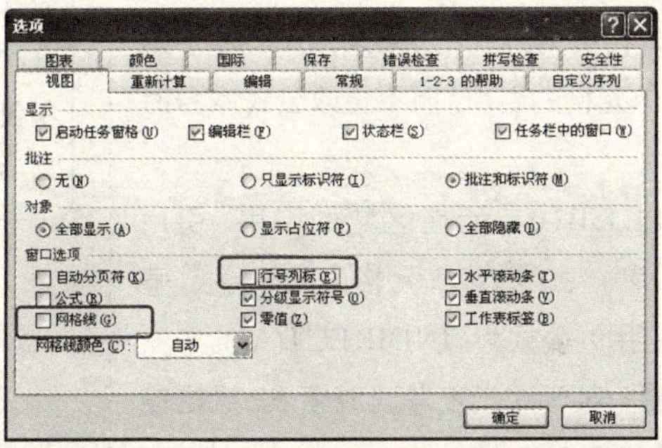

图10-13 “视图”选项卡

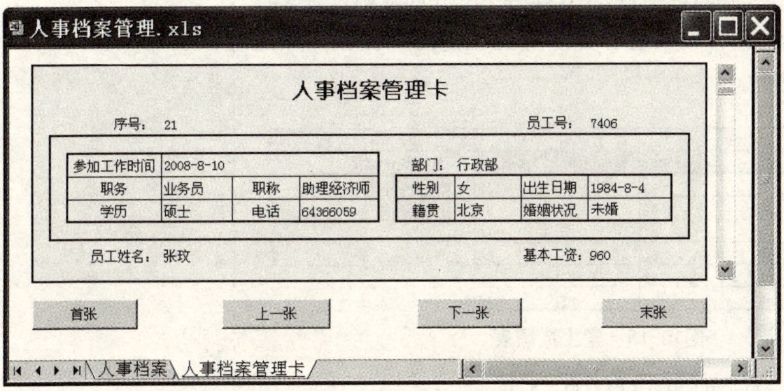

图10-14 完成后的“人事档案管理卡”工作表

知识点拓展

01 INDIRECT函数

格式：INDIRECT(ref_text,A1)

功能：返回文本字符串指定的引用，即间接地址引用。

说明：一般有2个参数，ref_text是单元格引用地址，通常此单元格中存放的是另一个单元格或单元格区域的地址；A1是逻辑值，用以指定第1个参数的单元格引用方式，如果采用A1形式，则可以省略。当需要更改公式中单元格的引用，而不更改公式本身时经常使用该函数。

示例1：返回当前工作表B1:B10单元格区域的引用。引用公式为：INDIRECT("B1:B10")。如果A1单元格为文本字符串"B1:B10"，则返回B1:B10区域引用的公式为：INDIRECT(A1)。

示例2：图10-15显示的表格为某学期学生考试成绩表，根据输入的课程名称计算该门课程的成绩总和。

在H2单元格中输入课程名称，在H3单元格中将显示该课程的汇总成绩。要求每门课程成绩所在的单元格区域应分别按照课程名称定义区域名称。

	A	B	C	D	E	F	G	H
1	姓名	性别	计算机基础	高等数学	英语		查询统计结果	
2	邓云	女	91	90	89		查询项目	
3	郑东	男	90	93	88		统计结果	
4	朱凯	女	87	64	85			
5	王旭	男	54	45	58			
6	李丽	女	73	72	99			
7	杨晓	男	60	83	76			

图10-15　学生成绩表

计算公式：=SUM(INDIRECT($H$2))

首先定义每门课程成绩所在单元格区域的名称。定义方法是选择单元格区域E2:E7；执行“插入”>“名称”>“指定”命令，弹出“指定名称”对话框；勾选“首行”复选框，如图10-16所示；单击“确定”按钮，完成名称定义。然后在H3单元格中输入公式“=SUM(INDIRECT($H$2))”。

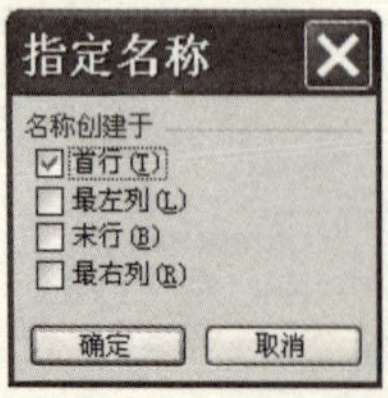

图10-16　“指定名称”复选框

注意

当希望产生一个其他工作表的引用时，如果工作表标签名首字符为数字或含有空格、%或&等特殊符号时，那么在工作表的标签名中必须使用半角单引号将其括起来，否则 函数将返回#REF!错误。

在H2单元格中输入课程名称，如输入“英语”，然后按“Enter”键，这时H3单元格中会显示出英语课程的成绩总和，如图10-17所示。

	A	B	C	D	E	F	G	H
1	姓名	性别	计算机基础	高等数学	英语		查询统计结果	
2	邓云	女	91	90	89		查询项目	英语
3	郑东	男	90	93	88		统计结果	495
4	朱凯	女	87	64	85			
5	王旭	男	54	45	58			
6	李丽	女	73	72	99			
7	杨晓	男	60	83	76			

图10-17　动态汇总课程成绩

02 常用控件

在Excel中有两类控件，即窗体控件和控件工具箱控件。常用的窗体控件包括按钮、选项按钮、复选框、列表框、组合框、编辑框、滚动条等。使用它们可以创建出丰富多彩、使用方便的用户界面。

执行“视图”>“工具栏”>“窗体”命令；或者在工具栏上单击鼠标右键，在弹出的快捷菜单中执行“窗体”命令，弹出“窗体”工具栏，如图10-18所示。

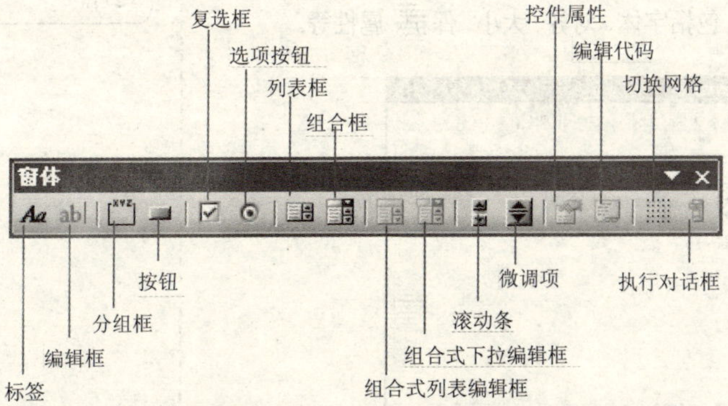

图10-18　“窗体”工具栏

按钮是Excel中最常用的窗体控件，一般用来运行指定的宏或代码。

复选框控件用于二元选择，控件的返回值为True或False；在工作表中可以同时选中多个复选框。选项按钮同样用于二元选择，控件的返回值为True或False。与复选框控件不同的是，选项按钮控件用于单项选择，在多个选项按钮形成一组时，选定其中某个选项按钮后，同组的其他选项按钮的值将设置为False。而复选框用于多项选择，单个复选框控件是否被选定，并不影响其他的复选框控件。

组合框与列表框控件非常相似，两种控件都可以在一组列表中进行选择，二者的区别是列表框控件显示多个选项；而组合框控件为一个下拉列表框，在此列表框中选定的选项将出现在文本框中。组合框的优点在于控件占用的面积小，除了可以在预置选项中进行选择外还可以输入其他数据。

编辑框控件主要用于接受用户的输入。一般情况下，用户会在工作表的单元格中直接输入数据，但当单元格处于编辑状态时，Excel应用程序则无法运行任何代码，借助编辑框控件，就可以实现对键盘输入的控制。

滚动条控件可以实现单击控件中的滚动箭头或拖动滚动块来滚动数据。单击滚动箭头或拖动滚动块时，可以滚动一定区域的数据；单击滚动箭头与滚动块之间的区域时，可以滚动整页数据。

03 在工作表中添加控件★70

下面以“按钮”控件为例，介绍如何在工作表中添加一个控件。具体操作步骤如下。

① 执行“视图”>“工具栏”>“窗体”命令；或者在工具栏上单击鼠标右键，在弹出的快捷菜单中执行“窗体”命令。弹出“窗体”工具栏。

② 单击要添加的“按钮”控件，这时鼠标指针变为十字形状，在工作表上拖放出一个长宽适中的矩形，即创建了一个按钮控件。这时会弹出“指定宏”对话框。

③ 如果需要将已创建的宏指定给该按钮，可以在“宏名”列表框中选定需要的宏，然后单击“确定”按钮；如果不需要指定宏，则单击“取消”按钮。

④ 双击“按钮”控件，输入需要的文字。

⑤右键单击控件，在弹出的快捷菜单中执行“设置控件格式”命令，弹出“设置控件格式”对话框，如图10-19所示。此时可以对控件进行格式设置，包括字体、对齐、大小、保护、属性等。

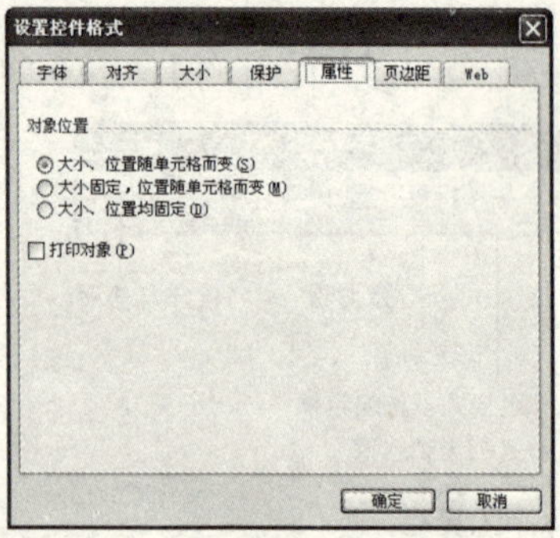

图10-19 “设置控件格式”对话框

“设置控件格式”对话框的内容与所添加的控件有关。例如，添加的控件为滚动条，“设置控件格式”对话框如图10-20所示。

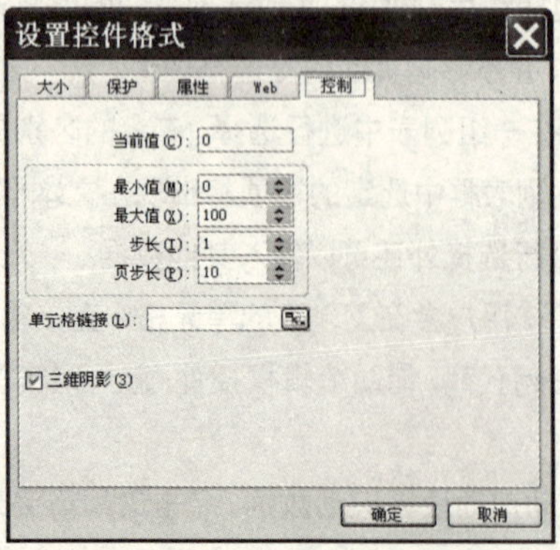

图10-20 滚动条控件的“设置控件格式”对话框

注意

只有在激活一张工作表时，工作表中的控件才能运行宏。如果希望按钮在任何工作簿或工作表中都可用，可指定宏从工具栏按钮上运行。

该对话框包括了大小、保护、属性、Web和控制等内容。滚动条控件常用来控制输入特定范围的数据。可以根据需要设置其最小值、最大值、步长、页步长和单元格链接等选项。其中“最小值”和“最大值”选项决定了滚动条上滑块的变化范围。“步长”选项表示当单击滚动条两端箭头时滑块增加或减少的值，即滑块移动的最小步长。“页步长”选项表示当用鼠标单击滚动条的空白处时，滑块移动的增加量。“单元格链接”选项可以指定该滚动条控件控制的单元格，该单元格的值将随着滚动条的变化而变化。

04 创建宏

创建宏有两种方法，一种方法是使用宏记录器将一系列操作录制下来，并为其起一个名字；另一种方法是用Visual Basic（简称VBA）程序设计语言编写宏代码。事实上，二者在本质上是一样的，Excel是将用宏记录器录制的宏转换成VBA程序存储在模块中。因此可以将两种方法混合使用，先录制宏，再用VBA语言修改宏代码，这样可以大大提高编写宏的效率。录制宏的操作步骤如下。

① 执行“工具”>“宏”>“录制新宏”命令★71，弹出“录制新宏”对话框；或者执行“视图”>“工具栏”>“Visual Basic”命令，打开“Visual Basic”工具栏，单击“录制宏”按钮，弹出“录制新宏”对话框。

② 在“宏名”文本框中输入所建宏的名字，并根据需要设置其他相关选项。例如，指定运行宏的快捷键，定义宏的保存位置等。

③ 单击“确定”按钮，这时状态栏出现“录制”字样，工作表上出现“停止录制”工具栏，此后所进行的操作，Excel将自动记录下来，并将其转换成相应的VBA程序。当状态栏出现“录制”字样后，就可以开始录制宏，即执行该宏所要完成的操作，最后单击“停止录制”工具栏上的“停止录制”按钮停止录制。

用Visual Basic（简称VBA）程序设计语言编写宏代码，可按如下步骤操作。

① 执行“工具”>“宏”>“Visual Basic编辑器”命令★72，弹出“Microsoft Visual Basic”窗口。

② 在“代码”窗口中直接输入宏代码，或者执行“插入”>“过程”命令，弹出“添加过程”对话框。在“类型”选项组中选定“子程序”，在“名称”文本框中输入宏名，如图10-21所示，单击“确定”按钮。在过程中输入宏代码。

知识

宏是一组指令的集合，它类似于计算机程序，告诉Excel所要执行的操作。宏可以使频繁、重复的操作自动化。例如，数据分析员对数据进行分析时，通常是首先选定数据，然后执行“工具”>“数据分析”命令，指定要使用的“分析工具”，并在打开的对话框中输入所需的内容。如果将这些操作设置为一个宏，那么只要运行该宏，上述操作就可以自动完成。也就是说，如果在Excel中经常重复某项操作，可以用宏将其设置为可自动执行的操作。

注意

在录制宏的过程中，如果出现操作错误，那么对错误的修改操作也将记录在宏中。因此在记录或编写宏之前，应事先制订计划，确定宏所要执行的步骤和命令。

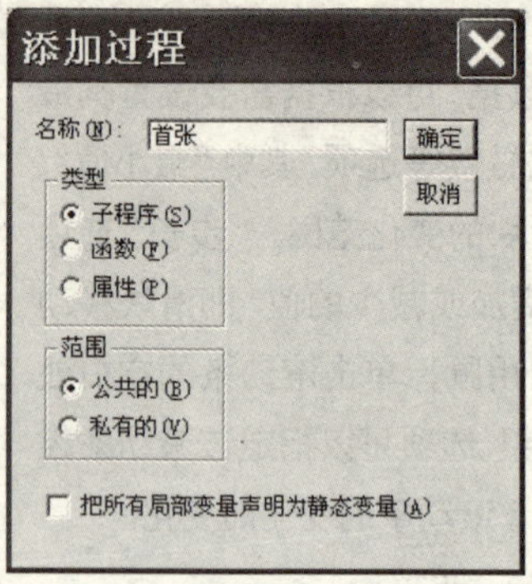

图10-21 “添加过程”对话框

05 为控件指定宏

可以将编制好的宏指定到相应的控件上。例如，为“按钮”控件指定宏，具体操作步骤如下。

①右键单击工作表上的已建按钮，在弹出的快捷菜单中选择“指定宏”命令，弹出“指定宏”对话框。

② 在“宏名”列表框中选择已建宏，如图10-22所示，单击“确定”按钮。

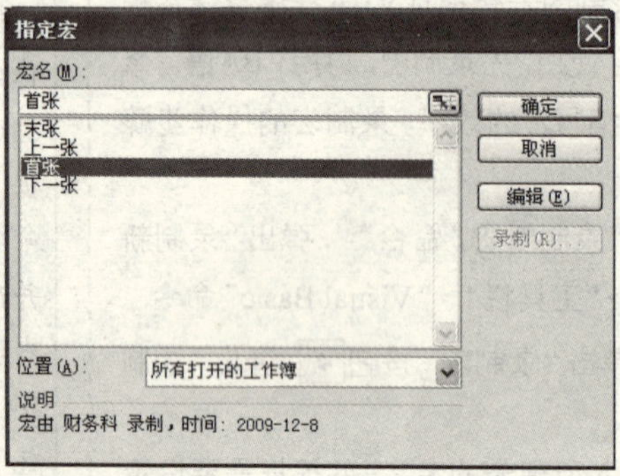

图10-22 “指定宏”对话框

延伸知识点

06 编辑宏

创建宏以后，如果需要，可以查看其宏代码，或对其进行编辑。具体操作步骤如下。

① 执行“工具”>“宏”>“宏”命令★73，弹出“宏”对话框。

② 选定需要编辑的宏名称，如图10-23所示，单击“编辑”按钮，这时系统打开“Microsoft Visual Basic”窗口，同时打开“代码”窗口，如图10-24所示。

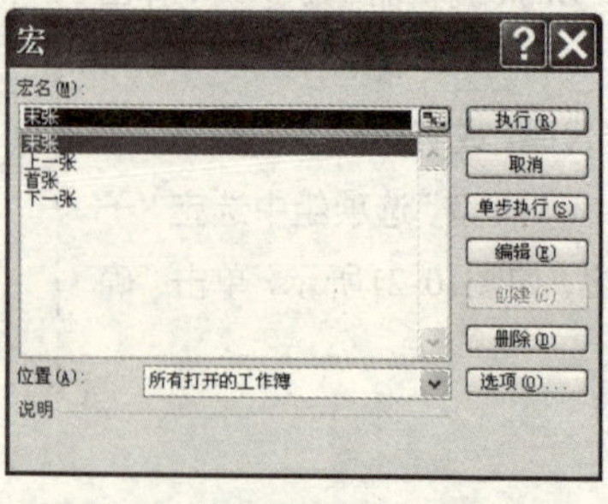

图10-23 选择要查看或编辑的宏

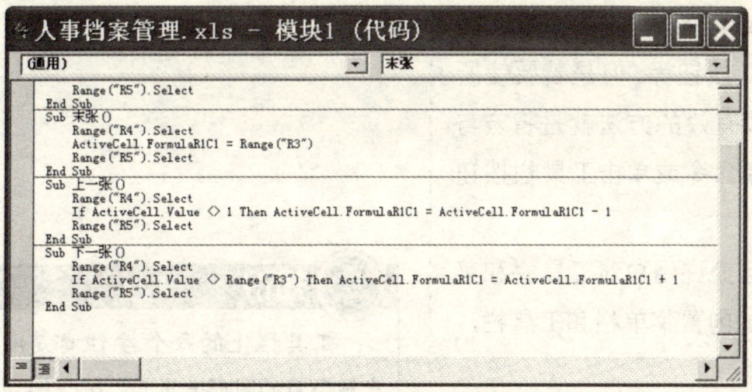

图10-24 所建宏的VBA程序

在图10-24所示的“代码”窗口中，可以看到已创建宏的VBA程序。在宏语句中，以单引号开始的行是注释语句。注释语句在运行宏时并不执行，它的作用仅仅是为了提高程序的可读性，可以根据需要对其进行添加、删除或修改。在宏语句中，为了提高程序的可读性，运用不同的颜色显示不同的部分。例如，用绿色显示注释行，用蓝色显示语句的关键字，用黑色显示语句的其余部分。

③ 在“代码”窗口中，可以修改宏当中的程序代码。

07 运行宏

宏最大的优点是可以很方便地执行一系列重复的操作，这是通过运行宏来实现的。运行宏有以下几种方法。

1. 使用菜单

宏录制完成后，将会保存在模块中，此时可以直接通过执行“宏”菜单命令来运行宏。具体操作步骤如下。

① 执行“工具”>“宏”>“宏”命令★74，弹出“宏”对话框。

② 选定需要运行的宏名称，然后单击“执行”按钮，这时将自动执行所选定宏的操作。

2. 使用快捷键

如果在创建宏时，在“录制新宏”对话框中设置了快捷键，那么可以直接按快捷键来运行宏。注意，有许多快捷键是Excel默认的，如“Ctrl”+“C”、“Ctrl”+“A”等。如果为创建的宏设置快捷键时与系统内部已有的快捷键发生冲突，那么Excel会将这个快捷键赋予宏，当按下这个快捷键时，将执行宏的操作。也就是说，将改变原有快捷键的含义。因此在设置快捷键时，应尽量避免使用系统中常用命令的快捷键。

08 自定义内置工具栏

运行宏的方法有很多种，例如使用“宏”命令或者单击“Visual

提示

运行宏的其他方法是打开“Visual Basic”工具栏，单击“运行宏”按钮，或在“Visual Basic编辑器”中单击“运行宏”按钮。除此之外，为了满足特别的需要，还可以在工作表上增加窗体控件，作为运行宏的工具。具体设置方法是右键单击窗体控件，在弹出的快捷菜单中执行“指定宏”命令，然后输入宏名。

Baisc工具栏”上的“运行宏”按钮，或者按快捷键，或者在“Visual Basic编辑器”中单击“运行宏”按钮等。但是若要使所建立的宏使用起来更方便、更容易，比较有效的方法就是将宏与菜单和工具栏结合起来，即通过执行菜单命令或单击工具栏按钮来运行宏。

Excel提供了大量的内置工具栏，并且允许用户对工具栏和菜单栏进行自定义的设置。例如，修改现有的内置菜单栏和工具栏，创建符合用户需要的新菜单和新工具栏等。

知识

工具栏上的每个按钮都是以直观醒目的图形来表示，每个按钮都可以实现一种操作。因此工具栏的使用使得许多操作变得更直观、更方便。但是由于显示空间的限制，Excel内置的工具栏只包含了一些常用的命令按钮，用户可以通过自定义的方法调整工具栏上现有按钮的布局和样式，或者在工具栏上增加所需要的命令按钮，或者将自己创建的宏作为工具按钮命令，或者将不需要的按钮从工具栏中移除。

1. 添加命令按钮

可以通过“自定义”对话框在工具栏上添加新的命令按钮。具体操作步骤如下。

① 执行“视图”>“工具栏”>“自定义”命令；或者执行“工具”>“自定义”命令；或者在工具栏上单击鼠标右键，在弹出的快捷菜单中执行“自定义”命令；或者单击工具栏上的“工具栏选项”按钮，在弹出的下拉菜单中执行“添加或删除按钮”>“自定义”命令，如图10-25所示。这时系统弹出“自定义”对话框，如图10-26所示。单击“命令”选项卡。

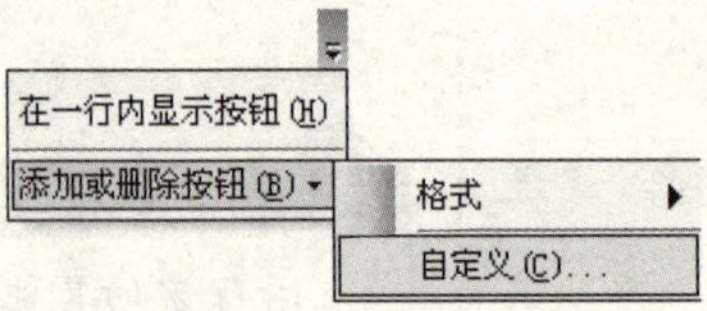

图10-25　工具栏选项

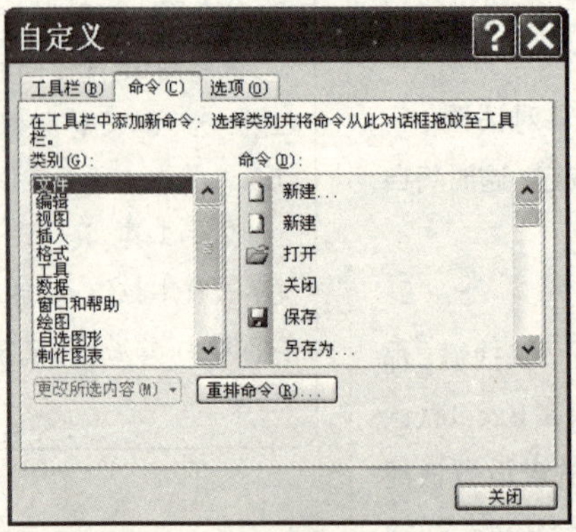

图10-26　“自定义”对话框

② 在对话框左侧列表框中显示了命令类别，右侧列表框中显示了相应类别中所包含的各种命令。这时可以在左侧列表框中选择所需命令类别，在右侧列表框中找到所需命令，然后拖曳鼠标将该按钮放到工具栏上方，当鼠标指针附近位置出现黑色竖线时，即指示了该命令按钮可在当前工具栏上插入的位置。此时松

开鼠标左键，即可完成命令按钮的添加操作。

2. 为工具按钮指定宏

可以将创建的宏以命令按钮的形式放到工具栏中，当需要运行宏时单击相应的命令按钮即可。具体操作步骤如下。

① 打开“自定义”对话框。

② 单击“命令”选项卡，在“类别”列表框中选定“宏”选项，在“命令”列表框中将“自定义按钮”选项拖曳到工具栏上松开。

③ 右键单击该按钮，在弹出的快捷菜单的“命名”编辑框中输入新的名称，按“Enter”键。

④ 右键单击该按钮，从弹出的快捷菜单中选择“指定宏”命令，弹出“指定宏”对话框。在该对话框的“宏名”列表框中选择要指定的宏名，然后单击“确定”按钮。

完成上述设置后，当单击该命令按钮时，系统会自动运行指定的宏。

3. 重新命名

重新命名命令按钮的方法是：首先打开“自定义”对话框，然后右键单击需要重新命名的命令按钮，在弹出的快捷菜单的“命名”编辑框中输入新的名称。

4. 重新排列

重新排列命令按钮的方法是：打开“自定义”对话框，单击“命令”选项卡，再单击“重新排列”命令按钮，打开“重排命令”对话框。在该对话框中，单击“工具栏”单选按钮，选择需要重新排列的工具栏。最后根据需要，使用“添加”按钮向该工具栏中添加所需的按钮；使用“删除”按钮移除不需要的按钮；使用“上移”或“下移”按钮，调整按钮在工具栏中的位置。完成设置后，单击“确定”按钮。

5. 重新分组

为了便于使用，Excel将工具栏中的命令按钮分为了若干组，每组之间用实线隔开，如果需要可以修改分组。方法是：首先打开“自定义”对话框；然后右键单击需要重新分组的命令按钮，在弹出的快捷菜单中执行“开始一组”命令。这时系统会在命令按钮的左侧加入一根实线，表示新一组的开始。

6. 删除命令按钮

从工具栏中将命令按钮删除通常可用两种方法，一种方法是在“重排命令”对话框中选择要删除的命令，然后单击“删除”按钮。另一种方法是打开“自定义”对话框，然后使用鼠标将工具栏上需要删除的命令按钮拖动到工具栏外松开。

知识

可以对工具栏上的命令按钮进行编辑操作，如重新命名、从工具栏中移除、重新分组、重新排列等。对工具栏上命令按钮的任何编辑操作都应在“自定义”对话框打开的状态下进行。因此需要先打开“自定义”对话框，然后再进行相关的编辑操作。

09 创建自定义工具栏

除可以对Excel内置的工具栏进行更改外，还可以创建新的自定义工具栏，并且可以将个人常用的命令或创建的宏放置到自定义的工具栏上。例如，将任务一中创建的4个宏放置到自定义的工具栏上，具体操作步骤如下。

① 在工具栏上单击鼠标右键，在弹出的快捷菜单中执行“自定义”命令，弹出“自定义”对话框。

② 单击“工具栏”选项卡，单击“新建”按钮，弹出“新建工具栏”对话框。

③ 在该对话框中输入”浏览”，作为自定义工具栏的名称，如图10-27所示，单击“确定”按钮。这样就创建了“浏览”工具栏，并出现在工作表中，如图10-28所示。

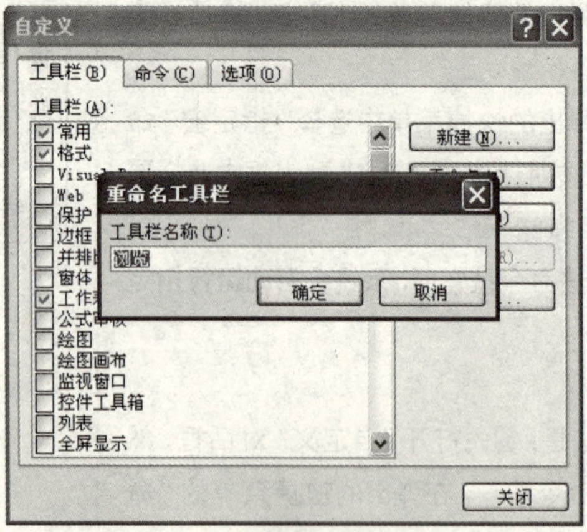

图10-27 “重命名工具栏”对话框

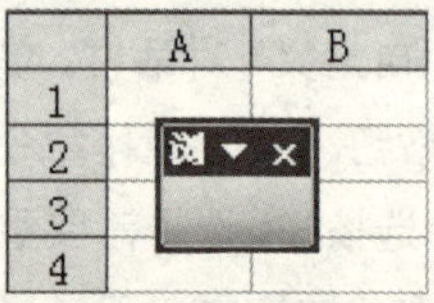

图10-28 新创建的工具栏

④ 在“自定义”对话框中选定新创建的“浏览”工具栏，单击“命令”选项卡，在“类别”列表框中选择“宏”，在“命令”列表框中将“自定义按钮”拖放到“浏览”工具栏上，这时新建的“浏览”工具栏如图10-29所示。

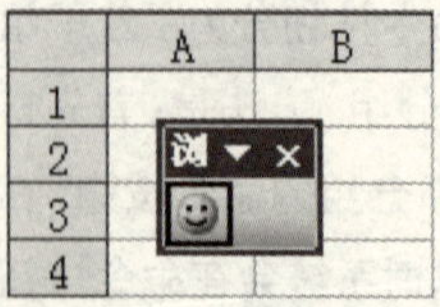

图10-29 添加自定义按钮的工具栏

⑤ 右键单击新建工具栏上的按钮，在弹出的快捷菜单的“命名”编辑框中输入“首张（&F）”，作为按钮的名称。其中，“首张”将作为该工具按钮的名称，“&F”表示指定F为该工具按钮的访问键。单击“图像与文本”命令，表示自定义的工具按钮上同时显示图像和文本。添加了按钮名称的“浏览”工具栏如图10-30所示。

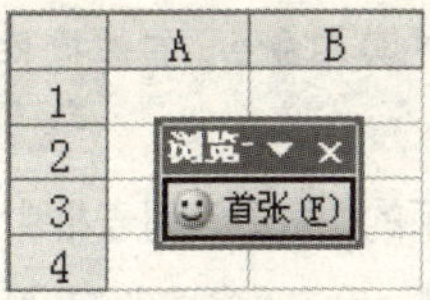

图10-30 添加了按钮名称的工具栏

⑥ 单击“自定义”对话框的“更改所选内容”按钮，在弹出的下拉菜单中执行“更改按钮图像”命令，在弹出的图标菜单中选定所需的图标。修改图标以后的“浏览卡片”工具栏如图10-31所示。

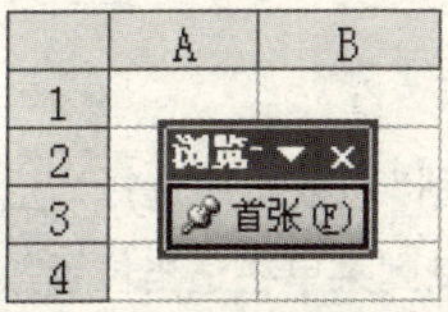

图10-31 修改图标后的工具栏

⑦ 右键单击该按钮，在弹出的快捷菜单中执行“指定宏”命令，弹出“指定宏”对话框。在该对话框的“宏名”列表框中选择“首张”宏，然后单击“确定”按钮。

⑧ 重复步骤④~步骤⑦，在“浏览”工具栏中添加3个按钮，名称分别为“上一张（&B）”、“下一张（&N）”和“末张（&E）”，指定的宏分别为“上一张”、“下一张”和“末张”。设置完成的“浏览”工具栏如图10-32所示。

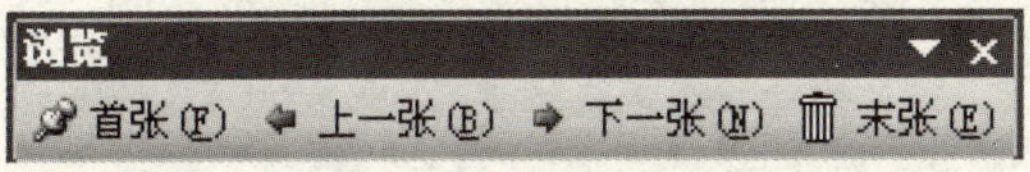

图10-32 创建完成后的“浏览”工具栏

如果希望删除自定义的工具栏，可以在“自定义”对话框的“工具栏”选项卡下，勾选要删除的工具栏对应的复选框，单击“删除”按钮。

10 自定义内置菜单

Excel的操作基本上是依靠菜单、工具栏或快捷键来完成的。与自定义工具栏相似，Excel也允许用户根据需要自己定义菜单栏和菜单命令，将不用的菜单和菜单命令移去，而在需要的位置以自己创建的宏作为菜单或菜单命令。

知识

与工具栏相似，Excel也拥有大量的内置菜单，但同样因为显示范围的限制，在Excel窗口中仅显示了一些常用的菜单命令。用户可以根据需要对其进行调整。

1. 添加菜单命令

可以通过“自定义”对话框为当前菜单栏上的菜单项添加新的菜单命令。具体操作步骤如下。

① 打开“自定义”对话框。

② 添加子菜单命令的方法有两种，一种是将“命令”选项卡下的“命令”列表框中的命令拖放到当前菜单中；另一种是利用已有的工具栏来建立。这里采用前一种方法。单击“命令”选项卡，然后在“类别”列表框中选定所需类别选项，此时在“命令”列表框中显示该类别包含的所有菜单命令，找到所需的命令后，使用鼠标将其拖放到需要添加的菜单项上，当鼠标指针附近位置出现黑色横线时松开鼠标左键，即可完成菜单命令的添加操作。

2. 为菜单命令指定宏

与工具按钮的应用相似，用户也可以将创建的宏以菜单命令形式放到菜单中，当需要运行宏时单击相应的菜单命令即可。具体操作步骤如下。

① 打开“自定义”对话框。

② 在“自定义”对话框中单击“命令”选项卡，然后在“类别”列表框中选择“宏”选项，此时在“命令”列表框中显示“自定义菜单项”选项。使用鼠标将该选项拖曳到菜单栏适当位置放开。

③ 右键单击该命令，在弹出的快捷菜单的“命名”编辑框中输入新的名称，按“Enter”键。

④ 右键单击该菜单命令，在弹出的快捷菜单中选择“指定宏”命令，弹出“指定宏”对话框。在该对话框的“宏名”列表框中选择要指定的宏名，单击“确定”按钮。

完成上述设置后，当单击该命令时，系统会自动运行指定的宏。

3. 编辑菜单命令

用户可以对菜单栏上的菜单命令进行编辑操作，如重新命名、从菜单中移除、重新分组、重新排列等。与工具栏按钮的编辑操作相似，任何编辑操作都应在“自定义”对话框打开的状态下进行。因此需要首先打开“自定义”对话框，然后再进行相关的编辑操作。编辑菜单命令的操作方法与工具栏相似，这里不再赘述。

11 创建自定义菜单

创建新菜单的操作步骤与创建工具栏的方式相似。例如，将任务一中已建立的4个宏指定到自定义菜单中。具体操作步骤如下。

① 打开“自定义”对话框。

② 假设将新菜单添加到Excel菜单栏的“数据”与“窗口”之间。单击“命令”选项卡，在“类别”列表框中选择“新菜单”，将“命令”列表框中“新菜单”命令拖曳至Excel菜单栏，放置于“数据”与“窗口”之间，如图10-33所示。

图10-33 添加“新菜单”

③ 单击“自定义”对话框中的“更改所选内容”按钮，并在弹出的下拉菜单的“命名”编辑框中输入“浏览(&B)”作为该菜单的名称，其中“浏览”为该菜单的名称，B为该菜单快捷键。

④ 添加子菜单命令有两种方法，一种是在“命令”选项卡中通过拖放“新菜单”项来实现；另一种是

利用已有的工具栏来建立。这里采用后一种方法，按住“Ctrl”键的同时，用鼠标将“浏览”工具栏中的按钮拖曳到“浏览”菜单中，创建好的“浏览”菜单如图10-34所示。

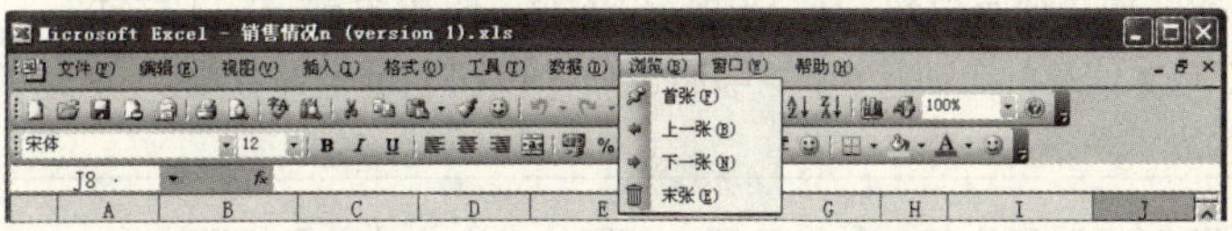

图10-34 创建好的“浏览”菜单

注意

如果未按住“Ctrl”键直接拖放，将会把“浏览”工具栏中的按钮移动到“浏览”菜单中。

提示

如果希望删除自定义的菜单，可以打开“自定义”对话框，然后使用鼠标将新建菜单项拖曳到当前菜单栏以外放开即可。

独立实践任务

任务二 员工基本信息管理界面的创建

任务背景

刘洁已经为公司制作了员工基本信息表。为了能够方便地操作和使用员工基本信息表，刘洁还需要建立员工基本信息管理操作界面。

任务要求

模块01建立的员工基本信息表如下图所示。

	A	B	C	D	E	F	G	H	I	J
1	序号	工号	姓名	性别	岗位	部门	入职日期	办公电话	移动电话	E-mail地址
2	1	0001	孙家龙	男	董事长	办公室	1984-8-3	65971111	13311211011	sunjialong@cheng-wen.com.cn
3	2	0002	张卫华	男	总经理	办公室	1990-8-28	65971112	13611101010	zhanghuihua@cheng-wen.com.cn
4	3	0003	王叶	女	主任	办公室	1996-9-19	65971113	13511212121	wangye@cheng-wen.com.cn
5	4	0004	梁勇	男	职员	办公室	1996-9-1	65971113	13511212122	liangyong@cheng-wen.com.cn
6	5	0005	朱思华	女	文秘	办公室	1970-7-3	65971115	13511212123	zhusihua@cheng-wen.com.cn
7	6	0006	陈关敏	女	主任	财务部	1998-8-2	65971115	13511212124	chungm@cheng-wen.com.cn
8	7	0007	陈德生	男	出纳	财务部	1998-9-12	65971115	13511212125	chunds@cheng-wen.com.cn
9	8	0008	陈桂兰	女	会计	财务部	1996-8-1	65971115	13511212126	chunguilan@cheng-wen.com.cn
10	9	0009	彭庆华	男	主任	工程部	1984-8-3	65971115	13511212127	pqh@cheng-wen.com.cn
11	10	0010	王成祥	男	总工程师	工程部	1996-8-4	65971120	13511212128	wangcxyang@cheng-wen.com.cn
12	11	0011	何家強	男	工程师	工程部	1971-12-3	65971120	13511212129	hejq@cheng-wen.com.cn
13	12	0012	曾伦清	男	技术员	工程部	1967-8-3	65971120	13511212130	zlq@cheng-wen.com.cn
14	13	0013	张新民	男	工程师	工程部	1990-8-25	65971120	13511212131	zhangxm@cheng-wen.com.cn
15	14	0014	张跃华	男	主任	技术部	1990-9-13	65971124	13511212132	zhangyuh@cheng-wen.com.cn
16	15	0015	邓都平	男	技术员	技术部	1958-2-28	65971125	13511212133	dengdp@cheng-wen.com.cn
17	16	0016	朱京丽	女	技术员	技术部	1993-7-17	65971126	13511212134	zhujl8041@cheng-wen.com.cn
18	17	0017	蒙继炎	男	主任	市场部	1996-9-3	65971127	13511212135	penjy@cheng-wen.com.cn
19	18	0018	王丽	女	业务主管	市场部	1976-8-3	65971128	13511212136	wl_1996@cheng-wen.com.cn
20	19	0019	梁鸿	男	业务员	市场部	1984-2-1	65971129	13511212137	lianghong_62@cheng-wen.com.cn
21	20	0020	刘尚武	男	主任	销售部	1991-5-22	65971130	13511212138	liu_shangwu@cheng-wen.com.cn
22	21	0021	朱强	男	销售主管	销售部	1974-8-3	65971131	13511212139	zhuqiang@cheng-wen.com.cn
23	22	0022	丁小飞	女	销售员	销售部	1998-6-14	65971132	13511212140	dignxiaofei@cheng-wen.com.cn
24	23	0023	孙宝彦	男	销售员	销售部	2004-9-27	65971132	13511212141	sby@cheng-wen.com.cn
25	24	0024	张港	男	销售员	销售部	1996-9-21	65971134	13511212142	zhangg@cheng-wen.com.cn

按以下要求完成操作。

(1) 建立“员工基本信息管理卡”工作表，能够根据输入的“序号”，显示员工相关信息。能够方便地浏览员工的基本信息。

(2) 在“员工基本信息”工作表中，能够通过命令按钮，分别实现“办公室”、“财务部”、“工程部”、“技术部”、“市场部”和“销售部”员工基本信息的自动筛选；能够通过命令按钮显示全部数据。

【技术要领】应用COUNTA函数、INDIRECT函数和字符串拼接运算来获取动态变化的单元格区域。

【解决问题】理解INDIRECT函数的功能，理解宏的概念，掌握宏的创建及应用方法。

【应用领域】销售管理、图书管理、仪器管理等。

任务分析

使用宏和窗体控件，来创建“员工基本信息管理卡”。

任务效果参考图

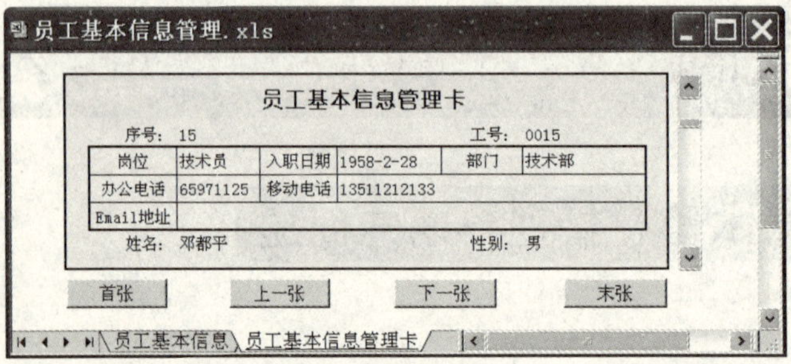

员工基本信息管理卡

	A	B	C	D	E	F	G	H	I	J
1	序号	工号	姓名	性别	岗位	部门	入职日期	办公电话	移动电话	E-mail地址
2	1	0001	孙家龙	男	董事长	办公室	1984-8-3	65971111	13311211011	sunjialong@cheng-wen.com.cn
3	2	0002	张卫华	男	总经理	办公室	1990-8-28	65971112	13611101010	zhanghuihua@cheng-wen.com.cn
4	3	0003	王叶	女	主任	办公室	1996-9-19	65971113	13511212121	wangye@cheng-wen.com.cn
5	4	0004	梁勇	男	职员	办公室	1996-9-1	65971113	13511212122	liangyong@cheng-wen.com.cn
6	5	0005	朱思华	女	文秘	办公室	1970-7-3	65971115	13511212123	zhusihua@cheng-wen.com.cn
7	6	0006	陈关敏	女	主任	财务部	1998-8-2	65971115	13511212124	chungm@cheng-wen.com.cn
8	7	0007	陈德生	男	出纳	财务部	1998-9-12	65971115	13511212125	chunds@cheng-wen.com.cn
9	8	0008	陈桂兰	女	会计	财务部	1996-8-1	65971115	13511212126	chunguilan@cheng-wen.com.cn
10	9	0009	彭庆华	男	主任	工程部	1984-8-3	65971115	13511212127	pqh@cheng-wen.com.cn
11	10	0010	王成祥	男	总工程师	工程部	1996-8-4	65971120	13511212128	wangcxyang@cheng-wen.com.cn
12	11	0011	何家強	男	工程师	工程部	1971-12-3	65971120	13511212129	hejq@cheng-wen.com.cn
13	12	0012	曾伦清	男	技术员	工程部	1967-8-3	65971120	13511212130	zlq@cheng-wen.com.cn
14	13	0013	张新民	男	工程师	工程部	1990-8-25	65971120	13511212131	zhangxm@cheng-wen.com.cn
15	14	0014	张跃华	男	主任	技术部	1990-9-13	65971124	13511212132	zhangyuh@cheng-wen.com.cn
16	15	0015	邓都平	男	技术员	技术部	1958-2-28	65971125	13511212133	dengdp@cheng-wen.com.cn
17	16	0016	朱京丽	女	技术员	技术部	1993-7-17	65971126	13511212134	zhujl8041@cheng-wen.com.cn
18	17	0017	蒙继炎	男	主任	市场部	1996-9-3	65971127	13511212135	penjy@cheng-wen.com.cn
19	18	0018	王丽	女	业务主管	市场部	1976-8-3	65971128	13511212136	wl_1996@cheng-wen.com.cn
20	19	0019	梁鸿	男	业务员	市场部	1984-2-1	65971129	13511212137	lianghong_62@cheng-wen.com.cn
21	20	0020	刘尚武	男	主任	销售部	1991-5-22	65971130	13511212138	liu_shangwu@cheng-wen.com.cn
22	21	0021	朱强	男	销售主管	销售部	1974-8-3	65971131	13511212139	zhuqiang@cheng-wen.com.cn
23	22	0022	丁小飞	女	销售员	销售部	1998-6-14	65971132	13511212140	dignxiaofei@cheng-wen.com.cn
24	23	0023	孙宝彦	男	销售员	销售部	2004-9-27	65971132	13511212141	sby@cheng-wen.com.cn
25	24	0024	张港	男	销售员	销售部	1996-9-21	65971134	13511212142	zhangg@cheng-wen.com.cn
26										
27	办公室		账务部		工程部	技术部	市场部	销售部		全部显示

添加了自动筛选按钮的员工基本信息表

	A	B	C	D	E	F	G	H	I	J
1	序号	工号	姓名	性别	岗位	部门	入职日期	办公电话	移动电话	E-mail地址
7	6	0006	陈关敏	女	主任	财务部	1998-8-2	65971115	13511212124	chungm@cheng-wen.com.cn
8	7	0007	陈德生	男	出纳	财务部	1998-9-12	65971115	13511212125	chunds@cheng-wen.com.cn
9	8	0008	陈桂兰	女	会计	财务部	1996-8-1	65971115	13511212126	chunguilan@cheng-wen.com.cn
26										
27	办公室		账务部		工程部	技术部	市场部	销售部		全部显示
28										

财务部筛选结果

课后作业

1. 填空题

(1) INDIRECT函数的功能是返回文本字符串指定的________。

(2) 滚动条控件可以实现单击控件中的滚动箭头或拖动滚动块来________。

(3) 宏最大的优点是可以很方便地执行________的操作。

(4) 在录制宏的过程中，如果出现操作错误，则错误的操作也将________在宏中。

(5) 如果已经自定义了工具栏，并为其中的命令按钮指定了宏。那么创建具有相同功能的自定义菜单，最简单的方法是________。

2. 单选题

(1) 既可以直接输入文字，又可以从列表中选择输入项的控件是________。

A. 组合框　　B. 编辑框　　C. 选项组　　D. 列表框

(2) 在Excel中，通过工作表中的控件来运行宏的前提条件是________。

A. 必须打开该工作表所在的工作簿

B. 必须关闭该工作表所在的工作簿

C. 必须使该工作表成为当前工作表

D. 以上三种都可以

(3) 下列不能实现运行宏操作的是________。

A. 在“Visual Basic”工具栏上，单击“运行宏”按钮

B. 在“Visual Basic编辑器”中，单击“运行宏”按钮

C. 在“宏”对话框中，选定宏并单击“运行宏”按钮

D. 若在创建宏时设置了快捷键，则可以直接按快捷键

(4) 下列关于自定义工具栏的叙述中，错误的是________。

A. 在Excel中，允许用户修改内置工具栏

B. 自定义工具栏时必须打开“自定义”对话框

C. 可将创建的宏以命令按钮形式放到工具栏上

D. 只能添加或删除内置工具按钮但不能修改名称

(5) 在Excel中，欲调出有关定义工具栏的快捷菜单，其操作为________。

A. 双击菜单栏　　B. 右键单击菜单栏

C. 单击“编辑”菜单　　D. 单击“视图”菜单

3. 简答题

(1) 什么是宏？其主要作用是什么？

(2) 创建宏的方法有几种？各自的特点是什么？

(3) 运行宏有哪些方法？

(4) 使用窗体控件的目的是什么？

(5) 如何创建自定义的工具栏？

附录A

Excel 2007操作方法

★1 改变默认工作表数

“Office按钮”→“Excel选项”→“常用”→ 在“包含的工作表数”右侧微调框中输入工作表数（图A-1）→“确定”。

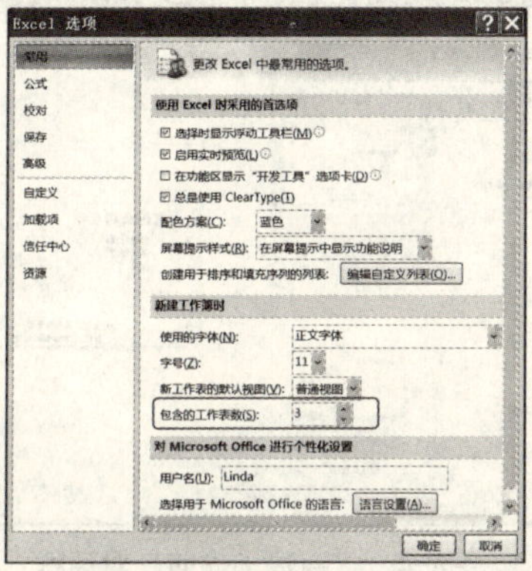

图A-1 设置默认工作表数

★2 Excel 2007操作界面

Excel 2007操作界面（图A-2），图中标出了与Excel 2003操作界面不同的部分。

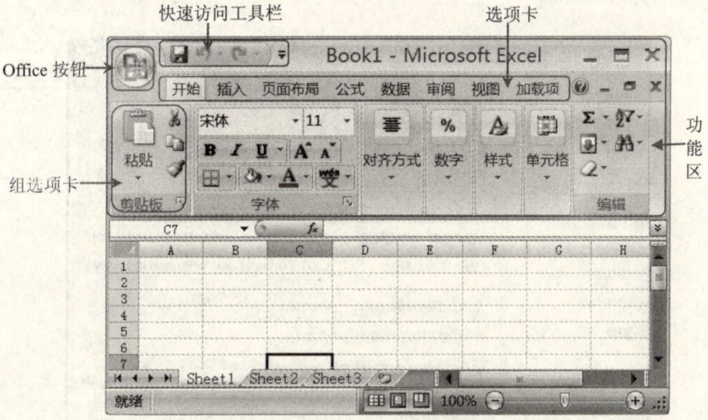

图A-2 Excel 2007操作界面

★3 创建空工作簿

“Office按钮”→“新建”→“空白文档和最近使用的文档”（图A-3）→“空工作簿”→“创建”。

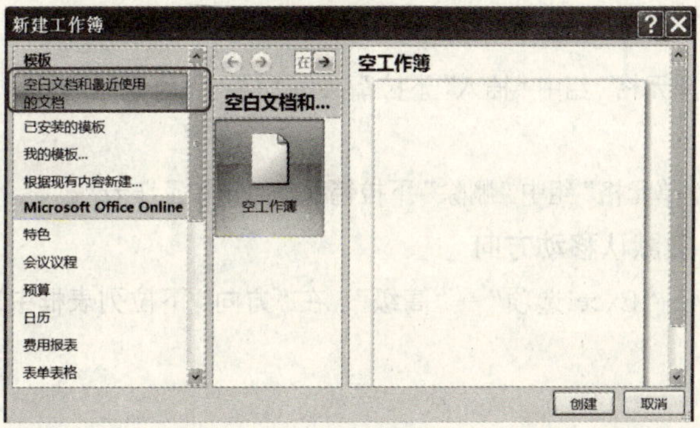

图A-3 “新建工作簿”对话框

★4 使用模板创建新工作簿

“Office按钮”→“新建”→“已安装模板”→ 在“已安装的模板”中选择所需模板（图A-4）→“创建”。

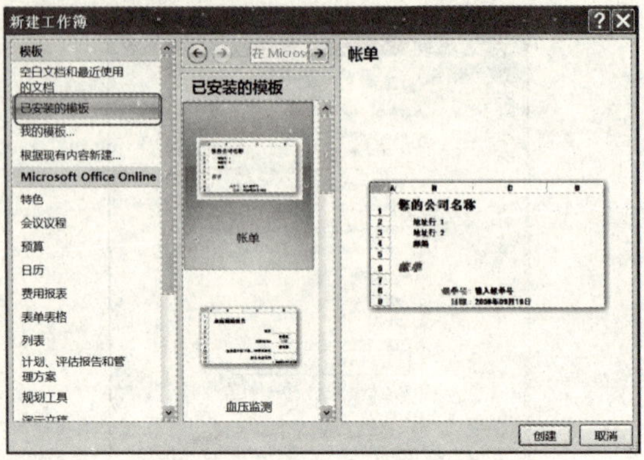

图A-4 “新建工作簿”对话框

★5 设置自动保存工作簿间隔的时间

“Office按钮”→“Excel选项”→“保存”→在“保存自动恢复信息时间间隔”右侧微调框中输入时间值（图A-5）→“确定”。

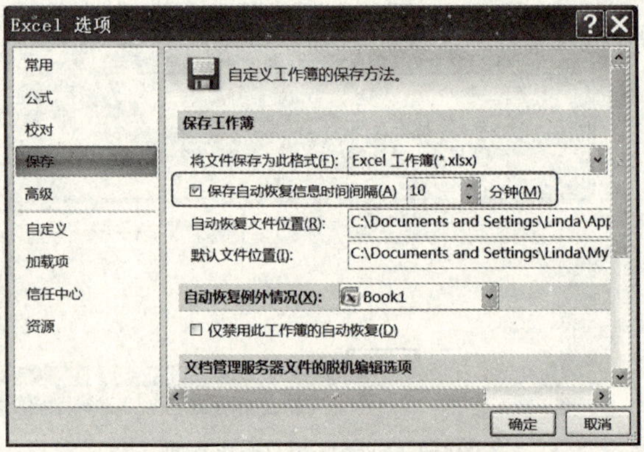

图A-5 设置自动保存间隔时间

★6 命名工作表

“开始”选项卡 →“单元格”组中“格式”下拉箭头→“重命名工作表”。

★7 插入工作表

“开始”选项卡 →“单元格”组中“插入”下拉箭头→“插入工作表”。

★8 删除工作表

“开始”选项卡 → “单元格”组中“删除”下拉箭头→“删除工作表”。

★9 调整“Enter”键默认移动方向

“Office按钮” →“Excel选项”→“高级”，在“方向”下拉列表框中选择所需方向（图A-6）→“确定”。

图A-6 设置“Enter”键移动方向

★10 设置自动换行格式

“开始”选项卡 →“对齐方式”组选项卡（图A-7）→“对齐”→“自动换行”→“确定”。

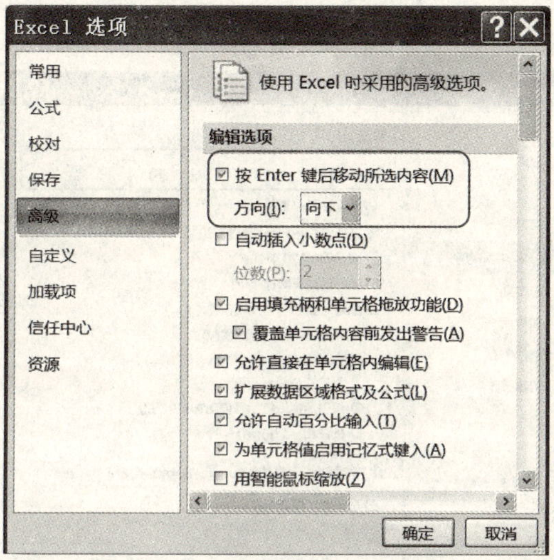

图A-7 设置“对齐方式”组选项卡

★11 自定义序列

“Office按钮”→“Excel选项”→“常用”→“编辑自定义列表”（图A-8）→余下的操作与Excel 2003相同。

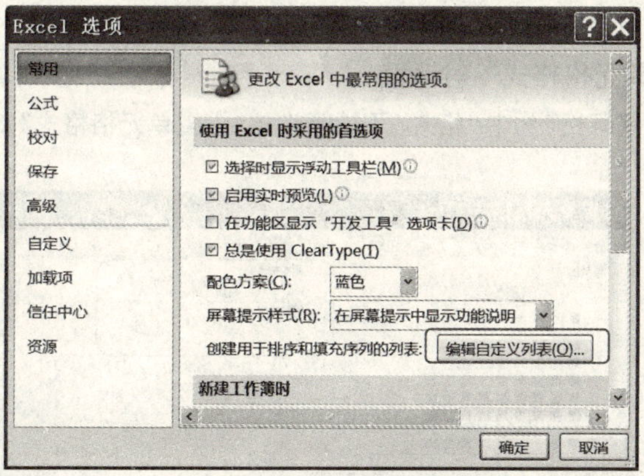

图A-8 设置自定义序列

★12 设置数据有效性

“数据”选项卡 →“数据工具”组中“数据有效性”下拉箭头→“数据有效性”→余下操作与Excel 2003相同。

★13 查找与替换

“开始”选项卡 →“编辑”组中“查找和选择”下拉箭头→“查找”或“替换”→余下操作与Excel 2003相同。

★14 打开工作簿

“Office按钮”→“打开”→余下操作与Excel 2003相同。

★15 设置“最近使用的文档”数目

“Office按钮”→“Excel选项”→“高级”，在显示此数目的“最近使用过的文档”右侧微调框中输入数值（图A-9）→“确定”。

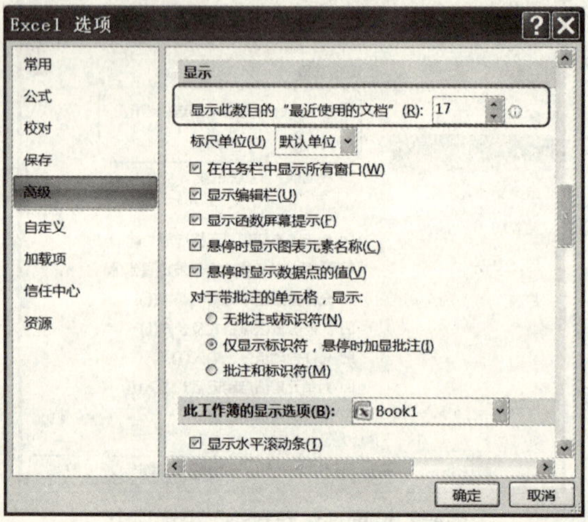

图A-9 设置“最近使用的文档”数目

★16 插入行

“开始”选项卡 →“单元格”组中“插入”下拉箭头→“插入工作表行”。

★17 删除行

“开始”选项卡 →“单元格”组中“删除”下拉箭头→“删除工作表行”。

★18 打开“设置单元格格式”对话框

“开始”选项卡 →“单元格”组中“格式”下拉箭头→“设置单元格格式”（图A-10）。

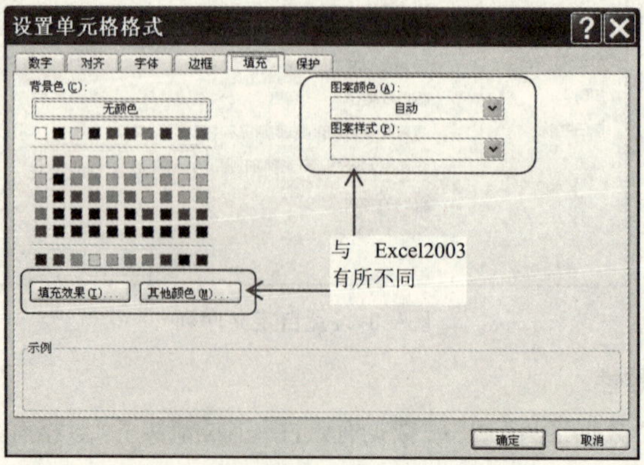

图A-10“设置单元格格式”对话框

★19 设置行高

“开始”选项卡 →“单元格”组中“格式”下拉箭头→“行高”→余下操作与Excel 2003相同。

★20 自动调整行高

“开始”选项卡 → “单元格”组中“格式”下拉箭头→“自动调整行高”。

★21 设置/增加条件格式

“开始”选项卡 → “样式”组中“条件格式”下拉箭头→“管理规则”→“新建规则”→在“选择规则类型”框中选择“只为包含以下内容的单元格设置格式”（图A-11）→在“编辑规则说明”区中设置条件及格式（设置方法与Excel 2003相似）。

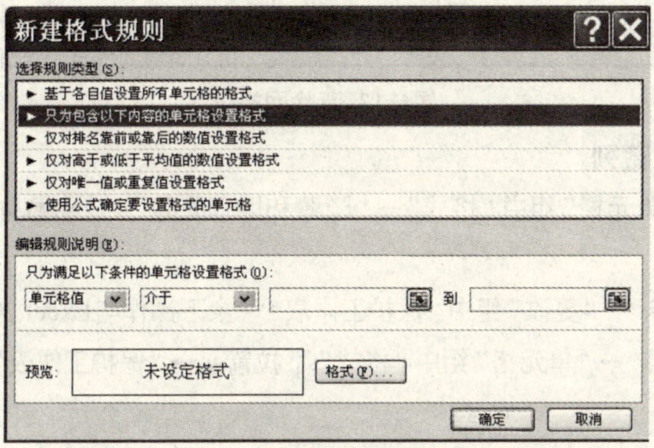

图A-11 “新建格式规则”对话框

★22 删除条件格式

“开始”选项卡 → “样式”组中“条件格式”下拉箭头→“管理规则”（图A-12）→选中需删除规则→“删除规则”→“确定”。

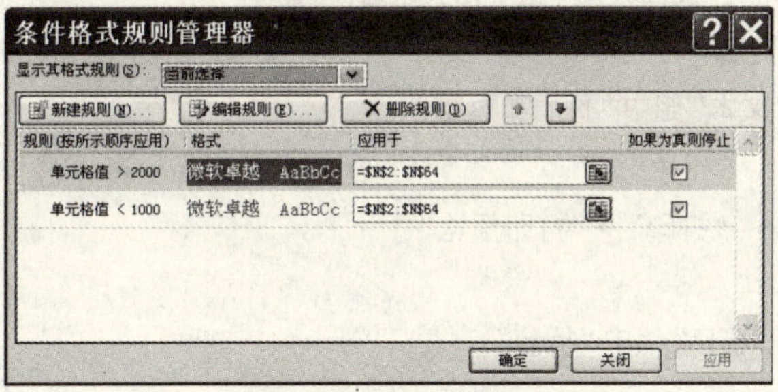

图A-12 删除条件格式

★23 设置工作表背景

“页面布局”选项卡 →“页面设置”组中“背景”→余下操作与Excel 2003相似。

★24 清除网格线

方法1：“Office按钮”→“Excel选项”→“高级”，取消勾选“显示网格线”复选框（图A-13）→“确定”。

方法2：“页面布局”选项卡 →取消勾选“工作表选项”组中“网格线”下“查看”复选框。

方法3：“视图”选项卡 →取消勾选“显示/隐藏”组中“网格线”复选框。

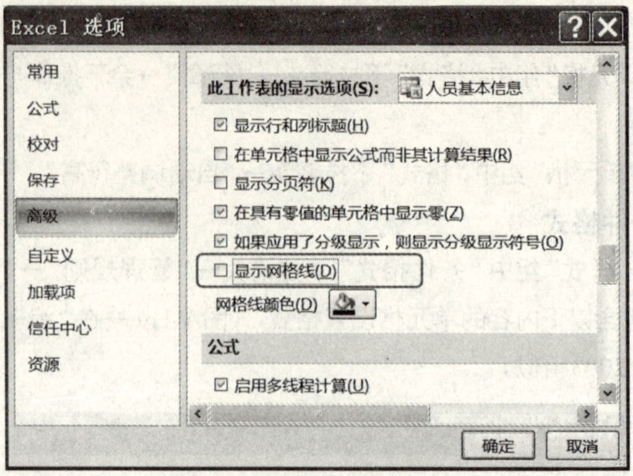

图A-13 清除网格线

★25 隐藏/取消隐藏列

“开始”选项卡 →“单元格”组中“格式”→“隐藏和取消隐藏”→“隐藏列”/“取消隐藏列”。

★26 保护工作表

方法1:“审阅”选项卡 →“更改”组中“保护工作表”→余下操作与Excel 2003相同。

方法2:“开始”选项卡 →“单元格”组中“格式”下拉箭头→“保护工作表”→余下操作与Excel 2003相同。

★27 撤销工作表保护

方法1:“审阅”选项卡 →“更改”组中“撤销工作表保护”。

方法2:“开始”选项卡 → “单元格”组中“格式”下拉箭头→“撤销工作表保护”。

★28 页面设置

“页面布局”选项卡 →“页面设置”组中相关内容。

★29 设置页眉和页脚

“插入”选项卡 →“文本”组中“页眉和页脚”。

★30 打印预览

“Office按钮” → “打印”→“打印预览”。

★31 拆分窗口

“视图”选项卡 → “窗口”组中“拆分”。

★32 冻结窗格

“视图”选项卡 → “窗口”组中“冻结窗格”下拉箭头→相关内容。

★33 改变工作表标签颜色

“开始”选项卡 →“单元格”组中“格式”下拉箭头→“工作表标签颜色”。

★34 定义名称

“公式”选项卡 → “定义的名称”组中“定义名称”下拉箭头→“定义名称”→在“新建名称”对话框的“名称”文本框中输入名称（图A-14）→“确定”。

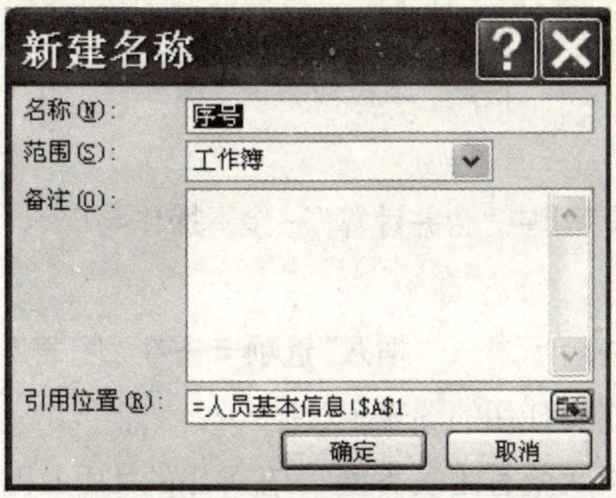

图A-14 “新建名称”对话框

★35 显示公式

方法1：“公式”选项卡 →“公式审核”组中“显示公式”。

方法2：“Office按钮”→“Excel选项”→“高级”，勾选“在单元格中显示公式而非其计算结果”复选框（图A-15）→“确定”。

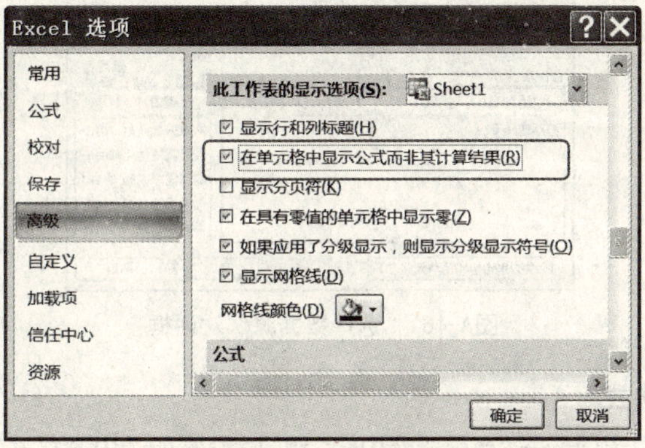

图A-15 显示公式

★36 删除公式

“常用”选项卡→“剪贴板”组中“粘贴”下拉箭头→“选择性粘贴”→余下操作与Excel 2003相同。

★37 自动求和按钮位置

“开始”选项卡→“编辑”组中“自动求和”按钮。

★38 追踪引用单元格

“公式”选项卡 → “公式审核”组中“追踪引用单元格”。

★39 追踪从属单元格

“公式”选项卡 → “公式审核”组中“追踪从属单元格”。

★40 追踪错误

“公式”选项卡 → “公式审核”组中“错误检查”下拉箭头→“追踪错误”。

★41 添加监视

“公式”选项卡 → “公式审核”组中“监视窗口”。

★42 利用公式审核计算结果

“公式”选项卡 → “公式审核”组中“公式求值”→余下操作与Excel 2003相同。

★43 选择性粘贴

“常用”选项卡→“剪贴板”组中“粘贴”下拉箭头→“选择性粘贴”。

★44 合并计算

“数据”选项卡→“数据工具”组中“合并计算”→余下操作与Excel 2003相同。

★45 创建图表

选择包含要用于图表的数据的单元格→“插入”选项卡→在“图表”组中执行下列操作之一。

(1) 单击图表类型，然后单击要使用的图表子类型。

(2) 单击图表类型，然后单击“所有图表类型”，在弹出的“插入图表”对话框中选择图表类型和图表子类型。

★46 添加数据序列

选中图表→“设计”选项卡→“数据”组中“选择数据”→“添加”/“编辑”/“删除” （图A-16）。

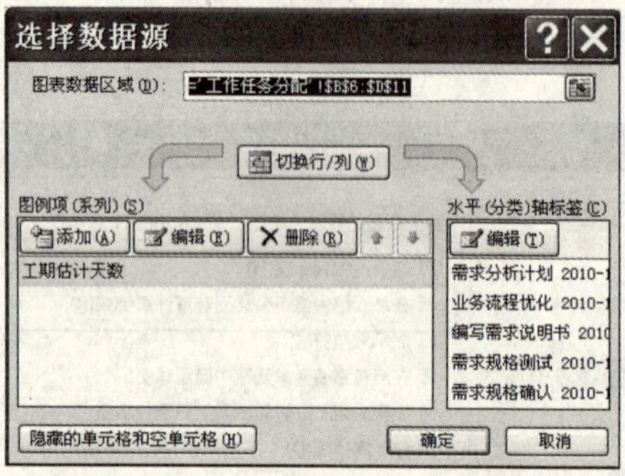

图A-16 “选择数据源”对话框

★47 更改坐标轴格式

选中坐标轴→“格式”选项卡→“当前所选内容”组中“设置所选内容格式”（图A-17）。

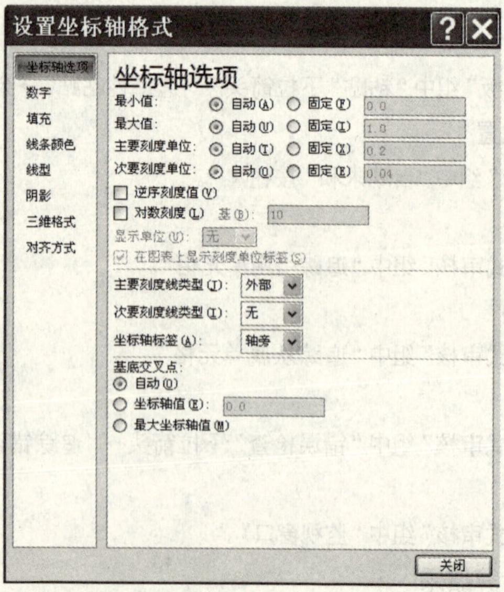

图A-17 “设置坐标轴格式”对话框

★48 设置三维图表的角度

选中图表→“格式”选项卡→“当前所选内容”组中“设置所选内容格式”→“三维旋转”→设置相关参数（图A-18）→“关闭”。

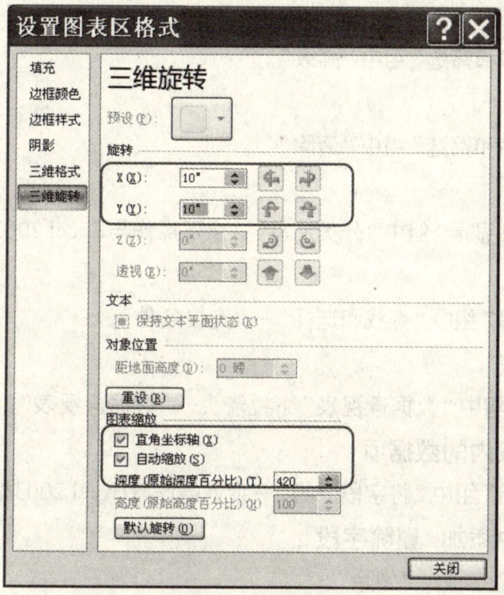

图A-18 “设置图表区格式”对话框

★49 添加趋势线

选中图表→“布局”选项卡→“分析”组中“趋势线”下拉箭头→选择所需趋势线。

★50 简单排序

方法1：“开始”选项卡→“编辑”组中“排序和筛选”下拉箭头→“升序”。

方法2：“数据”选项卡→“排序和筛选”组中“升序”。

★51 多重排序

方法1：“开始”选项卡→“编辑”组中“排序和筛选”→“自定义排序”下拉箭头→在“主关键字”下拉列表中选择排序字段，并设置该字段的“排序依据”和“次序”→“添加条件”→按需要选择“次关键字”字段，并设置其“排序依据”和“次序”（图A-19）→“确定”。

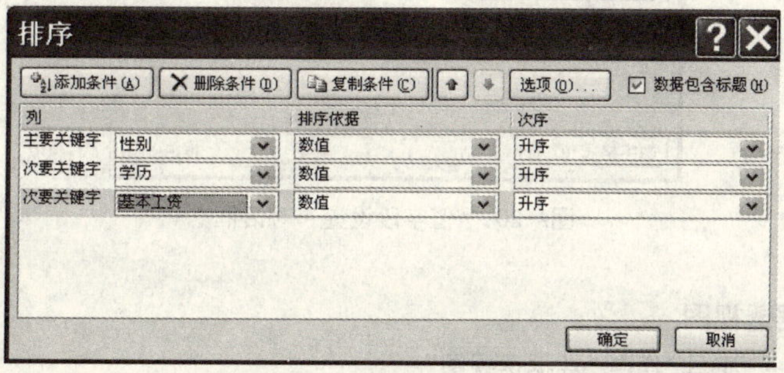

图A-19 设置多重排序

方法2：“数据”选项卡→“排序和筛选”组中“排序”→余下操作与方法1相似。

★52 自动筛选

方法1：“开始”选项卡→“编辑”组中“排序和筛选”下拉箭头→“筛选”。

方法2：“数据”选项卡→“排序和筛选”组中“筛选”。

★53 高级筛选

“数据”选项卡→“排序和筛选”组中“高级”。

★54 显示全部数据

“数据”选项卡→“排序和筛选”组中“清除”。

★55 分类汇总

“数据”选项卡→“分级显示”组中“分类汇总”→余下操作与Excel 2003相同。

★56 定位条件

“开始”选项卡→“编辑”组中“查找和选择”→“定位条件”。

★57 创建数据透视表

“插入”选项卡→“表”组中“数据透视表”下拉箭头→“数据透视表”。

★58 组合数据透视表内的数据项

“选项”选项卡→“分组”组中“将字段分组”→余下操作与Excel 2003相同。

★59 在数据透视表中添加/删除字段

删除字段：右键单击某个字段→“删除”。

添加字段：“选项”选项卡→“显示/隐藏”组中“字段列表”→余下操作与Excel 2003相同。

★60 更改数据透视表中数据的显示方式

“选项”选项卡→“活动字段”组中“字段设置”→“值显示方式”（图A-20）→余下操作与Excel 2003相同。

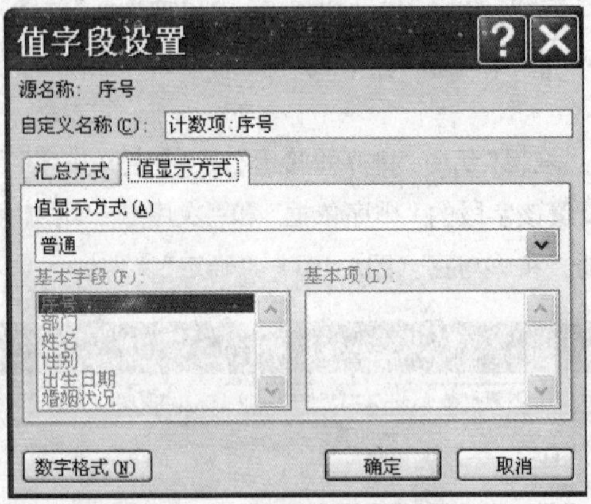

图A-20 “值字段设置”对话框

★61 创建数据透视图

“选项”选项卡→“工具”组中“数据透视图”。

★62 调整数据透视图类型

“设计”选项卡→“类型”组中“更改图表类型”（图A-21）。

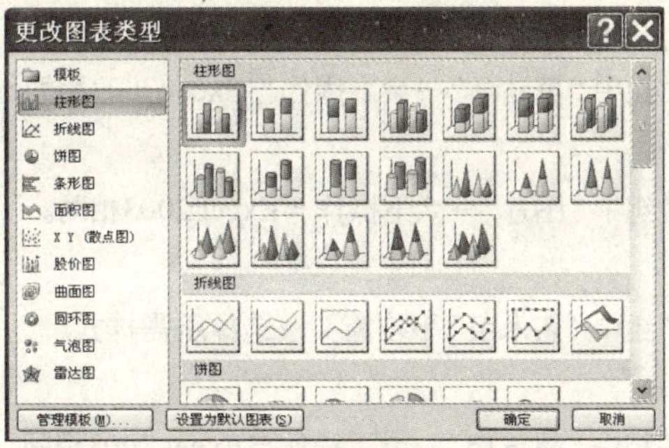

图A-21 “更改图表类型”对话框

★63 改变计算函数

方法1：右键单击数据区域任意单元格，然后在弹出的快捷菜单中选择“值字段设置”命令。

方法2：“选项”选项卡→“活动字段”组中“字段设置”→“汇总方式”（图A-22）→余下操作与Excel 2003相同。

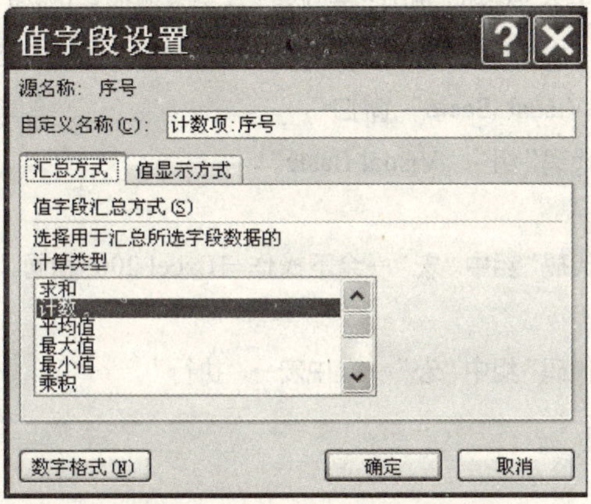

图A-22 “值字段设置”对话框

★64 绘制基本图形

“插入”选项卡→“插图”组中“形状”下拉箭头→选择所需图形。

★65 设置图形格式

“格式”选项卡→“形状样式”组右侧按钮 →在“设置形状格式”对话框中选择设置内容（图A-23）→进行相关设置。

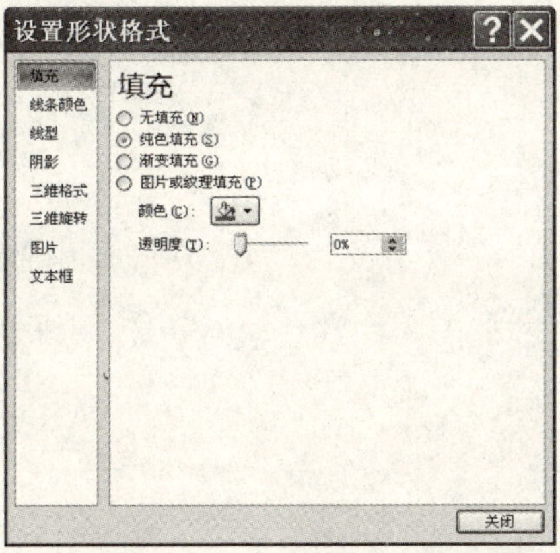

图A-23 “设置形状格式”对话框

★66 插入图片

“插入”选项卡→“插图”组中“剪贴画”→余下操作与Excel 2003相同。

★67 插入图片文件

“插入”选项卡→“插图”组中“图片”→余下操作与Excel 2003相同。

★68 插入艺术字

“插入”选项卡→“文本”组中“艺术字”下拉箭头→选择所需样式。

★69 插入超链接

“插入”选项卡→“链接”组中“超链接”→余下操作与Excel 2003相同。

★70 在工作表中添加控件

“开发工具”选项卡→“控件”组中“插入”下拉箭头→选择所需控件→余下操作与Excel 2003相同。

★71 创建宏

方法1:“开发工具”选项卡→“代码”组中“录制宏”→余下操作与Excel 2003相同。

方法2:“视图”选项卡→“宏”组中“宏”下拉箭头→“录制宏”→余下操作与Excel 2003相同。

★72 打开“Microsoft Visual Basic”窗口

“开发工具”选项卡→“代码”组中“Visual Basic”。

★73 编辑宏

“开发工具”选项卡→“代码”组中“宏”→余下操作与Excel 2003相同。

★74 执行宏

“开发工具”选项卡→“代码”组中“宏”→选中宏→“执行”。